五年制高职专用教材

工程地质与土力学

主　编　赵正信　方育琪

参　编　吴　限　王正文

主　审　赵巧明

北京理工大学出版社

BEIJING INSTITUTE OF TECHNOLOGY PRESS

内容提要

本书主要包括工程地质学、土力学两部分内容。其中，工程地质学部分详细地阐述了工程地质的基本原理，地质作用，土木工程及道路、桥梁等工程中的工程地质问题及水文地质的基本知识，岩土工程特性，不良地质现象，工程地质原位测试和勘察，以及各类地质问题对工程的影响的分析、评价和对策；土力学部分包括土的物理性质指标及工程分类，土的压实性、土的渗透性、土的压缩性、地基变形量计算、土压力的计算、地基稳定性验算。

本书可以作为高等院校道路与桥梁工程技术、工程监理、市政工程技术、水利水电工程技术等专业的教材，也可作为相关专业师生和技术人员的参考书。

版权专有　侵权必究

图书在版编目（CIP）数据

工程地质与土力学 / 赵正信，方育琪主编 . -- 北京：北京理工大学出版社，2023.6（2023.7 重印）

ISBN 978-7-5763-1950-7

Ⅰ . ①工…　Ⅱ . ①赵… ②方…　Ⅲ . ①工程地质 - 高等职业教育 - 教材②土力学 - 高等职业教育 - 教材　Ⅳ . ①P642 ②TU43

中国版本图书馆 CIP 数据核字（2022）第 245251 号

出版发行 / 北京理工大学出版社有限责任公司
社　　址 / 北京市丰台区四合庄路6号院
邮　　编 / 100070
电　　话 /（010）68914775（总编室）
（010）82562903（教材售后服务热线）
（010）68944723（其他图书服务热线）
网　　址 / http://www.bitpress.com.cn
经　　销 / 全国各地新华书店
印　　刷 / 河北鑫彩博图印刷有限公司
开　　本 / 787毫米 × 1092毫米　1/16
印　　张 / 20
字　　数 / 472千字
版　　次 / 2023年6月第1版　2023年7月第2次印刷
定　　价 / 59.00元

责任编辑 / 钟　博
文案编辑 / 钟　博
责任校对 / 周瑞红
责任印制 / 王美丽

图书出现印装质量问题，请拨打售后服务热线，本社负责调换

出版说明

PUBLISHER'S NOTE

五年制高等职业（简称五年制高职）教育是指以初中毕业生为招生对象，融中高职于一体，实施五年贯通培养的专科层次职业教育，是现代职业教育体系的重要组成部分。

江苏是最早探索五年制高职教育的省份之一，江苏联合职业技术学院作为江苏五年制高职教育的办学主体，经过20年的探索与实践，在培养大批高素质技术技能人才的同时，在五年制高职教学标准体系建设及教材开发等方面积累了丰富的经验。“十三五”期间，江苏联合职业技术学院组织开发了600多种五年制高职专用教材，覆盖了 16 个专业大类，其中 178 种被认定为“十三五”国家规划教材，江苏联合职业技术学院教材工作得到国家教材委员会办公室认可并以“江苏联合职业技术学院探索创新五年制高等职业教育教材建设”为题编发了《教材建设信息通报》（2021年第13期）。

“十四五”期间，江苏联合职业技术学院将依据“十四五”教材建设规划进一步提升教材建设与管理的专业化、规范化和科学化水平。一方面将与全国五年制高职发展联盟成员单位共建共享教学资源，另一方面将与高等教育出版社、凤凰职业教育图书有限公司等多家出版社联合共建五年制高职教育教材研发基地，共同开发五年制高职专用教材。

本套“五年制高职专用教材”（以下简称“教材”）以习近平新时代中国特色社会主义思想为指导，落实立德树人的根本任务，坚持正确的政治方向和价值导向，弘扬社会主义核心价值观。教材依据教育部《职业院校教材管理办法》和江苏省教育厅《江苏省职业院校教材管理实施细则》等要求，注重系统性、科学性和先进性，突出实践性和适用性，体现职业教育类型特色。教材遵循长学制贯通培养的教育教学规律，坚持一体化设计，契合学生知识获得、技能习得的累积效应，结构严谨，内容科学，适合五年制高职学生使用。教材遵循五年制高职学生生理成长、心理成长、思想成长跨度大的特征，体例编排得当，针对性强，是为五年制高职教育量身打造的“五年制高职专用教材”。

江苏联合职业技术学院

教材建设与管理工作领导小组

2022年9月

前言

FOREWORD

近年来，我国公路、铁路建设快速发展，工程单位亟须大量素质高、应用能力强、富有创新精神的高级技能型人才。为适应社会需求，各院校相继开设了道路与桥梁工程技术专业，编者基于当前教学中实践教学学时量增加、理论教学学时量减少的特点编写了本书。

本书从职业技术类学校学生特点和培养目标要求出发编写，体现了高级技能型人才的培养特色，主要具有以下特点：

（1）立足行业，从用人单位的岗位要求、能力要求入手，确定课程体系，明确教学目标，强化针对性和实用性。

（2）力求体现新规范，如《建筑地基基础设计规范》（GB 50007—2011）、《公路桥涵地基与基础设计规范》（JTG 3363—2019）、《公路土工试验规程》（JTG 3430—2020）等。

（3）立足学生的实际基础情况和学习规律。本书充分考虑了职业技术类学校学生的基础和学习特点，突出应用，弱化理论，理论以够用为度，对实践予以加强。

本书由江苏省交通技师学院赵正信、方育琪担任主编，江苏省交通技师学院吴限、王正文参与了本书的编写工作。具体编写分工为：赵正信编写绪论、模块七、模块十、模块十三和模块十四，方育琪编写模块三、模块四、模块九和模块十二，吴限编写模块一、模块二和模块八，王正文编写模块五、模块六和模块十一。全书由江苏省无锡交通高等职业技术学校赵巧明主审。

由于编者水平有限，书中不妥之处在所难免，恳切各位读者批评指正。

编　者

目录

CONTENTS

绪 论

一、工程地质与土力学课程学习的内容

1. 工程地质学

工程地质学是介于地学与工程学之间的一门边缘交叉学科，它研究土木工程中的地质问题，也就是研究在工程建设设计、施工、运营的实施过程中合理的处理和正确的使用自然地质条件以及改造不良地质条件等地质问题。可见，工程地质学是为了解决地质条件与人类工程活动之间矛盾的一门实用性很强的学科。

绪论

工程地质学是调查、研究、解决与人类工程建设活动有关的地质问题的科学。研究的目的是查明建设区或建筑场地的工程地质条件，预测和评价可能发生的工程地质及对建筑物或地质环境的影响，从而提出防治措施，以保证工程建设的正常进行。工程地质的研究内容可以分为以下四个方面：

(1)研究建设区内或建筑场地的岩体、土体的组成、结构，以及工程地质性质及其分布；研究它在自然条件下的变化趋势，制定岩石或土的工程地质分类。

(2)分析预测建设区内自然条件和建筑活动中可能发生的诸如地震、滑坡、泥石流、地面沉降、地下硐室、人工边坡的围岩变形和破坏等工程地质问题或地质作用，并评价其危害程度。

(3)研究防治不良地质作用的措施。

(4)研究工程地质条件的区域分布规律，预测其变化的可能性和适应工程建设的程度。由于各类工程建筑物的结构、作用、所在空间范围内的环境不同，所以可能发生的地质作用和工程地质问题也不同。据此，工程地质学往往分为水利水电工程地质学、道路工程地质学、采矿工程地质学、海港和海洋工程地质学及城市工程地质学等。

2. 土力学

土是地球上最丰富的资源。土的成因多、用途多。什么是土？土有哪些工程性质？如何研究并应用它们为工程建设服务？这就是土力学(Soil Mechanics)要回答的问题。

土是以岩石颗粒为主体骨架的没有胶结或弱胶结的松散堆积物。土有不同成因和类型，从更广义的角度来看，土应包括“天然土”和“人为土”两大类，并统称为土。天然土是地球表层的整体岩石在自然界中经受长期的风化作用后形成形状不同、大小不一的颗粒，这些颗粒在不同的自然环境条件下堆积或经搬运沉积，形成了通常所说的土。随着社会发展，人类的生产生活空间的延伸和扩大，土的形成过程中往往加入了人为因素，一些“土”甚至

是“人造的”，为与天然土相区别可暂且称它们为“人为土”。例如，采矿与冶炼产生的尾矿(矿渣)、热电厂的粉煤灰等工业生产废弃物、建筑垃圾、生活垃圾等。自然土强调的是岩石自然风化而产生的，是天然条件下的产物；人为土强调人类生产生活的“制造”因素，当然也可以将人为土看成是土的特定成因；它们的不同点主要在于分别强调自然产生和人为产生。“天然土”和“人为土”的基本定义相同，即以岩石颗粒为主体骨架的没有胶结或弱胶结的松散堆积物，都可运用土力学的原理来研究它们的工程性质。

不同地质年代、不同成因、不同地区乃至不同位置的土的性质存在差异，有些甚至差异很大。土会因环境的变化而发生性质的变化，致使土体的应力变形和稳定因素发生变化。例如，地下水水位较大幅度下降，会使土中的应力状态发生变化，使地基产生新的附加变形，发生大面积地面沉降甚至不均匀沉降，从而影响建筑物的正常使用甚至破坏建筑物。再如，基坑开挖会对土体及临近建筑物的应力变形和稳定产生影响；土中水的渗流会对基坑、对边坡稳定产生影响等。

在漫长的历史进程中，人类的生产生活所经历的工程建设史是不停与岩土体打交道的过程，建造了不计其数的各种工程。涉及土力学学科的行业很多，水利水电、道路桥梁、矿山、能源、港口与航道、城乡建设与市政工程、国防建设等。人们可能会在各种地点建造工程，针对不同工程和不同地质条件又会选择不同型式的基础或结构形式，会建造大坝，建设公路和铁路，建造厂房、码头、住宅，还会开挖深基坑、开挖隧道，建设地铁和地下工程，治理河岸与边坡，完成尾矿堆积库、垃圾填埋等，可能遇到各种地基类型和土性、复杂地质条件或地质环境。

从土力学的广泛应用范围看，工程上的土体(广义是指岩土体)扮演的角色可分为三类：

(1)作为房屋、厂房、码头、路桥等各种类型建筑物的地基，即地基承载角色；

(2)作为土石坝、尾矿坝、路堤等填筑材料或其他应用的工程材料，即材料角色；

(3)作为各类工程设施的环境和人们生产生活的环境，例如市政工程，房屋地下室、地铁等许多地下洞室、基坑等以土体为其环境，工业与生活固体废弃物填埋(堆积)场、尾矿库是人们生产生活的环境，公路、铁路、厂房、住宅区等旁侧的山坡，乃至堰塞湖是其环境等，即工程环境角色。

各类工程的建设和地质灾害(滑坡、泥石流、堰塞湖等)的防治几乎都涉及到土力学课题。正确运用土力学知识与基本原理是保障合理规划、正确设计、施工期安全、竣工后安全和正常使用的重要因素之一。尽管不同的工程和不同的土体各有特点甚至各有“个性”，呈多样性和复杂性，但是总结人类长期的工程实践，就会发现土体的性质和对工程的影响可以归纳出共性课题，即土力学中有关力学性质的三个基本课题：土体稳定、土体变形、土体渗流。围绕解决这三个基本课题，对应有三个基本理论：土体抗剪强度理论，土体压缩与固结理论，土体渗流理论。任何工程都要考虑这三类基本课题，只不过针对不同土体和工程，它们的侧重点或主要矛盾方面可能不同而已，但它们通常是有关联、相互影响的。

(1)土体稳定问题。土体具有强度特征，因而存在稳定问题，如土压力计算与挡土墙稳定、地基的稳定、地下洞室稳定、土坝和其他边坡的稳定等。当土体的抗剪强度不足时，将导致土体单元破坏，严重的将导致土体整体破坏和建筑物的失稳，如尾矿坝失稳将导致人工泥石流等。土体抗剪强度理论是研究该课题的理论基础。

(2)土体变形问题。即使土体具有足够的强度并能保证自身稳定，因为土体存在变形而且有些土(如粘性土)的变形还与时间有关，要求建筑物的沉降(竖向变形)和不均匀沉降在任何时候都不应超过建筑物的允许值，否则，轻者导致建筑物的倾斜、开裂，降低或失去使用价值，重者将会酿成毁坏事故。土体压缩与固结理论是研究该课题的理论基础。

(3)土体渗流问题。由于土存在连通的孔隙使土体具有渗透性，对于某些土工建筑物(如土坝、土堤、岸坡)、湿法尾矿库、水力冲填坝和冲填场地、水工建筑物地基，或其他挡水工程或结构，除在荷载作用下土体要满足稳定和变形要求外，还要研究渗流对土体应力变形和稳定的影响，以及渗流量问题，研究该课题的理论基础是达西定律与渗流理论。

工程地质与土力学学科的发展随人类社会的进步和其他学科的发展而发展。工程建设需要学科理论，学科理论的发展更离不开工程建设。人类正面临着资源和环境这一严酷生存问题的挑战，有各种各样的工程问题需要解决，而且会越来越复杂。青年学生肩负历史重任，很难想象缺乏工程地质与土力学知识体系的工程师能够圆满完成各种各样的工程建设。

二、本课程特点

本课程是一门重要的基础应用型课程，是一门工程实用性科学，专门研究与人类工程活动相关的工程地质状况、建筑物的地基性状、岩土体的工程特性，并应用于分析解决地基及基础的设计与施工和与岩土材料有关的工程同题，是土木建筑工程学科的一个重要组成部分。它以勘察试验和工程实的结果为依据，以理论分析为指导，以工程应用为灵魂，以解决工程实际问题为目的。

本课程以土木工程基础施工为行动导向，贯彻土木工程行业标准规范(《工程岩体分级标准》《岩土工程勘察规范》《建筑地基基础设计规范》《公路土工试验规程》《公路桥涵地基与基础设计规范》《公路路基施工技术规范》等)，以相关专业职业核心能力培养为主线，培养学生能够认识工程地质条件、预测不良地质条件下可能出现的工程地质问题、提出工程地质问题的处理措施、以土的物理性质指标为基础，学习土的物理性质指标及其在工程中的应用。通过工程地质室内试验和土工试验综合训练，激发学生学习兴趣，培养学生以科学的态度认识客观世界，培养学生的团队协作精神，全面提高学生的知识、能力、综合素质。

三、学习目的

本课程学习的目标是通过学习使考生较全面系统地、有重点地掌握工程地质和土力学的基本知识、基本理论和基本技术方法，会分析解决地基及基础设计与施工中的一般(常规)工程问题，以便毕业后能够顺利地承担土木工程相关地基及基础设计与施工方面的工作。

工程地质部分要求掌握建筑物地基的基本物质岩石和土的形成特点、种类、结构、构造特性，第四纪沉积物的分类及特征，以及影响建筑物地基和环境的工程地质灾害等自然地质现象；掌握工程勘察的任务、方法及测试手段，具备进行实际场地工程勘察和分析的能力。土力学部分主要内容为土的物理性质与工程分类、土体应力计算、土的渗透性、土的压缩性与地基沉降计算、土的抗剪强度、土压力与边坡稳定分析、地基容许承载力等，熟悉其基本概念、基本原理、计算方法和测试技术，具有分析和解决工程问题的能力。

■ 四、学习方法

由于工程地质与土力学在整个专业培养中占有非常重要的地位，并且内容多、涉及知识点范围广、学习难度大，所以学习时应着重注意以下几点。

(1)课前预习，认真听课，课后复习。

(2)理解基本概念和基本方法，掌握重点内容和解题思路。

(3)经常与同学讨论，多请教老师。

(4)做一定量的习题，认真、独立地完成作业。

应该强调的是，做习题是学习好工程地质与土力学的重要手段。只有经过大量的练习，才能真正掌握土力学的基本概念、基本原理和求解方法。

模块一　认识地球及地质作用

地球是太阳系八大行星中较小的一颗行星。太阳在银河系里只是 1.6×10^{11} 颗恒星之一；银河系也仅是总星系的一个成员；而总星系只是宇宙的一部分。现代天文观测手段能测知的可见宇宙边缘已达 120 亿光年（1999 年欧洲八国建成超哈勃太空望远镜后，可观测到 140 亿光年外的星系）。可见，地球在无穷大的宇宙中是颗极其渺小的星体，真可谓“沧海之一粟”！但地球是一个具有生命的星球，在宇宙和太阳系中占有特殊的重要地位。

认识地球及地质作用

地球——这颗人类赖以生存的星球，它的形状、大小及其运转和物理化学特性等方面的基本原理与基本数值是地质学理论发展的基础，也是人类工程活动和工程计算中不可忽视的重要依据。为此，人们对有关地球的基本知识应该有一个概略的认识。

单元一　地球的物理性质与圈层

知识目标

(1)了解地球的形状及物理性质。

(2)掌握地球的圈层构造。

能力目标

(1)能够判断出地球圈层构造图中各圈层名称。

(2)能够根据相关资料判断出圈层名称。

一、地球的形状及物理性质

(一)地球的形状

地球是一个梨状三轴旋转的椭球体，北极略凸起，南极略凹平，赤道为椭圆形。赤道的椭率远小于子午圈，因此赤道可近似看作圆，地球可看作旋转椭球体。新近资料记载的地球形状和大小的有关数据见表 1-1。

表 1-1 地球的基本参数

赤道半径/km	6 378.137	体积/km^3	1.083×10^{13}
极半径/km	6 352.752	质量/g	5.976×10^{27}
扁率	1/298	密度/($g\cdot cm^{-3}$)	5.517
表面积/km^2	5.1×10^8	—	—

(二)地球的物理性质

地球的物理性质是研究地质学的基础知识，对地球壳层的发展、演变有着极为重要的影响，有时甚至是决定性的。地球的物理性质主要如下。

1. 密度

地球的密度是指地球的质量与体积之比。根据地震资料得知，地球密度是随着深度的增加而增大的，并且在地下若干深度处密度呈跳跃式变化。据澳大利亚学者布伦推导的结果：地壳表层的密度为 2.7 g/cm^3，地下 33 km 处为 3.32 g/cm^3，大约 2 990 km 处密度由 5.56 g/cm^3 突增至 9.98 g/cm^3，至 6 371 km 处达 11.51 g/cm^3。

2. 重力

重力是指地球对物体产生的引力和该物体随地球自转而引起的惯性离心力的合力。赤道处地心引力最小，离心力最大，故重力值最小；而两极附近重力值最大。重力加速度的变化范围 $g=9.78\sim9.83$ m/s^2。重力加速度在地表为 9.82 m/s^2，到下地幔的底部(2 900 km)达到最大值 10.37 m/s^2。在地核中重力加速度开始迅速减小，到 6 000 km 深度时为 1.26 m/s^2，到地球核心时达到零。

3. 地压

地压是指地球内部的压力，主要是静压力。其是由覆岩石的质量引起的，且随深度的增加而逐渐增大。

地压还包括由地壳运动引起的地应力。在各地区，由于当地地质条件的差异，相同深度不同地段处的压力可能不同。

4. 地温

地球的温度有两种情况：一种是地球外部的温度，其热力来自太阳辐射热；另一种是地球内部的温度，其热力来自地球内部放射性元素衰变释放的热能，以及重力分异能、化学能和地球转动能等。根据地温来源和分布，地下温度带分为以下三层。

(1)变温带：地表层不深的部位，其平均深度大约为 15 m，其热力来自太阳辐射能。

(2)常温层：温度与当地的常年平均温度一致的地带。

(3)增温层：常温层以下，其热力来源于放射性元素衰变产生的热能、重力能、地球旋转能转化的热量。在 100 km 深处的温度大约为 1 300 ℃，这个温度值恰是地幔上部玄武岩的熔点。

地球上大部分地区，从常温带向下平均每加深 100 m，温度升高 3 ℃左右，这种每加深 100 m 温度增加的数值，称为地热增温率或地温梯度。由于各地地质构造、岩石导热性能、岩浆活动、放射性元素的存在及水文地质等因素的差异，不同地区的地热增温率是不同的。一个地区的实际地热增温率大于平均地热增温率时，称为该地区有地热异常。地热异常区蕴藏着丰富的热水和蒸汽资源，为开发新能源开辟了广阔天地。

5. 地磁

地球类似一个巨大的球形磁体，在它周围存在着磁场，称为地磁。地磁的特性通常用磁偏角、磁倾角和磁场强度三个要素来描述。

(1)磁偏角：地理子午线与地磁子午线之间的夹角。

(2)磁倾角：总磁场强度方向与水平面的交角，即磁针与大地水准面的夹角。

(3)磁场强度：在地磁场中，促使磁针产生偏角和倾角的磁力大小的绝对值。总磁场强度的水平分量称为水平磁场强度，它的方向就是地磁子午线方向。

根据地磁三要素的分布规律可以计算出某地地磁三要素的理论值。但是，由于地下物质分布不均，某些地区地磁三要素的实测数值与理论计算值不一致，这种现象叫作地磁异常。引起地磁异常的原因，一方面是地下有磁性岩体或矿体存在；另一方面是地下岩层可能发生剧烈变位。因此，地磁异常的研究对查明深部地质构造和寻找铁、镍矿床有着特殊的意义。

地磁随时间而变化，地质历史时期的磁场称为古地磁场。通过对岩石中剩余磁性大小和方向的研究，可以追溯地质历史时期地磁的特性、变化和磁极移动情况，对研究大规模的构造运动历史、古气候及探索地球起源有重要的意义。

二、地球的圈层构造

地球由表及里可分为外圈和内圈。外圈又可分为大气圈、水圈和生物圈；内圈可分为地壳、地幔及地核。

(一)地球外圈

1. 大气圈

大气圈是围绕地球最外层的气态圈层。大气圈的成分主要有氮气，占78.1%；氧气，占20.9%；氩气，占0.93%；还有少量的二氧化碳、稀有气体(氦气、氖气、氩气、氪气、氙气、氡气)和水蒸气。大气层的空气密度随高度而减小，高度越大空气越稀薄。大气层的厚度大约在1 000 km以上，但没有明显的界线。依据大气成分、物理性质及大气的运动特点，可将大气圈自下而上分为五层，即对流层、平流层、中间层、电离层和散逸层。

(1)对流层：集中了3/4大气质量。其底部的二氧化碳强烈吸收地面的长波辐射并放热，因而对地表起保温作用，也是使岩石风化分解的重要因素。

(2)平流层：存在大量臭氧。平流层对太阳辐射紫外线的强烈吸收构成了对生物的有效保护，成为保护地表生物的天然屏障。

(3)中间层：温度垂直递减率很大，对流运动强盛。

(4)电离层：存在相当多的自由电子和离子，能使无线电波改变传播速度，发生折射、反射和散射，产生极化面的旋转并受到不同程度的吸收。

(5)散逸层：是大气层的最外层，是大气层向星际空间过渡的区域，外面没有明显的边界。在通常情况下，上部界限在地磁极附近较低，近磁赤道上空在向太阳一侧，有9～10个地球半径高，换而言之，大约有65 000 km高。

2. 水圈

水圈可看成包围地球表层的闭合圈，由江、河、湖、海和地下水组成。海洋占地球表面积的 70.78%，大陆降水量只占总降水量的 20.6%，但却是地貌变化的强大外动力。水圈为生命的起源、生物的演化和发展提供必不可少的条件，是外作用的主要来源。

3. 生物圈

生物圈是指地球表层有生命活动的范围圈。生物包括动物、植物和微生物。生物活动是改造大自然的一个积极因素，影响着大气圈和水圈的演变；对成矿、成土和成岩均起着重要的作用；对研究地球发展的历史也有着重要的意义。

(二)地球内圈

通常用地球物理学的理论和方法来探测地球内部的构造。其中，主要依据地震法即根据地震波在地球内部传播速度的急剧变化来推测确定地球内部的构造。地震波速一般随深度递增，但不是等速增加，而是在某些深处做跳跃式的突然变化，这种突变反映了某些深度处上、下层之间的物质在成分和性质上有了极明显的分界面，这种界面就是人们划分地球内部圈层的依据。

地球内部有两个波速突变极为明显的界面：一个是在平均深度为 33 km 处的莫霍面；另一个是在深度为 2 900 km 处的古登堡面。根据这两个界面可将地球内部分为地壳、地幔和地核三个主要圈层(图 1-1)。

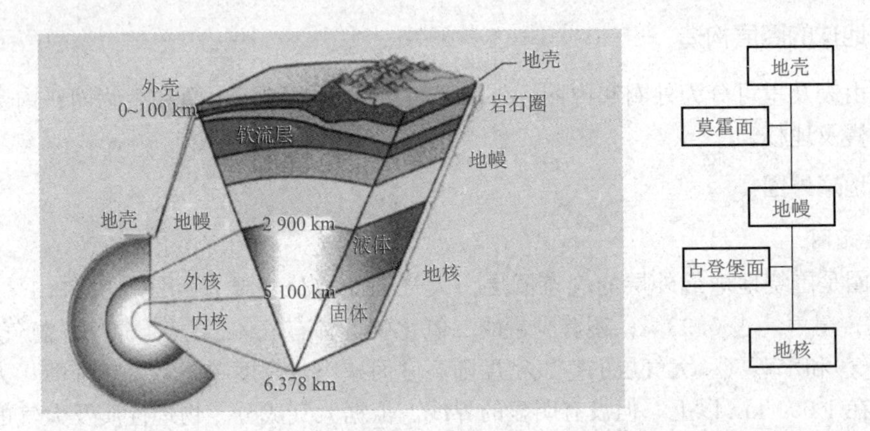

图 1-1　地球内圈

1. 地壳

莫霍面以上由固体岩石组成的地球最外圈层称为地壳。莫霍面在地下出现的深度不同，地壳在各地的厚度也就不均匀，地壳的平均厚度约为 18 km，可分为大陆型和大洋型两种类型。大陆型地壳分布在大陆及其边缘地区，其厚度较大，平均厚度为 33 km，且越向高山区厚度越大，如我国青藏高原地区，地壳厚度可达 70 km 以上。大洋型地壳厚度较小，平均厚度只有 7 km，如大西洋和印度洋地壳厚度为 10～15 km，而太平洋中央部分地壳厚度为 5 km。最薄处西太平洋的马里亚纳海沟(深 11 034 m)处的地壳厚度仅为 1.6 km。

地震波的变化表明，地壳内存在着一个次级的不连续面，称为康拉德面。它将地壳分为两层，上层为硅铝层(不连续)，下层为硅镁层(图 1-2)。

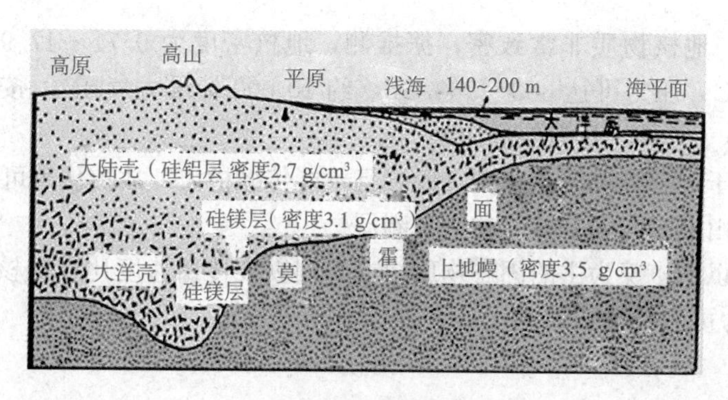

图 1-2 地壳结构示意

(1)硅铝层(花岗石层)是地壳上部分布不连续的一层，平均厚度约为 10 km，化学成分以硅、铝为主，故称为硅铝层。硅铝层密度较小，平均约为 2.7 g/cm³。地震波在硅铝层中的传播速度与在花岗石中近似，其物质成分类似花岗石，故硅铝层又称为花岗石层。该层厚度各地均不同，在部分山区厚度可达 40 km，在海陆交界处变薄，在海洋地区则显著变薄，在太平洋中部此层甚至缺失。

(2)硅镁层(玄武岩层)的主要化学成分除硅、铝外，铁、镁相对增多，故称为硅镁层。硅镁层密度较大，平均为 3.1 g/cm³。因硅镁层平均化学成分、地震波传播速度均与玄武岩相似，故硅镁层又称为玄武岩层。硅镁层是地壳下分布连续的一层，在大陆及平原区厚度可达 30 km，在海洋区的厚度仅为 5～8 km。

组成地壳的各种元素并非孤立存在，在大多数情况下是相关元素化合形成各种矿物，其中以氧、硅、铝、铁、钙、钠、钾、镁等组成的硅酸盐矿物为最多，其次为各种氧化物、硫化物、碳酸盐等。各种不同矿物特别是硅酸盐类又组成各种岩石，所以地壳是岩石圈的一部分(图 1-3)。

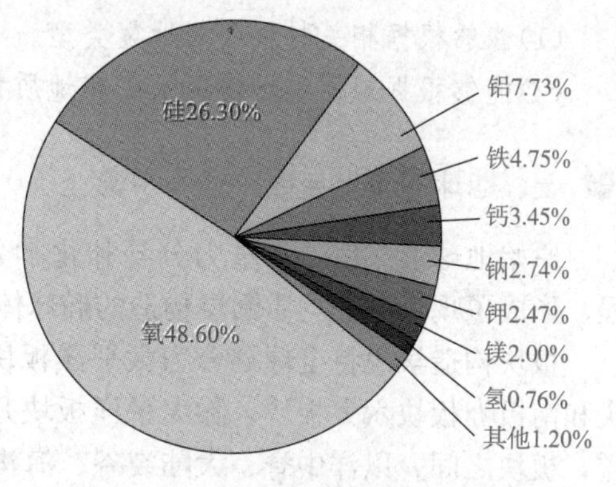

图 1-3 地壳中主要化学元素的含量

2. 地幔

地幔是指莫霍面(33 km)以下至古登堡面(2 900 km)之间的圈层。其体积占地球总体积的 83%，质量占整个地球质量的 68.1%，平均密度为 3.8 g/cm³，成分以铁、镁的硅酸盐为主。根据地震波波速在深度为 984 km 处的突然变化，以此处为界面将地幔分为上地幔和下地幔。

(1)上地幔：岩石圈 40 km 以上包括地壳全部和上地幔上部的固态岩石圈层；软流层又称低速带，位于深度 40～250 km 处，地震波波速低，温度接近岩石熔点，塑性较大，有利于岩石活动。

(2)下地幔：金属氧化物、硫化物，特别是铁、镍成分显著增加，呈类似致密氧化物的紧密堆积结构，密度已达 5.1 g/cm³。

3. 地核

地核是指古登堡面以下直到地心的部分。其体积为整个地球体积的 17%，质量占地球总质量的31.5%。地核物质非常致密，据推测，地核密度为9.71～17.9 g/cm^3，温度为2 000 ℃～3 000 ℃，压力可达300～360 GPa(约10 000标准大气压)。按地震波显示的变化，地核一般可分为外核、过渡层和内核。

(1)外核：由于地震纵波波速急剧降低，且不能传播横波，故被认为可能是液态的。

(2)过渡层：由液态向固态转变的一个圈层。

(3)内核：由以铁、镍为主的固态物质组成。因纵波传播速度比在外核中高，且又能转换出横波，故认为可能是固态的。

单元二　地球的演化与地质作用

知识目标

(1)掌握内、外动力地质作用的主要分类。

(2)熟悉内、外动力地质作用之间的相互关系。

能力目标

(1)能够根据相关材料判断地震类型。

(2)能够根据地质现场情况及工程地质报告判定地质作用类型。

一、地球的演化与板块构造学说

原始地球形成后，在重力分异和化学分异的作用下，经历了大约45.5亿年的演化历程，形成了现今的非均质圈层构造的椭球体。

板块构造学说将全球划分为太平洋板块、欧亚板块、印度洋板块、非洲板块、美洲板块和南极洲板块六大板块。除太平洋板块几乎全在海洋中外，其余板块既有陆地，也有海洋，板块之间，以洋中脊、大陆裂谷、海沟岛弧及转换断层等地壳构造特征为界，板块的内部是相对稳定的区域，而板块之间相互结合的边界地带却是活动的区域，具有频繁的地震、火山活动、岩浆侵入和造山运动等。

板块构造学说的基本原理是地壳表层由数量不多、大小不等的岩石圈板块拼合起来，每个板块都浮在地幔的软流层上，彼此能够独立的运动，并发生相互挤压、摩擦。板块活动彼此相互作用和影响，产生各种地质构造，例如，在大洋中脊处产生引张断裂构造、在岛弧海沟处产生压性构造等，称为板块构造。

板块构造学说认为，地幔热力对流作用是驱动板块运动的动力，即浮在地幔软流圈上的岩石圈板块是随着软流圈的对流而运动的，并且水平运动占主导地位，可以发生数千千米的大规模水平位移。在板块漂移过程中，它们或相互分散裂开，或碰撞焊合，或平移相错，从而形成了海沟、岛弧、转换断层、裂谷、洋中脊和山脉，它全面圆满地解释了岩石圈的构造特征和构造运动规律。

二、地质作用

促使地壳物质组成、构造和地表形态不断发生变化的作用，统称为地质作用。由地质作用所引起的现象，称为地质现象。地质作用按其能源不同可分为内、外动力地质作用。

地质作用是自然发生的复杂的物质运动形式，其表现是对地球的改造和建造。

(一)内动力地质作用

由地球内部放射性元素蜕变能、地球转动能和重力化学分异能所引起的地质作用称为内动力地质作用。内动力地质作用根据动力和作用方式可分为地壳运动、岩浆作用、地震作用和变质作用。

1. 地壳运动

水平运动是指地壳或岩石圈块体沿水平方向运动，通常表现为地壳的岩层在水平方向遭受不同程度的挤压力或张拉力，形成巨大而强烈的褶皱和断层，进而形成裂谷盆地褶皱山系等构造现象。

随着现代观测手段的发展，人们已获得不少有关地壳水平运动的证据。例如，美国西部太平洋海岸著名的圣安德列斯大断层，从 1.5 亿年前开始错动，根据两侧同一岩层的对比来推测，至今总错距达 480 km，平均每年位移 3.2 mm。

升降运动是指相邻块体或同一块体不同部位的差异性升降，通常表现为大规模的构造隆起和凹陷，形成山岳、高原或湖、海、盆地等现象。例如，四川省和喜马拉雅山区等广阔的地区，在地质历史上曾经是特提斯海，即古地中海的一部分，在 1.8 亿年前四川省才逐渐上升为陆地，喜马拉雅山区大约在 2 500 万年以前才开始从海底升起，近 200 万年以来，它以平均每年 2.4 cm 的速度不断上升，形成了目前地球上最高的山系，其主峰珠穆朗玛峰高达 8 848.86 m。据测知，喜马拉雅山区现在仍以每年 1.82 cm 的速度上升。

水平运动和升降运动是密切关联的。在同一地区和同一时间内以某一方向的运动为主，而另一方向的运动不够，两者在运动过程中也是在相互转化的。

地壳运动在内动力地质作用中是诱发地震作用、影响岩浆作用和变质作用的重要条件，改变着地壳面貌及海陆分布的规模、位置，以致影响外动力地质作用的强度和变化。可见，地壳运动在地质作用的总概念中是带有全球性的主导因素。

2. 岩浆作用

岩浆在活动过程中与围岩发生相互作用，不断改变着自身的化学和物理状态，直至冷凝成岩石，同时，导致地壳结构地表形态发生相应的改变，这种包括岩浆活动和冷凝的整个过程统称为岩浆作用。

(1)岩浆：通常是指在地下 40～100 km 深处、呈高温黏稠状的、富含挥发组分、成分复杂的硅酸盐熔融体。一般认为岩浆发源于软流层中。

(2)岩浆活动：当地壳运动使地壳出现破裂带，或其上覆岩层受外力地质作用发生物质转移时，造成局部压力降低，打破了岩浆的平衡环境，岩浆就会向低压方向运动，这种现象称为岩浆作用。岩浆作用形成岩浆岩。

岩浆作用按其表现形式可分为两种类型：侵入地下一定深度冷凝成岩的过程，称为岩浆侵入作用；岩浆直接冲破上覆岩层，或喷射，或涌溢出地面后冷凝成岩的过程，称为岩浆喷出作用，也称为火山作用。

3. 地震作用

地震是地壳某处发生快速颤动的现象，地壳运动和岩浆作用都能引起地震作用。通常按地震的成因，可将地震分为以下四类。

(1)构造地震：由地壳运动引起的地震；

(2)火山地震：由火山活动引起的地震；

(3)陷落地震：由地面陷落(如岩溶陷落、山崩)引起的地震；

(4)人为地震：由人类工程活动所触发的地震，如水库诱发地震。

4. 变质作用

由于构造运动、岩浆活动和化学活动性流体的影响，地壳深处岩石的矿物成分、结构、构造(有时还有化学成分)在固体状态下发生了不同程度的质变过程，统称为变质作用。变质作用形成变质岩。

依据变质因素和地质条件的不同，可将变质作用分为以下三种主要类型。

(1)接触变质作用：由岩浆活动引起的，发生在侵入体与围岩的接触带，或受到岩浆中分异出来的挥发组分及热液的影响而发生的一种变质作用。

(2)动力变质作用：地壳运动时岩石受定向压力(动压力)的影响，使原来岩石及其组成矿物发生变形、破碎、重结晶，这种变质作用的范围较小，一般呈长带状分布。

(3)区域变质作用：在地壳运动和岩浆活动的大范围内，由温度、压力和化学活动性流体等因素的综合影响引起的一种变质作用。

(二)外动力地质作用

由外部能源(主要是指太阳辐射能，天体引力能及其他行星、恒星对地球的辐射能等)引起的地质作用称为外动力地质作用。其具体表现方式有风化作用、剥蚀作用、搬运作用、沉积作用和成岩作用。

1. 风化作用

由于温度的变化、大气、水溶液和生物等的作用，岩石只发生机械破坏而不改变其化学成分称为风化作用。其按性质和因素不同可分为以下三种类型。

(1)物理风化作用：地表或近地表条件下，岩石、矿物在原地发生机械破坏而不改变其化学成分的过程。这种作用使完整的岩石逐渐破碎成块或疏松的碎屑。其按进行的方式又可归纳为以下三种。

1)剥离：剥离又称为温差风化，是指由温度变化所引起的岩石表里不协调的膨胀和收缩作用，削弱了岩石表里之间的联结，在重力作用下使其表层剥落。温差风化的强度取决于温度变化的速度幅度及岩石的性质(如矿物成分、岩石结构等)。

2)冰劈：填充在岩石裂隙中的水分结冰使岩石破坏的作用。水结成冰时体积增大1/10，对岩石裂隙可产生很大压力，使岩石被胀破或使其裂隙扩大，以致产生崩裂。

3)晶胀：在降水量少、蒸发剧烈的干旱或半干旱地区，渗透到岩石裂隙中的水往往溶解大量盐分。当水分蒸发，水溶液中盐分浓度达到饱和时，盐分将结晶，体积膨胀，对周围岩石产生压力，使空隙加大、岩石崩解。

(2)化学风化作用：岩石在大气和水溶液的影响下，在原地发生化学反应并可产生新矿物的过程，称为化学风化作用。

化学风化作用有别于物理风化作用，其使原岩的组成矿物发生分解，生成新的矿物。其主要影响因素是水和氧气。水溶解多种气体和化合物，可通过溶解、水化、水解、碳酸化等方式促使岩石发生化学风化。

其按进行方式可分为以下几种。

1)氧化作用：氧化是化学风化中极为普遍的主要方式，尤其是在水的参与下，显得更为强烈。

2)溶解作用：直接溶解岩石的组成矿物，使岩石破坏，常形成溶洞、溶穴等地貌。最易溶解的是卤化岩类，其次是硫酸岩类，再次是碳酸岩类。

3)水解作用：某些矿物和水反应后生成带 OH^- 的新矿物的过程。

4)水化作用：某些矿物和水反应生成新的含水矿物的过程。含水矿物的硬度一般低于无水矿物。水化作用改变了原有矿物的成分，引起体积膨胀、岩石破坏。

5)碳酸化作用：当水中溶有 CO_2 时，碱金属及碱土金属与之相遇形成碳酸盐的过程。

(3)生物风化作用：岩石在生物活动的影响下遭到破坏的过程称为生物风化作用。生物对岩石的破坏有以下两种方式。

1)生物的机械破坏：生物通过生命活动进行破坏的过程，如植物的根劈作用及穴居生物的活动。

2)生物的化学破坏：生物通过新陈代谢及其遗体腐烂后对岩石进行分解的过程。

上述三种风化作用并不是孤立进行的，而是相互促进、彼此联系的。物理风化作用使岩石破碎，从而增大了岩石与水溶液等的接触面，有利于化学风化；化学风化作用降低了岩石强度，又促进了物理风化作用。在物理风化作用和化学风化作用中又少不了生物活动的因素。从地域性而言，只是在某种环境下，某种作用显得突出而已，如在炎热、潮湿的气候区以化学风化作用和生物风化作用为主；在温、湿地区以化学风化作用为主；在寒冷、干旱地区以物理风化作用为主(图 1-4)。

图 1-4　风化残积物

2. 剥蚀作用

通过风力、地面流水、地下水、湖泊、海洋和生物等各种外动力因素，将风化后的松散物从岩石表面搬离原地，并以风化物为工具，参与对岩石、矿物进行风化破坏的过程，统称为剥蚀作用。剥蚀作用可分为风的吹蚀作用，流水的侵蚀作用，地下水的潜蚀、溶蚀作用，湖、海水的冲蚀作用，冰川的刨蚀作用等。

3. 搬运作用

风化剥蚀的产物，通过风力、流水、冰川、湖水、海水及生物的动力，被搬离母岩而转移空间的过程，称为搬运作用。搬运作用与剥蚀作用往往是在同一种动力下进行的。例如，风和流水在剥蚀着岩石的同时，又将剥蚀得来的岩屑搬走。

4. 沉积作用

被搬运的物质经过一定距离之后，由于搬运动能的减弱，或搬运介质的理化条件的改变，或受生物活动的影响，从搬运介质中分离出来，在新的环境中堆积起来的过程，称为沉积作用。其按沉积方式可分为机械沉积、化学沉积和生物沉积；其按沉积环境又可分为风的沉积、河流沉积、冰川沉积、洞穴沉积、湖泊沉积和海洋沉积等。

5. 成岩作用

使松散堆积物固结为岩石的过程，称为成岩作用。在固结过程中，要经历物理的压实作用和化学的胶结作用。

外动力地质作用产物如图 1-5 所示。

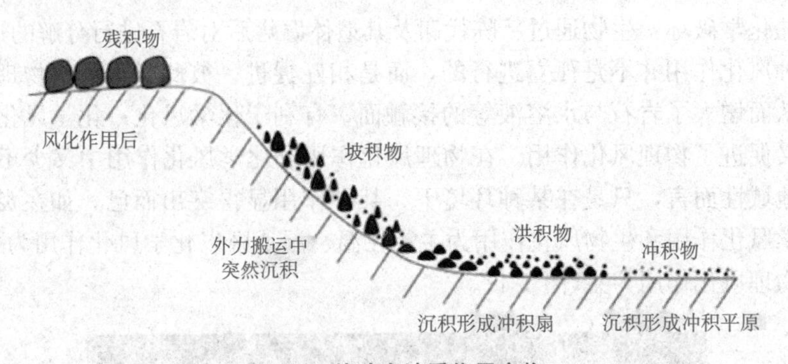

图 1-5　外动力地质作用产物

(三)内、外动力地质作用之间的相互关系

内动力地质作用和外动力地质作用既有区别又有联系。内动力地质作用是由地球内部能产生的地质作用，主要在地下深处进行，有些可波及地表；外动力地质作用主要由地球外部能产生，一般在地表或地表附近进行。

内动力地质作用使地球内部及地壳的组成和构造复杂化，垂直构造运动造成地壳隆起、凹陷，增加地表高差；外动力地质作用则对起伏不平的地表进行风化、剥蚀、搬运、堆积，使高低不平的地表逐渐平坦化，减小地表高差。

内动力地质作用塑造地表形态，外动力地质作用破坏和重塑地表形态，两者都在改变地表形态，但发展趋势相反。

在地球物质循环的过程中，内、外动力地质作用充当不同的角色，两者对立统一，缺一不可。

内动力地质作用控制着外动力地质作用的进程：构造运动强烈，地壳升降显著，外力削蚀作用随之增强；反之，削蚀和夷平作用减弱。

内动力地质作用的总趋势是形成地壳表层的基本构造形态和地壳表面的高低起伏；外动力地质作用则是破坏内动力地质作用形成的地形或产物，总趋势是削高补低，形成新的沉积物。一方面风化和剥蚀作用使露地表的岩石；另一方面把剥蚀下来的风化产物经流水等介质搬运到低洼处沉积下来重新形成岩石。

地质作用过程如图 1-6 所示。

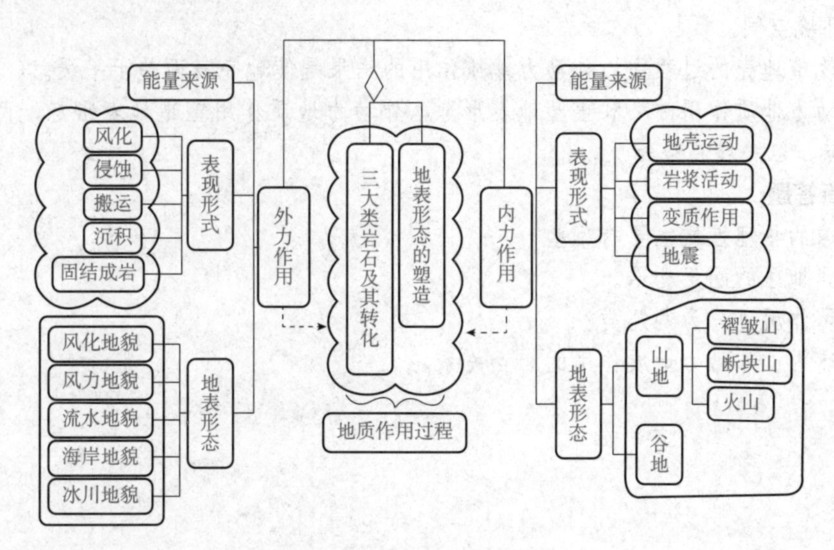

图 1-6　地质作用过程

内、外动力地质作用是对立统一的关系，既互相排斥对立，又互相依存联系，内力地质作用处于主导的支配地位，内力和外力地质作用共同塑造着地壳的特征，推动着地壳的演变和发展。

思考与练习

一、单项选择题

1. 下列地质作用不是内动力地质作用的是(　　)。

A. 地震作用　　B. 变质作用　　C. 成岩作用　　D. 地壳运动

2. 内动力地质作用包括地震作用、地壳运动、岩浆作用和(　　)。

A. 风化作用　　B. 变质作用　　C. 成岩作用　　D. 沉积作用

3. 下列关于风化作用的叙述中正确的是(　　)。

A. 温差风化属于化学风化作用　　B. 风化作用均会导致岩石成分的变化

C. 风化作用随地表深度的加大而减弱　　D. 风化作用属于内力地质作用

4. 外动力地质作用包括风化作用、搬运作用、沉积作用、成岩作用和(　　)。

A. 剥蚀作用　　B. 岩浆作用　　C. 地质作用　　D. 地壳运动

5. 地球以地表为界分为外圈和内圈，以下各项不属于外圈的是(　　)。

A. 大气圈　　B. 水圈　　C. 生物圈　　D. 地核

6. 随着距地表深度的不断加大，风化作用的程度(　　)。

A. 不发生变化　　B. 越来越强　　C. 越来越弱　　D. 无法判断

二、判断题

1. 地壳是莫霍面以上固体地球的表层部分，平均厚度约为 33 km。(　　)

2. 地壳可分为大陆地壳和海洋地壳两种类型。(　　)

3. 地壳主要由水圈组成，它和大气圈、岩石圈、生物圈的相互作用共同形成人类生活和活动的环境空间。(　　)

4. 在改造地壳的过程中，外动力地质作用的结果是使地壳表面趋于平缓。(　　)

5. 内动力地质作用破坏和重塑地表形态，外动力地质作用塑造地表形态，两者都在改变地表形态，但发展趋势相反。(　　)

三、简答题

1. 地球的物理性质主要有哪些?

2. 简述地球的圈层构造。

3. 地震作用可分为哪几类?

4. 简述内、外动力地质作用的相互关系。

模块二　岩石及其成因与工程地质特性

单元一　造岩矿物

岩石及其成因
与工程地质特性

知识目标

(1)了解矿物的概念及类型。
(2)熟悉常见造岩矿物的物理性质。
(3)掌握常见造岩矿物的主要鉴别特征。

能力目标

(1)能够根据矿物的定名大概知道它属于哪一类矿物。
(2)能够根据形态、颜色、光泽、硬度、解理、断口形式等物理性质进行常见造岩矿物的肉眼鉴定。

人类的工程活动与地壳的组成物质——岩、土密切相关。当岩石作为地基或建筑材料时，其强度和稳定性影响工程建(构)筑物的造价、正常使用与安全。

组成地壳的岩石都是在一定的地质条件下，由一种或几种矿物自然组合而成的矿物集合体，矿物的成分、性质及其在各种因素影响下的变化，都会对岩石的强度和稳定性发生影响。

由于岩石是由矿物组成的，所以要认识岩石，分析岩石在各种自然条件下的变化，进而对岩石的工程地质特性进行评价，这就必须先从矿物讲起。

一、矿物的概念及类型

地壳和地球内部的化学元素绝大多数是以化合物的形态存在的(除极少数呈单质存在外)，这些具有一定化学成分和物理性质的自然元素与化合物称为矿物。

自然界中只有少数矿物是以自然元素形式出现的，如硫黄(S)、金刚石(C)、自然金(Au)(图 2-1)等。绝大多数矿物是由两种或两种以上元素组成的化合物，如石英(SiO_2)、方解石($CaCO_3$)、石膏($CaSO_4 \cdot 2H_2O$)等。矿物除少数呈液态(如水银、石油、水)和气态(如 CO_2、H_2S、天然气)外，绝大多数都呈固态，如石英、正长石、斜长石、云母、滑石、橄榄石、雌黄、雄黄、辰砂、刚玉等(图 2-2)。

图 2-1　单质矿物自然金

图 2-2　固态矿物

(a)石英；(b)正长石；(c)斜长石；(d)云母

固态矿物按其内部构造不同，可分为晶质体和非晶质体两种。晶质体的内部质点(原子、离子、分子)有规律地排列，往往具有规则的几何外形。在不同的物理化学条件下，相同的物质可以形成不同的晶形，如金刚石与石墨。晶体结构的不同，导致矿物的物理性质存在天壤之别。各种矿物都有其独特的晶形，这是鉴定矿物的重要依据之一，如岩盐是正立方体晶体，石英是六方双锥晶体，方解石多为菱面体，云母则为片状等(图 2-3)。非晶质(玻璃质)体的内部质点呈无序排列，因此不具有规则的几何外形，如玛瑙、蛋白石、玉髓($SiO_2 \cdot nH_2O$)(图 2-4)和褐铁矿($Fe_2O_3 \cdot nH_2O$)等。

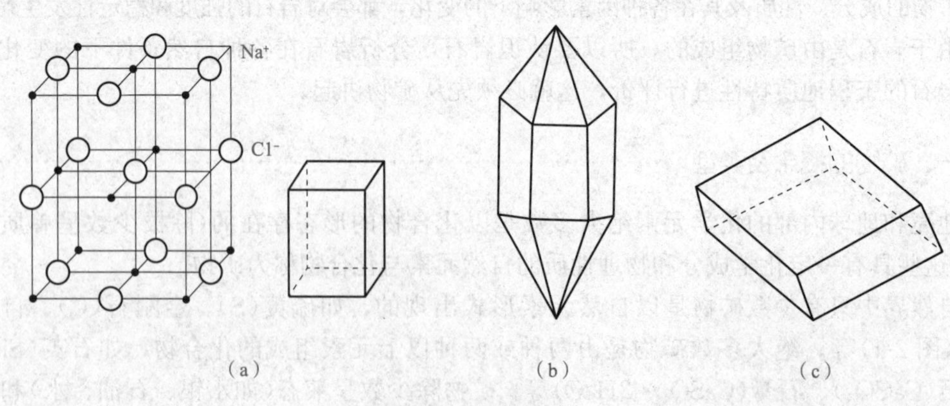

图 2-3　矿物晶体

(a)岩盐的内部构造及晶体；(b)石英晶体；(c)方解石晶体

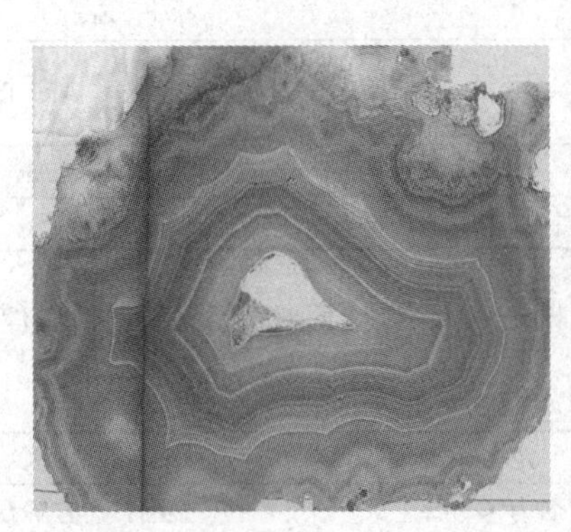

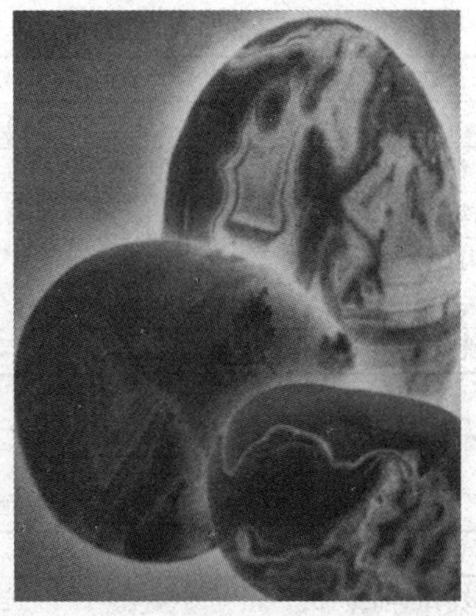

图 2-4　雨花石(以玛瑙、蛋白石、玉髓为主)

自然界的矿物按其成因可分为原生矿物、次生矿物和变质矿物三大类型。

(1)原生矿物(也称为内生矿物)。原生矿物是指在内生条件下的造岩作用和成矿作用过程中，与岩石或矿石同时期形成的矿物。例如岩浆结晶过程中所形成的橄榄岩中的橄榄石(图 2-5)，花岗石中的石英、长石，热液成矿过程中所形成的方铅矿等，均是原生矿物。

(2)次生矿物(也称为外生矿物)。次生矿物是指在岩石或矿石形成之后，其中的矿物遭受各种外力作用而改造成的新生矿物。其化学组成和构造都经过改变而不同于原生矿物。例如橄榄石经热液蚀变而形成的蛇纹石、正长石经风化分解而形成的高岭石、方铅矿经氧化而形成的铅矾进一步与含碳酸的水溶液反应而形成的白铅矿等均是次生矿物。土壤中次生矿物的种类很多，不同的土壤所含的次生矿物的种类和数量也不尽相同。次生矿物在化学成分上与原生矿物之间有一定的继承关系。次生矿物一般不包括变质作用所形成的新生矿物。

(3)变质矿物。变质矿物是在变质作用过程中形成的矿物，如蓝晶石(图 2-6)、十字石、红柱石、石榴子石、滑石、绿泥石、蛇纹石等。

图 2-5　橄榄石

图 2-6　蓝晶石

在自然界中，有六种矿物或矿物族是最为常见的，它们组成了人们赖以生存的地球表面的 95%的固体物质。它们的含量决定了岩石的名称及其主要性质(表 2-1)。

表 2-1 地壳中主要造岩矿物的百分含量

矿物及矿物族	含量/%	所含主要元素
长石族	60	Na、K、Ca、Al、Si、O
石英	13	Si、O
辉石族	12	Mg、Fe、Ca、Na、Al、Ti、Mn、Si、O
闪石族	5	
云母族	4	K、Mg、Fe、Al、Si、O
橄榄石	1	Mg、Fe、Si、O

一般可以根据矿物的定名大概知道它属于哪一类矿物，矿物定名的一般规律见表 2-2。

表 2-2 矿物定名的一般规律

矿物类型	定名	示例
玻璃光泽的矿物	定名为××石	金刚石、方解石、萤石
具有金属光泽或能从中提炼出金属的矿物	定名为××矿	黄铁矿、方铅矿
玉石类矿物	定名为××玉	刚玉、硬玉、黄玉
硫酸盐矿物	定名为××矾	胆矾、铅矾
地表上松散的矿物	定名为××华	砷华、钨华

二、矿物的物理性质

每种矿物都具有一定的物理性质，它们是矿物化学成分与内部构造的综合体现。所以，可以根据矿物的物理性质来识别和鉴定它们。

准确鉴定矿物需要借助化学分析和各种仪器，但对于一般常见矿物，用肉眼即可进行初步鉴定。肉眼鉴定所依据的是矿物的一般物理性质。下面着重介绍用肉眼和简单工具(如硬度计、毛瓷板、放大镜和小钢刀等)即可分辨的物理性质。

(一)矿物的形态

矿物的形态(或形状)，是指矿物的单个晶体外形或集合体的状态。每种矿物一般都具有一定的形态，因此，矿物的形态有助于识别矿物。

1. 矿物单晶体的形态

矿物单晶体有的沿一个方向延伸，呈柱状(如角闪石)、针状、纤维状等；有的沿两个方向延展，呈板状(如石膏)、片状(如云母)等；有的沿三个方向大致相等发育，呈等轴状(如方解石)或粒状(如白云石)，如图 2-7 所示。

2. 矿物集合体的形态

在自然界中，矿物常以许多较小单体的形态聚集在一起，形成矿物集合体，因此可按矿物集合体的形态来识别矿物。矿物集合体的形态主要取决于矿物单晶体形态、特征和它们之间的排列方式，矿物集合体形态反映了矿物的生成环境。

矿物单晶体如果为一向延伸，其集合体常为纤维状(如纤维石膏)、柱状、针状或毛发状；矿物单晶体如果为两向延展，其集合体常为片状、板状或鳞片状；矿物单晶体如果为三向等长，其集合体常为粒状(肉眼能分辨矿物颗粒)或块状(肉眼不能分辨矿物颗粒)。块状集合体中的坚实者称为致密块状(如石英)，疏松者称为土状(如高岭土)(图 2-8)。

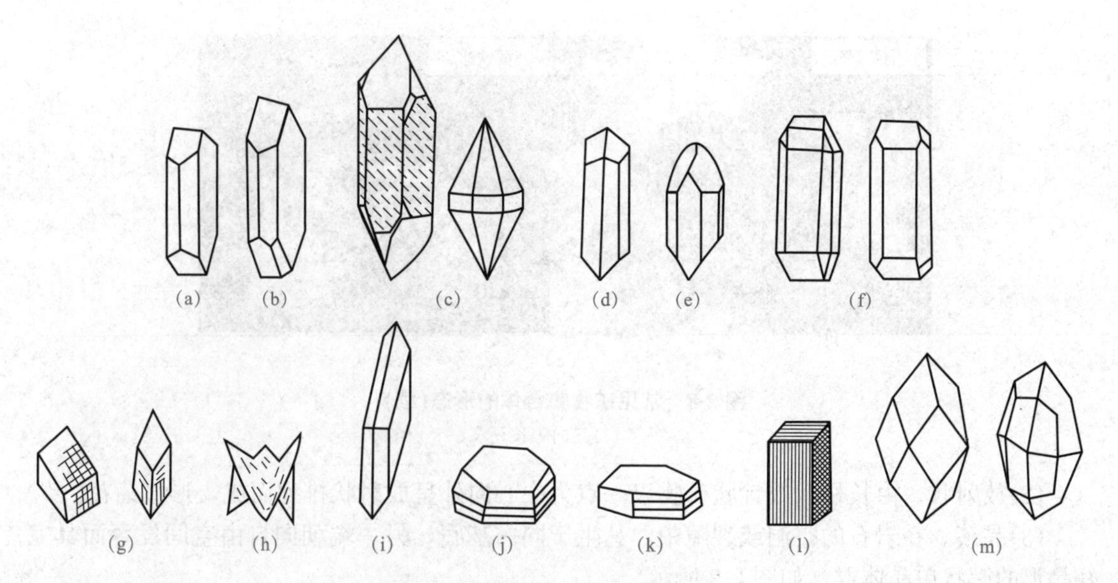

图 2-7　常见矿物单晶体的形态

(a)正长石；(b)斜长石；(c)石英；(d)角闪石；(e)辉石；(f)橄榄石；(g)方解石；(h)白云石；(i)石膏；(j)绿泥石；(k)云母；(l)黄铁矿；(m)石榴子石

另外，还有些特殊形态的矿物集合体。下面简单介绍几种。

(1)纤维状。由许多针状、柱状或毛发状的同种单体矿物，平行排列成纤维状，如石棉、纤维石膏等。

图 2-8　常见矿物集合体的形态

(a)一向延伸；(b)两向延展

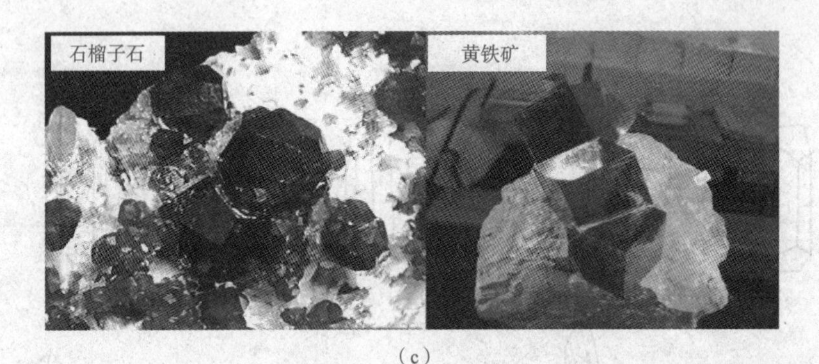

(c)

图 2-8 常见矿物集合体的形态(续)

(c)三向等长

(2)放射状。由长柱状或针状矿物以一点为中心向外呈放射状排列而成，形似菊花。

(3)晶簇。在岩石的空洞或裂隙中，从生于同一基底，另一端朝向自由空间发育而具完好晶形的簇状单晶体群，如图 2-9 所示。

(4)鲕状、豆状和肾状。胶体物质围绕着某质点凝聚成一个结核，一个个细小的结核聚合成集合体，形似鱼卵，故称鲕状；结核颗粒大小如豆者，则称为豆状；形似肾状者，称为肾状集合体。例如，赤铁矿可以出现致密块状、鲕状、豆状及肾状等形态，代表不同的成因环境。

图 2-9 方解石晶簇

(5)钟乳状。钟乳状是指钙质溶液或胶体。在岩石的孔洞或裂隙中，因水分蒸发，从同一基底向外逐层生长而成的圆锥形或圆柱形矿物集合体呈钟乳状。这种矿物集合体常见于石灰岩溶洞中，如由洞顶向下生长而形成下垂的钟乳体称为石钟乳；由下向上逐渐生长的钟乳体称为石笋；石钟乳和石笋相互连接就形成了石柱。

(6)土状。单体矿物已看不清楚，常呈疏松粉末状，由此类矿物聚集而成的集合体称为土状集合体，如高岭土。

(二)矿物的光学性质

矿物的光学性质，是指矿物对光的吸收、折射和反射所产生的各种性质。其主要的光学性质有颜色、条痕、光泽和透明度，这些性质对宝石矿物的鉴别和对比很有用。

1. 颜色

颜色即矿物的色彩。矿物表面的不同颜色是鉴定矿物最直观的重要特征。颜色根据产生的原因不同可分为自色、他色和假色。

(1)自色。自色是指由于矿物本身的化学成分中含有带色的元素而呈现的颜色，即矿物本身所固有的颜色。例如红宝石的红色、孔雀石的绿色等，是矿物成分中含有色素离子所引起的，最具鉴定意义。一般来说，含铁、锰多的矿物，如黑云母、普通角闪石、普通辉石等颜色较深；含硅、铝、钙等成分多的矿物，如石英、长石、方解石等颜色较浅。

(2)他色。他色是指矿物因含有外来带色杂质而引起的颜色。例如纯净的石英为无色，含有杂质或致色元素时，可呈现不同的颜色，如黄水晶、烟水晶、紫水晶等。由于他色常有变化，所以其一般不能作为鉴定矿物的特征。

(3)假色。假色是由光的干涉、衍射等物理光学过程所引起的颜色。例如，斑铜矿氧化表面上呈现蓝紫斑驳的颜色，称为倩色；白云母、冰洲石等无色透明矿物晶体内部，沿裂隙面、解理面所呈现的相似于虹霓般的彩色，称为晕色；欧泊、拉长石等矿物中不均匀分布的蓝、绿、红、黄等颜色，随观察角度而闪烁变幻或徐徐变化的彩色，称为变彩。它与矿物的化学成分和内部结构无关，只对个别矿物(如斑铜矿)具有鉴定意义。

2. 条痕

条痕是指矿物粉末的颜色，通常由矿物在白色无釉瓷板上擦划时留下的粉末痕迹而得出。条痕颜色较矿物块体的颜色而言相对固定，它对于不透明的金属矿物和色彩鲜明的透明矿物具有重要的鉴定意义。例如，赤铁矿因形态的不同可分别呈铁黑、钢灰、褐红等颜色，但它的条痕均为樱红色；黄铁矿呈浅黄铜色，而条痕呈绿黑色(图 2-10)。

3. 光泽

图 2-10　矿物的条痕

矿物表面呈现的光亮程度称为光泽。其是矿物表面的反射率的表现。其按反射强弱程度，可分为金属光泽、半金属光泽和非金属光泽。造岩矿物绝大部分属于非金属光泽，分为以下几种。

(1)玻璃光泽：反光如镜，如长石、方解石解理面上呈现的光泽。

(2)珍珠光泽：像珍珠一样的光泽，如云母等。

(3)丝绢光泽：纤维状或细鳞片状矿物，形成丝绢般的光泽，如纤维石膏和绢云母等。

(4)油脂光泽：矿物表面不平，致使光线散射，如石英断口上呈现的光泽。

(5)蜡状光泽：石蜡表面呈现的光泽，如蛇纹石、滑石等致密块体矿物表面的光泽。

(6)土状光泽：矿物表面暗淡如土，如高岭石等松细粒块体矿物表面所呈现的光泽。

4. 透明度

透明度是指矿物允许可见光透过的程度。常以 1 cm 厚的矿物块体为基础观察可见光透过的情形。能允许绝大部分光透过，即隔着约为 1 cm 厚的矿物块体可清晰看到矿物后面物体轮廓的细节，称为透明，如水晶、冰洲石。基本上不允许光透过，即隔着约为 1 cm 厚的矿物块体观察时，完全见不到矿物后面的物体，称为不透明，如磁铁矿。透明和不透明之间可有过渡类型，如石膏。

(三)矿物的力学性质

矿物的力学性质是指矿物在受力后表现出来的物理性质。

1. 硬度

硬度是矿物抵抗外来机械作用(如刻画、压入或研磨等)的能力。矿物的硬度一般采用相对硬度来衡量，即采用两种矿物对刻的方法来确定矿物的相对硬度。硬度对比的标准一直沿用摩氏硬度计，即选用 10 种不同硬度的标准矿物，按其软硬程度排列成十级用以对比(表 2-3)。

表 2-3　摩氏硬度计

1度	滑石	6度	长石
2度	石膏	7度	石英
3度	方解石	8度	黄玉
4度	萤石	9度	刚玉
5度	磷灰石	10度	金刚石
注：为记忆这10种矿物，可采用顺口溜方法，即只记矿物的第一个汉字："滑石方萤磷，长石黄刚金"。			

摩氏硬度只反映矿物相对硬度的顺序，它并不是矿物的绝对硬度等级。在测定某种矿物的相对硬度时，如其能被方解石刻动，但不能被石膏刻动，则该矿物的相对硬度为2～3，可定为2.5。常见的造岩矿物的硬度大部分为2～6.5，大于6.5的只有石英、橄榄石、石榴子石等少数几种。为了方便起见，常用软铅笔(1)、指甲(2～2.5)、小刀、钢钉(3～4)、玻璃棱(5～5.5)、钢刀片(6～7)来测定矿物的相对硬度。

2. 解理和断口

矿物受外力打击后沿一定的方向裂开而形成光滑面的特性称为矿物的解理[图 2-11(a)]，光滑的平面称为解理面。另外，一些矿物受外力打击后在任意方向破裂并呈各种凹凸不平的断面(如贝壳状、锯齿状等)，称为断口[图 2-11(b)]。

矿物之所以能产生解理，是由于矿物内部质点按某种特殊规则排列，并形成一些薄弱面，因此解理仅发生在晶质矿物中。不同的晶质矿物，由于其内部构造不同，在受力作用后开裂的难易程度、解理组数及解理面的完全程度也有差别。根据矿物解理组数不同可分为一组解理(如云母等)、二组解理(如长石、辉石与角闪石等)、三组解理(如方解石等)及四组解理(如萤石等)等。

根据解理面的完全程度，可将解理分为以下几种。

(1)极完全解理：矿物在外力作用下极易裂成薄片，解理光滑平整，很难发生断口，如云母、石墨等。

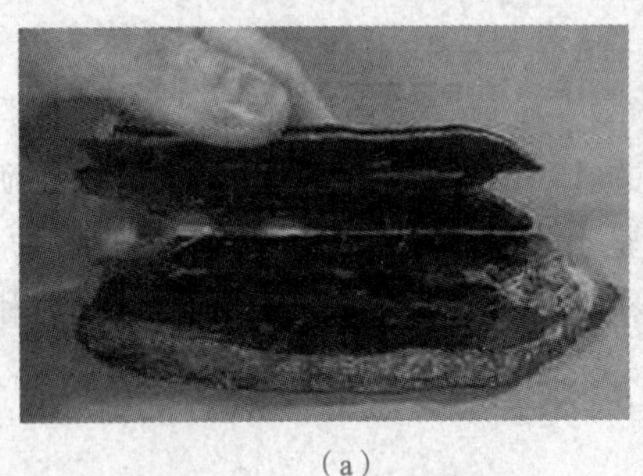

(a)

(b)

图 2-11　矿物的解理和断口

(a)解理；(b)断口

(2)完全解理：矿物在外力作用下易沿解理方向分裂成平面(不成薄片)，解理面平滑，较难发生断口，如方解石、萤石等。

(3)中等解理：矿物在外力作用下可以沿解理方向分裂成平面，解理面不甚平滑，较易出现断口，如普通辉石、角闪石等。

(4)不完全解理：矿物在外力作用下不易裂出解理面，易成断口，如磷灰石等。

(5)极不完全解理(即无解理)：矿物在外力作用下极难出现解理面，常为断口，如石英、石榴子石等。

不同的解理组数和解理发育程度，使不同矿物各具独特的外形特征，如云母可以揭成一层层的小薄片是因为云母具有一组极完全解理，方解石打碎后仍然呈菱面体是因为方解石具有三组完全解理。

矿物解理的完全程度和断口互为消长。在容易出现解理的方向上一般不易出现断口；解理不完全或无解理时，则断口发育。断口在晶质或非晶质矿物上均可发生，并且断口常具有一定的形态，可作为鉴定矿物的一种辅助特征。

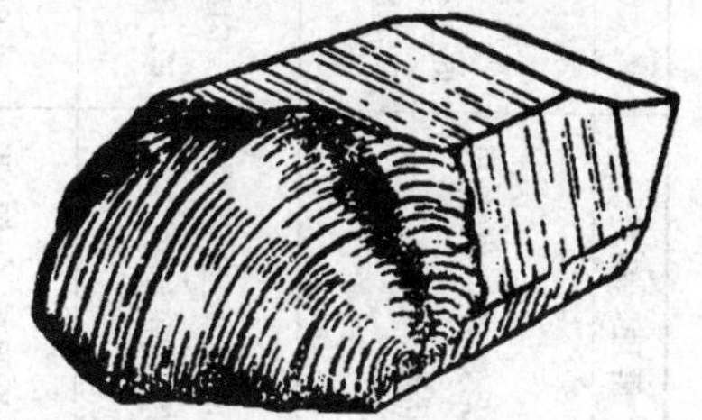

图 2-12　石英的贝壳状断口

矿物断口的形状主要有下列几种。

(1)贝壳状：断口呈圆形的光滑面，面上常出现不规则的同心纹，形似贝壳状，如石英等(图 2-12)。

(2)锯齿状：断口呈尖锐的锯齿状，延展性很强的矿物具有此种断口，如自然铜等。

(3)参差状：断口面参差不齐、粗糙不平，大多数矿物具有此种断口，如磷灰石等。

(4)土状：为土状矿物(如高岭石等)所特有的粗糙断口，断口面呈细粉状。

一般可根据解理是否发育、解理面的平整程度、解理的组数及其交角的特点等来鉴定矿物，但应注意晶面与解理面的区别。

(四)矿物的其他性质

有些矿物还具有独特的性质，如弹性(是指矿物受外力作用时发生弯曲而不断裂，外力撤除后即能恢复原状的性质，如云母)、挠性(是指矿物受外力作用时发生弯曲而未断开，但外力解除后不能恢复原状的性质，如绿泥石、滑石)、延展性(是指矿物受外力的拉引或锤击、滚轧时，能拉伸成细丝或展成薄片而不破裂的性质，如自然金等)、磁性(是指矿物可被外部磁场吸引或排斥的性质，如磁铁矿)、滑感(滑石)、咸味(岩盐)、比重大(重晶石)、臭味(硫黄)等物理性质，以及与冷稀盐酸发生化学反应而产生 CO_2 气泡(如图 2-13 所示的方解石)等现象。这些独特的性质对鉴别某些矿物具有重要的意义。

图 2-13　方解石遇盐酸起泡

另外，黄铁矿、石膏、云母、方解石、黏土矿物在评定岩石的工程地质性质时具有重要的意义。因为黄铁矿遇水和氧时易形成硫酸，可使岩石被迅速、剧烈地破坏。石膏具有较大的可溶性和膨胀性，受水作用后易于溶滤而在岩石中形成空洞。云母极易分裂成薄片，常以夹层状包含在岩石中，使岩石的强度降低、性质不均匀，容易碎裂成单独的板块，特别是含铁质的黑云母，较白云母更易受到破坏。方解石在一定条件下可溶解于水形成溶洞，不仅使岩石的强度降低，而且会产生渗透。黏土矿物(高岭石、蒙脱石、伊利石)遇水易软化，强度低，极易产生滑动。

在鉴定矿物时，要善于抓住主要矛盾，注意比较各种矿物的异同点，找出各种矿物的特殊点。表 2-4 所示为常见造岩矿物的物理性质，根据这些物理性质可进行造岩矿物的肉

表 2-4 常见造岩矿物的物理性质

矿物名称及化学成分	形态	颜色	光泽	硬度	解理、断口	主要鉴定特征
石英 SiO_2	晶体呈六棱柱状或双锥状，集合体呈粒状或块状	纯净的为无色，一般的呈乳白色或浅灰色，含机械混入物时可呈多样化的颜色	玻璃光泽，断口为油脂光泽	7	无解理，具有贝壳状断口	常呈六棱柱状或双锥状，柱面上有横纹，贝壳状断口，断口油脂光泽，无解理，硬度高
正长石 $K[AlSi_3O_8]$	晶体呈短柱状、厚板状，集合体常呈块状、粒状	肉红色、浅玫瑰色或近于白色	玻璃光泽	6～6.5	两组完全解理，解理交角为90°	肉红色，短柱状、厚板状晶形，硬度高
斜长石 $Na[AlSi_3O_8]$～$Ca[AlSi_3O_8]$	晶体呈板状、厚板状，集合体常呈块状和粒状	白色至灰白色	玻璃光泽	6～6.5	两组完全解理，解理交角为86.5°	灰白色和白色，解理，聚片双晶
黑云母 $K(Mg,Fe)_3[AlSi_3O_{10}](OH,F)_2$	晶体呈板状或片状，集合体呈片状或鳞片状	黑色、棕色、褐色	玻璃光泽，解理面上具有珍珠光泽	2～3	一组极完全解理	板状、片状形态，黑色与深褐色，一组极完全解理，薄片具弹性等
白云母 $KAl_2[AlSi_3O_{10}](OH,F)_2$	晶体呈板状或片状，集合体呈片状或鳞片状	无色、灰白色至浅灰色	玻璃光泽，解理面上具有珍珠光泽	2～3	一组极完全解理	板状、片状晶形，无色、灰白色至浅灰色，一组极完全解理，薄片具弹性
角闪石 $Ca_2Na(Mg,Fe)_4(Al,Fe)[Si,Al]_4O_{11}]_2(OH,F)_2$	晶体多呈长柱状，集合体呈长柱状、纤维状、粒状	浅绿色至黑绿色	玻璃光泽	5.5～6	两组完全解理，解理交角为56°	暗绿色，长柱状晶形，横断面呈六边形，解理交角为56°
辉石 $(CaNa)(Mg,Fe,Al)[(Si,Al)_2O_6]$	晶体常呈短柱状，集合体呈粒状或块状	绿黑色或黑褐色	玻璃光泽	5～6	两组完全或中等解理，解理交角为87°	绿黑色，短柱状晶形，横切面近于正八边形，两组解理，交角近直角

续表

矿物名称及化学成分	形态	颜色	光泽	硬度	解理、断口	主要鉴定特征
橄榄石 $(Fe, Mg)_2[SiO_4]$	粒状集合体	橄榄绿色、淡黄绿色	玻璃光泽	6.5～7	不完全解理、贝壳状断口	橄榄绿色，粒状集合体，玻璃光泽，贝壳状断口
方解石 $Ca[CO_3]$	晶体呈菱面体，集合体呈粒状、块状、钟乳状等	无色或白色，因含杂质可具多种颜色	玻璃光泽	3	菱面体完全解理	菱面体完全解理，遇稀盐酸剧烈起泡
白云石 $CaMg[CO_3]_2$	晶体呈菱面体，晶面常弯曲成马鞍形，集合体常呈致密块状、粒状	无色、白色或灰色，有时为淡黄色、淡红色	玻璃光泽	3.5～4	菱面体完全解理	马鞍形的晶体外形，与冷稀盐酸反应微弱
高岭石 $Al_4[Si_4O_{10}](OH)_8$	多为隐晶质致密块状或土状集合体	白色，因含杂质可呈浅红、浅黄等色	土状光泽或蜡状光泽	1～3	土状断口	白色，土状块体，可手捏成粉末，水湿润后具可塑性
石膏 $Ca[SO4]\cdot 2H_2O$	晶体呈厚板状或柱状，集合体常呈块状或粒状，有时呈纤维状	常为白色及无色，含杂质时可呈灰、浅黄、浅褐等色	玻璃光泽，解理面为珍珠光泽，纤维状集合体呈丝绢光泽	2	一组极完全解理，两组中等解理	板状晶体，硬度低，一组极完全解理
滑石 $Mg_3[Si_4O_{10}](OH)_2$	晶体呈板状，但少见；集合体常呈片状、鳞片状或致密块状	纯者无色透明或白色，但常因杂质呈浅黄、粉红、浅绿和浅褐等色	玻璃光泽，解理面上呈珍珠光泽	1	一组极完全解理	低硬度(指甲可刻动)，具滑感，片状集合体，并有一组极完全解理
绿泥石 $(Mg, Al, Fe)_6[(Si, A1)_4O_{10}](OH)_8$	晶体呈假六方板状、片状，集合体常呈鳞片状、土状或块状	呈各种色调的绿色	玻璃光泽或土状光泽，解理面呈珍珠光泽	2～2.5	一组极完全解理	绿色，一组极完全解理，硬度低，薄片具挠性
蛇纹石 $Mg_6[Si_4O_{10}](OH)_8$	单晶体极为罕见，常为显微叶片状、隐晶质致密块状集合体、纤维状集合体	一般呈绿色，深浅不一，常具蛇皮状青、绿色的斑纹	油脂光泽或蜡状光泽，纤维状呈丝绢光泽	2～3.5	一组极完全解理	具有特有的颜色、形态、光泽，硬度低
石榴子石 $(Mn, Fe, Mg, Ca)_3(Al, Fe, Cr)_2[SiO_4]_3$	菱形十二面体、四角三八面体，集合体呈散粒状或致密块状	常呈红、褐棕、绿色至黑色	玻璃光泽，断口呈油脂光泽	6.5～7.5	无解理，不规则断口	具有特有的晶形、颜色、光泽，高硬度，无解理

眼鉴定。应用表2-4鉴定造岩矿物时，首先应根据颜色确定被鉴定的矿物是属于浅色的(如石英、长石、白云母等)还是深色的(如橄榄石、黑云母、角闪石、辉石等)，再以适当的物品确定其硬度范围，然后观察分析被鉴定矿物的其他特征，即可作出结论。常见造岩矿物的肉眼鉴定可在实验课上结合矿物标本进行学习。

单元二　岩浆岩

知识目标

(1)了解岩浆岩的概念和产状。

(2)掌握常见岩浆岩的分类及鉴定方法。

(3)熟悉常见岩浆岩的特征。

能力目标

(1)能够根据岩石结晶程度进行结构类型的划分。

(2)能够通过观察岩石的颜色、结构和构造等情况，对岩浆岩进行肉眼鉴定。

岩石是矿物(部分为火山玻璃或生物遗骸)的自然集合体。其是在地质作用下由一种或多种矿物组成的、具有一定结构和构造的自然集合体。根据成因和形成过程，岩石可分为三大类，即由岩浆活动所形成的岩浆岩(火成岩)、由外力作用形成的沉积岩(水成岩)和由变质作用形成的变质岩。

一、岩浆岩的概念和产状

(一)岩浆岩的概念

岩浆岩又称火成岩，是由炽热的岩浆在地下或喷出地表后冷凝固结而形成的岩石，其占地壳岩石体积的64.7%，是三大类岩石的主体。

岩浆是存在于上地幔顶部和地壳深处，以硅酸盐为主要成分，富含挥发性物质(CO_2、CO、SO_2、HCl及H_2S等)，处于高温(700 ℃～1 300 ℃)、高压(约为数千兆帕)状态下的熔融体。熔融的岩浆可以在上地幔或地壳深处运移，并沿深部的断裂向上入侵。当岩浆向上运移时，由于温度和压力的降低，岩浆逐渐冷凝而未到达地表，这称为岩浆的侵入作用。由侵入作用所形成的岩石称为侵入岩。侵入岩是被周围原有岩石封闭起来的三维空间的实体，故又称为侵入体。包围侵入体的原有岩石称为围岩。按形成深度可分为深成侵入体(一般是在地表3 km以下)和浅成侵入体(通常距离地表3 km以内)。一般深成侵入体规模大；浅成侵入体规模小。

若岩浆沿一定构造裂隙通道上升到溢出地表或喷出地表，称为岩浆的喷出作用，也称为火山作用。在地表由于喷出作用形成的岩石称为喷出岩。根据岩浆喷出的作用方式及其猛烈程度，又可将其分为熔岩和火山碎屑岩两类。熔岩是指上升的岩浆溢出地表冷凝而成的岩石；火山碎屑岩是指岩浆或它的碎屑物质被火山猛烈地喷发到空中，而后又在地面堆积形成的岩石。

(二)岩浆岩的产状

岩浆岩的产状是指岩浆岩体的形态、大小及其与围岩的关系。岩浆岩的产状是受岩浆的物质组成、产出的物理化学条件及冷凝地带的空间环境的制约和控制的，因此，岩浆岩的产状多种多样(图 2-14)。

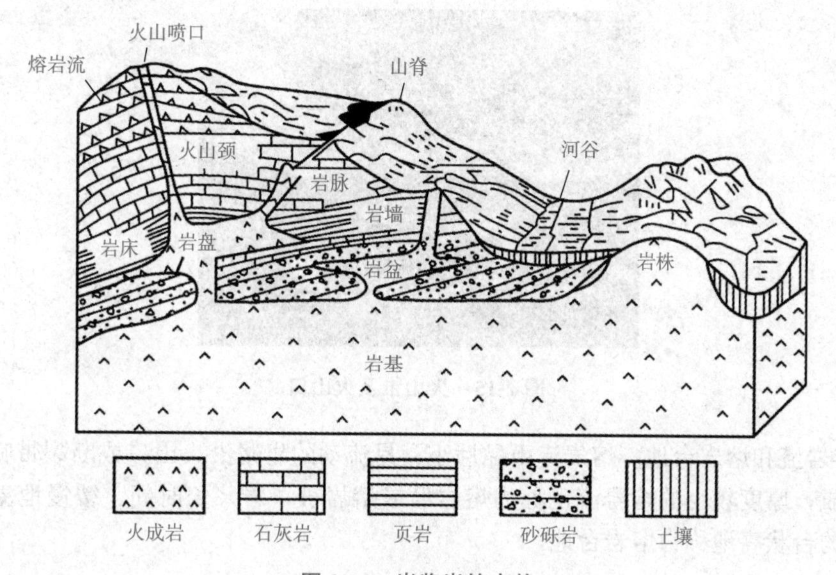

图 2-14　岩浆岩的产状

1. 深成侵入岩体的产状——岩基和岩株

(1)岩基：是一种规模极大的侵入岩体，范围很大，常与硅铝层连接在一起；形状不规则，表面起伏不平；与围岩呈不谐和接触，露出地面的大小决定当地的剥蚀深度。

(2)岩株：与围岩接触较陡，面积达几平方千米或几十平方千米，其下部与岩基相连，比岩基小。

2. 浅成侵入岩体的产状——岩盘、岩盖、岩床、岩脉、岩墙

(1)岩盘、岩盖：岩浆侵入成层的围岩，侵入体的展布与围岩成层方向大致平行，但其中间部分略向下凹、似盘状，称为岩盘；如果侵入体底平面顶凸、似蘑菇状，则称为岩盖。岩盘与岩盖的下部有管状通道与下面更大的侵入体相通，因此其常由黏性大的岩浆形成。

(2)岩床：岩浆沿着成层的围岩方向侵入，表面无凸起，略为平整，范围为一米至几米。

(3)岩脉、岩墙：沿围岩裂隙冷凝成的狭长形的岩浆体，与围岩成层方向相交成垂直或近于垂直。另外，垂直或大致垂直于地面者称为岩墙。

3. 喷出岩体的产状——火山锥、熔岩流和熔岩台地

岩浆沿火山颈喷出地表，其喷发方式主要有两种：一种是岩浆沿管状通道上涌，从火

山口喷发或溢出，称为中心式喷发；另一种是岩浆沿地壳中狭长的裂隙或断裂带溢出，称为裂隙式喷溢。

喷出岩的产状受其岩浆的成分、黏性、上涌通道的特征、围岩的构造及地表形态的控制和影响。常见的喷出岩的产状有火山锥、熔岩流和熔岩台地等。

(1)火山锥。黏性较大的岩浆沿火山口喷出地表，猛烈地爆炸喷发火山角砾、火山弹及火山渣。这些较粗的固体喷发物在火山口附近常堆积成火山锥，锥体高达数十至数百米，锥体坡角可达 30°，锥顶有明显的火山口(图 2-15)。

图 2-15　火山锥及火山口

(2)熔岩流和熔岩台地。熔岩流由黏性小、易流动的岩浆沿火山口或断裂带喷出，或溢出地表形成，厚度较小的熔岩流也称为熔岩席或熔岩被；岩浆长时间、缓慢地溢出地表而堆积形成的台状高地称为熔岩台地。

■ 二、岩浆岩的化学成分及矿物成分

1. 岩浆岩的化学成分

岩浆岩的化学成分几乎包括了地壳中所有的元素，但其含量却差别很大。若以氧化物计，则以 SiO_2、Al_2O_3、Fe_2O_3、FeO、CaO、MgO、Na_2O、K_2O、H_2O、TiO_2 等为主，它们占岩浆岩中化学元素总量的 99%以上，其中 SiO_2 含量最大，约占 59.1%，其次是 Al_2O_3，占 15.34%。岩浆岩中 SiO_2 的含量有一定的规律，因此，根据 SiO_2 含量的多少，可将岩浆岩分为酸性岩类(SiO_2 含量大于 65%)、中性岩类(SiO_2 含量为 65%～52%)、基性岩类(SiO_2 含量为 52%～45%)和超基性岩类(SiO_2 含量小于 45%)四类。

相对富含 SiO_2 和 Al_2O_3 的岩石称为硅铝质岩石，如花岗石；相对富含 FeO 和 MgO 的岩石称为镁铁质岩石，如玄武岩。

2. 岩浆岩的矿物成分

组成岩浆岩的矿物有 30 多种，但分布最广泛的只有 8 种。这 8 种矿物按颜色深浅可分为浅色矿物和深色矿物两类。浅色矿物富含硅、铝，有钾长石、斜长石、石英和白云母等；深色矿物富含铁、镁，有橄榄石、辉石、角闪石和黑云母等。其中，长石占全部岩浆岩矿物总量的 63%，其次是石英，故长石和石英是岩浆岩分类与鉴定的重要依据。

对具体岩石来说，它并不是这些矿物共同组成，通常仅由其中的两三种主要矿物组成。例

如，花岗石的主要矿物是石英、正长石和黑云母；辉长岩的主要矿物是基性斜长石和解石。

岩浆岩的矿物组成与其化学成分(硅、铝、铁、镁含量)密切相关，而岩浆岩的颜色则与其矿物组成(浅色矿物、暗色矿物含量)密切相关。从基性岩到中性岩再到酸性岩，岩石中硅、铝含量逐渐增高，铁、镁含量逐渐降低；浅色矿物含量逐渐增多，而暗色矿物含量逐渐减少。所以，从基性岩到中性岩再到酸性岩，岩石的颜色逐渐变浅。

三、岩浆岩的结构和构造

岩浆岩的结构和构造反映了岩石形成环境和物质成分变化的规律性，与矿物成分一样，它们是区分、鉴定岩浆岩的重要标志，也是岩石分类和定名的重要依据，还是直接影响岩石强度高低的主要因素。

(一)岩浆岩的结构

岩浆岩的结构是指组成岩石的矿物的结晶程度、矿物颗粒大小、晶粒形状及相互结合的情况。影响岩浆岩结构的主要因素是岩浆的化学成分(黏度)、物理化学状态(温度、压力)及成岩环境(冷凝、结晶的时间与空间)等。如果形成深成岩的岩浆埋藏深、冷凝缓慢，晶体结晶时间充裕，则在适宜的空间中能形成自形程度高、晶形好、晶粒粗大的矿物晶体；相反，喷出地表的岩浆由于冷凝速度快、结晶时间不足，故其形成的喷出岩多为非晶质或隐晶质结构。

岩浆岩结构的主要类型从不同的方面看，主要分为以下几种。

1. 根据岩石中矿物结晶程度划分

(1)全晶质结构[图 2-16(a)]：岩石全部由结晶的矿物颗粒组成。

(2)半晶质结构[图 2-16(b)]：岩石由结晶的矿物颗粒和部分未结晶的玻璃质组成。

(3)非晶质结构[图 2-16(c)]：岩石全部由熔岩冷凝的玻璃质组成(玻璃质)。

(a)

(b)

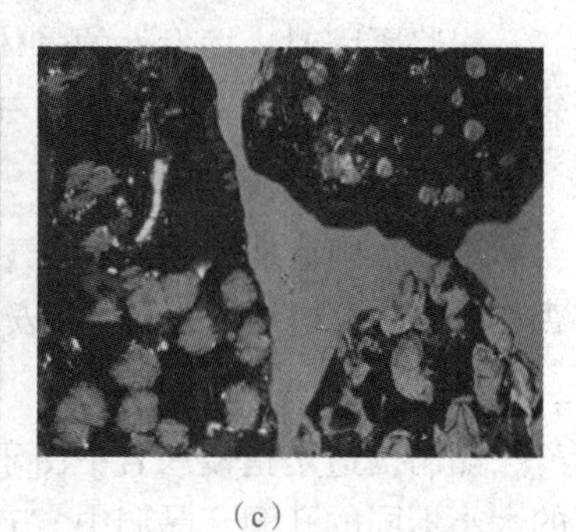

(c)

图 2-16　根据岩石结晶程度划分的结构类型

(a)全晶质结构；(b)半晶质结构；(c)非晶质结构

2. 根据岩石中晶粒大小划分

(1)粗粒结构：矿物的结晶颗粒大于 5 mm；

(2)中粒结构：矿物的结晶颗粒为 1～5 mm；

(3)细粒结构：矿物的结晶颗粒为 0.1～1 mm；

(4)微粒结构：矿物的结晶颗粒小于 0.1 mm。

3. 根据岩石中晶粒的相对大小划分

(1)等粒结构：是指岩石中的矿物全部是显晶质粒状，同种主要矿物结晶颗粒大小大致相等的结构。等粒结构是深成岩特有的结构。

(2)不等粒结构：是指岩石中同种主要矿物结晶颗粒大小不等、相差悬殊的结构。不等粒结构中较大的晶体叫作斑晶；细粒的微小晶粒或隐晶质、玻璃质叫作石基。不等粒结构按其颗粒相对大小又可分为斑状结构和似斑状结构两类。斑状结构是以石基为隐晶质或玻璃质的结构，是浅成岩或喷出岩的重要特征；似斑状结构是石基为显晶质的结构，多见于深成岩体的边缘或浅成岩中。

一般侵入岩多为全晶质等粒结构。喷出岩多为隐晶质致密结构或玻璃质结构，有时为斑状结构。

(二)岩浆岩的构造

岩浆岩的构造是指岩石中不同矿物集合体之间的排列方式及充填方式，它决定了岩石的外貌特点。岩石的构造与结构的概念不同，构造主要表示矿物集合体之间的各种特征；而结构主要表示矿物或矿物之间的各种特征。岩浆岩的构造特征主要取决于岩浆冷凝时的环境。常见的岩浆岩构造有如下几种。

1. 块状构造

块状构造是指矿物在岩石中分布杂乱无章，不显层次，呈致密块状，如花岗石、花岗斑岩等一系列深成岩与浅成岩的构造。

2. 流纹状构造

流纹状构造是指由于熔岩流动，由一些不同颜色的条纹和拉长的气孔等定向排列所形成的流动状构造。这种构造仅出现于喷出岩中，如流纹岩所具有的构造。

3. 气孔状构造

岩浆凝固时，挥发性的气体未能及时逸出，以致在岩石中留下许多圆形、椭圆形或长管形的孔洞称为气孔状构造。气孔状构造常为玄武岩等喷出岩所具有。

4. 杏仁状构造

杏仁状构造是指岩石中的气孔，为后期矿物(如方解石、石英等)充填所形成的一种形似杏仁的构造，如某些玄武岩和安山岩的构造。气孔状构造和杏仁状构造多分布于熔岩的表层。

5. 晶洞构造

晶洞构造是指侵入岩中由于岩浆冷凝时体积收缩或因气体逸出而形成的浑圆或椭圆形的大小不同的孔洞。晶洞中常有发育完好的晶体，形成晶簇，常见于花岗石中。

四、岩浆岩的分类及鉴定方法

(一)岩浆岩的分类

岩浆岩是构成地壳的主要岩石。岩浆岩的分类方法很多，最基本的分类方法是按组成物质中 SiO_2 的含量多少将其分为酸性岩、中性岩、基性岩和超基性岩四大类。同时，按岩石的结构、构造和产状可将每类岩石划分为深成岩、浅成岩和喷出岩三种不同类型。如果按上述不同的分类方法给岩浆岩赋予相应的名称，则形成一种纵向与横向的双向分类法。

(二)岩浆岩的鉴定方法

利用表2-5进行岩浆岩的肉眼鉴定时，首先，观察新鲜岩石的颜色，估计所含暗色矿物的体积百分比，以确定岩石的化学类别；其次，观察岩石的结构和构造，确定岩石的成因类别；最后，根据岩石的矿物成分定出岩石名称。应该注意的是，在确定颜色时，应把岩石放在一定的距离，观察大致(平均)的颜色；观察矿物成分时，只需鉴定其中显晶质或斑状结构中的斑晶成分即可(隐晶质和玻璃质用肉眼不易鉴定)。

例如，有一岩石标本，矿物成分以石英和正长石为主，斜长石次之，暗色矿物为黑云母，含量超过5%，可按如下方法进行观察和鉴定：岩石颜色较浅，为浅灰白色，应为酸性或中性岩；岩石为相粒结构，全晶质，块状构造，据此应为深成岩；岩石中含有大量石英，正长石多于斜长石。综合上述条件，对照分类表的纵行和横行，可确定是花岗石；暗色矿物黑云母的含量超过5%，最终可定名为黑云母花岗石。

表2-5　常见岩浆岩分类及肉眼鉴定表

岩类	SiO_2的含量/%	颜色	主要矿物成分	产状		
				深成岩	浅成岩	喷出岩
				主要构造		
				致密块状	致密块状、气孔状	气孔、流纹、杏仁等
				主要结构		
				全晶质中粗粒、似斑状	细粒、斑状	斑状、隐晶质、玻璃质
超基性岩	<45	黑色、绿黑色	橄榄石、辉石	橄榄岩、辉石岩	苦橄玢岩	苦橄岩
基性岩	45～52	黑色、灰黑色	斜长石、辉石(角闪石)	辉长岩	辉绿岩	玄武岩
中性岩	52～66	灰色、灰绿色	斜长石、角闪石(黑云母)	闪长岩	闪长玢岩	安山岩
酸性岩	>66	灰白色、肉红色	钾长石、斜长石、石英、(黑云母、角闪石)	花岗石	花岗斑岩	流纹岩

(三)常见岩浆岩的特征

1. 超基性岩类

(1)橄榄岩：一般呈绿色或黑绿色，中粒-粗粒结构，块状构造。其主要由大致等量的橄榄石和辉石组成，可含少量角闪石、黑云母等，没有石英，橄榄石含量达90%以上者叫作纯橄榄岩，<40%者向辉石岩过渡。岩石常发生蛇纹石化，并含磁铁矿等金属矿物。

(2)辉石岩：呈暗棕色或灰黑色，主要矿物为辉石(>90%)，可含少量橄榄石、角闪石、磁铁矿等金属矿物，辉石晶粒粗大，橄榄石镶嵌其间，结构构造与橄榄岩相似。

(3)苦橄岩：呈淡绿色至黑色，隐晶质结构，块状构造，有时具气孔或杏仁构造。其主要由橄榄石(50%～70%)和辉石(<40%)组成，可含少量基性斜长石、普通角闪石。若具有斑状结构，则称为苦橄玢岩。在自然界中分布较少，常与玄武岩共生，多产于玄武岩底部附近。

2. 基性岩类

(1)辉长岩：灰黑色、深灰色或黑绿色，中粒至粗粒结构，块状结构。主要矿物成分是斜长石和辉石，次要矿物成分有角闪石、橄榄石等，暗色矿物与浅色矿物含量大致相等。

(2)辉绿岩：暗绿色或黑绿色，矿物成分与辉长岩相似，但粒较细，长条形斜长石自形程度好，辉石以它形充填其间，为辉绿结构。具有斑状结构者称为辉绿玢岩。

(3)玄武岩：黑色、黑灰色或暗紫色，气孔构造和杏仁构造发育，斑状结构或隐晶质结构，一般常见的斑晶为长条形斜长石、橄榄石(可蚀变为褐红色伊丁石或蛇纹石)或辉石，而角闪石、黑云母少见，玄武岩常具柱状节理，若为水下喷发的，易形成枕状构造。

3. 中性岩类

(1)闪长岩：呈深灰色、灰白色，等粒中粒结构，块状构造，主要矿物成分为白色斜长石和普通角闪石(20%～30%)，有时暗色矿物以黑云母或辉石为主，石英含量很少(<5%)或没有。岩石坚硬，不易风化，岩块抗压强度达130～200 MPa，可作为各种建筑物的地基和建筑石料。

(2)安山岩：分布比闪长岩广泛，呈灰绿色、紫红色等。块状构造或气孔构造、杏仁构造，气孔不如玄武岩发育，基质为隐晶质。斑晶多为斜长石(常具聚片双晶)及角闪石，有时暗色矿物为辉石或黑云母。

(3)闪长玢岩：成分与闪长岩相似的中性浅成岩，主要区别是呈脉状产出，斑状结构，斑晶常为角闪石或斜长石。

4. 酸性岩类

主要矿物成分为石英、钾长石和酸性斜长石；次要矿物成分为黑云母、白云母和角闪石。典型岩石有花岗石、花岗斑岩、流纹岩。

(1)花岗石：一般呈灰白色、浅肉红色，细-粗粒结构，似斑状结构，块状构造。其主要由钾长石、斜长石和石英组成。其中，钾长石含量多于斜长石，石英含量为2%～50%。暗色矿物含量在10%以下，主要为黑云母或角闪石。花岗石分布广泛，性质均一、坚硬，岩块抗压强度达120～200 MPa，是良好的建筑物地基和优质的建筑石料。

(2)花岗斑岩：成分与花岗石相似的浅成岩，斑状结构。斑晶主要为钾长石和石英，有时也为黑云母、角闪石；基质成分与斑晶相似，但为微晶隐晶质。

(3)流纹岩：成分与花岗石相似。岩石呈粉红色、浅紫红色等。具有气孔、杏仁、流纹构造，斑状结构。斑晶主要是石英、透长石或正长石及斜长石，暗色矿物少见。基质较细，属隐晶质。

5. 火山碎屑岩类

火山碎屑岩是由火山喷发作用形成的火山碎屑物质堆积、胶结而成的岩石。常见的岩石有火山角砾岩和凝灰岩。

(1)火山角砾岩：常见于火山锥。主要由火山砾、火山渣(粒径为2～50 mm)组成的称为火山角砾岩；主要由火山块(粒径大于50 mm)组成的称为火山集块岩。

(2)凝灰岩：主要由火山灰组成，其中粒径小于2 mm的火山碎屑占90%以上，颜色多为灰白色、灰绿色、灰紫色和褐黑色。凝灰岩是分布最广的火山碎屑岩，宏观上有不规则的层状、似层状构造。凝灰岩的抗风化能力弱，易风化蚀变成蒙脱石黏土。火山凝灰岩岩石的孔隙率大，密度小，易风化，风化后会形成斑脱土，抗压强度一般为8～75 MPa。由于火山凝灰岩含有玻璃质矿物较多，因此常用作水泥原料。

单元三　沉积岩

知识目标

(1)了解沉积岩的分类。

(2)熟悉沉积岩的物质组成和胶结物。

能力目标

(1)能够了解沉积岩形成的四个阶段。

(2)能够掌握沉积岩的构造和特征。

沉积岩是由地表或接近地表的岩石遭受风化剥蚀破坏而产生的物质经搬运、沉积和固结成岩而形成的。据统计，沉积岩在地壳表层分布最广，占陆地面积的75%，但体积只占地壳的5%(岩浆岩和变质岩共占95%)。其分布的厚度各处均不同，且深度有限，一般不超过几百米，仅在局部地区才有数千米甚至上万米的巨厚沉积。

沉积岩记录着地壳演变的漫长过程，地壳上最老的岩石年龄为46亿年，而最老的沉积岩年龄就达36亿年(位于苏联的科拉半岛)。在沉积岩中蕴藏着大量的矿产，不仅矿种多而且储量大，如煤、铝土矿、石灰岩等具有重要的工业价值。另外，各种工程建筑(如道路、桥梁、水坝、矿山等)几乎都以沉积岩为地基。因此，研究沉积岩的形成条件、组成成分、结构和构造特征有着重要的实际意义。沉积岩是在地表和地表下不太深的地方，由松散堆积物在温度不高和压力不大的条件下形成的。它是地壳表面分布最广的一种层状的岩石。

一、沉积岩的形成

沉积岩的形成是一个长期而复杂的外力地质作用过程，一般可分为以下四个阶段。

1. 松散破碎阶段

地表或接近地表的各种先成岩石，在温度变化、大气、水及生物长期的作用下逐步破碎成大小不同的碎屑，有时原来岩石的矿物成分和化学成分也会发生改变，形成一种新的风化产物。

2. 搬运阶段

岩石经风化作用产生的产物，除少数部分残留在原地堆积外，大部分被剥离原地，经流水、风及重力等作用被搬运到低地。在搬运过程中，岩石的不稳定成分继续风化破碎，破碎物质经受磨蚀，其棱角被不断磨圆，颗粒逐渐变细。

3. 沉积作用阶段

当搬运力逐渐减弱时，被携带的物质便陆续沉积下来。在沉积过程中，大的、重的颗粒先沉积，小的、轻的颗粒后沉积。因此，沉积物具有明显的分选性。最初沉积的物质呈松散状态，称为松散沉积物。

4. 固结成岩阶段

松散沉积物转变成坚硬沉积岩的阶段即固结成岩阶段。固结成岩作用主要有压实、胶结、重结晶三种。

另外，如沉积过程中的生物活动和火山喷出物的堆积，在沉积岩的形成中也具有重要的意义。

二、沉积岩的物质组成和胶结物

1. 沉积岩的化学成分

沉积岩的主要物质成分来源于岩浆岩的风化产物，因此，沉积岩与岩浆岩的平均化学成分很相似，但各类沉积岩的化学成分差异很大，如碳酸盐岩以 MgO、CaO 和 CO_2 为主，砂岩以 SiO_2 为主，泥岩则以铝硅酸盐为主。沉积岩中 Fe_2O_3 的含量大于 FeO 的含量，K_2O 的含量大于 Na_2O 的含量，而在岩浆岩中则相反。多价金属离子以高价氧化物在沉积岩中出现。沉积岩中富含 H_2O、CO_2、O_2 和有机质，这在岩浆岩中几乎是不存在的。

2. 沉积岩的矿物成分

沉积岩的矿物成分主要来源于先成岩石的碎屑、造岩矿物和溶解物质。组成沉积岩的矿物，最常见的有 20 种左右，而每种沉积岩一般由 1～3 种主要矿物组成。组成沉积岩的物质按成因可分为以下四类。

(1)碎屑物质：由先成岩石经物理风化作用产生的碎屑物质组成(原生矿物的碎屑、岩石的碎屑、火山灰等)。

(2)黏土矿物：是一些由含铝硅酸盐类矿物的岩石经化学风化作用形成的次生矿物。这类矿物的颗粒极细(<0.005 mm)，具有很大的亲水性、可塑性及膨胀性。

(3)化学沉积矿物：是经纯化学作用或生物化学作用而从溶液中沉淀结晶产生的沉积矿物，如方解石、白云石、石膏、石盐、铁和锰的氧化物或氢氧化物等。

(4)有机质及生物残骸：是由生物残骸经有机化学变化而形成的矿物，如贝壳、珊瑚礁、硅藻土、泥炭、石油等。

3. 沉积岩的胶结物

沉积岩中的碎屑矿物颗粒经过胶结物的胶结、压实固结后成岩。常见的胶结物主要为硅质、钙质、泥质、铁质和石膏质，不同的胶结物对沉积岩的颜色和岩石强度有很大的影响。

(1)硅质胶结。胶结物主要是隐晶质石英或非晶质 SiO_2，多呈灰白色或浅黄色，质坚，抗压强度高，耐风化能力强，称为硅质胶结。

(2)钙质胶结。胶结物主要是方解石、白云石，多呈灰色、青灰色、灰黄色。岩石的强度和坚固性高，但具可溶性，遇稀盐酸作用即发生起泡反应，称为钙质胶结。

(3)泥质胶结。胶结物主要为黏土矿物，呈黄褐色、灰黄色，结构松散、易碎，抗风化能力弱，岩石强度低，遇水易软化，称为泥质胶结。

(4)铁质胶结。胶结物主要组分为铁的氧化物和氢氧化物，多呈棕、红、褐、黄褐等颜色，胶结紧密，强度高，但抗风化能力弱，称为铁质胶结。

(5)石膏质胶结。胶结物成分为 $CaSO_4$，硬度小，胶结不紧密，称为石膏质胶结。

胶结物在沉积岩中的含量一般为25%左右，若其含量超过25%，即可参与岩石的命名。例如，钙质长石石英砂岩即长石石英砂岩中钙质胶结物超过了25%。

三、沉积岩的结构

沉积岩的结构是指组成物质的形成、大小、性质、结晶程度等方面的特点。沉积岩的结构随其成因类型的不同而各具特点，主要有以下几种。

(一)碎屑结构

碎屑结构是由碎屑物质被胶结物胶结而成的。

1. 按碎屑粒径的大小分类

按碎屑粒径的大小，其可分为以下几类。

(1)砾状结构碎屑：粒径大于2 mm，如砾岩、角砾岩。

(2)砂质结构碎屑：粒径为0.05～2 mm，其中粒径为0.5～2.0 mm的为粗粒砂岩，粒径为0.25～0.5 mm的为中粒砂岩，粒径为0.05～0.5 mm的为细粒砂岩。

(3)粉砂质结构碎屑：粒径为0.005～0.05 mm，如粉砂岩。

2. 按颗粒外形分类

按颗粒外形，其可分为棱角状结构、次棱角状结构、次圆状结构和滚圆状结构(图2-17)。碎屑颗粒磨圆程度受颗粒硬度、相对密度及搬运距离等因素影响。

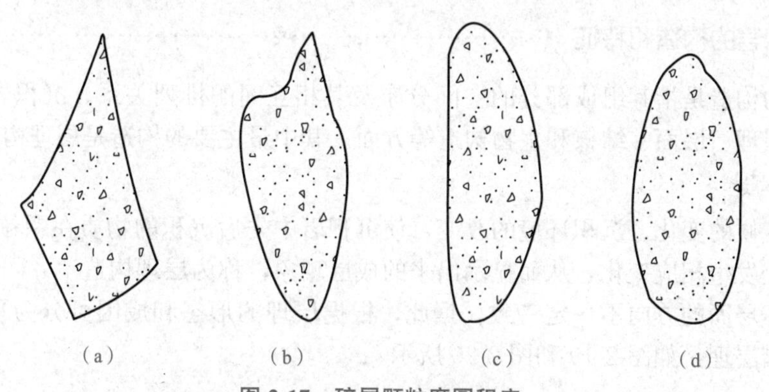

图2-17 碎屑颗粒磨圆程度

(a)棱角状；(b)次棱角状；(c)次圆状；(d)滚圆状

3. 按胶结类型分类

按胶结类型，其可分为基底胶结、孔隙胶结和接触胶结(图2-18)。当胶结物含量较大时，碎屑颗粒孤立地分散于胶结物中，互不接触，且距离较大，此时碎屑颗粒散布在胶结物的基底之上，故称为基底式胶结；当胶结物含量不大时，碎屑颗粒互相接触，胶结物充填在颗粒之间的孔隙中，称为孔隙式胶结；当只在颗粒接触处才有胶结物，并且颗粒之间的孔隙大都是空洞时，称为接触式胶结。

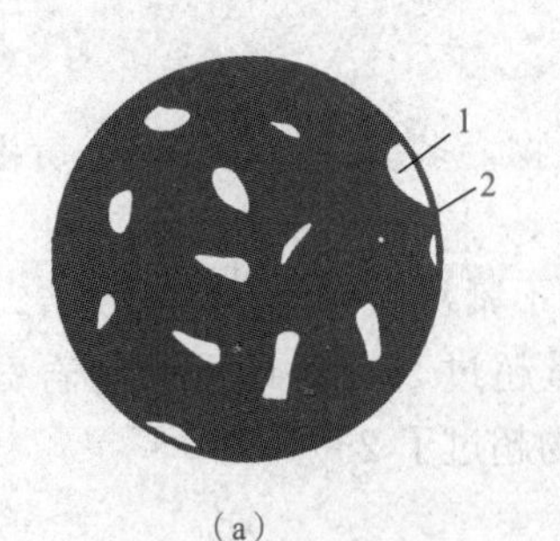

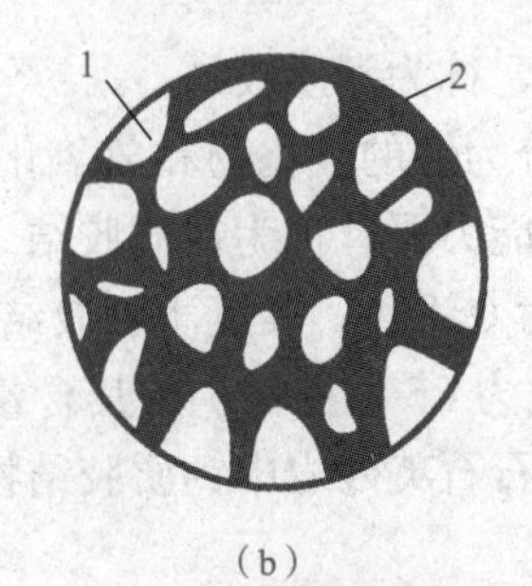

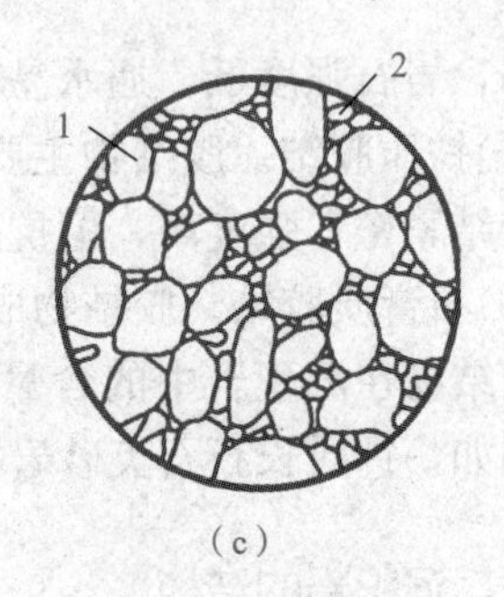

图 2-18　碎屑的胶结类型

(a)基底胶结；(b)孔隙胶结；(c)接触胶结

1—碎屑颗粒；2—胶结物质

(二)泥质结构

泥质结构几乎全部由小于 0.005 mm 的黏土质点组成。其是泥岩、页岩等黏土岩的主要结构。

(三)结晶结构

结晶结构是由溶液中沉淀或经重结晶所形成的结构。由沉淀生成的晶粒极细，经重结晶作用晶粒变粗，但一般多小于 1 mm，肉眼不易分辨。结晶结构为石灰岩、白云岩等化学岩的主要结构。

(四)生物结构

生物结构由生物遗体或碎片所组成，如贝壳结构、珊瑚结构等。其是生物化学岩所具有的结构。

四、沉积岩的构造和特征

沉积岩的构造是指其组成部分的空间分布及其相互间的排列关系。沉积岩的构造特征主要表现在层理、层面、结核和生物构造等方面。其中最主要的构造是层理构造。

1. 层理构造

季节性气候的变化、沉积环境的改变，使沉积岩中先后沉积的物质在颗粒大小、形状、颜色和成分上发生相应变化，从而显示出来的成层现象，称为层理构造。

层理面与层面的方向不一定一致，据此，根据层理的形态和成因可分为平行层理、斜交层理和交错层理，如图 2-19 和图 2-20 所示。

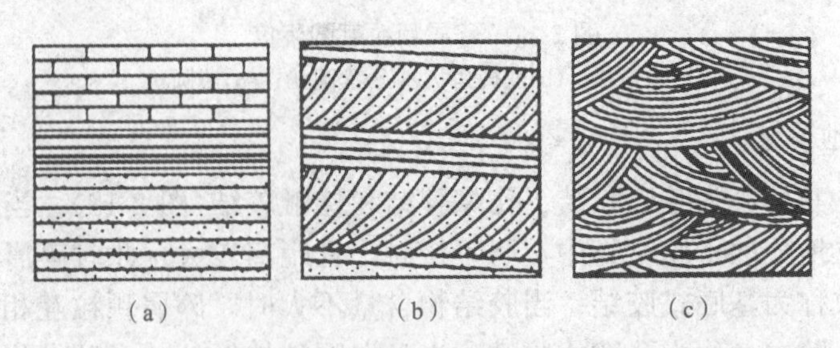

图 2-19　沉积岩层理形态示意

(a)平行层理；(b)斜交层理；(c)交错层理

图 2-20　沉积岩层理形态照片

(1)平行层理。平行层理的层理面与层面相互平行。这种层理主要见于细粒岩石(黏土岩、粉细砂岩等)中。平行层理是在沉积环境比较稳定的条件下(如广阔的海洋和湖底、河流的堤岸带等),在悬浮物或溶液中缓慢沉积而形成的。

(2)斜交层理。斜交层理的层理面向一个方向与层面斜交。这种层理在河流及滨海三角洲的沉积物中均可见到,主要是由单向水流所造成的。

(3)交错层理。交错层理的层理面以多组不同方向与层面斜交。这种层理经常出现在风成沉积物(如沙丘)或浅海沉积物中,是由于风向或水流动方向变化而形成的。

有些岩层一端厚,另一端逐渐变薄以至消失,这种现象称为尖灭层。若岩层中间厚,而在两端不远处的距离内尖灭,则称为透镜体,如图 2-21 所示。

2. 层面构造

层面构造是指在岩层层面上水流、风、生物活动等作用留下的痕迹,如波痕、泥裂、雨痕、雹痕等。

(1)波痕。波痕是指沉积物在沉积过程中,风力、流水或海浪等的作用在沉积岩层面上保留下来的波浪痕迹。它是沉积介质动荡的标志,见于岩层顶面,如图 2-22 所示。

(2)泥裂。滨海或滨湖地带沉积物未固结时露出地表,由于气候干燥、日晒,沉积物表面干裂,发育成多边形的裂缝,裂缝断面呈 V 字形,并在后期由泥、砂等填充,如图 2-23 所示。

(3)雨痕、雹痕。雨痕、雹痕是指沉积表面受雨点或冰雹打击留下的痕迹。

图 2-21　透镜体及尖灭层示意

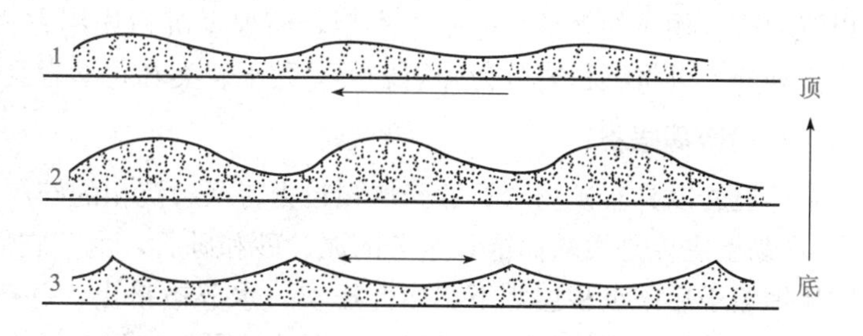

图 2-22　不同成因的波痕

1—风成波痕;2—水流波痕;3—浪成波痕

3. 结核

结核是指岩体中成分、结构、构造和颜色等不同于周围岩石的某些集合体的团块。结核常为圆球形、椭球形、透镜状及不规则形态，常见的有硅质、钙质、磷质、铁锰质和黄铁矿结核等。例如，石灰岩中的燧石结核主要是 SiO_2 在沉积物沉积的同时以胶体凝聚方式形成的；黄土中的钙质结核是地下水从沉积物中溶解 $CaCO_3$ 后在适当地点再结晶凝聚形成的。

4. 生物构造

生物构造是指生物遗体、生物活动痕迹和生态特征等在沉积过程中被埋藏、固结成岩而保留的构造，如化石、虫迹、虫孔、生物礁体、叠层构造等。

在沉积过程中，若有各种生物遗体或遗迹(如动物的骨骼、甲壳、蛋卵、粪便、足迹及植物的根、茎、叶等)埋藏于沉积物中，后经石化交代作用保留在岩石中，则称为化石，如图 2-24 所示。根据化石种类可以确定岩石形成的环境和地质年代。

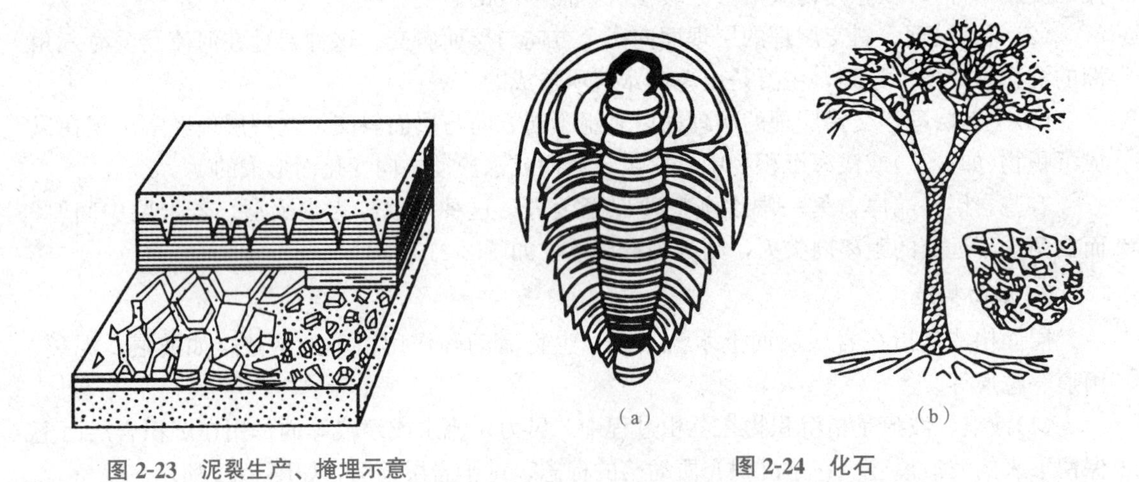

图 2-23　泥裂生产、掩埋示意

(a)　(b)

图 2-24　化石

(a)雷氏三叶虫；(b)鳞木

另外，缝合线等也是沉积岩形成条件的反映。化石、缝合线等不仅对研究沉积岩很重要，而且对研究地史和古地理也具有重要的意义。

■ 五、沉积岩的分类

由于沉积岩的形成过程比较复杂，所以目前对沉积岩的分类方法尚不统一。通常主要以沉积造岩物质的来源划分基本类型，而根据沉积作用方式、成分、结构和构造等进行进一步划分。可将沉积岩分为碎屑岩类、黏土岩类和化学岩及生物化学岩类三大类。

(一)碎屑岩类

碎屑岩以具有矿物岩石的碎屑颗粒为特征。沉积的碎屑(在搬运过程中被不同程度地磨圆)和黏土主要是柔软而饱和水分的泥、砂和砾石，由于它们不断地沉积叠加，使先沉积的物质埋藏于后来沉积层之下，由此压实，水分被挤出，并产生一定的化学变化，使泥、砂和砾石经胶结、固结作用而成岩。根据碎屑颗粒粒径和结构特点，碎屑岩可分为以下几种。

(1)砾岩和角砾岩。碎屑岩中粒径大于 2 mm 的碎屑颗粒，称为砾石或角砾。圆状和次圆状且砾石含量大于 50%的岩石，称为砾岩；如果砾石为棱角状或次棱角状，则称为角砾岩，如图 2-25 所示。

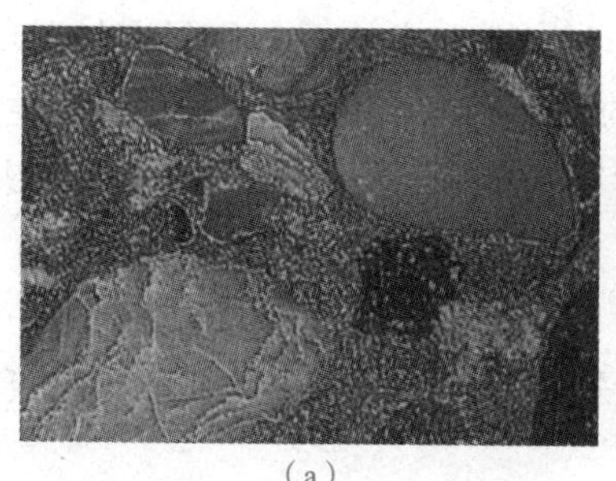
(a)

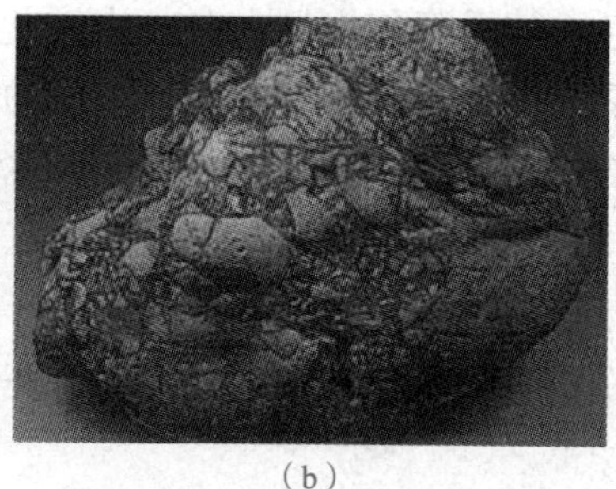
(b)

图 2-25　砾岩与角砾岩
(a)砾岩；(b)角砾岩

(2)砂岩。砂岩是由50%以上粒径为0.05～2 mm的砂粒胶结而成的岩石，如图2-26所示。碎屑成分常为石英、长石、白云母、岩屑及生物碎屑等。碎屑的颜色多样，因碎屑与填隙物成分而异。碎屑按粒径大小可分为粗粒、中粒及细粒砂岩等。

图 2-26　砂岩及其地貌

(3)粉砂岩。粉砂岩是由50%以上粒径为0.005～0.05 mm的颗粒组成的具有粉砂状结构的岩石。粉砂岩的颜色多样，碎屑成分通常为石英及少量长石与白云母，命名方法和砂岩一样。

(二)黏土岩类

1. 页岩

页岩由黏土脱水胶结而成，以黏土矿物为主，大部分有明显的薄层理，呈页片状。其可分为硅质页岩、黏土质页岩、砂质页岩、钙质页岩及碳质页岩。除硅质页岩强度稍高外，其余岩性软弱，易风化成碎片，强度低，与水作用易于软化而丧失稳定性。

2. 泥岩

泥岩的成分与页岩相似，常呈厚层状。以高岭石为主要成分的泥岩，常呈灰白色或黄白色，吸水性强，遇水后易软化。以微晶高岭石为主要成分的泥岩，常呈白色、玫瑰色或浅绿色，表面有滑感，可塑性小，吸水性高，吸水后体积急剧膨胀。

黏土岩夹于坚硬岩层之间，形成软弱夹层，浸水后易于软化滑动。

(三)化学岩及生物化学岩类

1. 石灰岩

石灰岩简称灰岩，矿物成分以方解石为主，其次含有少量的白云石和黏土矿物，常呈深灰色、浅灰色，纯质石灰岩呈白色。由纯化学作用生成的石灰岩具有结晶结构，但晶粒极细。经重结晶作用即可形成晶粒比较明显的结晶灰岩。由生物化学作用生成的石灰岩，常含有丰富的有机物残骸。石灰岩中一般都含有一些白云石和黏土矿物，当黏土矿物的含量达到25%～50%时，称为泥灰岩；当白云石的含量达到25%～50%时，称为白云质灰岩。

石灰岩分布相当广泛，岩性均一，易于开采加工，是一种用途很广的建筑石料。

2. 白云岩

白云岩的主要矿物成分为白云石，也含有方解石和黏土矿物，为结晶结构。纯质白云岩为白色，随所含杂质的不同，可出现不同的颜色。其性质与石灰岩相似，但强度和稳定性比石灰岩高，是一种良好的建筑石料。

白云岩的外观特征与石灰岩近似，在野外难以区别，可用盐酸起泡程度辨认。

3. 泥灰岩

石灰岩中均含有一定数量的黏土矿物，若其含量为25%～50%，则称为泥灰岩。泥灰岩有灰色、黄色、褐色、红色等，滴盐酸起泡后留有泥质斑点，可以此来区别它与石灰岩。泥灰岩具有致密结构，易风化，抗压强度低，一般为6～30 MPa。较好的泥灰岩可作为水泥原料。

4. 硅质岩

硅质岩常为红色、暗红色、灰绿色等。其化学成分为SiO_2，组成矿物为微晶石英或玉髓，少数情况下为蛋白石。含有机质的硅质岩为灰黑色，富含氧化铁的硅质岩称为碧玉，呈结核状产出者称为燧石结核，少数质轻多孔的硅质岩称为硅华，具有不同颜色的同心圆环带状构造者称为玛瑙。

单元四　变质岩

知识目标

(1)熟悉变质岩的分类。

(2)掌握变质岩的基本特征及结构构造。

能力目标

(1)能够了解变质作用的因素及类型。

(2)能够对变质岩进行肉眼鉴定。

变质岩是由原来的岩石(岩浆岩、沉积岩和变质岩)在地壳中受到高温、高压及新的化学成分加入的影响，在固体状态下发生矿物成分及结构构造变化后形成的新的岩石。

一、引起变质作用的因素及变质作用的类型

(一)引起变质作用的因素

引起变质作用的因素有高温、高压及新的化学成分加入(图 2-27)。

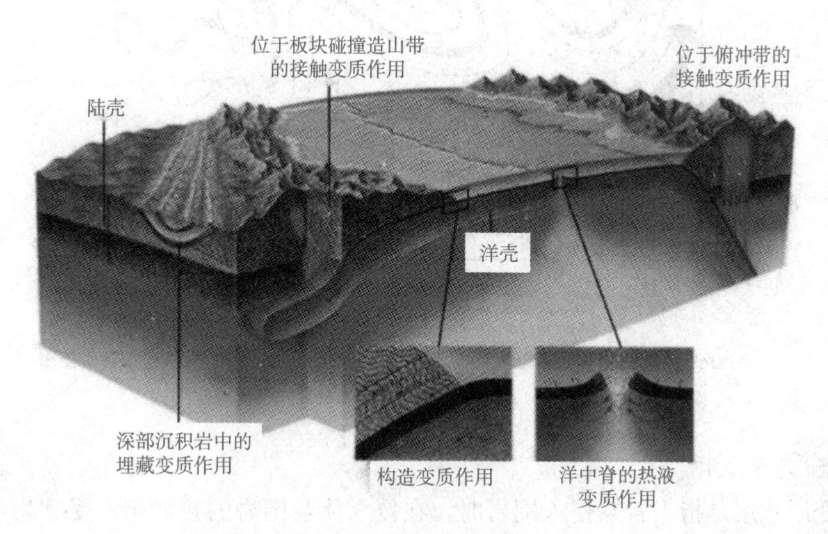

图 2-27　变质作用示意

1. 高温

热源一是炽热岩浆带来的热量；二是地壳深处的高温；三是构造运动所产生的热。

温度升高后，一方面能促使岩石发生重结晶，形成新的结晶结构，如石灰岩发生重结晶作用后晶粒增大，成为大理岩；另一方面能促进矿物之间的化学反应，产生新的变质矿物。

2. 高压

压力来源一是上覆岩层质量产生的静压力；二是构造运动或岩浆活动所引起的横向挤压力。

在静压力的长期作用下，岩石的孔隙性减小，使岩石变得更加致密坚硬；使岩石的塑性增强，比重增大，形成石榴子石等比重大的变质矿物；使岩石和矿物发生变形和破裂，形成各种破碎构造；有利于片状、柱状矿物定向生长；促进新的矿物组合和发生重结晶作用，形成变质岩特有的片理构造。

3. 新的化学成分加入

新的化学成分来自岩浆活动带来的含有复杂化学元素的热液和挥发性气体。

在温度和压力的综合作用下，这些具有化学活动性的成分容易与围岩发生反应，产生各种新的变质矿物，甚至会使岩石的化学成分发生深刻的变化。

(二)变质作用的类型

如图 2-28 所示，根据变质作用的地质成因和变质作用因素，可将变质作用分为以下几种类型。

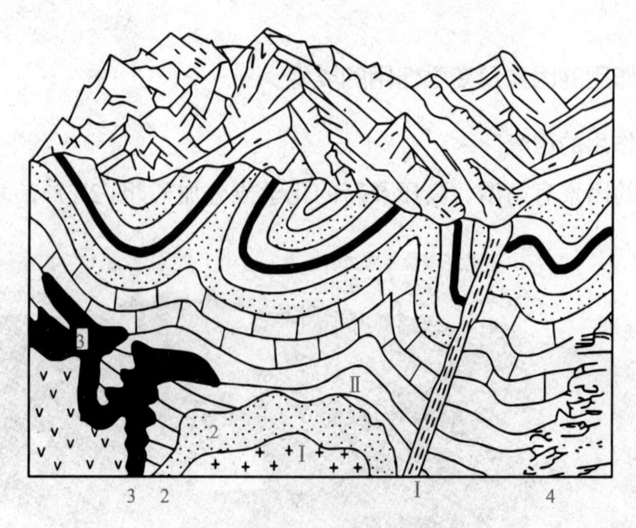

图 2-28　变质作用类型示意

1—动力变质作用；2—热接触变质作用；3—接触交代变质作用；4—区域变质作用

Ⅰ—岩浆岩；Ⅱ—沉积岩

1. 接触变质作用

接触变质作用是指当岩浆侵入围岩时，在侵入体与围岩的接触带，受到岩浆高温及其分异出来的挥发成分和热液的影响而发生的一种变质作用。根据变质过程中侵入体与围岩之间有无化学成分的相互交代，接触变质作用可分为热接触变质作用和接触交代变质作用两种类型。

2. 动力变质作用

在构造运动过程中，岩石在定向压力作用下而发生的变形、破碎甚至重结晶的作用，称为动力变质作用。动力变质作用主要发生在地壳较浅的部位及构造变形强烈的断裂带附近，多呈狭长带状分布。

3. 区域变质作用

在一个范围较大的区域内，由区域性的地壳运动和岩浆活动影响所引起的岩石发生变质的作用，称为区域变质作用。区域变质作用一般分布范围广，延续时间长，具有区域性。

■ 二、变质岩的物质成分

1. 变质岩的化学成分

变质岩的化学成分比较复杂，主要由 SiO_2、Al_2O_3、Fe_2O_3、FeO、MnO、CaO、MgO、K_2O、Na_2O、H_2O、CO_2 及 TiO_2、P_2O_5 等组成。不同的变质岩的化学成分差别较大，如石英岩中 SiO_2 的含量高达 90%，而在大理岩中几乎不含 SiO_2。

2. 变质岩的矿物成分

变质岩的矿物成分的最大特征是具有变质矿物，即在变质作用中形成的，仅稳定存在于狭窄的温度和压力范围内的矿物。变质矿物对外界条件的变化反应很灵敏，因此常成为变质岩形成条件的指示矿物，是鉴定变质岩的可靠依据。常见的变质矿物有石榴子石、红柱石、滑石、石墨、十字石、蓝晶石、硅线石等。

三、变质岩的结构及构造

变质岩的结构和岩浆岩类似，几乎全部是结晶结构，但变质岩的结晶结构主要是经过重结晶作用形成的，因此，在描述变质岩的结构时，一般应加“变晶”二字以示区别，如粗粒变晶结构、斑状变晶结构等。

变质岩的构造主要是片理构造和块状构造。片理构造是变质岩所特有的。比较典型的片理构造有下面几种。

1. 板状构造

片理厚，片理面平直，重结晶作用不明显，颗粒细密，光泽微弱，沿片理面裂开则呈厚度一致的板状，如板岩。

2. 千枚状构造

片理薄，片理面较平直，颗粒细密，沿片理面有绢云母出现，容易裂开呈千枚状，呈丝绢光泽，如千枚岩。

3. 片状构造

重结晶作用明显，片状、板状或柱状矿物沿片理面富集，平行排列，片理很薄，沿片理面很容易剥开呈不规则的薄片，光泽很强，如云母片岩等。

4. 片麻状构造

颗粒粗大，片理很不规则，粒状矿物呈条带状分布，少量片状、柱状矿物相间断续平行排列，沿片理面不易裂开，如片麻岩。

四、变质岩的分类及其特征

1. 变质岩的分类

按照变质岩的成因，可将变质岩分为接触变质岩、动力变质岩和区域变质岩三类。其中，区域变质岩可首先按构造进行分类命名，然后可根据矿物成分进一步定名，如具片状构造的岩石叫作片岩，若片岩中含绿泥石较多，则可进一步定名为绿泥石片岩。凡具有块状构造和变晶结构的岩石，首先按矿物成分命名，如石英岩；也有按地名命名的，如大理岩。动力变质岩则主要根据岩石结构分类定名。变质岩分类归纳于表 2-6 中。

表 2-6　常见变质岩分类及肉眼鉴定表

岩类	构造	岩石名称	主要亚类及其矿物成分
片理状岩类	板状	板岩	矿物成分为黏土矿物、绢云母、石英、绿泥石、黑云母、白云母等
	千枚状	千枚岩	以绢云母为主，其次为石英、绿泥石等
	片状	片岩	云母片岩：以云母、石英为主，其次为角闪石等 滑石片岩：以滑石、绢云母为主，其次为绿泥石、方解石等 绿泥石片岩：以绿泥石、石英为主，其次为滑石、方解石等
	片麻状	片麻岩	花岗片麻岩：以正长石、石英、云母为主，其次为角闪石，有时含石榴子石 角闪石片麻岩：以斜长石、角闪石为主，其次为云母，有时含石榴子石
块状岩类	块状	大理岩	以方解石为主，其次为白云石等
		石英岩	以石英为主，有时含有绢云母、白云母等

2. 常见变质岩的特征

(1)片麻岩：具有典型的片麻状构造、变晶或变余结构，因发生重结晶，一般晶粒粗大，肉眼可以辨识。片麻岩可以由岩浆岩变质而成，也可由沉积岩变质形成。主要矿物为石英和长石，其次有云母、角闪石、辉石等，有时还含有少许石榴子石等变质矿物。岩石颜色视深色矿物含量而定，石英、长石含量多时色浅，黑云母、角闪石等深色矿物含量多时色深。片麻岩主要根据矿物成分进一步分类和命名，如角闪石片麻岩、斜长石片麻岩等。

片麻岩强度较高，如云母含量增多，强度相应降低。其因具片理构造，故较易风化。

(2)片岩(图 2-29)：具有片状构造、变晶结构。矿物成分主要是一些片状矿物，如云母、绿泥石、滑石等，还含有少许石榴子石等变质矿物。片岩根据矿物成分可进一步分类和命名，如云母片岩、绿泥石片岩、滑石片岩等。

图 2-29　片岩

片岩的片理一般比较发育，片状矿物含量高，强度低，抗风化能力差，极易风化剥落，岩体也易沿片理倾向塌落。

(3)千枚岩(图 2-30)：多由黏土岩变质而成。矿物成分主要为石英、绢云母、绿泥石等。结晶程度比片岩差，晶粒极细，肉眼不能直接辨别，外表常呈黄绿、褐红、灰黑等颜色。由于含有较多的绢云母，所以片理面常有微弱的丝绢光泽。

千枚岩的质地松软，强度低，抗风化能力差，容易风化剥落，沿片理倾向容易产生塌落。

(4)板岩(图 2-31)：具有变余泥质结构、板状构造。板岩的主要矿物成分为黏土矿物，其次是少量的细小石英、铁质和炭质粉末及新生的矿物绢云母与绿泥石，常呈灰色至灰黑色、灰绿色，绝大部分矿物为隐晶质。

图 2-30　千枚岩

图 2-31　板岩

板岩质地脆硬，被敲打时发出清脆的响声，板理面上具有丝绢光泽。板岩按颜色和杂质成分可进一步命名，如黑色板岩、钙质板岩等。板岩透水性很弱，可作隔水层。

(5)石英岩：结构和构造与大理岩相似。一般由较纯的石英砂岩变质而成，常呈白色，含杂质，可出现灰白色、灰色、黄褐色或浅紫红色。强度很高，抵抗风化的能力很强，是良好的建筑石料，但硬度很高，开采加工相当困难。

(6)大理岩：由石灰岩或白云岩经重结晶变质而成，具有等粒变晶结构、块状构造。其主要矿物成分为方解石，遇稀盐酸强烈起泡，可与其他浅色岩石相区别。大理岩常呈白色、浅红色、淡绿色、深灰色及其他各种颜色，常因含有其他带色杂质而呈现出美丽的花纹。

大理岩强度中等，易于开采加工，色泽美丽，是一种很好的建筑装饰石料。

地壳是由各种各样的岩石组成的，而岩石是地壳发展过程中内、外动力地质作用的必然产物。由于各类岩石的形成条件不同，所以它们在矿物组成、结构、构造、成因等方面也各具特点。因此，可对三大类岩石进行属性比较和分类鉴定。表 2-7 基本上标明了三大类岩石的主要区别。

表 2-7　三大类岩石的主要区别

种类	岩浆岩	沉积岩	变质岩
主要矿物成分	全部为从岩浆岩中析出的原生矿物，成分复杂，但较稳定。浅色矿物有石英、长石、白云母等；深色矿物有黑云母、角闪石、辉石、橄榄石等	次生矿物占主要地位，成分单一，一般多不固定。常见的有石英、长石、白云母、方解石、白云石、高岭石等	除具有变质前原来岩石的矿物，如石英、长石、云母、角闪石、方解石、白云石、高岭石等外，还有经变质作用产生的矿物，如石榴子石、滑石、绿泥石、蛇纹石等
结构	以结晶粒状、斑状结构为特征	以碎屑、泥质及生物碎屑结构为特征。部分为成分单一的结晶结构，但肉眼不易分辨	以变晶结构等为特征
构造	具有块状、流纹状、气孔状、杏仁状构造	据层理构造	多具有片理构造
成因	直接由高温熔融的岩浆经岩浆作用而形成岩浆作用而形成	主要由先成岩石的风化产物经压密、胶结、重结晶等成岩作用而形成	由先成的岩浆岩、沉积岩和变质岩经变质作用而形成

思考与练习

一、单项选择题

1. 某矿物呈板状，黑色，珍珠光泽，一组极完全解理，硬度为 2.5～3。该矿物可定名为(　　)。

A. 辉石　　B. 角闪石　　C. 橄榄石　　D. 黑云母

2. 下列岩石为变质岩的是(　　)。

A. 灰岩　　B. 片麻岩　　C. 流纹岩　　D. 泥岩

3. 碎屑物质被胶结物胶结以后所形成的结构称为(　　)。

A. 碎屑结构　　B. 斑状结构　　C. 沉积结构　　D. 碎裂结构

4. 下列关于沉积岩形成过程顺序的排列正确的是(　　)。

A. 风化剥蚀阶段、沉积阶段、搬运阶段、硬结成岩阶段

B. 风化剥蚀阶段、搬运阶段、沉积阶段、硬结成岩阶段

C. 沉积阶段、搬运阶段、硬结成岩阶段、风化剥蚀阶段

D. 沉积阶段、硬结成岩阶段、搬运阶段、风化剥蚀阶段

5. 下列岩石为岩浆岩的是(　　)。

A. 橄榄石　　B. 灰岩　　C. 石英岩　　D. 砂岩

6. 某岩石呈灰白色，可见结晶颗粒，遇稀盐酸强烈起泡，具有层理构造。该岩石可定名为(　　)。

A. 石灰岩　　B. 白云岩　　C. 花岗岩　　D. 片岩

7. 下列矿物为变质矿物的是(　　)。

A. 石英　　B. 蛇纹石　　C. 方解石　　D. 辉石

8. 某矿物呈灰白色，菱面体，三组完全解理，小刀能刻画动，遇稀盐酸强烈起泡。该矿物可定名为(　　)。

A. 石膏　　B. 食盐　　C. 方解石　　D. 白云石

9. 沉积岩的结构可分为碎屑结构、泥质结构、(　　)及生物结构四种类型。

A. 斑状结构　　B. 结晶结构　　C. 碎裂结构　　D 散体结构

10. 下列矿物为变质矿物的是(　　)。

A. 石英　　B. 角闪石　　C. 辉石　　D. 蛇纹石

11. 下列可以认为是沉积岩区别于另外两大类岩石的依据是(　　)。

A. 片理构造　　B. 层理构造　　C. 流纹构造　　D. 块状构造

12. 未经构造变动影响的沉积岩，其原始产状应当是(　　)。

A. 无法确定　　B. 倾斜的　　C. 垂直的　　D. 水平的

二、判断题

1. 矿物受外力打击后，按一定方向裂开成光滑平面的性质即矿物的解理。(　　)

2. 大理岩属于沉积岩。(　　)

3. 绿泥石只存在于变质岩中。(　　)

4. 根据 SiO_2 含量不同，岩浆岩可划分为超基性岩、基性岩和酸性岩三大类。(　　)

5. 玄武岩是岩浆岩。(　　)

6. 层理构造是沉积岩特有的构造类型。(　　)

7. 片状构造是沉积岩所特有的构造类型。(　　)

8. 矿物是具有一定化学成分和物理性质的元素单质和化合物。(　　)

9. 岩浆岩常见的构造有块状构造、流纹构造、气孔构造和杏仁构造。(　　)

10. 接触变质作用可分为热接触变质作用和冷接触变质作用两种类型。(　　)

三、简答题

1. 什么是矿物的光学性质？光学性质有哪些？

2. 造岩矿物主要呈现哪几种光泽？简要说明。

3. 在野外，常用哪些物品来测定矿物的相对硬度？

4. 矿物断口的形状主要有哪几种？简要说明。

5. 简述沉积岩形成的四个阶段。

6. 简述影响岩石工程地质性质的因素。

模块三　地质构造

地壳中存在很大的应力，组成地壳的上部岩层在内、外应力的长期作用下会发生变形，形成构造变动的形迹，人们将构造变动在岩层和岩体中遗留下来的各种构造形迹称为地质构造。地质构造包括岩层的倾斜变动、褶皱构造和断裂构造三种基本形态。它们都是地壳运动的产物，并与地震有着密切的关系。地质构造大大改变了岩层和岩体原来的工程地质特性，影响岩体稳定，增大岩石的渗透性，为地下水的活动和富集创造了良好的场所。因此，研究地质构造不但有阐明和探讨地壳运动发生、发展规律的理论意义，而且具有指导工程地质、水文地质、地震预测预报工作和地下水资源的开发利用等生产实践的重要意义。

地质构造

单元一　地壳运动

知识目标

(1)了解地壳运动的主要形式及其产生的结果。

(2)熟悉几种地壳运动的标志。

(3)掌握地壳运动的基本特征。

能力目标

(1)通过读图，能够正确判别地质构造的类型，并能够利用地质构造的规律指导生产实践，如开凿隧道、开挖基坑等。

(2)能够学会读图分析内、外应力作用对地表形态的影响。

地壳运动又称为构造运动，是指主要由地球内力引起的岩石圈的机械运动。地球自形成以来，一直处于运动状态。地壳运动的结果导致地壳岩石产生变形和变位，并形成各种地质构造，如倾斜、褶皱、断裂、隆起和凹陷等。因此，地壳运动又称为构造运动或构造变动。其中，构造运动按其发生的地质历史时期、特点和研究方法又可分为以下两类。

(1)古构造运动：发生在晚第三纪末以前各个地质历史时期的构造运动。

(2)新构造运动：发生在晚第三纪末和第四纪以来的构造运动。其中，人类历史时期发生的构造运动又称为现代构造运动。

■ 一、地壳运动的主要形式

随着现代科学技术的发展，通过对地质资料的分析和仪器的测定，已经证实地壳运动的主要形式有水平运动和垂直运动两种。

1. 水平运动

水平运动是指地壳沿地表切线方向产生的运动，主要表现为岩石圈前的水平挤压或拉伸引起岩层的褶皱和断裂。根据板块理论，美洲大陆和非洲大陆在 200 Ma 前为一个大陆，后来地壳的水平运动使该大陆沿着一条南北方向的海底深沟发生破裂，一部分沿着地表向西移动，形成了今天的美洲大陆，另一部分成为今天的非洲大陆，两块大陆中间成了广阔的大西洋。研究资料表明，目前沿着非洲的东非大裂谷(图 3-1)，一个新的地壳巨大变化过程正在发展中，裂谷北端的两个地块——阿拉伯和非洲已在分离，以每年 2 cm 的速度向两面移动，东非大裂谷本身也以每年 1 mm 的速度向两面裂开。

图 3-1　由断层形成的东非大裂谷

2. 垂直运动

垂直运动是指地壳沿地表法线方向产生的运动，主要表现为岩石圈的垂直上升或下降引起地壳大面积的隆起和凹陷，形成海侵和海退。如喜马拉雅山地区在 40 Ma 前还是一片汪洋，近 25 Ma 以来开始从海底升起，直至 2 Ma 前才初具山脉的规模，到目前为止，总的上升幅度已超过 10 000 m，成为“世界屋脊”，并且仍以平均每年 1 cm 以上的速度继续上升(图 3-2)。又如华北平原的部分沿海地区，近 1 Ma 以来下沉了 1 000 m 以上，只是因为下沉的同时，黄河、海河、滦河等带来的大量沉积物不断沉积，补偿着失去的高度，从而形成了现在的华北平原。

地壳运动导致地壳岩石产生变形和变位，并形成各种地质构造(构造形迹)。在不同地区或同一地区的不同时间内，构造运动的强度往往是不同的，表现出构造运动具有方向性和周期性的特点。地球上现代及新构造运动最强烈的地带是阿尔卑斯—喜马拉雅带(或地中海—印度尼西亚带)、环太平洋带和大洋中脊带。这里的地震、火山活动等都很强烈，是地球上最年轻的山系。

图 3-2 珠穆朗玛峰(50 Ma 前尚为海底，现海拔为 8 848.86 m)

二、地壳运动的标志

地壳运动的速度大多数是极其缓慢的，人们在短时间内不易察觉，但若选择一个固定的标志，进行长期的观察，或根据地形、地物及岩层中遗留的地壳运动的痕迹进行分析，就不难发现地壳运动存在的证据。

1. 水平运动的标志

水平运动的主要标志：建筑物被错动；河流、山脊线等发生同步弯曲或错断；地壳板块运动(现今大陆是由完整的超级大陆——冈瓦纳古陆分裂、漂移形成的)；构造变形。现代水平运动也可以通过大地测量来监测。当今全球卫星定位系统的技术对水平分量的观测已经达到 0.5 cm 的精度，可以满足大部分研究工作的需要。对于地质历史中大规模的水平运动，通常采用古地层对比、生物群落与古地理之间的关系分析或古地磁分析等研究方法。

2. 垂直运动的标志

垂直方向和水平方向的地壳运动实际上是密不可分的，水平运动的多数标志在一定程度上也反映了垂直运动。垂直运动的标志如下。①河流阶地、海成阶地、夷平面、多层溶洞等。②沉积环境及沉积厚度的变化。③沉积环境的剧烈变化，其往往是构造运动的反映。④地层的接触关系：整合接触，反映岩层是在构造运动缓慢、持续下降过程中形成的；平行不整合接触，反映地壳基本上是整体的升降；角度不整合接触，反映的不仅是一次挤压运动，还有升降运动。另外，现代垂直运动量可以通过大地测量来确定。

三、地壳运动的基本特征

1. 地壳运动的普遍性和长期性

地球的任何地方都发生过不同形式的地壳运动。地壳中的任何一块岩石——最古老的岩石和现在正形成的岩石——都不同程度地受到地壳运动的影响，记录着地壳运动的痕迹和图像，这说明地壳运动是普遍的，地壳总是处于不断的运动之中。

2. 地壳运动速度和幅度的不均一性

地壳运动的速度不是始终如一的，有时表现为短暂快速的激烈运动，有时则表现为长期缓慢的和缓运动。即使在同一地区，在快速的激烈运动之后也将长期平静下来，转变为慢速的和缓运动。地壳运动的幅度有大有小，在不同的时间和空间，其幅度也不尽相同。

3. 地壳运动的方向性

地壳运动的方向常常是相互交替转换的，如有的地区为上升运动，有的地区为下降运动，而另一些地区则为水平运动。在地壳的同一地区，某个地质历史时期为上升运动，而在另一个地质历史时期又变为下降或水平运动，表现出有节奏的，而不是简单重复的周期性特征。在一定地区或一定地质历史时期中，地壳运动可以以水平运动为主，也可以以垂直运动为主。但是，从地壳的发展历史分析，地壳运动总是以水平运动为主，垂直运动往往是由水平运动派生出来的。这已被越来越多的研究资料所证实。

四、全球地壳运动活动带的空间分布

全球地壳运动活动带的分布主要集中在以下几个板块边界带上。

1. 地中海—印度尼西亚带

从地中海诸山脉(阿尔卑斯山脉、喀尔巴阡山脉、阿特拉斯山脉)往东经高加索山脉、兴都库什山脉、喜马拉雅山脉、横断山脉，在马来群岛和巽他群岛与环太平洋带相连。

2. 环太平洋带

从西太平洋的新西兰向北新喀里多尼亚、伊里安、菲律宾、中国台湾、琉球群岛、日本、千岛群岛，到阿留申群岛，再沿北美西侧的海岸山脉到南美的安第斯山脉。

3. 大洋洋脊及大陆裂谷带

太平洋、印度洋和大西洋洋中脊及大陆裂谷，如东非大裂谷和红海裂谷。中国的西部在地中海—印度尼西亚带上，中国东部沿海、中国台湾位于环太平洋带上。这些地区地壳运动剧烈，表现为地震和火山活动比较强烈。

单元二　水平构造与倾斜构造

知识目标

(1)熟悉水平构造和倾斜构造的特点。

(2)掌握岩层产状的三个要素。

(3)掌握岩层产状的测定方法。

能力目标

(1)学会阅读地质构造和地质剖面示意图，能够识别水平构造和倾斜构造。

(2)能够使用地质罗盘在野外测定岩层产状，会记录岩层产状。

岩层的层面和各种接触面不仅可以为人们揭示建筑地区地壳运动的历史、古成岩环境等，而且是岩体中重要的地质结构面。

一、水平构造

在地壳运动影响轻微、大面积均匀隆起或拗陷的地区，岩层保持着原始产状，其倾斜角度不大于5°的，先沉积的老岩层在下，后沉积的新岩层在上，称为水平岩层或水平构造。它们多见于时代较新的地层中。

水平构造的地层经风化剥蚀，可形成一些独特的地貌景观：层理面平直、厚度稳定的岩层，往往形成阶梯状陡崖；交互沉积的软硬相间的水平岩层，经风化后可形成塔状、柱状或堡状地形；若水平岩层的顶部被坚硬的厚层岩层所覆盖，由于上部岩层抗风化侵蚀能力强，则可形成方山和桌状山地形(图 3-3)。

图 3-3　桌状山

二、倾斜构造

原来呈水平状态的岩层，在地壳运动的作用下，成为与水平面成一定角度的倾斜岩层时，称为倾斜构造。在一定范围内，岩层大致平行向一个方向倾斜时，称为单斜岩层或单斜构造，通常它仅是褶曲或断层构造的一部分。单斜构造的岩层倾角较小(小于35°)时，在地貌上往往形成单面山(图 3-4)；倾角较大(大于35°)时，在地貌上则往往形成猪背岭(图 3-5)。

图 3-4　单面山

图 3-5　猪背岭

■ 三、岩层产状

1. *岩层产状要素*

岩层是指被上、下层面限制的同一岩性的层状岩石。其包括沉积岩(含火山碎屑岩)和一部分变质岩。岩层之间的界面称为层面。

岩层产状是指岩层在岩石圈中的空间方位和产出状态。岩层产状是以层面在三维空间中的延伸方向及其与水平面的交角关系来确定的。它是分析研究各种地质构造形态的最基本依据，它对岩体的稳定性有明显的直接影响。岩层产状可分为水平的、倾斜的和直立的三种基本类型。岩层产状用岩层层面的走向、倾向和倾角三个要素来表示，称为岩层产状要素(图 3-6)。通常，它们是用地质罗盘仪在野外测量得到的。

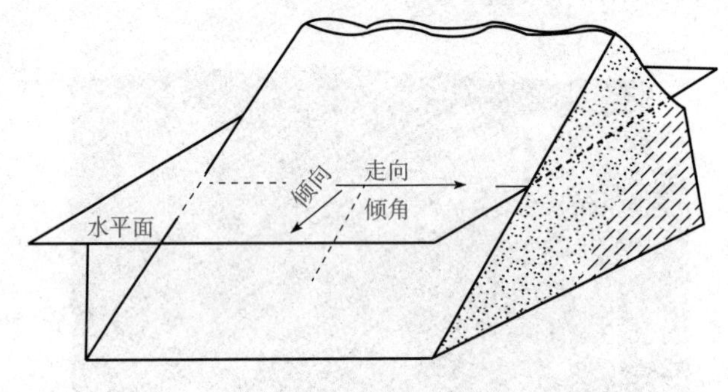

图 3-6　岩层产状要素

(1)走向。岩层的层面与水平面交线(走向线)向两端延伸的方向即岩层的走向，它表示岩层在三维空间中水平延伸的方向，习惯上用方位角表示，如北东(NE)30°或南西(SW)210°等。它有两个延伸方向，可由两个方位角表示，但相差 180°。

(2)倾向。岩层层面上垂直于走向线并沿层面向下所引的直线(倾斜线)，在水平面上的投影(倾向线)所指的方向即倾向。其表示岩层在三维空间中朝下倾斜的方向。倾向也用方位角表示，但倾向方位角只有一个，且与走向垂直，如上述走向的岩层，若向南倾，则可写作倾向南东(SE)120°；若向北倾，则可写作倾向北西(NW)300°。

(3)倾角。倾角即岩层的倾斜角度，是层面与水平面所夹的最大锐角，也就是倾向线与倾斜线的夹角。

倾角可分为真倾角和视倾角(或称假倾角)。真倾角是倾斜线与水平面的夹角，相当于层面与水平面的最大夹角；视倾角为倾斜面上任一方向，即与走向线斜交的视倾斜线和水平面的投影的夹角。显然，真倾角只有一个，视倾角可有无数个，真倾角总是大于视倾角。

2. *岩层产状的测量及表示方法*

岩层产状的测量是地质调查中的一项重要工作，在野外是用地质罗盘直接在岩层的层面上测量的。测量走向时，使罗盘的长边紧贴层面，将罗盘放平，使水准泡居中，指北针所示的方位角就是岩层的走向；测量倾向时，将罗盘的短边紧贴层面，使水准泡居中，指北针所示的方位角就是岩层的倾向；测量倾角时，需将罗盘横着竖起来，使长边与岩层的走向垂直，紧贴层面，等倾斜器上的水准泡居中后，悬锤所示的角度就是岩层的倾角。

一组走向为北西 320°，倾向南西 230°，倾角为 35°的岩层产状一般写成：N320°W，SW230°W，∠35°。在地质图上，岩层产状用符号"⊥35°"表示，长线表示岩层的走向，与长线垂直的短线表示岩层的倾向(长、短线所示的均为实测方位)，数字表示岩层的倾角。

单元三　褶皱构造

知识目标

(1)熟悉褶皱的基本类型和褶曲要素。
(2)熟悉褶皱的基本形态。
(3)掌握褶皱的基本识别方法。

能力目标

(1)通过地理图表分析归纳，判断背斜和向斜。
(2)能够在野外识别褶皱，并对其进行评价。

组成地壳的岩层，受构造应力的强烈作用，形成一系列波状弯曲而未丧失连续性的构造，称为褶皱构造。褶皱构造是岩层产生的塑性变形，是地壳表层广泛发育的基本构造之一。

褶皱的形态是多种多样的，规模有大有小，小的需要在显微镜下观察，大的延伸长达几百千米。由于褶皱形成后，地表长期受风化剥蚀作用的破坏，所以其外形也可以改变(图 3-7)。

图 3-7　褶皱构造

■ 一、褶皱的基本类型和褶曲要素

1. 褶皱的基本类型

褶皱的基本类型只有背斜和向斜两种，如图 3-8 所示。

(1)背斜。岩层向上弯曲，两侧岩层相背倾斜，核心岩层时代较老，两侧依次变新并对称分布。

(2)向斜。岩层向下弯曲，两侧岩层相向倾斜，核心岩层时代较新，两侧较老，对称分布。

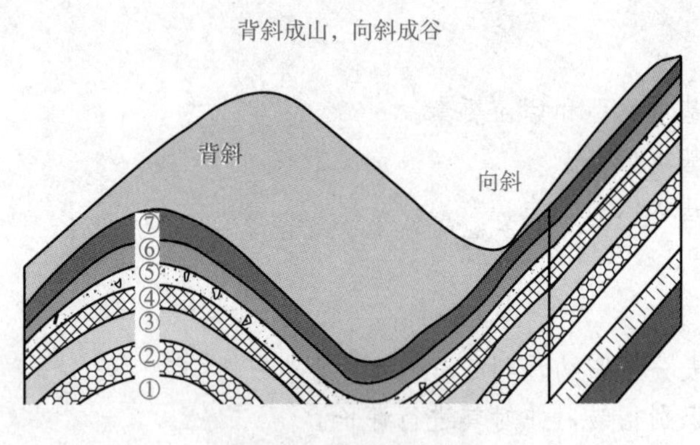

图 3-8　背斜和向斜

①～⑦代表地层由老到新

2. 褶曲要素

组成褶皱构造的单个弯曲称为褶曲。两个或两个以上褶曲的组合即褶皱。

褶曲构造形体的各个组成部分称为褶曲要素，它是用来描述和研究褶皱构造的形态特征与空间展布规律的。为了分析研究褶皱构造和对褶皱进行分类，首先要确定褶曲的基本要素。任何褶曲都具有以下基本要素(图 3-9)。

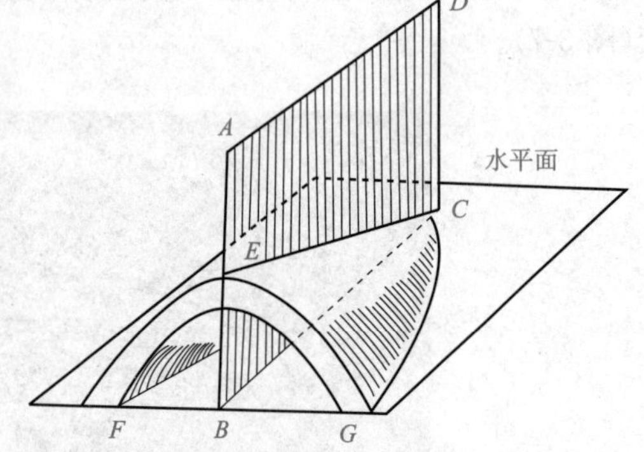

图 3-9　褶曲要素

B—核；DF 与 EG—两翼；ABCD—轴面；BC—轴；EC—枢纽；C—倾伏端

(1)核。核也称核部，泛指褶曲的核心部位。背斜核部由相对较老的岩层组成，向斜则由新岩层组成。核的范围是相对的，如果是被剥蚀出露地面的褶皱，其核是指最中心的岩层。

(2)翼。翼是褶曲核部两侧的岩层。

(3)轴面。轴面大致平分为褶曲两翼的假想面，可为平面或曲面，它的空间位置和岩层一样可用产状表示，有直立的、倾斜的或水平的。

(4)轴线。轴线是指轴面与水平面的交线，它可以是水平的直线或曲线。轴线的方向表示褶曲的延长方向，轴线的长度反映褶皱在轴向上的规模大小。

(5)枢纽。枢纽是褶曲同一层面上最大弯曲点(拐点)的连线，即层面与轴面的交线。它可以是水平的、倾斜的或波状起伏的，并能反映褶曲在轴面延伸方向上产状的变化。背斜的枢纽称为脊线；向斜的枢纽称为槽线。

(6)转折端。转折端是从一翼向另一翼过渡的弯曲部分，即两翼按层的汇合部分。转折端的形态多为圆滑弧形，但也有尖棱状、箱状或扇状等。

■ 二、褶皱的基本形态

褶皱的形态多样，分类方法也较多，其中常用的有以下几种。

1. 按轴面和两翼岩层的产状分类

(1)直立褶皱[图 3-10(a)]：若轴面近于垂直，两翼岩层向两侧倾斜，倾角近于相等则称为对称直立褶皱；若倾角不等则称为不对称直立褶皱。

(2)倾角褶皱[图 3-10(b)]：轴面倾斜，两翼岩层向两侧倾斜，倾角不等。

(3)倒转褶皱[图 3-10(c)]：轴面倾斜，两翼岩层向同一方向倾斜，其中一翼层位倒转。

(4)平卧褶皱[图 3-10(d)]：轴面水平或近于水平，一翼岩层层位正常，另一翼层位倒转。

(5)翻卷褶皱[图 3-10(e)]：轴面翻转向下弯曲，通常由平卧褶皱转折端部分翻卷而成。

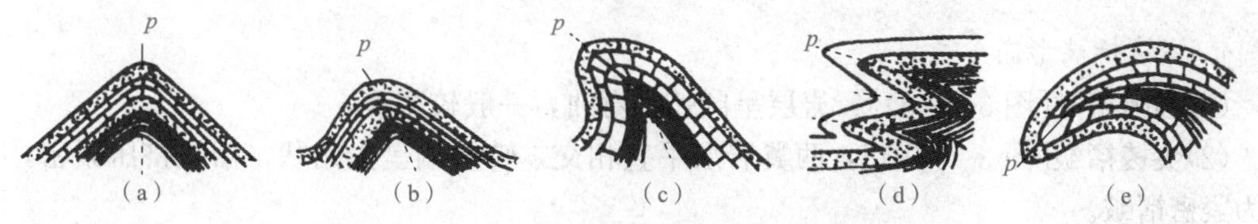

图 3-10　按轴面产状划分褶皱类型

(a)直立褶皱；(b)倾斜褶皱；(c)倒转褶皱；(d)平卧褶皱；(e)翻卷褶皱

p—横剖面上的轴迹

2. 按褶皱在平面上的形态分类

(1)线状褶皱[图 3-11(a)]：同一岩层在平面上纵向长度和宽度之比大于 10∶1 的狭长形褶皱。

(2)短轴褶皱[图 3-11(b)]：同一岩层在平面上纵向长度和宽度之比为 3∶1～10∶1 的褶皱。

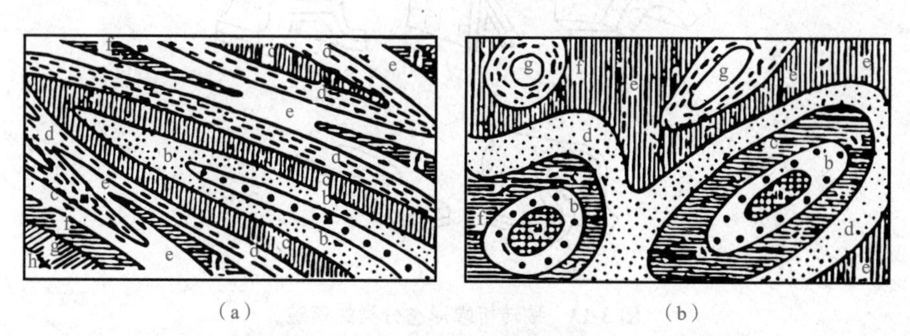

图 3-11　线状褶皱和短轴褶皱平面图

(a)线状褶皱；(b)短轴褶皱

(3)穹窿和构造盆地：同一岩层在平面上纵向长度与横向宽度之比小于 3∶1 的圆形或似圆形褶皱。背斜称为“穹窿”，向斜称为“构造盆地”，实际上它是背斜或向斜的特例。

3. 按枢纽的产状分类

(1)水平褶皱[图 3-12(a)]：枢纽水平，两翼岩层走向大致平行并对称分布。

(2)倾伏褶皱[图 3-12(b)]：枢纽倾斜，两翼岩层走向不平行，在平面上一端收敛于转折端，另一端撒开，岩层呈“之”字形分布。

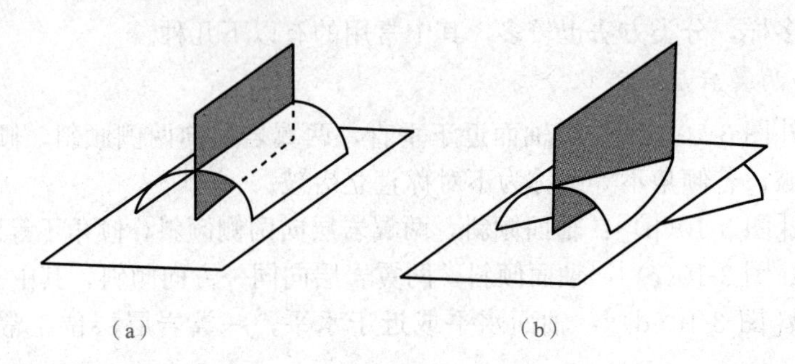

图 3-12　按枢纽产状的褶皱分类

(a)水平褶皱；(b)倾伏褶皱

4. 按转折端形态分类

(1)圆弧褶皱[图 3-13(a)]：岩层呈圆弧状弯曲，一般较宽缓。

(2)尖棱褶皱[图 3-13(b)]：两翼岩层平直相交，转折端呈尖角状，褶皱挤压紧密，也称为紧密褶皱。

(3)箱形褶皱[图 3-13(c)]：两翼岩层近直立，转折端平直，整体似箱形，常有一对共轭轴面。

(4)扇形褶皱[图 3-13(d)]：两翼岩层大致对称呈弧形弯曲，局部层位倒转，转折端平缓，呈扇形。

(5)挠曲[图 3-13(e)]：出现在褶皱不发育的缓倾斜岩层中，其局部地段出现台阶式弯曲，也称为膝折。

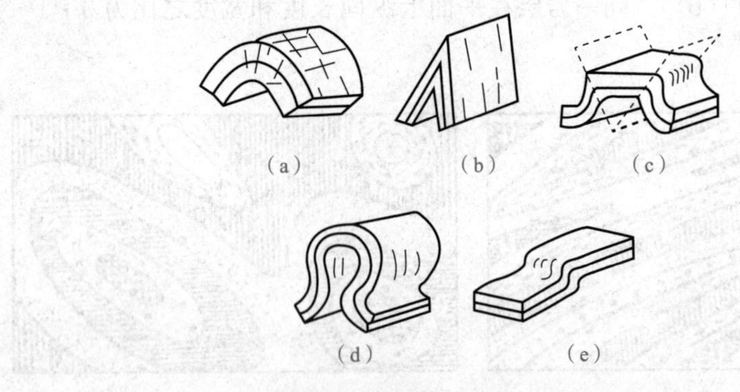

图 3-13　按转折端形态分类的褶皱

(a)圆弧褶皱；(b)尖棱褶皱；(c)箱形褶皱；(d)扇形褶皱；(e)挠曲

■ 三、褶皱的识别

在野外进行地质调查及分析地质图时，为了识别褶皱，首先可沿垂直于岩层走向的方向进行观察，查明地层的层序和确定地层的时代，并测量岩层的产状要素，然后根据以下几点分析判断是否有褶皱存在，进而确定是向斜还是背斜。

(1)根据岩层是否有对称重复的出露，可判断是否有褶皱存在。若在某时代的岩层两侧有其他时代的岩层对称重复出现，则可确定有褶皱存在。若岩层虽有重复出露现象，但并不对称分布，则可能是断层形成的，不能误认为褶皱。

(2)对比褶皱核部和两翼岩层的时代新老关系，判断褶皱是背斜还是向斜。若核部地层时代较老，两侧依次出现渐新的地层为背斜；反之，若核部地层时代较新，两侧依次出现渐老的地层则为向斜。

(3)根据两翼岩层的产状，判断褶皱是直立的、倾斜的，还是倒转的等。

另外，为了对褶皱进行全面认识，除进行上述横向的分析外，还要沿褶曲轴延伸方向进行平面分析，了解褶曲轴的起伏情况及其平面形态的变化。

■ 四、褶皱构造的工程地质评价和野外观察

1. 褶皱构造的工程地质评价

(1)褶曲的翼部基本上是单斜构造，也就是倾斜岩层的产状与路线或隧道轴线走向的关系问题。

(2)对于深路堑和高边坡来说，路线垂直岩层走向，或路线与岩层走向平行但岩层倾向与边坡倾向相反时，只就岩层产状与路线走向的关系而言，对路基边坡的稳定性是有利的。

(3)不利的情况是路线走向与岩层的走向平行，边坡与岩层的倾向一致，特别在云母片岩、绿泥石片岩、滑石片岩、千枚岩等松软岩石分布地区，坡面容易发生风化剥蚀，产生严重碎落坍塌，对路基边坡及路基排水系统会造成经常性危害。

(4)最不利的情况是路线与岩层走向平行，岩层倾向与路基边坡一致，而边坡的坡角大于岩层的倾角，特别在石灰岩、砂岩与黏土质页岩互层，且有地下水作用时，如路堑开挖过深，边坡过陡，或者开挖使软弱构造面暴露，都容易引起斜坡岩层发生大规模的顺层滑动，破坏路基稳定。

(5)对于隧道工程来说，从褶曲的翼部通过一般是比较有利的。如果中间有松软岩层或软弱构造面，则在顺倾向一侧的洞壁有时会出现明显的偏压现象，甚至会导致支撑破坏，发生局部坍塌。

(6)褶曲构造的轴部，从岩层的产状来说，是岩层倾向发生显著变化的地方；就构造作用对岩层整体性的影响来说，它又是岩层受应力作用最集中的地方，因此，在褶曲构造的轴部，无论公路、隧道还是桥梁工程，都容易遇到工程地质问题，这主要是由于岩层破碎而产生的岩体稳定问题和向斜轴部地下水的问题。

2. 褶曲的野外观察

一般情况下，人们容易认为背斜处为山，向斜处为谷。

在一定的外力条件下，向斜山与背斜谷(图 3-14)的情况在野外也是比较常见的。因此，

不能够完全以地形的起伏情况作为识别褶曲构造的主要标志。

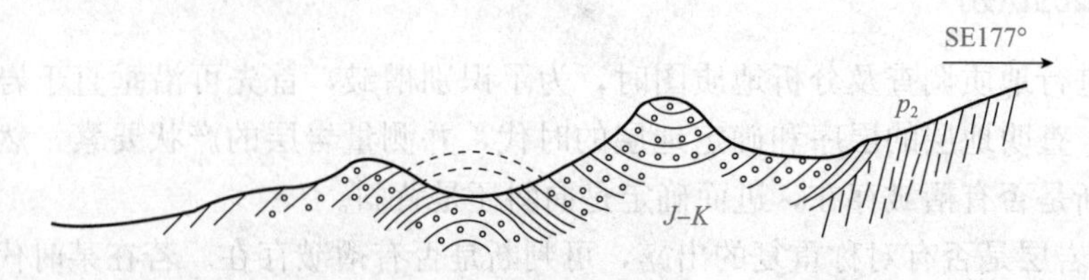

图 3-14　褶曲构造与地形

在野外需要采用穿越法和追索法进行观察。

(1)穿越法。穿越法就是沿着选定的调查路线，垂直于岩层走向进行观察。采用穿越法便于了解岩层的产状、层序及其新老关系。如果在路线通过地带的岩层有规律地重复出现，则其必为褶曲构造。根据岩层出露的层序及其新老关系，可以判断是背斜还是向斜。分析两翼岩层的产状和两翼与轴面之间的关系，可以判断褶曲的形态类型。

(2)追索法。追索法就是平行于岩层走向进行观察的方法。平行于岩层走向进行追索观察，便于查明褶曲延伸的方向及其构造变化的情况。当两翼岩层在平面上彼此平行展布时为水平褶曲，如果两翼岩层在转折端闭合或呈"S"形弯曲，则为倾伏褶曲。在实践中一般以穿越法为主，以追索法为辅，根据不同情况穿插运用。

单元四　断裂构造

知识目标

(1)熟悉裂隙的分类。
(2)掌握裂隙的表示方法。
(3)熟悉断层的要素和分类。
(4)掌握断层的识别方法。

能力目标

(1)能够编制裂隙玫瑰图，并判断裂隙的发育程度。
(2)能够在野外识别断层，并对其进行工程地质评价，指导工程建设。

岩石承受变形的能力是有限的，当变形超过岩石的变形极限(受力超过岩石的强度)时，岩石的连续性、完整性将会遭到破坏，产生破裂或位移。因此，断裂构造是岩体受力超过其强度极限时发生破裂形成的地质构造。根据断裂两侧岩石的相对位移情况，断裂构造可分为裂隙(或称为节理，破裂面两侧无明显位移)和断层(破裂面两侧有明显位移)两种类型。

■ 一、裂隙

1. 裂隙的类型及特征

断裂两侧岩石仅因开裂而分离，并未发生明显相对位移的断裂构造称为裂隙或节理。它往往是褶皱和断层的伴生产物，然而自然界中岩石的裂隙并非都是地质构造运动所造成的(图 3-15)。

图 3-15 裂隙

(1)裂隙成因分类。

1)原生(成岩)裂隙。原生裂隙是岩石在成岩过程中形成的。例如玄武岩中的柱状裂隙，是岩浆喷发至地表后冷却收缩而产生的；沉积岩中的泥裂现象是沉积物受日晒失水收缩而形成的；还有沉积岩的层理是在沉积和成岩过程中形成的。

2)表生(次生)裂隙。表生裂隙是由于岩石分化、岩坡变形破坏、河谷边坡卸荷作用及人工爆破等外力而形成的裂隙。其一般仅局限于表层，规模不大，分布也不规则。例如卸荷裂隙是由于河流的下切侵蚀，使河谷及其两侧的部分岩石被搬运，致使下部岩石所受的压力减轻(称为减压卸荷作用)，应力得以释放而产生的平行于岸坡和谷底的裂隙。又如风化裂隙是由于温度变化而产生的层状剥离。

3)构造裂隙。构造裂隙是由地壳运动产生的构造应力作用而形成的裂隙。在岩石中分布广泛，延伸较深，方向较稳定，可切穿不同的岩层。一般剪性裂隙、多数张性裂隙都是构造裂隙。

(2)裂隙力学性质分类。

1)张性裂隙。张性裂隙可以是构造裂隙，也可以是表生裂隙、原生裂隙。它是岩石所受张应力超过其抗张强度后破裂而产生的。张性裂隙多见于脆性岩石中，尤其是在褶皱转折端等张应力集中的部位。其特点如下。

①产状不如剪性裂隙稳定，沿走向方向和沿倾向方向延伸均不远。

②裂隙面粗糙不平，无擦痕。

③多呈张开的裂口状(与剪性裂隙相比)，因此，常被充填成矿脉(热液凝结而成的方解石和石英)，脉的宽度变化较大，脉壁也不平直；也可充填有未胶结或胶结的黏性土或岩屑等。

④砂岩和砾岩中的张性裂隙，其裂隙面往往绕过砂粒或砾石，呈现凹凸不平状。

⑤张性裂隙常沿早期"X"形裂隙发育而成，故多呈锯齿状延伸，通常称为追踪张裂。

⑥沿张性裂隙面的内摩擦角值较剪性裂隙大，但若有黏土等物质充填，则抗剪强度受充填物控制。

张性裂隙透水性强，常是地下水或坝基、库岸的良好渗透通道。当岩体垂直于张性裂隙受压时，可产生较大的压缩变形。

2)剪性裂隙。剪性裂隙一般为构造裂隙，是岩石所受剪应力超过其抗剪强度后破裂而产生的裂隙。其一般发生在与最大压应力方向成45°左右夹角的平面上，在岩石中常成对出现，呈"X"形交叉，因此也可称为共轭"X"形裂隙。剪性裂隙具有下述特征。

①裂隙面平直光滑，有时可见到擦痕，产状稳定，可延伸较长(数十米)，在砾岩中常平直切穿坚硬的砾石。

②呈闭合状，裂隙本身的宽度很小，通常仅为1～3 mm，但受后期地质作用力的影响，也可裂开并充填以黏性土或岩屑。

③成组成对出现，即多条裂隙常互相平行排列，并且其间距常大致相等。在同一作用力下形成的共轭"X"形裂隙，它们互相交叉切割，使岩层形成菱形或方形，方形者也称为棋盘格状构造。

④沿剪性裂隙面抗剪强度往往很低，在边坡和坝基岩体中易形成滑动破坏面。

2. 裂隙的工程地质评价

岩体中的裂隙，在工程上除有利于开挖外，对岩体的强度和稳定性均有不利的影响。

(1)岩体中的裂隙破坏了岩体的整体性，促进岩体风化速度，增强岩体的透水性，因此使岩体的强度和稳定性降低。

(2)当裂隙主要发育方向与路线走向平行，倾向与边坡一致时，无论岩体的产状如何，路堑边坡都容易发生崩塌等不稳定现象。

(3)在路基施工中，如果岩体存在裂隙，还会影响爆破作业的效果。

3. 裂隙调查、统计和表示方法

调查裂隙时，应先在工点选择一具有代表性的基岩露头，对一定面积内的裂隙的产状(走向、倾向、倾角)和几何描述(延伸、宽度、表面形态、深度)进行测量，同时要注意研究裂隙的成因和充填情况(物质成分、粒度成分、充填度、含水状况、颜色)。测量裂隙产状的方法和测量岩层产状的方法相同。

统计裂隙有各种不同的图式，裂隙玫瑰图就是比较常用的一种。裂隙玫瑰图可以用裂隙走向编制，也可以用裂隙倾向编制。其编制方法如下。

(1)裂隙走向玫瑰图。

1)在一任意半径的半圆上画上刻度网。

2)把所测得的裂隙按走向以每5°或每10°分组，统计每一组内的裂隙数并算出其平均走向。

3)自圆心沿半径引射线，射线的方位代表每组裂隙平均走向的方位，射线的长度代表每组裂隙的条数。

4)用折线把射线的端点连接起来，即得到裂隙走向玫瑰图[图 3-16(a)]。

由图可以看出，比较发育的裂隙为走向 330°、30°、60°、300°及走向东西，共 5 组。

(2)裂隙倾向玫瑰图。

1)将测得的裂隙，按倾向以每 5°或每 10°分组。

2)统计每一组内裂隙的条数，并计算出其平均倾向。

3)用绘制裂隙走向玫瑰图的方法，在注有方位的圆周上，根据平均倾向和裂隙的条数，定出各组相应的点子。

4)用折线将这些点连接起来，即得到裂隙倾向玫瑰图[图 3-16(b)]。

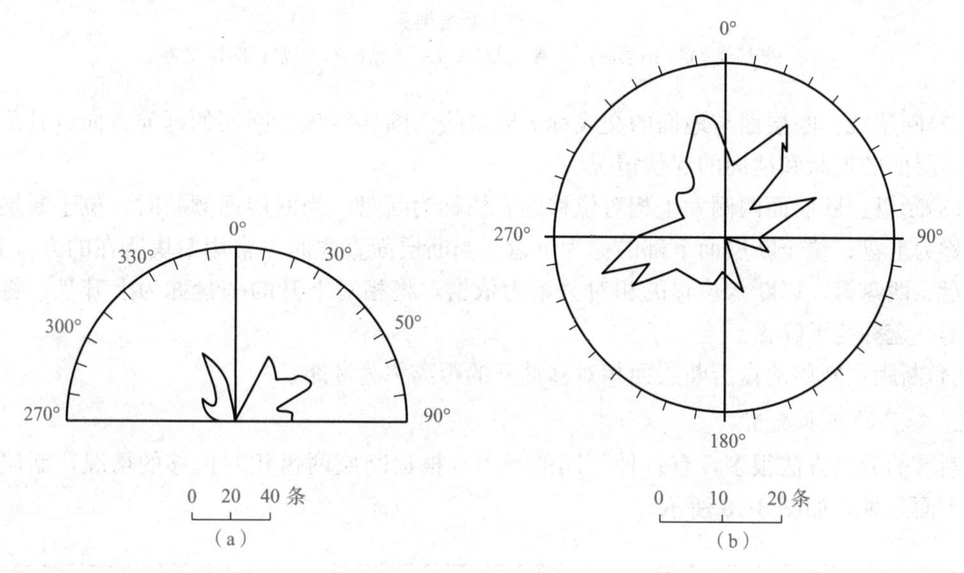

图 3-16　裂隙玫瑰图

(a)裂隙走向玫瑰图；(b)裂隙倾向玫瑰图

裂隙的发育程度在数量上有时用裂隙率表示。裂隙率是指岩石中裂隙的面积与岩石总面积的百分比。裂隙率越大，表明岩石中的裂隙越发育；反之，则表明裂隙不发育。

■ 二、断层

断层是指岩石受力发生断裂，断裂面两侧岩石存在明显位移的断裂构造。由于构造应力大小和性质的不同，断层规模差别很大，小的可见于一块小小的手标本上，大的可延伸数百至上千万米，宽可达几千米，切割深度有些可达上地幔。断层也是常见的构造现象之一，常对工程岩体的稳定性和渗漏造成很大的危害。

1. 断层要素

断层由以下几个部分组成(图 3-17)。

(1)断层面：两侧岩块发生相对位移的断裂面称为断层面。断层的产状就是用断层面的走向、倾向和倾角表示的。规模大的断层，经常不是沿着一个简单的面发生，而往往沿着一个错动带发生，称为断层破碎带。由于两侧岩块沿断层面发生错动，所以在断层面上常留有擦痕，在断层带中常形成糜棱岩、断层角砾和断层泥等。

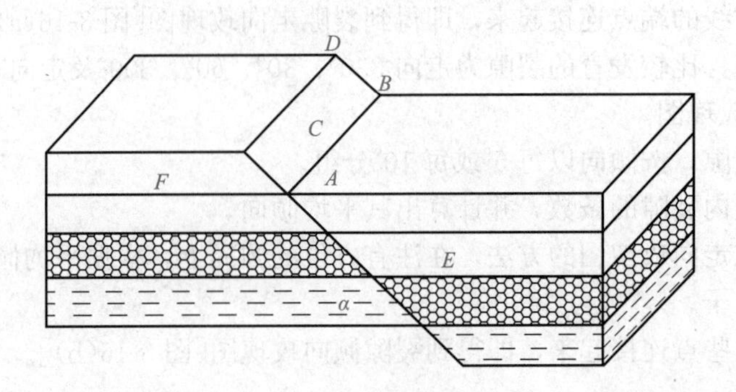

图 3-17 断层要素

AB—断层线；C—断层面；α—断层倾角；E—上盘；F—下盘；DB—总断层

(2)断层线：断层面与地面的交线称为断层线。断层线表示断层的延伸方向，其形状取决于断层面的形状和地面的起伏情况。

(3)断盘：断层面两侧发生相对位移的岩块称为断盘。当断层面倾斜时，位于断层面上部的称为上盘；位于断层面下部的称为下盘。当断层面直立时，常用断块所在的方位表示，如东盘、西盘等，以断盘位移的相对关系为依据，将相对上升的一盘称为上升盘，将相对下降的一盘称为下降盘。

(4)断距：断层两盘沿断层面相对移动开的距离称为断距。

2. 断层的基本类型

断层的分类方法很多，有各种不同的类型。根据断层两盘相对位移的情况，断层可以分为下面三种，如图 3-18 所示。

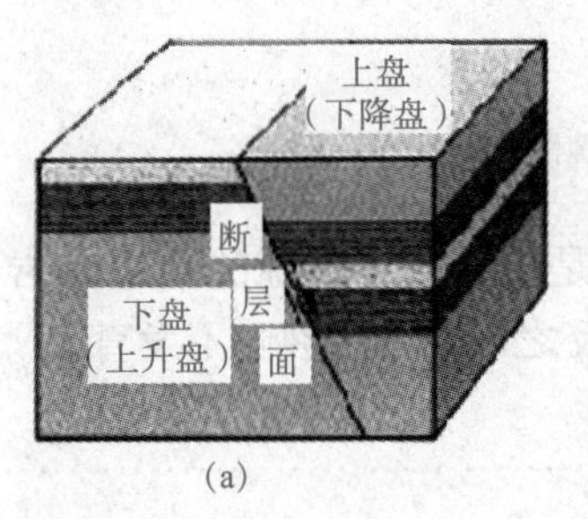

(a)

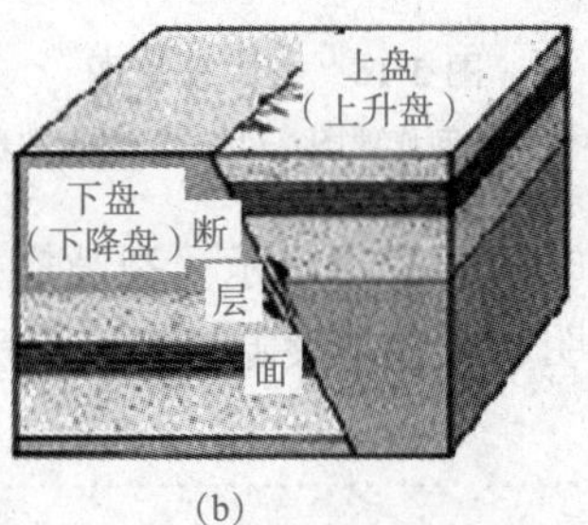

(b)

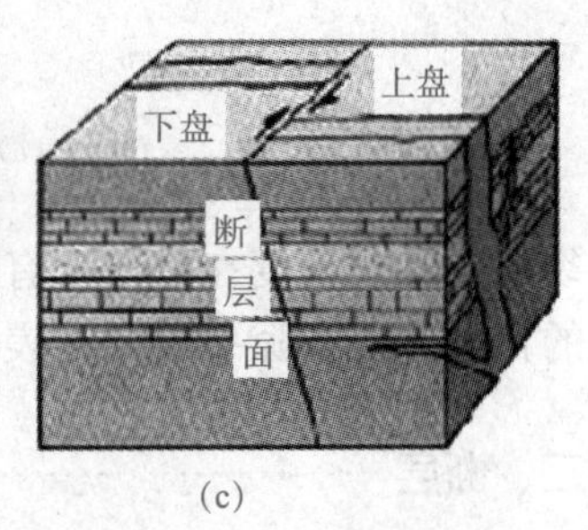

(c)

图 3-18 断层的形态分类

(a)正断层；(b)逆断层；(c)平移断层

(1)正断层。正断层是指上盘沿断层面相对下降，下盘沿断层面相对上升的断层。正断层通常是由于岩体受到水平张应力及重力作用而产生的，一般规模不大，断层线比较平直，断层面倾角较陡，常大于 45°。在野外，有时见到由数条正断层排列组合在一起，形成不同形式的断裂带，如阶梯式断层、地垒和地堑等(图 3-19)。

在地形上，地堑常形成狭长的凹陷地带，如我国山西的汾河河谷、陕西的渭河河谷等都是有名的地堑构造。地垒多形成块状山地，如天山、阿尔泰山等都广泛发育有地垒构造。

图 3-19 断裂带

(a)阶梯式断层；(b)地垒；(c)地堑

(2)逆断层。逆断层是上盘相对上升、下盘相对下降的断层。它一般是受水平挤压力沿剪切破裂面形成的，因此常与褶皱同时伴生，并多在一个翼上平行于褶皱轴发育。断层带中往往夹有大量的角砾和岩粉。逆断层的规模一般较大，断层面较为弯曲或呈波状起伏。按断层面倾角大小，可将逆断层分为以下几种。

1)冲断层：断层面倾角大于 45°的高角度逆断层。

2)逆掩断层：断层面倾角为 25°～45°，往往由倒转褶皱发展形成，它的走向与褶皱轴大致平行，逆掩断层的规模一般较大。

3)辗掩断层：断层面倾角小于 25°的逆断层，常是区域性的巨型断层，断层上盘较老的地层沿着平缓的断层面推覆在另一盘较新岩层之上，断距可达数千米，破碎带的宽度也可达几十米。

逆断层往往成组出现。几条相互平行的逆掩断层或冲断层使岩层依次向上冲掩，可以组合成为叠瓦式构造，如图 3-20 所示。

图 3-20 叠瓦式构造

(3)平移断层。平移断层是指断层两盘沿断层面走向在水平方向上发生相对位移，而无明显上下位移的断层。平移断层的断层面倾角常近于直立，断层线也较为平直。平移断层的破碎带一般较窄，沿断层面常有近水平的擦痕，多受剪应力形成，因此大多数与褶皱轴斜交，与“X”形裂隙平行或沿该裂隙形成。

有时断层错动方向兼有平移和上下的相对位移。这时，如以平移为主，则称为正平移断层或逆平移断层；如以上下错动为主，则称为平移正断层或平移逆断层。

3. 断层的识别

在野外调查断层时，首先要确定断层的存在，然后才能对断层进行进一步研究。调查的依据主要有以下几条。

(1)改变原有地层的分布规律；

(2)断层面及其相关部分形成各种伴生构造；

(3)形成与断层构造有关的地貌现象。

在调查时，可利用如下特征作为识别断层的标志。

(1)地貌特征：断层崖，断层三角面地形(图 3-21)，沟谷或峡谷地形，山脊错断、错开，河谷跌水瀑布，河谷方向发生突然转折等。

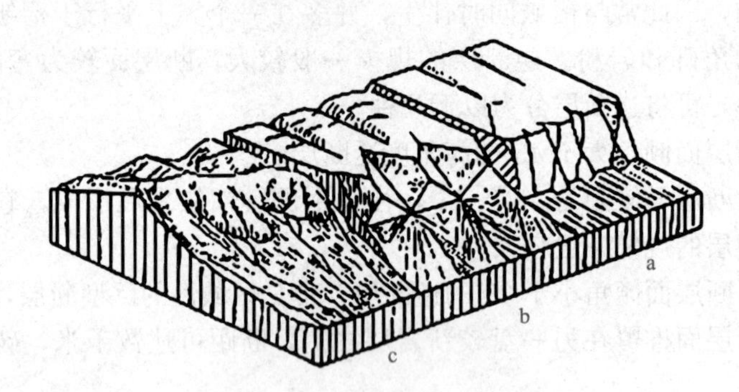

图 3-21　断层三角面形成示意

a—断层崖剥蚀成冲沟；b—冲沟扩大，形成三角面；c—继续侵蚀，三角面消失

(2)地层特征：岩层发生重复[图 3-22(a)]或缺失[图 3-22(b)]、岩脉被错断[图 3-22(c)]、岩层沿走向突然发生中断、与不同性质的岩层突然接触等。

(3)断层的伴生构造现象：岩层牵引弯曲、断层角砾、糜棱岩、断层泥和断层擦痕等。

牵引弯曲是岩层因断层两盘发生相对错动，受牵引而形成的弯曲[图 3-22(d)]，多形成于页岩、片岩等柔性岩层和薄层岩层中。

当断层发生相对位移时，其两侧岩石因受强烈的挤压力，有时沿断层面被研磨成细泥，称为断层泥；如被研碎成角砾，则称为断层角砾[图 3-22(e)]。断层角砾一般是胶结的，其成分与断层两盘的岩性基本一致。

断层两盘相互错动时，因强烈摩擦而在断层面上产生的一条条彼此平行密集的细刻槽，称为断层擦痕[图 3-22(f)]。顺擦痕方向抚摸，感到光滑的方向即对盘错动的方向。

另外，在泉水、温泉呈线状出露的地方，也要注意观察是否有断层存在。

4. 断层的工程地质评价

(1)岩层发生强烈的断裂变动，致使岩体裂隙增多、岩石破碎、风化严重、地下水发育，从而降低了岩石的强度和稳定性，对工程建筑造成了种种不利的影响。

(2)在公路工程建设中，确定路线布局、选择桥位和隧道位置时，要尽量避开大的断层破碎带。

(3)在研究路线布局，特别在安排河谷路线时，要注意河谷地貌与断层构造的关系。当路线与断层走向平行，路基靠近断层破碎带时，开挖路基容易引起边坡发生大规模坍塌，直接影响施工和公路的正常使用。

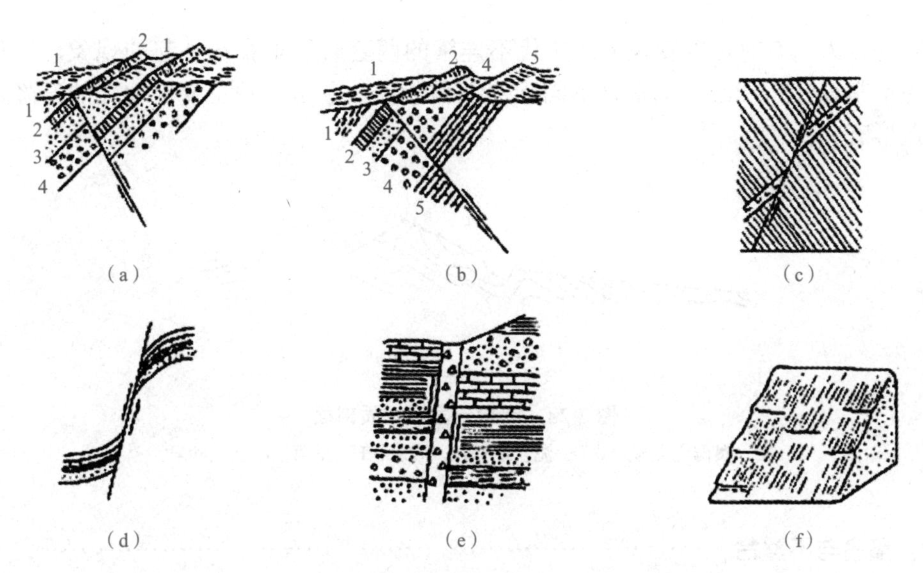

图 3-22　断层现象

(a)岩层重复；(b)岩层缺失；(c)岩脉错断；
(d)岩层牵引弯曲；(e)断层角砾；(f)断层擦痕

(4)在进行大桥桥位勘测时，要注意查明桥基部分有无断层存在，及其影响程度如何，以便根据不同的情况，在设计基础工程时采取相应的处理措施。

(5)在断层发育地带修建隧道是最不利的一种情况。由于岩层的整体性遭到破坏，加之地面水或地下水的侵入，其强度和稳定性都是很差的，容易产生洞顶坍落，影响施工安全。

(6)当隧道轴线与断层走向平行时，应尽量避免与断层破碎带接触。隧道横穿断层时，虽然只有个别段落受断层影响，但因地质及水文地质条件不良，必须预先考虑措施，保证施工安全。特别当断层破碎带规模很大，或者穿越断层带时，施工会十分困难，在确定隧道平面位置时，要尽量设法避开。

单元五　不整合

知识目标

(1)熟悉岩层之间的接触关系。
(2)掌握不整合的两种类型。
(3)掌握不整合的工程影响。

能力目标

(1)能够在野外识别岩层之间的接触关系。
(2)能够对不整合面进行工程地质评价，指导工程建设。

在野外，人们有时可以发现形成年代不连续的两套岩层重叠在一起的现象，这种构造形迹称为不整合(图 3-23)。不整合不同于褶皱和断层，它是一种主要由地壳的升降运动产生的构造形态。

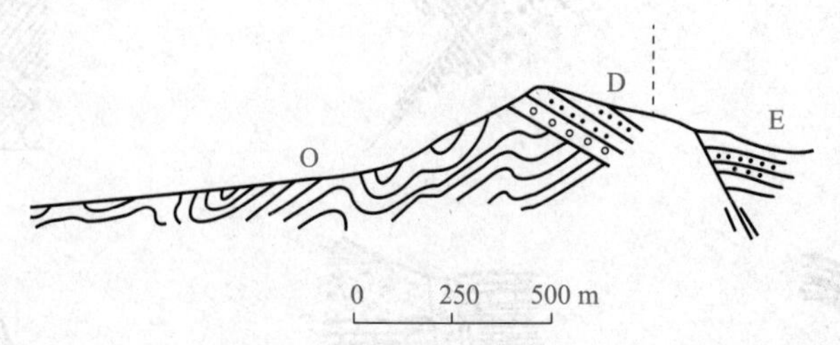

图 3-23　南岭五里亭地质剖面

O—奥陶纪泥板岩；D—泥盆纪砾岩、砂岩；E—早第三纪红色砂岩

■ 一、整合与不整合

在地壳上升的隆起区域发生剥蚀，在地壳下降的凹陷区域产生沉积。当沉积区处于相对稳定阶段时，则沉积区连续不断地进行着堆积，这样，堆积物的沉积次序是衔接的，产状是彼此平行的，在形成的年代上也是顺次连续的，岩层之间的这种接触关系称为整合接触[图 3-24(a)]。

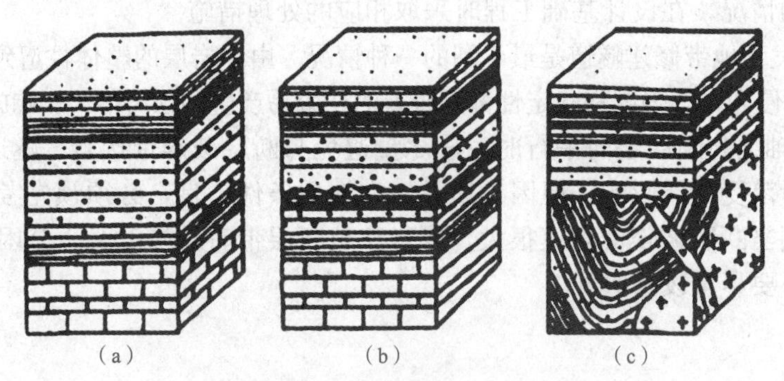

图 3-24　地层接触关系示意

(a)整合；(b)平行不整合；(c)角度不整合

在沉积过程中，如果地壳发生上升运动，沉积区隆起，则沉积作用即为剥蚀作用所替代，发生沉积间断。其后若地壳又发生下降运动，则在剥蚀的基础上又接受新的沉积。由于沉积过程发生间断，所以岩层在形成年代上是不连续的，中间缺失沉积间断期的岩层，岩层之间的这种接触关系称为不整合接触。存在于接触面之间因沉积间断期而产生的剥蚀面称为不整合面。在不整合面上，有时可以发现砾石层或底砾岩等下部岩层遭受外力剥蚀的痕迹。

■ 二、不整合的类型

不整合有各种不同的类型，但基本分为平行不整合和角度不整合两种。

1. 平行不整合

平行不整合面上、下两套岩层之间的地质年代不连续，缺失沉积间断期的岩层，但彼此之间的产状基本上是一致的，看起来貌似整合接触，所以又称为假整合[图 3-24(b)]。我国华北和东北南部地区中石炭统本溪组直接覆盖在奥陶系马家沟组的石灰岩剥蚀面上，其间缺失了奥陶系马家沟组之上及志留系、泥盆系和下石炭统的一系列地层，而上、下两套地层的产状基本上是平行的，这是平行不整合接触的一个典型例子。其下伏岩系由于风化剥蚀可见喀斯特地形(岩溶地貌)，顶面凹凸不平；上覆岩系底部有代表风化壳的铁铝沉积物，在有些地区还可以见到底砾岩。

2. 角度不整合

角度不整合又称为斜交不整合，简称不整合[图 3-24(c)]。角度不整合不仅不整合面上、下两套岩层间的地质年代不连续，而且两者的产状也不一致，下伏岩层与不整合面相交有一定的角度，这是由于不整合面下部的岩层在接受新的沉积之前发生过褶皱变动。角度不整合是野外常见的一种不整合。在我国华北震旦亚界与前震旦亚界之间，岩层普遍存在有角度不整合现象，这说明在震旦亚代之前，华北地区的构造运动是比较频繁而强烈的。

三、不整合的工程地质评价

不整合面是下伏古地貌的剥蚀面，它常有比较大的起伏，同时常有风化层或底砾存在，层间结合差，地下水发育，不整合面与斜坡倾向一致，如开挖路基，经常会成为斜坡滑移的边界条件，对工程建筑不利。

单元六　岩石与岩体的工程地质性质

知识目标

(1)掌握岩石的主要物理性质。
(2)掌握岩石的主要力学性质。
(3)熟悉影响岩石工程性质的因素。
(4)掌握岩体的工程地质性质。

能力目标

(1)能够进行岩石指标测试。
(2)能够完成施工现场岩体稳定性分析的原始资料收集、整理工作，判断岩体的稳定性。

岩石的工程地质性质包括物理性质和力学性质两个主要方面。影响岩石工程性质的因素主要受矿物成分、岩石的结构和构造及风化作用等控制。岩体是工程影响范围内的地质体，它包含岩石块、层理、裂隙和断层等。岩体工程性质主要取决于岩体内部裂隙系统的性质及其分布情况，当然岩石本身的性质也起着重要的作用。下面主要介绍有关岩石与岩体工程地质的一些常用指标，供分析和评价岩石和岩体工程性质时参考。

■ 一、岩石的主要物理力学性质

1. 岩石的主要物理性质

(1)比重。岩石的比重是指岩石固体(不包括孔隙)部分单位体积的质量，在数值上，等于岩石固体颗粒的质量与同体积 4 ℃的水的质量之比。其大小取决于岩石中矿物的比重及其在岩石中的相对含量。

(2)重度。重度也称为容量，是指岩石单位体积的质量，在数值上等于岩石试件的总质量(包括孔隙中的水重)与其总体积(包括孔隙体积)之比。其大小取决于岩石中矿物的比重、岩石的孔隙性及其含水情况。岩石孔隙中完全没有水存在时的重度称为干重度。其大小取决于岩石的孔隙性及矿物的比重。岩石中的孔隙完全被水所充满时的重度，称为饱和重度。

在相同条件下的同一种岩石，重度越大，说明岩石的结构越紧密；孔隙度越小，岩石的强度和稳定性也就越高。

(3)孔隙性。岩石的孔隙性反映岩石中各种孔隙(包括细微的裂隙)的发育程度，对岩石的强度和稳定性产生重要的影响。岩石的孔隙性用孔隙度表示。孔隙度在数值上等于岩石各种孔隙的总体积与岩石总体积之比，用百分数表示。

孔隙度的大小主要取决于岩石的结构和构造，同时受外力因素的影响。未经风化或构造作用的侵入岩和某些变质岩，其孔隙度一般是很小的，而砾岩、砂岩等一些沉积岩类的岩石，则通常具有较大的孔隙度。

(4)含水率。岩石的含水率是指试件在 105 ℃～110 ℃下烘干至恒重时所失去的水的质量与岩石干质量的比值，用百分数表示。各种岩石的含水率差别很大，一种岩石在不同的环境下也有不同的含水率。

(5)吸水性。岩石在一定的条件下吸收水分的能力称为岩石的吸水性。表征岩石吸水性的指标有吸水率、饱和吸水率和饱水系数。

1)岩石的吸水率指的是岩石在大气压力和室温条件下吸入水的质量与岩石固体质量的比值，用百分数表示。岩石的吸水率与岩石孔隙度的大小、孔隙张开程度等因素有关。岩石的吸水率大，则水对岩石颗粒之间结合物的浸湿、软化作用就强，岩石的强度和稳定性受水作用的影响也就越显著。

2)岩石的饱和吸水率指的是岩石在强制状态下的吸水量与岩石固体质量的比值，用百分数表示。

3)岩石的饱水系数指的是岩石的吸水率与饱和吸水率的比值，用百分数表示。一般岩石的饱水系数为 0.5～0.8，饱水系数对于判别岩石的抗冻性具有重要的意义。

(6)软化性。岩石受水作用后，强度和稳定性发生变化的性质称为岩石的软化性。岩石的软化性主要取决于岩石的矿物成分、结构和构造特征。黏土矿物含量高、孔隙度大、吸水率高的岩石，与水作用容易软化而丧失其强度和稳定性。

岩石软化性的指标是软化系数。在数值上，它等于岩石在饱和状态下的极限抗压强度和在风干状态下极限抗压强度的比值，用小数表示。其值越小，表示岩石在水作用下的强度和稳定性越差。未受风化作用的岩浆岩和某些变质岩，软化系数大都接近 1，是弱软化的岩石，其抗水、抗风化和抗冻性强；软化系数小于 0.75 的岩石，认为是软化性强的岩石，其工程性质较差。

(7)抗冻性。岩石孔隙中有水存在时，水结冰，体积膨胀，就会产生巨大的压力，由于这种压力的作用会促使岩石的强度降低和稳定性破坏，所以岩石抵抗这种压力作用的能力称为岩石的抗冻性。

岩石的抗冻性有不同的表示方法，一般用岩石在抗冻试验前后抗压强度的降低率表示。抗压强度降低率小于 20%～25%的岩石，认为是抗冻的；抗压强度降低率大于 25%的岩石，认为是非抗冻性的。

(8)膨胀性。膨胀性是指某些由黏土矿物组成的岩石浸水后，黏土矿物具有较强的亲水性，致使岩石中颗粒之间的水膜增厚或水渗入矿物晶体内部，从而引起岩石的体积或长度膨胀。表征岩石膨胀性的指标有岩石自由膨胀率、岩石侧向约束膨胀率和岩石膨胀压力等。

1)岩石自由膨胀率是指岩石试件在浸水后产生的径向变形和轴向变形分别与岩石试件直径和高度之比，以百分数表示。

2)岩石侧向约束膨胀率是指岩石试件在有侧限条件下，轴向受有限荷载时，浸水后产生的轴向变形与试件原高度之比，以百分数表示。

3)岩石膨胀压力是指岩石试件浸水后保持原体积不变所需的压力。

(9)耐崩解性。岩石的耐崩解性是指吸水膨胀作用致使岩石内部出现非均匀分布的应力，加之有的胶结物被溶解掉，因而造成岩石中颗粒及其集合体分散。

岩石的耐崩解性指数是指岩石试件在经过干燥和浸水两个标准循环后，试件残留的质量与原质量之比，以百分数表示。岩石的耐崩解性试验主要适用于黏土类岩石和风化岩石。

常见岩石的主要物理性质指标见表 3-1。

表 3-1　常见岩石的主要物理性质指标

岩石名称	比重	天然重度/($g \cdot cm^{-3}$)	孔隙度/%	吸水率/%	软化系数
花岗石	2.50～2.84	2.30～2.80	0.04～2.80	0.10～0.70	0.75～0.97
闪长岩	2.60～3.10	2.52～2.96	0.25 左右	0.30～0.38	0.60～0.84
辉长岩	2.70～3.20	2.55～2.98	0.28～1.13	0.50～4.00	0.44～0.90
辉绿岩	2.60～3.10	2.53～2.97	0.29～1.13	0.80～5.00	0.44～0.90
玄武岩	2.60～3.30	2.54～3.10	1.28 左右	0.30 左右	0.71～0.92
砂岩	2.50～2.75	2.20～2.70	1.60～28.30	0.20～7.00	0.44～0.97
页岩	2.57～2.77	2.30～2.62	0.40～10.00	0.51～1.44	0.24～0.55
泥灰岩	2.70～2.75	2.45～2.65	1.00～10.00	1.00～3.00	0.44～0.54
石灰岩	2.48～2.76	2.30～2.70	0.53～27.00	0.10～4.45	0.58～0.94
片麻岩	2.63～3.01	2.60～3.00	0.30～2.40	0.10～3.20	0.91～0.97
片岩	2.75～3.02	2.69～2.92	0.02～1.85	0.10～0.20	0.49～0.80
板岩	2.84～2.86	2.70～2.78	0.45 左右	0.10～0.30	0.52～0.82
大理岩	2.70～2.87	2.63～2.75	0.10～6.00	0.10～0.80	—
石英岩	2.63～2.84	2.60～2.80	0.00～8.70	0.10～1.45	0.96

2. 岩石的主要力学性质

岩石在外力作用下，首先发生变形，当外力继续增加到某一数值后，就会产生破坏。因此，在研究岩石的力学性质时，既要考虑岩石的变形特性，也要考虑岩石的强度特性。

(1)岩石的变形。岩石的变形有弹性变形、塑性变形和黏性变形三种。

1)弹性变形。岩石在外力作用下发生变形，当外力撤去后又恢复其原有的形状及体积的变形称为弹性变形。在弹性变形范围内，岩石的变形性能一般用弹性模量和泊桑比两个指标表示。

弹性模量是应力和应变之比，单位为Pa。其值越大，变形越小，说明岩石抵抗变形的能力越高。岩石横向应变与纵向应变之比称为岩石的泊桑比，用小数表示。泊桑比越大，表示岩石受力作用后的横向变形越大。岩石的泊桑比一般为0.2～0.4。

2)塑性变形。岩石在超过其屈服极限外力作用下发生变形，当外力撤去后不能完全恢复其原有的形状及体积的变形称为塑性变形。

3)黏性变形。岩石在外力作用下变形不能在瞬间完成，并且应变速率是应力的函数，即应力随着应变速率的增大而增大，当外力撤去后不能恢复其原有形状及体积的变形称为黏性变形。

(2)岩石的强度。岩石抵抗外力破坏的能力称为岩石的强度。岩石的强度单位为Pa。岩石的强度和应变形式有很大关系。岩石受力的作用破坏，有压碎、拉断和剪断等形式，因此，其强度可分为抗压强度、抗剪强度和抗拉强度等。

1)抗压强度。抗压强度是指岩石在单向压力作用下抵抗压碎破坏的能力，在数值上等于岩石受压达到破坏时的极限应力。岩石抗压强度的大小直接与岩石的结构和构造有关，同时受到矿物成分和岩石生成条件的影响，差别很大。

岩石抗压强度一般是在压力机(材料试验机)上对岩石试件进行加压试验测定的。常见岩石的极限抗压强度见表3-2。

表3-2 常见岩石的极限抗压强度

岩石名称及主要特征	极限抗压强度/MPa
胶结不良的砾岩、各种不坚固的页岩	＜20
中等坚硬的泥灰岩、凝灰岩、页岩，软而有裂缝的石灰岩	20～39
钙质砾岩，裂隙发育、风化强烈的泥质砂岩，坚固的泥灰岩、页岩	39～59
泥质灰岩、泥质砂岩、砂质页岩	59～79
强烈风化的软弱花岗岩、正长岩、片麻岩，致密的石灰岩	79～98
白云岩，坚固的石灰岩、大理岩，钙质致密的砂岩，坚固的砂质页岩	98～118
粗粒花岗岩、正长岩，非常坚固的白云岩，硅质坚固的砂岩	118～137
片麻岩、粗面岩，非常坚固的石灰岩，轻微风化的玄武岩、安山岩	137～157
中粒花岗石、正长岩、辉绿岩，坚固的片麻岩、粗面岩	157～177
非常坚固的细粒花岗岩、花岗片麻岩、闪长岩，最坚固的石灰岩	177～196
玄武岩、安山岩，坚固的辉长岩、石英岩，最坚固的闪长岩、辉绿岩	196～245
非常坚固的辉长岩、辉绿岩、石英岩、玄武岩	＞245

2)抗剪强度。抗剪强度是指岩石抵抗剪切破坏的能力，在数值上等于受剪破坏时的极限剪应力。抗剪强度指标是黏聚力和内摩擦角。在一定压应力下岩石剪断时，剪破面上的最大剪应力称为抗剪断强度。因为坚硬岩石有牢固的结晶联结或胶结联结，所以岩石的抗剪强度一般都比较高。抗剪强度是沿岩石裂隙面或软弱面等发生剪切滑动时的指标，其强度大大低于抗剪断强度。

3)抗拉强度。岩石在单轴拉伸荷载作用下达到破坏时所能承受的最大拉应力称为岩石的单轴抗拉强度，简称为抗拉强度。岩石的抗拉强度远小于抗压强度。目前，常用劈裂法测定岩石的抗拉强度。

岩石的抗压强度最高，抗剪强度居中，抗拉强度最低。抗剪强度为抗压强度的10%～40%；抗拉强度仅是抗压强度的2%～16%。岩石越坚硬，其值相差越大，软弱的岩石差别较小。岩石的抗剪强度和抗压强度是评价岩石(岩体)稳定性的指标，是对岩石(岩体)的稳定性进行定量分析的依据。

3. 影响岩石工程性质的因素

从岩石工程性质的介绍中可以看出，影响岩石工程性质的因素是多方面的，但归纳起来，主要有两个方面：一方面是岩石的地质特征，如岩石的矿物成分、结构、构造及成因等；另一方面是岩石形成后所受外部因素的影响，如水的作用及风化作用等。现就上述因素对岩石工程性质的影响进行说明。

(1)矿物成分。岩石是由矿物组成的，岩石的矿物成分对岩石的物理力学性质产生直接的影响。例如，辉长岩的比重比花岗石大，这是因为辉长岩的主要矿物成分辉石和角闪石的比重比石英与正长石大。又如石英岩的抗压强度比大理岩要高得多，这是因为石英的强度比方解石高。这说明，尽管岩类相同，结构和构造也相同，如果矿物成分不同，岩石的物理力学性质会有明显的差别。但也不能简单地认为，含有高强度矿物的岩石，其强度一定就高。因为当岩石受力作用后，内部应力是通过矿物颗粒的直接接触来传递的，如果强度较高的矿物在岩石中互不接触，则应力的传递必然会受到中间低强度矿物的影响，岩石不一定就能显现出高的强度。因此，只有在矿物分布均匀，高强度矿物在岩石的结构中形成牢固的骨架时，才能起到增大岩石强度的作用。

从工程要求来看，岩石的强度相对来说都是比较高的。因此，在对岩石的工程性质进行分析和评价时，更应该注意那些可能降低岩石强度的因素，如花岗石中的黑云母含量是否过高，石灰岩、砂岩中黏土类矿物的含量是否过高等。黑云母是硅酸盐类矿物中硬度低、解理最发育的矿物之一，它容易遭受风化而剥落，同时易于发生次生变化，最后成为强度较低的铁的氧化物和黏土类矿物。在石灰岩和砂岩中，当黏土类矿物的含量大于20%时，会直接降低岩石的强度和稳定性。

(2)结构。岩石的结构特征是影响岩石物理力学性质的一个重要因素。根据岩石的结构特征，可将岩石分为两类：一类是结晶联结的岩石，如大部分的岩浆岩、变质岩和一部分沉积岩；另一类是由胶结物联结的岩石，如沉积岩中的碎屑岩等。

1)结晶联结是由岩浆或溶液中结晶或重结晶形成的。矿物的结晶颗粒靠直接接触产生的力牢固地固结在一起，结合力强，孔隙度小，结构致密，密度大，吸水率变化范围小，比胶结联结的岩石具有更高的强度和稳定性。但就结晶联结来说，结晶颗粒大小则对岩石的强度有明显影响。如粗粒花岗石的抗压强度一般为118～137 MPa，而细粒花岗石有的则可达 196～245 MPa。又如大理岩的抗压强度一般为 79～118 MPa，而最坚固的石灰岩则可达 196 MPa 左右，有的甚至可达 255 MPa。这充分说明矿物成分和结构类型相同的岩石，矿物结晶颗粒的大小对强度的影响是显著的。

2)胶结联结是矿物碎屑由胶结物联结在一起的。胶结联结的岩石，其强度和稳定性主要取决于胶结物的成分及胶结的形式，同时受碎屑成分的影响，变化很大。就胶结物的成分来说，硅质胶结的强度和稳定性高，泥质胶结的强度和稳定性低，钙质和铁质胶结介于两者之间。如泥质砂岩的抗压强度一般只有 59～79 MPa，钙质胶结的可达 118 MPa，而硅质胶结的可达 137 MPa，高的甚至可达 206 MPa。

胶结联结的形式有基底胶结、孔隙胶结和接触胶结三种(图 3-25)，肉眼不易分辨，但对岩石的强度具有重要的影响。基底胶结的碎屑物质散布于胶结物中，碎屑颗粒互不接触，因此基底胶结的岩石孔隙度小，强度和稳定性完全取决于胶结物的成分。当胶结物和碎屑的性质相同时(如硅质)，经重结晶作用可以转化为结晶联结，强度和稳定性将会随之增高。孔隙胶结的碎屑颗粒互相之间直接接触，胶结物充填于碎屑间的孔隙中，因此，其强度与碎屑和胶结物的成分都有关系。接触胶结则仅在碎屑的相互接触处有胶结物联结，因此接触胶结的岩石一般孔隙度都比较大、密度小、吸水率高、强度低、易透水。如果胶结物为泥质，则与水作用容易软化而丧失岩石的强度和稳定性。

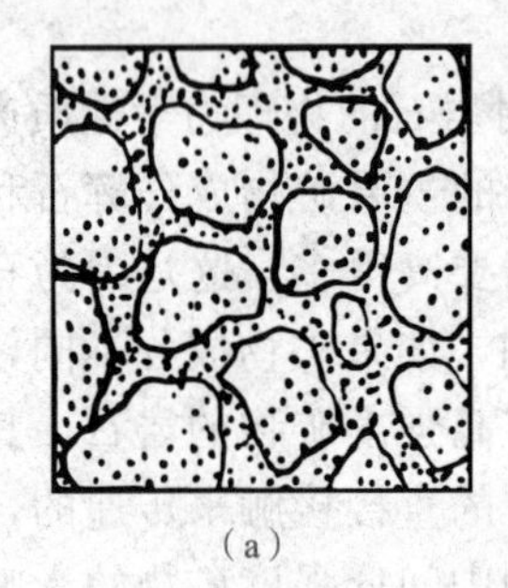
(a)
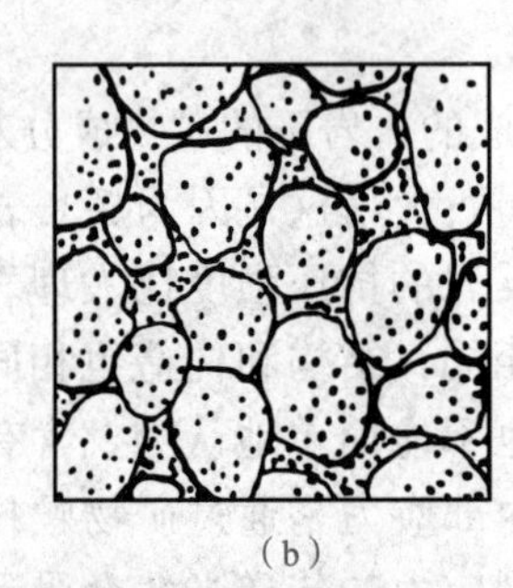
(b)
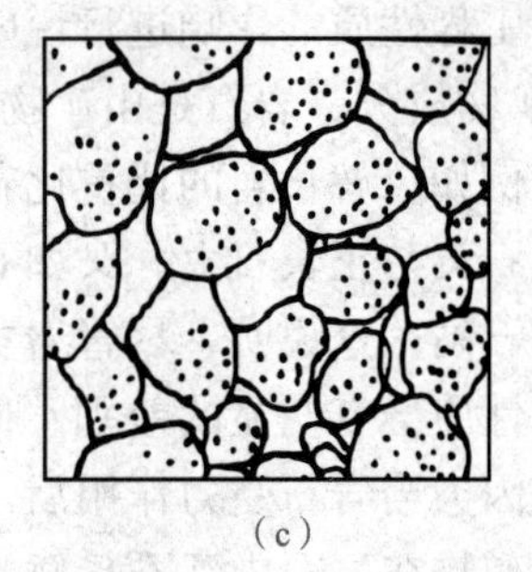
(c)

图 3-25　胶结联结的三种形式

(a)基底胶结；(b)孔隙胶结；(c)接触胶结

(3)构造。构造对岩石物理力学性质的影响，主要是由矿物成分在岩石中分布的不均匀性和岩石结构的不连续性所决定的。前者如某些岩石所具有的片状构造、板状构造、千枚状构造、片麻构造及流纹状构造等。岩石的这些构造往往使矿物成分在岩石中的分布极不均匀。一些强度低、易分化的矿物多沿一定方向富集或呈条带状分布，或者成为局部的聚集体，从而使岩石的物理力学性质在局部发生很大变化。观察和试验证明，岩石受力破坏和岩石遭受分化，首先都是从岩石的这些缺陷中开始发生的。另一种情况是不同的矿物成分虽然在岩石中的分布是均匀的，但由于存在着层理、裂隙和各种成因的孔隙，岩石结构的连续性和整体性受到一定程度的影响，从而使岩石的强度和透水性在不同的方向上发生明显的差异。一般来说，垂直层面的抗压强度大于平行层面的抗压强度，平行层面的透水性大于垂直层面的透水性。假如上述两种情况同时存在，则岩石强度和稳定性将会明显降低。

(4)水。岩石被水饱和后强度会降低，这已被大量的试验资料所证实。当岩石受到水的作用时，水就沿着岩石中可见和不可见的孔隙、裂隙浸入，浸湿岩石全部自由表面上的矿物颗粒，并继续沿着矿物颗粒之间的接触面向深部浸入，削弱矿物颗粒之间的联结，结果使岩石的强度受到影响，如石灰岩和砂岩被水饱和后，其极限抗压强度会降低25%～45%，花岗石、闪长岩及石英岩等一类的岩石被水饱和后，其强度也均有一定程度的下降。降低程度在很大程度上取决于岩石的孔隙度。当其他条件相同时，孔隙度大的岩石被水饱和后，其强度降低的幅度也大。

与上述的几种影响因素比较起来，水对岩石强度的影响在一定程度内是可逆的，当岩石干燥后，其强度仍然可以得到恢复。但是如果发生干湿循环，化学溶解或岩石的结构状态发生改变，则岩石强度的降低就转化成为不可逆的过程了。

(5)风化。风化是在温度、水、气体及生物等综合因素影响下，岩石状态、性质发生改变的物理化学过程。它是自然界最普遍的一种地质现象。

风化作用促使岩石的原有裂隙进一步扩大，并产生新的风化裂隙，使岩石矿物颗粒之间的联结松散，并使矿物颗粒沿解理面崩解。这种物理过程能促使岩石的结构、构造和整体性遭到破坏，孔隙度增大，重度减小，吸水性和透水性显著增高，强度和稳定性大为降低。化学过程的加强会引起岩石中的某些矿物发生次生变化，从根本上改变岩石原有的工程性质。

■ 二、岩体的工程地质性质

岩石和岩体虽然都是自然地质历史的产物，然而两者的概念是不同的。岩体包括各种地质界面，如层面、层理、裂隙、断层、软弱夹层等结构面的单一或多种岩石构成的地质体。它被各种结构面所切割，由大小不同的、形状不同的岩块(即结构体)组合而成。因此，岩体是指某一地点一种或多种岩石中的各种结构面、结构体的总体。岩体不能以小型的完整单块岩石作为代表。例如，坚硬的岩层，其完整的单块岩石的强度较高，而当岩层被结构面切割成碎裂状块体时，构成的岩体之强度则较小。因此，岩体中结构面的发育程度、性质、充填情况及连通程度等对岩体的工程地质特性有很大的影响。

影响岩体稳定性的主要因素有区域稳定性、岩体结构特征、岩体变形特性与承载能力、地质构造及岩体风化程度等。

1. 岩体结构分析

(1)结构面。结构面是指岩体中具有一定方向、力学强度相对较低、两向延伸(或具有一定厚度)的地质界面，如岩层层面，软弱夹层及各种成因的断裂、裂隙等。由于这种界面中断了岩体的连续性，故其又称为不连续面。

岩体中的结构面是岩体力学强度相对薄弱的部位，它导致岩体力学性能的不连续性、不均一性和各项异性。结构面往往也是风化、地下水等各种外力较活跃的部位，也常常是这些外力的改造作用能深入岩体内部的重要通道，往往发展为重要的控制面。岩体中的软弱结构面，常常成为决定岩体稳定性的控制面，各结构面分别为确定岩体抗滑稳定的分割面和滑移控制面。

研究结构面最关键的是研究各类结构面的分布规律、发育密度、表面特征、连续特征及其空间组合形式等。

1)结构面类型。按地质成因，结构面可分为原生结构面、构造结构面、次生结构面三大类。

①原生结构面，是指岩体在成岩过程中形成的结构面。其可分为沉积结构面、火成结构面和变质结构面三种类型。

a. 沉积结构面是沉积岩在沉积和成岩过程中形成的，有层理面、软弱夹层、沉积间断面和不整合面等。

b. 火成结构面是岩浆侵入及冷凝过程中形成的结构面。其包括岩浆岩体与围岩的接触面、各期岩浆岩之间的接触面和原生冷凝节理等。

c. 变质结构面是在变质过程中形成的，可分为残留结构面和重结晶结构面，如片理、板理等。

②构造结构面，是指岩体形成后在构造应力作用下形成的各种破裂面。其包括断层、裂隙、劈理和层间错动面等。

③次生结构面，是指岩体形成后在外力作用下产生的结构面。其包括卸荷裂隙(图 3-26)、风化裂隙、风化夹层、泥化夹层、次生夹泥等。

2)结构面的特征。结构面的规模、形态、连通性、充填物的性质及其密集程度，均对结构面的物理力学性质有很大影响。

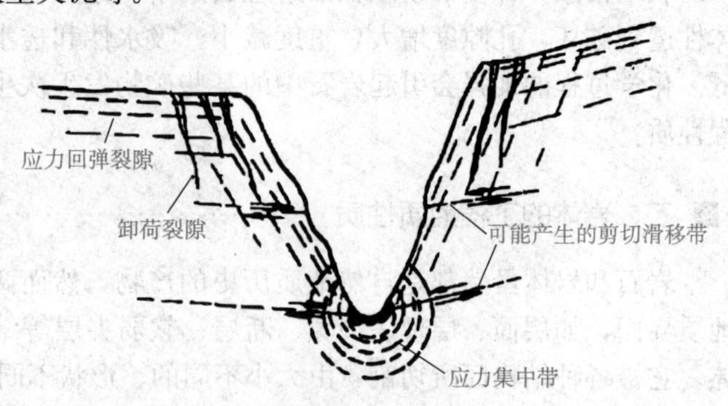

图 3-26　卸荷裂隙

①结构面的规模。不同类型的结构面，其规模可以很大，如延展数十千米、宽度达数十米的破碎带；规模可以较小，如延展数十厘米至数十米的裂隙，甚至很微小的不连续裂隙，它们对工程的影响是不同的。按结构面对岩体力学行为所起的控制作用，可将其划分为以下几个等级。

Ⅰ级：大断层或区域性断层。控制工程建设地区的地壳稳定性，直接影响工程岩体稳定性。

Ⅱ级：延伸长而宽度不大的区域性地质界面。

Ⅲ级：长度数十米至数百米的断层、区域性裂隙、延伸较好的层面及层间错动等。

Ⅱ、Ⅲ级结构面控制着工程岩体力学作用的边界条件和破坏方式，它们的组合往往构成可能滑移岩体的边界面，直接威胁工程安全稳定。

Ⅳ级：延伸较差的裂隙、层面、次生裂隙、小断层及较发育的片理、劈理面等，是构成岩块的边界面，其破坏岩体的完整性，影响岩体的物理力学性质及应力分布状态。Ⅳ级结构面主要控制着岩体的结构、完整性和物理力学性质，数量多且具有随机性，其分布规律具有统计规律，需用统计方法进行研究。

Ⅴ级：又称为微结构面，常包含在岩块内，主要影响岩块的物理力学性质，控制岩块的力学性质。

②结构面的形态。各种结构面的平整度、光滑度是不同的，有平直的、波状的、锯齿状的、台阶状的和不规则状的几种，这些形态对抗剪强度有很大的影响。

③间距。间距是指相邻结构面之间的垂直距离，通常是指同一组结构面法线方向上两相邻结构面的平均距离。它是反映岩体完整程度和岩石块体大小的重要指标，通常以线密

度(条/m)来表示，见表 3-3。

表 3-3　结构面间距

描述	间距/(条·m^{-1})
极窄(密集)的间距	<20
很窄(密集)的间距	20～60
窄(密集)的间距	60～200
中等的间距	200～600
宽的间距	600～2 000
很宽的间距	2 000～6 000
极宽的间距	>6 000

④连通性。连通性是指在一定空间范围内的岩体中，结构面在走向、倾向方向的连通程度，连通性越差，抗剪强度越强(图 3-27)。

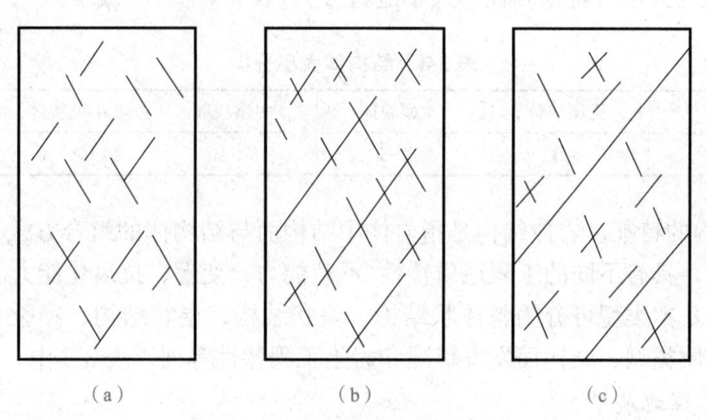

图 3-27　岩体结构面连通性

(a)非连通的；(b)半连通的；(c)连通的

⑤张开度。张开度是指结构面两壁之间的垂直距离。

结构面的张开度通常不大，一般小于 1 mm。通常，将张开度分成四级：闭合的小于 0.2 mm；微张的为 0.2～1.0 mm；张开的为 1.0～5.0 mm；宽张的大于 5.0 mm。

⑥充填物。充填物是指充填于结构面相邻岩壁之间的物质。未胶结的结构面，其力学性质取决于其充填情况，可分为薄膜充填、断续充填、连续充填及厚层充填四类。

a. 薄膜充填。结构面两壁附着一层极薄的矿物膜，厚度多小于 1 mm，多明显降低结构面的强度。

b. 断续充填。结构面的力学性质与充填物性质、壁岩性质及结构面的形态有关。

c. 连续充填。结构面的力学性质主要取决于充填物的性质。

d. 厚层充填。结构面的力学性质很差，主要取决于充填物性质，岩体往往易于沿这种结构面滑移而失稳。

(2)结构体的形状。各种成因下的结构面的组合，在岩体中可形成大小、形状不同的结构体。掩体中结构体的形状和大小是多种多样的，但根据其外形特征可大致归纳为柱状、块状、板状、楔形、菱形和锥形六种基本类型，如图 3-28 所示。

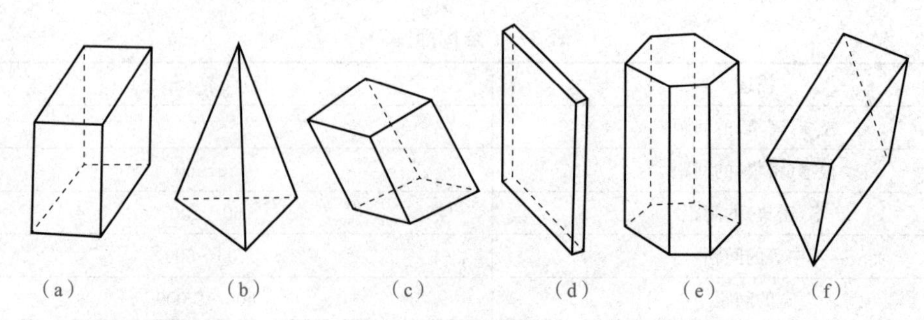

(a)　　(b)　　(c)　　(d)　　(e)　　(f)

图 3-28　结构体的形状

(a)块状；(b)锥形；(c)菱形；(d)板状；(e)柱状；(f)楔形

当岩体强烈变形破坏时，也可形成片状、碎块状、鳞片状等形式的结构体。

结构体的大小采用体积裂隙数 J_v 来表示，其定义是单位体积通过的总裂隙数(裂隙数/m^3)。根据 J_v 值的大小可将结构体的大小进行分类(表 3-4)。

表 3-4　结构体大小分类

块体描述	巨型块体	大型块体	中型块体	小型块体	碎块体
J_v/(裂隙数·m^{-3})	<1	1～3	3～10	10～30	>30

(3)岩体结构的特征。岩体结构是指岩体中结构面与结构体的组合方式，形成多种多样的岩体结构类型，具有不同的工程地质特性(承载能力、变形、抗风化能力、渗透性等)。

岩体结构的基本类型可分为整体状结构、块状结构、层状结构、碎裂状结构和散体状结构。它们的地质类型、结构面发育情况和岩土工程特性等列于表 3-5 中。

2. 岩体的工程地质性质

岩体的工程地质性质首先取决于岩体结构类型和特征，其次取决于组成岩体的岩石的性质(或结构体本身的性质)。例如，散体结构的花岗石岩体的工程地质性质往往比层状结构的页岩岩体的工程地质性质要差。因此，在分析岩体的工程地质性质时，必须首先分析岩体的结构特征及其相应的工程地质性质，其次分析组成岩体的岩石的工程地质性质，有条件时配合必要的室内和现场岩体(或岩块)的物理力学性质试验，加以综合分析，才能确切地把握和认识岩体的工程地质性质。

表 3-5　岩体结构的基本类型

岩体结构类型	岩体地质类型	主要结构形状	结构面发育情况	岩土工程特性	可能发生的岩土工程问题
整体状结构	均质，巨块状岩浆岩、变质岩，巨厚层沉积岩、正变质岩	巨块状	以原生构造节理为主，多呈闭合型，裂隙结构面间距大于 1.5 m，一般不超过 1～2 组，无危险结构面组成的落石掉块	整体性强度高，岩体稳定，可视为均质弹性各向同性体	不稳定结构体的局部滑动或坍塌，深埋洞室的岩爆

续表

岩体结构类型	岩体地质类型	主要结构形状	结构面发育情况	岩土工程特性	可能发生的岩土工程问题
块状结构	厚层状沉积岩、正变质岩、块状岩浆岩、变质岩	块状、柱状	只具有少量贯穿性较好的节理裂隙，裂隙结构面间距为 0.7～1.5 m，一般为 2～3 组，有少量分离体	整体强度较高，结构面互相牵制，岩体基本稳定，接近弹性各向同性体	不稳定结构体的局部滑动或坍塌，深埋洞室的岩爆
层状结构	多韵律的薄层及中厚层状沉积岩、副变质岩	层状、板状、透镜体	有层理、片理、节理，常有层间错动面	接近均一的各向异性体，其变形和强度特征受层面及岩层组合控制，可视为弹塑性体，稳定性较差	不稳定结构体可能产生滑塌，特别是岩层的弯张破坏及软弱岩层的塑性变形
碎裂状结构	构造影响严重的破碎岩层	块状	断层、断层破碎带、片理、层理及层间结构面较发育，裂隙结构面间距为 0.25～0.5 m，一般在 3 组以上，由许多分离体形成	完整性破坏较大，整体强度较低，并受断裂等软弱结构面控制，多呈弹塑性介质，稳定性较差	易引起规模较大的岩体失稳，地下水加剧岩体失稳
散体状结构	构造影响剧烈的断层破碎带、强风化带、全风化带	碎屑状、颗粒状	断层破碎带交叉，构造及风化裂隙密集，结构面及组合错综复杂，并多充填黏性土，形成许多大小不一的分离岩块	完整性遭到极大破坏，稳定性极差，岩体属性接近松散体介质	

思考与练习

一、单项选择题

1. 在野外的褶曲，一般向斜处为谷，背斜处为山的说法是(　　)。

A. 正确的　　B. 不正确的　　C. 不一定

2. 褶曲的基本形态是(　　)。

A. 背斜褶曲和向斜褶曲　　B. 向斜褶曲和倾斜褶曲

C. 背斜褶曲和水平褶曲　　D. 水平褶曲和倾斜褶曲

3. 下列关于褶曲分类的说法，正确的是(　　)。

A. 按褶曲的轴面产状分为水平褶曲、直立褶曲

B. 按褶曲的轴面产状分为水平褶曲、倾伏褶曲

C. 按褶曲的枢纽产状分为水平褶曲、直立褶曲

D. 按褶曲的枢纽产状分为水平褶曲、倾伏褶曲

4. 上盘沿断层面相对上升，下盘沿断层面相对下降的断层是(　　)。

A. 正断层　　B. 逆断层　　C. 平推断层　　D. 冲断层

5. 断层的上升盘一定是断层的上盘吗？(　　)

A. 是　　B. 不是　　C. 不一定

6. 地壳运动促使组成地壳的物质变位，从而产生地质构造，因此地壳运动也称为(　　)。

A. 构造运动　　B. 造山运动　　C. 造陆运动　　D. 造海运动

7. 褶皱结构的两种基本形态是(　　)。

(1)倾伏褶曲　　(2)背斜　　(3)向斜　　(4)平卧褶曲

A. (1)和(2)　　B. (2)和(3)　　C. (1)和(4)　　D. (3)和(4)

8. 两侧岩层向外相背倾斜，中心部分岩层时代较老，两侧岩层依次变新的是(　　)。

A. 向斜　　B. 节理　　C. 背斜　　D. 断层

9. 断裂构造主要分为(　　)两大类。

(1)节理　　(2)断层　　(3)向斜　　(4)背斜

A. (1)和(3)　　B. (2)和(4)　　C. (1)和(2)　　D. (3)和(4)

10. 确定岩层空间位置时，使用(　　)要素。

(1)走向　　(2)倾向　　(3)倾角

A. (1)和(2)　　B. (1)和(3)

C. (2)　　D. (1)、(2)和(3)

二、填空题

1. 岩层的产状要素包括________、________、________。

2. 褶皱形态多种多样，但基本形式有________、________两种。

3. 褶皱要素主要有________、________、________、________、________、________。

4. 按断层两盘相对运动可将断层分为________、________、________。

5. 断层的几何要素包括________、________、________、________。

6. 岩石变形有________、________和________三种。

7. 胶结联结的形式有________、________和________三种。

8. 按地质成因，结构面可分为________、________、________三大类。

三、简答题

1. 什么是地质构造？地质构造的类型有哪些？

2. 什么是地壳运动？地壳运动有哪些类型？

3. 简述褶皱构造的基本形态及特征。

4. 野外怎样识别褶皱构造？

5. 裂隙的成因类型及特征有哪些？

6. 试说明断层的基本类型及其组合形式。

7. 在野外如何识别断层？

8. 什么是整合接触？什么是不整合接触？怎样确定不整合的存在？

9. 岩石的主要物理性质有哪些？

10. 岩石的变形有哪几种？

11. 简述结构面的概念及类型。

12. 结构面的特征有哪些？

模块四　地貌与第四纪地质

单元一　地貌及其分级分类

地貌与第四纪地质

知识目标

(1)了解地貌的基本概念。

(2)熟悉地貌的分级。

(3)掌握不同情况下地貌的分类。

能力目标

(1)能够识别主要的地貌类型。

(2)能够判断常见地貌的成因，能够利用地貌形态判断环境演变。

地球岩石圈又称为构造圈，地球的内力作用使岩石圈发生变形和岩浆活动，结果使地球表面起伏不平，形成明显的地势差。外动力地质作用在地球表面削高填低，河流中上游区域以侵蚀为主，塑造千姿百态的侵蚀地形，下游区域以堆积为主，形成各种堆积地形。这些复杂多样的地表形态的特征、成因及其演化规律是地球科学研究的范畴，并逐渐成为地球科学的一个重要分支——地貌学。

一、地貌的概念

地貌又称为地形，泛指地球表面各种形态外貌的总称。地貌形态大小不等、千姿万态、成因复杂，总体来说，地貌形态是内、外地质应力相互作用的结果。大的如大陆、山岳、平原，其形成主要与地球内动力地质作用有关；小的如溶洞、冲沟、岩溶漏斗，主要由外动力地质作用塑造而成。

地貌学是研究地表各种起伏形态的形成、发展和空间分布规律的科学。地貌学的研究是不平衡的，一般来说，陆地地貌(包括沿岸地带)要比海洋地貌的研究程度高，外应力地貌要比内应力地貌研究得详细，应用地貌学的研究则正在兴起。

二、地貌的分级

不同等级的地貌，其成因不同，形成的主导因素也不同。地貌的等级一般划分为以下四级。

1. 巨型地貌

大陆与海洋都是巨型地貌，它们几乎完全是由内动力地质作用形成的，因此又称为大地构造地貌。大陆具有极其复杂多样的形态，并受内动力地质作用的改造；海洋则相对单纯，因受到水层保护而比较原始。

2. 大型地貌

大型地貌是在巨型地貌的基础上进行划分的，陆地上的山脉、高原、大型盆地及海底山脉、海底平原等均为大型地貌，它们基本上也是由内动力地质作用形成的。

3. 中型地貌

中型地貌是大型地貌内的次一级地貌，河谷及河谷之间的分水岭、山间盆地等均为中型地貌。内动力地质作用产生的基本构造形态是中型地貌形成和发展的基础，而其外部形态则取决于外动力地质作用的特点。

4. 小型地貌

小型地貌是中型地貌的各个组成部分，是一些地貌基本形态和较小的地貌形态组合，如残丘、谷坡、沙丘、小的侵蚀沟等，主要由外动力地质作用造成，并受岩性的影响。

三、地貌的分类

1. 按地貌的形态分类

地球的表面是高低不平的，而且差距较大，总体来说可划分为大陆和海洋两部分。

(1)大陆地貌。大陆的平均海拔大约为 800 m，按高程和起伏状况，大陆表面可分为山地(33%)、丘陵(10%)、平原(12%)、高原(26%)和盆地(19%)等地貌形态(表 4-1)。

表 4-1　大陆地貌的形态分类

形态类型		绝对高度/m	相对高度/m	平均坡度/(°)	示例
山地	高山	＞3 500	＞1 000	＞25	喜马拉雅山、天山
	中山	1 000～3 500	500～1 000	10～25	大别山、庐山
	低山	500～1 000	200～500	5～10	川东平行岭谷
	丘陵	＜500	＜200	—	闽东沿海丘陵
平原	高原	＞600	＞200	—	青藏高原、云贵高原、黄土高原
	高平原	＞200	—	—	成都平原
	低平原	0～200	—	—	东北、华北、长江中下游平原
	洼地	＜海平面高度	—	—	吐鲁番盆地

1)山地。陆地上海拔在 500 m 以上，由山顶(山脊)、山坡和山麓(山脚)三个要素组成的隆起高地，称为山地。根据山的高度可将山地分为高山、中山和低山。

2)平原。陆地上起伏很小、与高地毗连或由高地围限的广阔平地称为平原。平原主要分为两类：一类是冲积平原，主要由河流冲击而成，多分布在大江、大河的中下游两岸地区，世界著名的冲积平原有我国的华北平原、印度的恒河平原、美国的中央大平原等；另一类是侵蚀平原，主要由外动力地质作用剥蚀、切割而成。

3)高原。陆地上海拔在600 m以上、表面宽广平坦的大面积隆起地区称为高原。按高原面的形态可将高原分为以下几种类型：一是顶面较平坦的高原，如我国的内蒙古高原；二是地面起伏较大、顶面仍相当宽广的高原，如我国的青藏高原；三是分割高原，其流水切割较深，起伏大，顶面仍较宽广，如我国的云贵高原。

4)丘陵。丘陵是一种起伏不大、海拔一般不超过500 m、相对高度在200 m以下的低矮山丘，多由山地、高原经长期外力侵蚀作用形成。丘陵形态：个体低矮，顶部浑圆，坡度平缓，分布零乱，无明显的延伸规律，如我国东南沿海一带的丘陵。

5)盆地。陆地上中间低平或略有起伏、四周被高地或高原所围限的盆状地形称为盆地。盆地的海拔和相对高度一般较大，如我国的四川盆地中部的平均高程为500 m，青海柴达木盆地的平均高程为2 700 m。盆地规模大小不同，依其成因可分为构造盆地和侵蚀盆地两种。构造盆地常是地下水富集的场所，蕴藏着丰富的地下水资源；侵蚀盆地中的河谷盆地，往往是修建水库的理想库盆。

(2)海洋地貌。海洋表面的高低错落程度大大超过陆地。按高程和起伏状况，海洋地貌可分为海底大陆架、大陆坡、大陆基、大洋盆地、大洋中脊等。

1)大陆架。大陆架是指紧邻大陆的浅海海底。其地势平坦，坡度小于0.1°，水深一般不超过200 m，平均深度为133 m，平均宽度为74 km。

2)大陆坡。大陆坡是指位于大陆架外缘的倾斜部分。其平均坡度为4.3°，最大坡度达20°以上，宽度为20～90 km不等，平均宽度为28 km。基部水深为1 400～3 200 m。在许多地方，大陆坡被两侧陡峭、高差很大的凹槽横切。

3)大陆基。大陆基是指由大陆坡基部至大洋盆地之间的平坦地带。其坡度很缓，小于1/400，宽度不等，最大可达1 000 km。

4)大洋盆地。大洋盆地是指大陆坡以外水深为4 000～6 000 m的海洋深部的宽阔洋底，位于大陆基或海沟与大洋脊之间，约占海洋面积的45%，为海洋的主体。

5)大洋中脊。大洋中脊分布在大洋中心部位，是地球上最大的海底山系。其一般位于大洋中间，由火山岩组成，是火山上涌的通道。大洋中脊在各大洋均有分布，以大西洋中脊最为突出，高出洋底2 000～4 000 m。

2. 按地貌的成因分类

按地貌形成的地质作用因素可将地貌划分为内力地貌和外力地貌两大类。根据内、外动力地质作用中的不同性质，又可将两大类地貌分为若干类型(表4-2)。

(1)内力地貌。

1)构造地貌。构造地貌是由不同地质构造和不同岩层的差异抗蚀力而表现出来的地貌，其形态能充分反映原来的地质构造形态。例如，高地常见于构造隆起和以上升运动为主的地区；盆地则常见于构造拗陷和以下降运动为主的地区。

表 4-2 地貌成因分类

地貌类型		成因类型	地貌形态
内力地貌	构造地貌	由构造运动所形成的地貌	单面山、断块山、构造平原等
	火山地貌	由火山喷发作用所形成的地貌	火山锥、熔岩盖等
外力地貌	水成地貌	由地表流水所塑造的地貌	冲沟、河谷阶地、洪积扇等
	岩溶地貌	由地下水、地表水溶蚀所形成的地貌	石林、溶洞等
	冰川地貌	由冰川作用所形成的地貌	冰斗、角峰等
	风成地貌	由风的地质作用所形成的地貌	风蚀谷、沙丘等
	重力地貌	不稳定的岩土体在重力作用下形成的地貌	崩塌、滑坡等

2)火山地貌。火山地貌是由火山喷发出来的熔岩和碎屑物质堆积所形成的地貌，如熔岩盖、火山锥等。

(2)外力地貌。以外力作用为主形成的地貌称为外力地貌。根据外力的不同，外力地貌可分为以下几种类型。

1)水成地貌。水成地貌以水的作用为地貌形成和发展的基本因素。水成地貌又可分为面状洗刷地貌、线状冲刷地貌、河流地貌、湖泊地貌和海洋地貌等。

2)岩溶地貌。岩溶地貌以地表水和地下水的溶蚀作用为地貌形成和发展的基本因素。岩溶地貌的形式有溶沟、石芽、溶洞、峰林、地下暗河等。

3)冰川地貌。冰川地貌以冰雪的作用为地貌形成和发展的基本因素。冰川地貌可分为冰川剥蚀地貌和冰川堆积地貌。前者如冰斗、冰川槽谷等；后者如侧碛、终碛等。

4)风成地貌。风成地貌以风的作用为地貌形成和发展的基本因素。风成地貌可分为风蚀地貌和风积地貌。前者如风蚀洼地、蘑菇石等；后者如新月形沙丘、沙垄等。

5)重力地貌。重力地貌以重力作用为地貌形成和发展的基本因素。重力地貌所形成的地貌有崩塌、滑坡等。

另外，还有冻土地貌、黄土地貌等。

单元二 山岭地貌

知识目标

(1)熟悉山岭地貌的各种形态要素。

(2)熟悉山岭地貌的分类。

(3)掌握垭口的几种类型。

(4)掌握山坡的几种类型。

能力目标

(1)能够正确指出常见山岭地貌的类别，能够根据不同的垭口类型选择合适的施工方案。

(2)能够分析并掌握山岭地貌边坡稳定问题。

山地是陆地上海拔在500 m以上，地面上被平地围绕的、与其周围平地的交界处有明显坡度转折的孤立高地，具有山顶(山脊)、山坡、山麓(山脚)等明显的形态要素。

■ 一、山岭地貌的形态要素

山地的最高部分称为山顶；山顶呈线状延伸的称为山脊；山脊上相对低似马鞍状的地形称为山鞍或垭口。一般来说，山体岩石坚硬、岩层倾斜或受冰川刨蚀时，多呈尖顶或很狭窄的山脊，如图4-1(a)所示；在气候湿热，风化作用强烈的花岗石或其他松软岩石分布区，山脊多呈圆顶，如图4-1(b)所示；在水平岩层或古夷平面分布区，山脊多呈平顶，如图4-1(c)所示，典型的如方山、桌状山等。

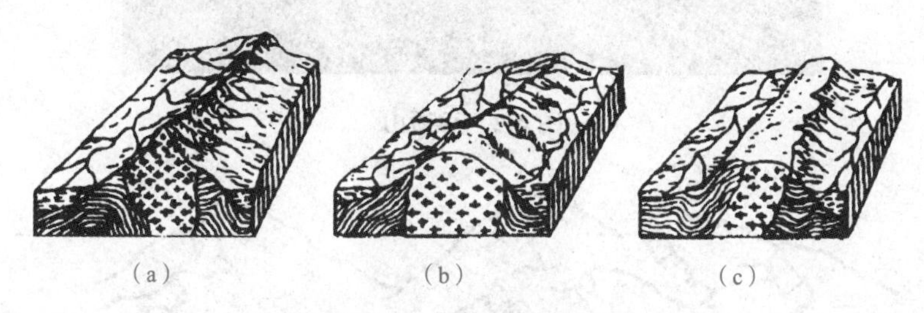

图4-1　山顶的各种形状

(a)尖顶；(b)圆顶；(c)平顶

山坡是山岭地貌的重要组成部分，介于山顶与山麓之间。在山岭地区，山坡分布的面积最广。山坡的形状有直线形、凹形、凸形及复合形等各种类型，这取决于新构造运动、岩性、岩体结构及坡面剥蚀和堆积的演化过程等因素。

山坡与周围平地明显的交线或山坡和周围平地之间的过渡带称为山麓。坡面剥蚀和坡脚堆积，使山脚在地貌上一般并不明显，在那里通常有一个起着缓和作用的过渡地带，它主要是由一些坡积裙、冲击锥、洪积扇及岩堆、滑坡堆积体等流水堆积地貌和重力堆积地貌组成的。

■ 二、山岭地貌的类型

山岭地貌可以按形态或成因分类。按形态分类一般是根据山地的海拔、相对高度和坡度等特点进行划分，见表4-1。根据地貌成因，可将山岭地貌划分为以下类型。

1. 构造变动形成的山岭

(1)平顶山。平顶山是由水平岩层构成的山地，其山顶平整，由坚硬岩层组成，四周边坡常呈阶地状，单个山体形态如方桌，故称方山，也称桌状山。当岩层产状水平时，其中的坚硬岩层经剥蚀裸露出地面，岩层面变成山顶面，且非常平整；在山坡，坚硬岩层处形成陡岩，软弱岩层处形成缓坡，因此具有台阶状特点，如图4-2所示。

(2)单面山。单面山是由单斜岩层构成的沿岩层走向延伸的一种山岭，组成山体的岩层倾角一般小于25°，山体沿岩层走向延伸，两坡不对称。一坡与岩层倾向相反，坡陡而短，称为前坡或单斜崖，造崖层由硬岩层组成；另一坡与岩层倾向一致，坡缓而长，称为后坡或单斜脊，也是由硬岩层组成，构成山地主体。由不对称的两坡组成的单面山只有从单斜崖一侧看上去才像山形，故名单面山，如图4-3所示。单面山被河流切开后，往往形成多个山峰，如庐山的五老峰单面山。

图 4-2　平顶山

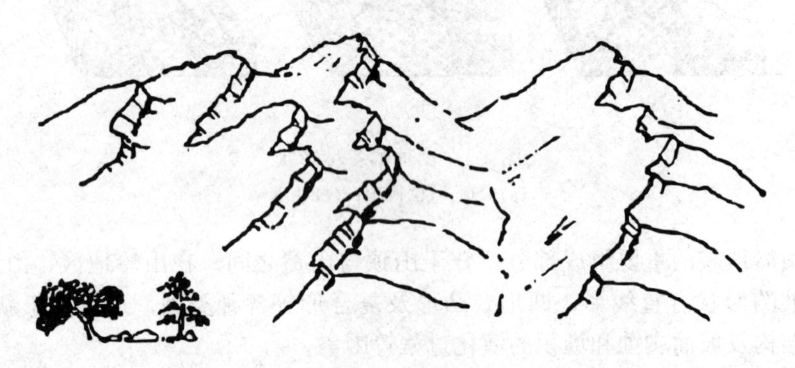

图 4-3　单面山

当单斜层的倾角较大，形成两坡对称的山体时，称为猪背山(脊)，如图 4-4 所示。它多发生在已被破坏的背斜陡翼上。

图 4-4　猪背山(脊)

单面山的形成受构造运动和岩性共同影响，只在坚硬的岩性区才会出现。岩层坚硬，抗风化能力强，故与岩层倾向相同的坡面较平缓，而与岩层倾向相反的坡面则陡峭。若岩性松软，则易风化，不能形成单面山。

(3)褶皱山。褶皱山是岩层受构造作用发生褶皱而形成的山。根据褶皱构造形态及褶皱山发育的部位不同，褶皱构造山又可分为背斜山和向斜山，如高加索山脉、兴都库什山脉均属于背斜山；北京西部的妙峰山、九龙山属于向斜山。

褶皱构造山地常呈弧形分布，延伸数百千米以上。山地的形成和排列均与受力作用方式关系密切。在褶皱形成的初期，往往是背斜成山，向斜成谷，地形是顺应构造的，因此称为顺地形；随着外力剥蚀作用的不断进行，有时地形也会发生逆转现象，背斜因长期遭受强烈剥蚀而形成谷地，而向斜则形成山地，这种与地质构造形态相反的地形称为逆地形，如图 4-5 所示。

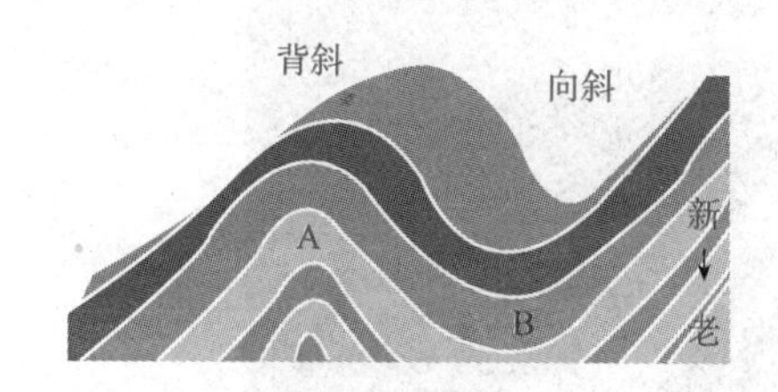

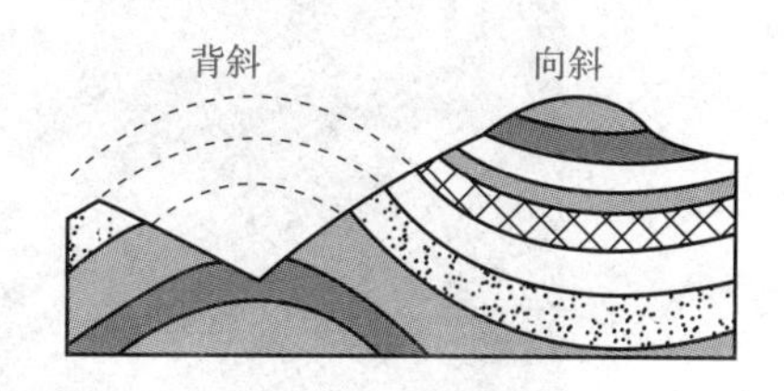

图 4-5　褶皱山地的演化

（4）断块山。断块山是因断层使岩层发生错断并相对抬升而形成的山，它可能只在一侧有断裂，也可能两侧均为断裂所控制。断层断块山垂直位移越大，山势就越陡，如陕西境内的秦岭就是典型的断层断块山。

断块山由断层的仰冲盘组成。若形成较晚，或在晚近时期还有过明显活动，断层将表现为陡岩地形，这种地貌称为断层崖。当断层崖受到侵蚀时，会被分隔成三角形的岩面，这种地貌称为断层三角形，如图 4-6 所示。

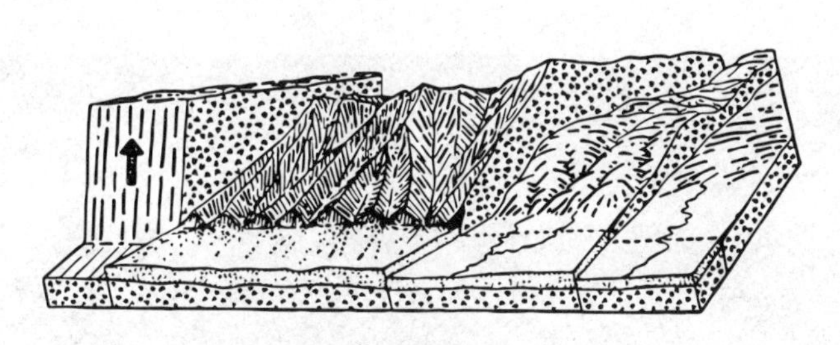

图 4-6　断层三角形

断块山影响河谷发育。断块翘起的坡处河谷切割深，谷坡陡，谷地横剖面呈“V”形峡谷，纵剖面坡度大，多跌水、裂点。在断块的缓倾掀起的坡处，沟谷切割较浅，谷地较宽，纵剖面较缓。断块山的断层活动常使阶地错断变形。

（5）褶皱断块山。上述平顶山、单面山、褶皱山、断块山都是由单一的构造形态所形成的，但在更多的情况下，山地常由它们的组合形态所构成。由褶皱和断裂构造的组合形态构成的山地，称为褶皱断块山。褶皱断块山的基本地貌特征由断层形式决定，具有高大而明显的外貌。

2. 火山作用形成的山岭

火山是岩浆喷出地面后形成的山体，它由火山口和火山锥两部分组成。

（1）火山口。火山口是指火山喷发的出口，在平面上呈圆形或椭圆形。火山喷发时，首先是气体把上覆的岩层爆破，造成火山口，然后是火山碎屑物和熔岩从火山口喷出，随后，部分喷出物在火山口周围堆积下来，构成高起的环形火山垣；于是，火山口便成为封闭式的漏斗状洼地，内壁陡峭，中央低陷，直径为数十米至数百米，少数超过千米，深几十米至百米以上，口内往往积水成为火山湖，如我国的天池，面积达 9.8 km^2，最大水深为 373 m，如图 4-7 所示。

图 4-7　天池

(2)火山锥。火山锥以火山口为中心，四周堆积着由火山熔岩和火山碎屑物(包括火山灰、火山砂、火山砾、火山渣和火山弹等)组成的山体，如图 4-8 所示。火山锥的形态与喷发的熔岩性质有关，主要有锥形火山、盾形火山和低平火山三种。

图 4-8　火山锥

锥形火山是火山多次活动造成的，其熔岩黏性较大、流动性小，冷却后便在火山口附近堆积，形成坡度较大的锥形外貌。盾形火山是由黏性较小、流动性大的熔岩冷却形成的，其外形呈基部较大、坡度较小的盾形。低平火山是由岩浆水汽相互作用发生爆炸而形成的，在地表下形成深切到围岩的圆形火山口，并被一个低矮的碎屑环包围。

3. 剥蚀作用形成的山岭

剥蚀作用形成的山岭是在山体地质构造的基础上，经过长期外力剥蚀作用形成的，例如地表流水侵蚀作用所形成的河间分水岭，冰川剥蚀作用所形成的刃脊、角峰、冰斗，地下水溶蚀作用所形成的峰林、峰丛等。此类山岭的形成以外力剥蚀作用为主，山体的构造形态对地貌形成的影响已退居不明显地位，因此此类山岭的形态特征主要取决于山体的岩性、外力的性质及剥蚀作用的强度和规模。

三、垭口和山坡

在山区公路勘测中，通常需要解决的问题是选择过岭垭口和展线山坡。

1. 垭口

垭口是指相连的两山顶之间较低的部分，它是在山地地质构造的基础上经外力剥蚀作用形成的。对于公路、铁路及隧道工程来说，研究山岭地貌必须重点研究垭口，因为垭口常是越岭线控制点，若能找到合适的垭口越岭，则可以降低公路高程和减少展线工程量。从地质作用看，可将垭口分为以下几种类型。

(1)构造型垭口。构造型垭口是由构造破碎带或软弱岩层经外力剥蚀所形成的垭口，常见的有以下三种。

1)断层破碎带型垭口(图 4-9)。断层破碎带型垭口的工程地质条件较差，岩体破碎严重，因此不宜采用隧道方案，一般以低路堤、浅路堑通过，以保证地面原有的稳定性。如需采用路堑，也应控制开挖深度或考虑边坡防护，以防止边坡发生崩塌。

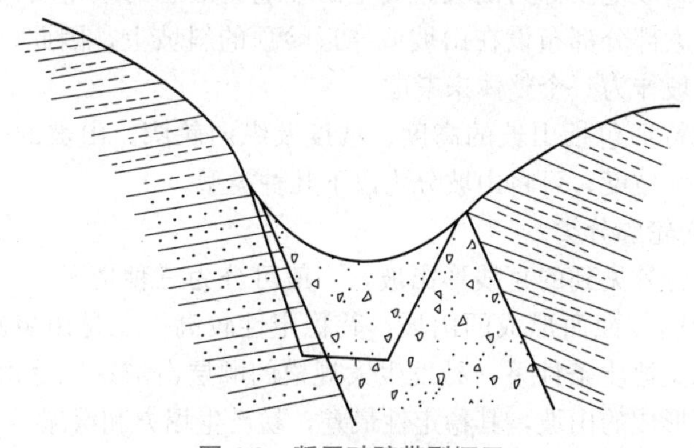

图 4-9　断层破碎带型垭口

2)背斜张拉带型垭口(图 4-10)。背斜张拉带型垭口虽然构造裂隙发育、岩层破碎，但工程地质条件较断层破碎带型垭口好一些，这是因为两侧岩层外倾，岩层相对稳定，有利于排除地下水。因此，可采用较陡的边坡坡度减少挖方工程量和防护工程量。如果选用隧道方案，则施工费用和洞内衬砌也较节省。背斜张拉带型垭口是一种较好的垭口类型。

3)单斜软弱层型垭口(图 4-11)。单斜软弱层型垭口主要由页岩、千枚岩等易于风化的软弱岩层构成。两侧边坡多不对称，一坡岩层外倾可能略陡一些。由于岩性松软，风化严重，稳定性差，故不宜深挖，以浅路堑或路堤通过，否则应放缓边坡并采取防护措施。也可考虑隧道方案，以避免风化带来的路基病害，还有利于降低越岭线的高程，减少展线工程量或提高公路线形标准。

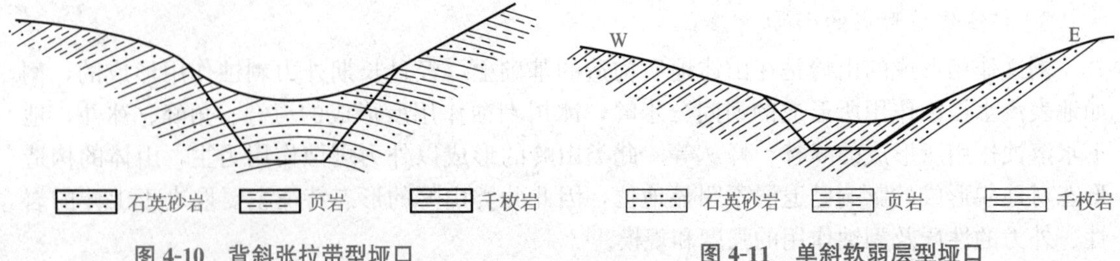

图 4-10　背斜张拉带型垭口　　图 4-11　单斜软弱层型垭口

(2)剥蚀型垭口。剥蚀型垭口主要是以外力强烈剥蚀为主所形成的垭口。其形态特征与山体地质结构无明显联系，共同特点是松散覆盖层很薄，基岩多半裸露。垭口的肥瘦和形态特点主要取决于岩性、气候及外力的切割程度等因素。岩石坚硬而切割较深时，垭口多瘦薄。剥蚀型垭口是一种良好的垭口类型，宜采用隧道方案，采用路堑深挖也比较有利；反之则垭口肥厚，可采用深挖路堑或隧道对穿陡的方案，但工程量较大。由石灰岩等构成的溶蚀性垭口也属于这种类型，在开挖路堑或隧道时还需考虑溶洞或其他地下溶蚀地貌等的不利影响。

(3)剥蚀—堆积型垭口。剥蚀—堆积型垭口是在山体地质结构的基础上，主要以剥蚀和堆积作用形成的垭口。其开挖后的稳定性主要取决于堆积层的地质特征和水文地质条件。这类垭口的外形浑圆、宽厚，松散堆积层厚度较大，有时还发育有湿地或高地沼泽，水文地质条件较差，故不宜降低过岭标高，道路通常多以低填或浅挖通过。

2. 山坡

山顶和山脚间的斜坡地段称为山坡。其是山岭地貌形态的基本要素之一。无论越岭线或山脊线，路线的绝大部分都布设在山坡或靠近岭顶的斜坡上，因此，在路线勘测中总是把越岭垭口和展线山坡作为一个整体来考虑。

山坡的外部形态特征包括山坡的高度、坡度及纵向轮廓。山坡的外形是各种各样的，根据山坡的纵向轮廓和坡度，可将山坡分为以下几种类型。

(1)按山坡的纵向轮廓分类。

1)直线形坡。在野外见到的直线形山坡，一般可分为三种情况：一是由单一岩性构成的，经长期的强烈冲刷侵蚀而形成的山坡，其稳定性较高；二是由单斜岩层构成的山坡，其在不利的岩性和水文地质条件下，易发生大规模的顺层滑坡；三是由岩性松软的破碎岩体经长期剥蚀堆积而形成的山坡，其稳定性最差，易产生塌方和滑塌。

2)凸形坡。凸形坡一般上缓下陡，自上而下坡度渐增，下部甚至呈直立状态，坡脚界限明显，如图 4-12(a)所示。这类山坡往往是由于新构造运动加速上升、河流的强烈下切而形成的。其稳定性取决于岩体结构，一旦发生山坡变形，则会形成大规模的崩塌或滑坡。凸形坡上部的缓坡可选做公路路基，但应注意考察岩体结构，避免人工扰动和风化加速导致其失去稳定。

3)凹形坡。凹形坡上陡下缓，坡脚界限很不明显，如图 4-12(b)所示。这种山坡可能是因新构造运动的减速上升、河流缓慢下切形成的，也可能是山坡上部的破坏作用与山麓风化产物的堆积作用相结合的结果。分布在松软岩层中的凹形山坡，不少都是在过去特定条件下由大规模滑坡、崩塌等山坡变形现象形成的，凹形坡往往就是古滑坡的滑动面或崩塌体的依附面。地貌调查表明，凹形坡在各种山坡地貌形态中是稳定性比较差的一种。在凹形坡的下部缓坡上，也可进行公路布设，但在设计路基时应注意稳定平衡，沿河谷的路基应注意冲刷防护。

4)阶梯形坡。阶梯形坡的形态如图 4-12(c)所示。其有三种不同的情况：一是由软硬不同的水平或近于水平的岩层经风化形成的，其表面剥蚀强烈，覆盖层薄，基岩外露，稳定性较高；二是由于山坡曾经发生过大规模的滑坡变形，由滑坡台阶组成的次生阶梯状斜坡，多存在于山坡中下部，如果坡脚受到强烈冲刷或不合理的切坡，或者受到地震的影响，则可能引起滑坡复活，威胁建筑物的稳定；三是由经过多次地壳抬升后的河流阶地组成的，其工程地质性质取决于河流堆积物的厚度。

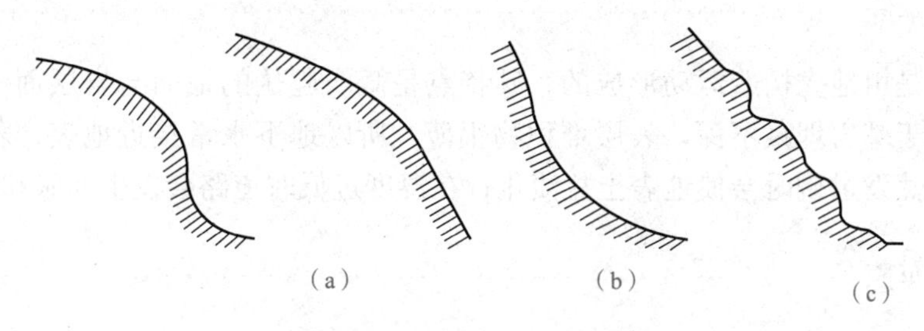

图 4-12　各种形态的山坡

(a)凸形坡；(b)凹形坡；(c)阶梯形坡

(2)按山坡的纵向坡度分类。按山坡的纵向坡度可将山坡分为微坡(小于 15°)、缓坡(16°～30°)、陡坡(31°～70°)、垂直坡(大于 70°)。

单元三　平原地貌

知识目标

(1)熟悉平原地貌的分类。

(2)掌握各种堆积平原的工程特性。

能力目标

(1)能够正确指出常见平原地貌的类别。

(2)能够根据不同的平原地貌类型选择合适的地基处理方法。

陆地上起伏很小、与高地毗连或由高地围限的广阔平地，称为平原。平原地貌是在地壳升降运动微弱或长期稳定的条件下，经长期外力作用夷平而成；在下降幅度虽大，但沉积补偿也大的条件下也能形成平原。其特点是大地表面开阔平坦，地势高低起伏不大。平原地貌有利于公路选线，在选择有利地质条件的前提下，可以设计成比较理想的公路线形。

平原按高程可分为高原、高平原、低平原和洼地(表 4-3)。

表 4-3 平原的高度分类

海拔/m	名称	举例	地质作用特征
＞600	高原	云贵高原、伊朗高原、蒙古高原	剥蚀、侵蚀、谷地重力作用
600～200	高平原	中法兰西平原、巴西中部平原	
200～0	低平原	华北平原、杭嘉湖平原	外力堆积作用、洪泛、河岸侵蚀、海蚀和海积
海平面以下	洼地	吐鲁番低地、死海低地	

平原按成因可分为构造平原、剥蚀平原和堆积平原。

■ 一、构造平原

构造平原是由地壳构造运动形成的。其特点是微弱起伏的地面与岩层面一致，堆积物厚度不大。由于基岩埋藏不深，表层堆积物很薄，所以地下水常接近地表，若排水不畅则在天气干燥、蒸发过剩时会使地表土盐渍化；在温度过低时道路会发生冻胀和翻浆。

■ 二、剥蚀平原

剥蚀平原是在地壳缓慢上升的过程中，原来因构造变动发生褶皱的岩层受到外力的长期剥蚀、夷平作用而形成的。其特点是地形面与岩层面不一致，上覆堆积物常常很薄，基岩常裸露地表。按外力作用的动力性质不同，剥蚀平原可分为河成剥蚀平原、海成剥蚀平原、风成剥蚀平原和冰川剥蚀平原。其中，前两种较为常见。

剥蚀平原形成后，往往因地壳运动变得活跃，剥蚀作用重新加剧，使剥蚀平原遭到破坏，故其分布面积常常不大。剥蚀平原的工程地质条件一般较好。

■ 三、堆积平原

堆积平原是在地壳缓慢而稳定下降的条件下，经各种外力作用(如河流)的堆积填平所形成的。其特点是地形开阔平缓，起伏不大，往往分布有很厚的松散堆积物。按外力作用的性质不同，堆积平原又可分为河流冲积平原、山前洪积冲积平原、湖积平原、三角洲平原、风积平原和冰积平原。其中，较为常见的是前三种。

(1)河流冲积平原。河流冲积平原是由河流改道及多条河流共同沉积所形成的。它大多分布于河流的中、下游地带，因为这些地带河床很宽，堆积作用很强，且地面平坦，排水不畅，所以每当雨季时洪水易于泛滥，其所携带的大量碎屑物质便堆积在河床两岸，形成天然堤。当河水继续向河床以外的广大地区淹没时，流速锐减，堆积面积越来越大，堆积物越来越细，久而久之，便形成了广阔的冲积平原。此类平原地形开阔、平坦，宜于发展道路交通建设。但其下伏基岩埋藏一般很深，第四纪堆积物很厚，细颗粒多，地下水水位浅，地基上的承载力较低，因此，冰冻潮湿地区道路的冻胀翻浆问题比较突出。低洼地区容易受洪水淹没。

(2)山前洪积冲积平原。山前区是山区和平原的过渡地带，一般是河流冲刷和沉积都很活跃的地区。汛期到来时洪水冲刷，在山前堆积了大量的洪积物；汛期过后，常年流水的河流中冲积物增加。洪积物或冲积物多沿山麓分布，靠近山麓地形较高，环绕着山前呈一狭长地带，形成规模大小不一的山前洪积冲积平原。山前平原由多个大小不一的洪(冲)积扇互相连接而成，因此呈高低起伏的波状地形。在新构造运动上升的地区，堆积物随洪(冲)积扇向山麓的下方移动，使山前洪积冲积平原的范围不断扩大；如果山区在上升过程中曾有过间歇，在山前平原上就会产生高差明显的山麓阶地。

(3)湖积平原。湖积平原是在河流注入湖泊时，将所携带的泥沙堆积在湖底使湖底逐渐淤高，湖水溢出、干涸后沉积层露出地面所形成的。在各种平原中，湖积平原的地形最为平坦。湖积平原中的堆积物由于是在静水条件下形成的，故淤泥和泥炭的含量较多，其总厚度一般也较大，其中往往夹有多层呈水平层理的薄层细砂或黏土，很少见到圆砾或卵石，且土颗粒由湖岸向湖心逐渐由粗变细。湖积平原地下水一般埋藏较浅，其沉积物由于富含淤泥和泥炭，常具有可塑性和流动性，孔隙度大，压缩性高，故承载力很低。

单元四　河谷地貌

知识目标

(1)熟悉河流地质作用的分类。
(2)熟悉河流搬运作用的分类。
(3)掌握河谷地貌的形态要素。
(4)熟悉河谷地貌的类型。

能力目标

(1)能够分析不同阶段河流侵蚀作用的差异。
(2)能够正确判断各种河谷地貌的形成原因。
(3)能够对各种类型的河谷进行稳定性分析。

在河流长期不断侵蚀、搬运、沉积交替作用的过程中所形成的地表形态统称为河谷地貌。河谷地貌主要由河床、河曲、河漫滩、阶地、牛轭湖、河心岛等小的地貌单元构成。

一、河流的地质作用

河流是指沿着槽形凹地经常性或周期性的流水。河流所流经的槽状地形称为河谷。

河水流动时，对河床进行冲刷破坏，并将所侵蚀的物质带到适当的地方沉积下来，故河流的地质作用可分为侵蚀作用、搬运作用和沉积作用。

河流的侵蚀作用、搬运作用和沉积作用在整条河流上同时进行，相互影响。在河流的不同段落上，三种作用进行的强度并不相同，常以某一种作用为主。

1. 侵蚀作用

在河水流动过程中，河流以河水及其所挟带的碎屑物不断冲刷和破坏河谷，加深河床的作用，称为河流的侵蚀作用。按照河流侵蚀作用的方向，侵蚀作用可分为下蚀作用和侧蚀作用。

(1)下蚀作用。河水及其挟带的砂砾，在从高处不断向低处流动中不断撞击、冲刷、磨削和溶解河床岩石，起到降低河床、加深河谷的作用，称为河流的下蚀作用，又称为下切作用。这种作用的结果是使河谷变得越来越深，谷坡变得越来越陡，如图 4-13 所示。

图 4-13　峡谷地貌(河流下蚀作用结果)

(2)侧蚀作用。河水对河流两岸的冲刷破坏，使河床左右摆动，谷坡后退，不断拓宽河谷的过程，称为侧蚀作用。其结果是加宽河床、谷底，使河谷形态复杂化，形成河曲、凸岸、古河床和牛轭湖，其主要发生于河流的中、下游地区。

在河流侧蚀过程中，流水因惯性离心力作用冲向凹岸而造成凹岸被不断侵蚀，凸岸因水流减缓而连续沉积泥沙，导致河床逐步加宽、河曲日益变大，从而形成蛇曲河。蛇曲河最终因裁弯取直而成为废弃的弯曲河道。这种废弃的弯曲河道称为牛轭湖，如图 4-14 所示。

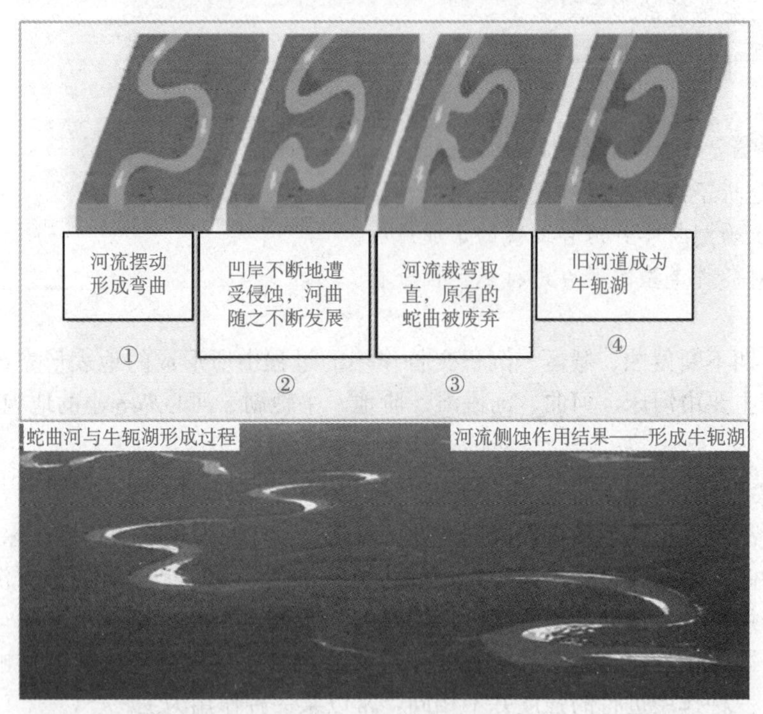

图 4-14　蛇曲河及牛轭湖

2. 搬运作用

河流的搬运作用是指河流将自身侵蚀河床的产物，以及上游各种暂时性水流带入的泥沙和其他外力作用送入河流中的物质转移到其他地方的过程。河流的侵蚀和搬运作用在一定意义上都是通过搬运过程来实现的。河水搬运能量的大小取决于河水的流速和流量，在一定的流量条件下，流速是影响搬运能量的主要因素。

河流的搬运方式可分为机械搬运和化学搬运。

(1)机械搬运。机械搬运又称为物理搬运，是指河流对碎屑物质的搬运。根据流速、流量和被搬运碎屑物质的不同，机械搬运可分为悬浮式、跳跃式和滚动式三种方式。悬浮式搬运是指颗粒细小的砂和黏性土悬浮于水中或水面，顺流而下；跳跃式搬运的物质一般为块石、卵石和粗砂，它们有时被急流、涡流卷入水中向前搬运，有时则被缓流推着沿河底滚动；滚动式搬运的物质主要是巨大的块石、砾石，它们只能在水流的强烈冲击下沿河床底部缓慢地向下游滚动。

机械搬运是河流最主要的搬运方式。其搬运能力的大小与碎屑颗粒的大小、水动力的强弱有关。流速、流量增加，机械搬运量也增加，搬运的碎屑颗粒粒径也增大。

(2)化学搬运。化学搬运是指河流对可溶解的盐类或胶体物质的搬运。其搬运能力的大小取决于河流的流量及河水的化学性质，与流速关系不大。一般情况下，流动河水的溶解量远远没有饱和，因此，无论流速发生多大的变化，也难以使可溶性物质发生沉淀，可溶性物质多被搬运到湖、海盆地中，当条件适当时在湖、海盆地中产生沉积。

3. 沉积作用

河水在搬运过程中，由于流速和流量减小，搬运能力随之降低，而使一部分碎屑物质从水中沉积下来的过程，称为河流的沉积作用。由此形成的堆积物称为河流的冲积物。其一般特征是磨圆度良好、分选性好、层理清晰。

由于河流在不同地段流速降低的情况不同，所以各处形成的沉积层具有不同的特点。在山区，河流底坡陡、流速大，沉积作用较弱，河床中的冲积层多为巨砾、卵石和粗砂。当河流由山区进入平原时，流速骤然降低，大量物质沉积下来，形成冲积扇。

在河流入海的河口处，流速几乎降到零，河流挟带的泥沙绝大部分都要沉积下来。若河流沉积下来的泥沙量被海流卷走，或河口处地壳下降的速度超过河流泥沙量的沉积速度，则这些沉积物不能被保留在河口或不能露出水面，这种河口则形成港湾。更多的情况是河口逐渐积累冲积层，它们在水面以下呈扇形分布，扇顶位于河口，扇缘则伸入海中，因为冲积层露出水面的部分形如一个顶角指向河口的倒三角形，所以称为河口冲积层三角洲，如图 4-15 所示。

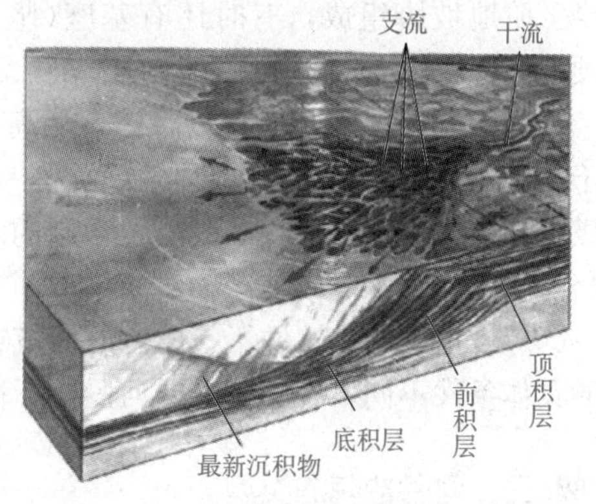

图 4-15　河口冲击层三角洲纵剖面示意

二、河谷地貌的形态要素

河谷是在流域地质构造的基础上经过河流的长期侵蚀、搬运和堆积作用逐渐形成并发展起来的一种地貌。受基岩性质、地质构造和河流地质作用等因素的控制，河谷的形态是多种多样的。典型的河谷地貌一般具有图 4-16 所示的几个形态部分。

1. 谷底

谷底是河谷地貌的最低部分，地势一般比较平坦，包括河床及河漫滩。河床是指平水期流水占据的谷底、河槽；河漫滩是河床两侧只有在发洪水时才能被淹没的谷底部分，而在枯水时则露出水面。其中，常年被洪水淹没的谷底部分称为低河漫滩；特大洪水能淹没的部分称为高河漫滩。谷底变化很大，可有河床而无河漫滩，或河床和河漫滩都很发育。

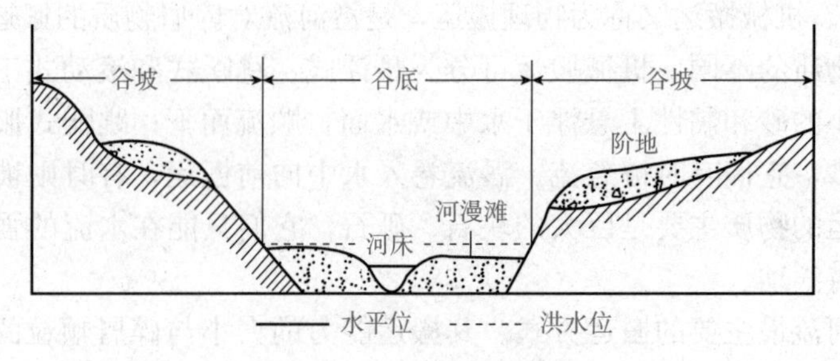

图 4-16　河谷的形态要素

2. 谷坡

谷坡是高出谷底的河谷两侧的坡地，是由河流侵蚀所形成的。谷坡上部的转折处称为谷缘；下部的转折处称为坡麓或坡脚。谷坡上部常年不能被洪水淹没并具有陡坎的沿河平台叫作阶地，但并不是所有的河段均有阶地。

3. 阶地

阶地是指超出洪水位、有台面和陡坎的呈阶梯状分布于河谷两侧谷坡上的地貌形态，如图 4-17 所示。阶地由阶面、阶坡(陡坎)、阶地前缘、阶地后缘、阶地坡脚组成，有时还有基座(坚硬的基岩或较老的松散沉积层)。

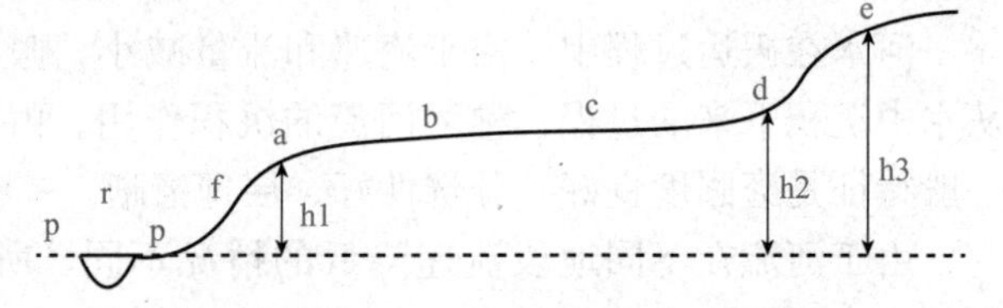

图 4-17　阶地的形态要素

r—河床；p—河漫滩；f—阶地斜坡；a—阶地前缘；d—阶地后缘；e—第二阶级地前缘；abcd—阶地面；de—阶地陡坎；h1—第一阶地前沿高度；h2—第一级阶地后缘高度；h3—第二阶地前缘高度

一般河谷中常出现多级阶地，从高于河漫滩或河床算起，向上依次称为一级阶地、二级阶地等。一级阶地形成的时代最晚，一般保存较好，越老的阶地形态保存得相对越差。

应该指出的是，并不是所有的河流或河段都有阶地，由于河流的发展阶段及河谷所处的具体条件不同，有的河流或河段并不存在阶地。

■ 三、河谷地貌的类型

1. 按发展阶段分类

河谷的形态多种多样，按其发展阶段可分为未成形河谷、河漫滩河谷和成形河谷。

(1)未成形河谷。未成形河谷也称为“V”形河谷。在山区河谷发育的初期，河流以垂直侵蚀为主，由于河流下切很深，故常形成河床坡度陡、急流险滩多、两岸崩塌发育、断面为“V”形的深切河谷。其特点是两岸谷坡陡峻甚至壁立，基岩直接出露，谷底较窄，常被河水充满，谷底基岩上缺乏河流冲积物。

(2)河漫滩河谷。河漫滩河谷的断面呈“U”形。它是河谷经河流的侧方侵蚀，使谷底拓宽发展而形成的。其特点是谷底不仅有河床，而且有河漫滩，河床只占据谷底的最低部分。

河流进入壮年期后，水流均匀而平静，基本上无急流瀑布，河流纵剖面上的明显起伏也已消失。随着河流侧蚀作用的加强，河谷逐渐拓宽，谷坡平缓，山脊浑圆，地势起伏缓和，由原来的坡峰深谷演变为低丘宽谷。

(3)成形河谷。成形河谷是指河流经历了比较漫长的地质时期后具有复杂形态的河谷。阶地的存在就是成形河谷的显著特点。河流发展到老年阶段后，地质作用以侧向侵蚀作用和堆积作用为主，下蚀作用已很微弱，河流流速缓慢，堆积作用旺盛，形成宽广的河漫滩，使河床深度逐渐淤浅，滩上湖泊、沼泽密布，汊河发育，河流在自身的堆积物上迂回摆动，形成河曲。

2. 按河谷走向与地质构造的关系分类

按河谷走向与地质构造的关系，河谷可分为背斜谷、向斜谷、单斜谷、断层谷、地堑谷、横谷与斜谷。

(1)背斜谷。背斜谷是指沿背斜轴伸展的河谷，是一种逆地形。背斜谷多是沿张裂隙发育而成的，虽然两岸谷坡岩层反倾，但因纵向构造裂隙发育、谷坡陡峻，故岩体稳定性差，容易产生崩塌。

(2)向斜谷。向斜谷是指沿向斜轴伸展的河谷，是一种顺地形。向斜谷的两岸谷坡岩层均属顺倾，在不良的岩性倾角较大的条件下，容易发生顺层滑坡等病害，但向斜谷一般都比较开阔，为选择路线位置提供了较大的回旋余地。

(3)单斜谷。单斜谷是指沿单斜岩层走向延伸的河谷。单斜谷在形态上通常具有明显的不对称性，岩性反倾的一侧谷坡较陡，顺倾的一侧谷坡较缓。

(4)断层谷。断层谷是指沿断层走向延伸的河谷。河谷两岸常有构造破碎带存在，岸坡岩体的稳定性取决于构造破碎带岩体的破碎程度。

(5)地堑谷。地堑谷是指沿地堑构造发育的河谷。在形态上两岸对称，但因两岸纵向断裂发育、谷坡陡峻，故岩体稳定性差，容易产生崩塌、滑坡。

(6)横谷与斜谷。上述五种构造谷的共同点是河谷的走向与构造线的走向一致，也可以把它们称为纵谷。横谷与斜谷是河谷的走向与构造线的走向大体垂直或斜交，它们一般是在横切或斜切岩层走向的横向或斜向断裂构造的基础上，经河流的冲刷侵蚀逐渐发展而成的。就岩层的产状条件来说，它们对谷坡的稳定性是有利的。谷坡一般比较陡峻，在坚硬岩石分布地段，多呈峭壁悬崖地形。

3. 按公路工程角度分类

(1)宽谷与峡谷：山区河流常使宽谷与峡谷交替分布。在岩石性质比较软弱的河段，常形成开阔的宽谷，其横断面为梯形，谷内有河漫滩或阶地分布；在岩石性质比较坚硬的河段，则常形成峡谷，其横断面明显呈V形，谷坡陡峭，谷内的河漫滩和阶地均不发育。

横穿向斜和地堑等构造的河流，常形成宽谷；反之，横穿背斜或地垒等构造的河流，就常形成峡谷，如四川省北碚附近的嘉陵江河段，横切三个背斜形成了著名的小三峡。

在地壳上升强烈的地区，河流的下蚀作用较强烈，因此常形成峡谷。举世闻名的长江三峡地区，其上升的幅度和速度都比其上、下游地区大得多。

(2)对称谷与不对称谷：流经块状岩层和厚层状岩层地区的河流，由于岩层岩性比较均一，河流侧向侵蚀的差异性小，所以可形成两岸谷坡坡角大致相等的对称河谷，特别是在直流段。如果河谷两侧岩层较薄，岩性软硬不一，则河谷易向软弱岩层一侧冲刷，从而形成一岸坡陡、另一岸坡缓的不对称河谷。

顺着直立向斜和背斜轴部及地堑等发育的河流，由于具有大体对称的地质构造条件，所以相应形成的向斜谷、背斜谷和地堑谷常是对称河谷；反之，则多为不对称河谷，如河流沿着断层或单斜构造岩层的走向发育时，则会相应形成断层谷和单斜谷。断层谷下降盘一侧常形成缓坡，上升盘一侧形成陡坡；单斜谷一般顺岩层倾向的一侧形成缓坡，反岩层倾向的一侧形成陡坡，使河谷形态不对称，如长江在四川省东部的不对称河谷，主要是由于单斜构造形成的。

单元五　第四纪地质

知识目标

(1)了解第四纪地质的概况。

(2)熟悉各种第四纪沉积物。

能力目标

(1)能够正确指出各种第四纪沉积物。

(2)针对不同类型的第四纪沉积物，能够选择合适的地基处理方法。

“第四纪”这个名称最早是意大利地质学家乔万尼·阿尔杜伊诺于1759年在研究波河河谷沉积情况时提出的。1829年，法国地质学家儒勒·迪斯努瓦耶引用了这个定义。他在研究塞纳河低地的沉积层时发现了一层比新近纪更新的岩层。1839年，赖尔把现生种属海相无脊椎动物化石达90%和含人类活动遗迹的地层划为第四纪，奠定了第四纪地层划分系统的基础。直到1881年第二届国际地质学会人们才正式使用“第四纪”一词。

第四纪的下限年代多采用距今258万年。第四纪是新生代最新的一个纪，包括更新世和全新世，更新世分为早、中、晚三个世，它们的划分及绝对年龄见表4-4。

表4-4　第四纪地质年代表

<table>
<tr><th colspan="3">地质年代</th><th colspan="2">绝对年龄/万年</th></tr>
<tr><th>纪</th><th colspan="2">世</th><th>距今时间</th><th>时间间隔</th></tr>
<tr><td rowspan="4">第四纪 Q</td><td colspan="2">全新世 Q_4</td><td>1</td><td>1</td></tr>
<tr><td rowspan="3">更新世</td><td>晚更新世 Q_3</td><td>10</td><td>9</td></tr>
<tr><td>中更新世 Q_2</td><td>73</td><td>63</td></tr>
<tr><td>早更新世 Q_1</td><td>200</td><td>127</td></tr>
</table>

一、第四纪地质概况

大约在200多万年前地球上出现了人类，这是地球历史上最重大的事件。在北京周口店附近的石灰岩洞穴中发现了生活在四五十万年以前的"北京猿人"的头盖骨化石及其使用的工具。

第四纪时期地壳有过强烈的活动，为了与第四纪以前的地壳运动相区别，把第四纪以来发生的地壳运动称为新构造运动。地球上巨大块体大规模的水平运动、火山喷发、地震等都是地壳运动的表现。地区新构造运动的特征对于评价工程区域的稳定性来说是一个基本要素。

第四纪气候多变，曾多次出现大规模冰川。第四纪气候寒冷时期，冰雪覆盖面积扩大，冰川作用强烈，称为冰期；气候温暖时期，冰川面积缩小，称为间冰期。第四纪冰期在晚新生代冰期中规模最大，地球上的高、中纬度地区普遍为巨厚冰流覆盖。由于当时气候干燥，所以沙漠面积扩大。中国大陆在第四纪冰期时，由于海平面下降，所以渤海、东海、黄海均为陆地，我国台湾地区与大陆相连，气候干燥，风沙盛行，黄土堆积作用强烈。第四纪冰川不仅规模大而且频繁，对深海沉积物的研究结果表明，第四纪冰川作用有 20 次之多，而近 80 万年中每 10 万年有一次冰期和间冰期。

二、第四纪沉积物

第四纪历史虽然只有 200 万年左右，但新构造运动强烈，海平面和气候变化频繁，因此第四纪沉积环境极为复杂。第四纪沉积物形成时间短，成岩作用不充分，常常成为松散、多孔、软弱的土层覆盖在前第四纪坚硬的岩层之上。

第四纪沉积物的成因类型，根据沉积物形成的环境和作用应力，可分为陆相、海陆过渡相和海相三大类。各种成因类型又可进一步划分为若干亚类。

(1)残积物。岩石经物理风化和化学风化作用后残留在原地的碎屑物称为残积物。其主要分布在岩石出露地表及经受强烈风化作用的山区、丘陵地带与剥蚀平原。残积物表面土壤层孔隙率大、压缩性高、强度低，而其下部残积层常常是夹碎石或砂粒的黏性土或被黏性土充填的碎石土、砂砾土，其强度较高。如以残积物作为建筑物地基，则应当注意不均匀沉降和土坡稳定问题。

(2)坡积物。雨水或雪水将高处的风化碎屑物质洗刷而向下搬运，或因本身的重力作用堆积在平缓的斜坡或坡脚处，称为坡积物。坡积物形成山坡，随斜坡自上而下呈现由粗而细的分选现象，且厚度变化较大。尤其是新近堆积的坡积物，土质疏松，压缩性较高。作为地基时，坡积物易产生不均匀沉降，且极易沿下卧基岩分界面滑动。

(3)洪积物。大雨或融雪水将山区或高地的大量碎屑物沿冲沟搬运到山前或山坡的低平地带堆积而成的物质称为洪积物。洪积物一般分布在山谷中或山前平原上。在谷口附近多为粗颗粒碎屑物，远离谷口的颗粒逐渐变细，这是因为地势越来越开阔，使山洪的流速逐渐减缓。其地貌特征是靠谷口处窄而陡，离谷后逐渐变为宽而缓，形如扇状，称为洪积扇。把洪积物作为建筑物地基时，应注意不均匀沉降。

(4)冲积物。河流在河床中或溢出河床的堆积物称为冲积物。它是平原区地下主要含水层系和工程建筑的基础。冲积物主要分布在河床、冲积扇、冲积平原和三角洲中，其成分非常复杂，河流汇水面积内的所有岩石和土都能成为该河流冲积层的物质来源。冲积物的分选性好，层理明显，磨圆度高。山区河流沉积物较薄，颗粒较粗，透水性很强，抗剪强度高，承载力较大，几乎不可压缩，是良好的地基地层。但在山区河谷地带进行工程建设时，必须考虑山洪、滑坡和崩塌等不良地质现象的发生。

(5)淤积物。一般由湖沼沉积而形成的堆积物称为淤积物，主要包括湖相沉积物和沼泽沉积物等。湖相沉积物包括粗颗粒的湖边沉积物和细颗粒的湖心沉积物，沼泽沉积物主要为黏土和淤泥，夹有粉细砂薄层(黏土呈带状，强度低，压缩性大)。湖泊经逐渐淤塞和陆地沼泽化会演变成沼泽。沼泽沉积物主要由半腐烂的植物残余物逐年积累起来形成的泥炭所组成。泥炭的含水量极高，透水性很低，压缩性很大，不宜作为永久建筑物的地基。

(6)冰碛物与冰水沉积物。冰川融化的搬运物就地堆积形成冰碛物。冰碛物的主要特点是巨大的石块和泥质混合在一起，粒度相差悬殊，缺乏分选，磨圆差，棱角分明，不具有成层性，砾石表面常具有磨光面或冰川擦痕，砾石因长期受冰川压力作用而弯曲变形。

冰雪融化形成的水流可冲刷和搬运冰碛物进行再沉积，形成冰水沉积物。冰水沉积物具有一定程度的分选和良好的层理。

(7)风积物。风积物是指经过风的搬运而沉积下来的堆积物。风积物主要以风积砂为主，其次为黄土风积物(由砂和粉粒组成)，其岩性松散，一般分选性好，孔隙度高，活动性强，通常不具层理，只有在沉积条件发生变化时才发生层理和斜层理，工程性能较差。

(8)混合成因的沉积物。混合成因的沉积物保持原成因特征，常见的有残积坡积物、坡积洪积物和洪积冲积物等。

思考与练习

一、单项选择题

1. 陆地上起伏很小、与高地毗连或由高地围限的广阔平地称为(　　)。
   A. 丘陵　B. 山地　C. 平原　D. 盆地
2. 石芽属于(　　)。
   A. 水成地貌　B. 岩溶地貌　C. 冰川地貌　D. 风成地貌
3. 桌状山属于(　　)。
   A. 平顶山　B. 单面山　C. 褶皱山　D. 断块山
4. 不宜采用隧道方案的垭口类型号为(　　)。
   A. 断层破碎带型垭口　B. 背斜张拉带型垭口
   C. 单斜软弱层型垭口　D. 剥蚀型垭口
5. 陡坡的纵向坡度一般为(　　)。
   A. 小于15°　B. 16°～30°　C. 31°～70°　D. 大于70°
6. 杭嘉湖平原属于(　　)。
   A. 高原　B. 高平原　C. 低平原　D. 洼地
7. 巨大的块石、砾石在河流中一般通过(　　)进行搬运。
   A. 悬浮式搬运　B. 跳跃式搬运　C. 滚动式搬运　D. 化学搬运
8. 地质年代距今时间最远的是(　　)。
   A. 全新世　B. 晚更新世　C. 中更新世　D. 早更新世
9. 以下不属于残积物表面土壤层的性质是(　　)。
   A. 孔隙率大　B. 压缩性高　C. 强度高　D. 承载能力差

10. 以下不适于沼泽沉积物的是(　　)。

A. 黏土　　B. 淤泥　　C. 粉细砂　　D. 砾石

二、填空题

1. 地貌的等级一般划分为__________、__________、__________、__________四级。

2. 海洋地貌按高程和起伏状况，可将海底分为__________、__________、__________、__________、__________。

3. 山岭地貌具有__________、__________、__________等明显的形态要素。

4. 火山锥主要有__________、__________和__________三种。

5. 垭口有__________、__________和__________三种类型。

6. 平原按成因可分为__________、__________和__________三种。

7. 河谷地貌主要由__________、__________、__________、__________、__________、__________等小的地貌单元构成。

8. 按河谷走向与地质构造的关系，河谷可分为__________、__________、__________、__________、__________、__________。

三、简答题

1. 简述地貌的概念及地貌类型的划分情况。

2. 什么是褶皱山？它在地貌形态上具有什么特征？

3. 山岭地貌的形态要素及其成因类型有哪些？

4. 什么是垭口？垭口有哪些类型？各种垭口的特点及其工程性质如何？

5. 什么是平原地貌？平原地貌有哪些类型？简述平原地貌的特征。

6. 简述河谷地貌的组成要素及其形成发展的一般过程。

7. 简述河漫滩的形成过程。

8. 简述侧蚀作用与下蚀作用的差异及其与河流发育的关系。

9. 河流堆积的地貌有哪些？它们的形成条件和各自的特点是什么？

10. 简述第四纪地质概况。

11. 第四纪沉积物的主要成因类型有哪几种？

12. 残积物、坡积物、洪积物和冲积物各有什么特征？

模块五　地下水

单元一　地下水概述

知识目标

(1)了解地下水的来源、形成条件。
(2)了解地下水的循环。
(3)熟悉地下水与工程建设的关系。

地下水

能力目标

(1)能够通过相关条件确定地下水的来源和形成条件。
(2)能够判断不同地下水对相关工程的影响。

在地球上，水的数量是巨大的，据估计，水的总体积为 1.36×10^{8} km^3。其中，97.2%的水分布在海洋里，陆地上的水只占2.8%。地球水圈中淡水的分布情况见表5-1。

表5-1　地球水圈中淡水的分布

在地球水圈中的位置	淡水的体积/km^3	占淡水总体积/%
薄冰层和冰川中的水	24 000 000	84.945
地下水	4 000 000	14.158
湖泊和水库中的水	155 000	0.549
土壤含水	83 000	0.294
大气中的水蒸气	14 000	0.049
河流、溪流中的水	1 200	0.004
合计	28 253 200	100

地下水是陆地水资源的一个重要组成部分。它埋藏在地面以下土壤空隙、岩石的裂隙中。它可以各种物理状态存在，但大多呈液态。其来源和分布广泛，形成条件复杂，是一种非常隐蔽的环境因素，对工程建设的作用影响严重。

■ 一、地下水的来源

地下水的来源有渗透水、凝结水、原生水和封存水四种。

1. 渗透水

渗透水是由大气降水、冰雪消融水、各种地表水通过土、岩的孔隙和裂隙向下渗透所形成的。大气降水是地下水的主要补给源，年降水量是影响降水补给地下水的决定因素之一。地表水也是地下水的主要来源，河水补给量的大小与河床的透水性、河水位与地下水水位的高差等有关。

2. 凝结水

凝结水是由大气中的水蒸气在土或岩石孔隙中遇冷凝结成水滴渗入地下所形成的，它是干旱或半干旱地区地下水的主要来源。

3. 原生水

原生水及岩浆逸出水，是从岩浆中分离出来的气体化合而成的地下水，这种水数量很少。

4. 封存水

封存水是指古代湖泊被沉积物充填、覆盖而封闭在岩层中的“埋藏水”，这种水数量也很少。

■ 二、地下水的形成条件

地下水是在一定自然条件下形成的，它的形成与岩石、地质构造、地貌、气候、人为因素等有关。

1. 地质条件

地下水的形成，必须具有一定的岩石性质和地质构造条件。岩石的孔隙性是形成地下水的先决条件，它主要是指岩土中的孔隙和裂隙的大小、数量及连通情况。按照岩石透水性不同可将岩层分为隔水层和透水层。一般把在常规水力梯度下有一定给水度并具有透水性的饱水岩层称为含水层。在常规水力梯度下渗透性极差、给水度极小的岩层称为隔水层或不透水层。能使水透过的岩层称为透水层。如图 5-1 所示，在含水层中，地下水能形成一定的同一的水面，称为地下水面，地下水面的高程称为地下水位。地面至地下水面以上，土和岩石的孔隙未被水充满，而含有相当数量的气体的地带，称为包气带。地下水面以下，土层或岩层的空隙全部被水充满的地带，称为饱水带。在包气带与饱水带之间有一个毛细水带，是两者的过渡带。

地质构造对岩层的裂隙发育起控制作用，因而也影响着岩石的透水性。地质构造发育地带，岩层透水性强，常形成良好的蓄水空间，如致密的不透水层，当其位于褶曲轴附近时可因裂隙发育而强烈透水。断层破碎带是地下水流动的通道。地质构造同时还影响着透水层与隔水层的不同组合。

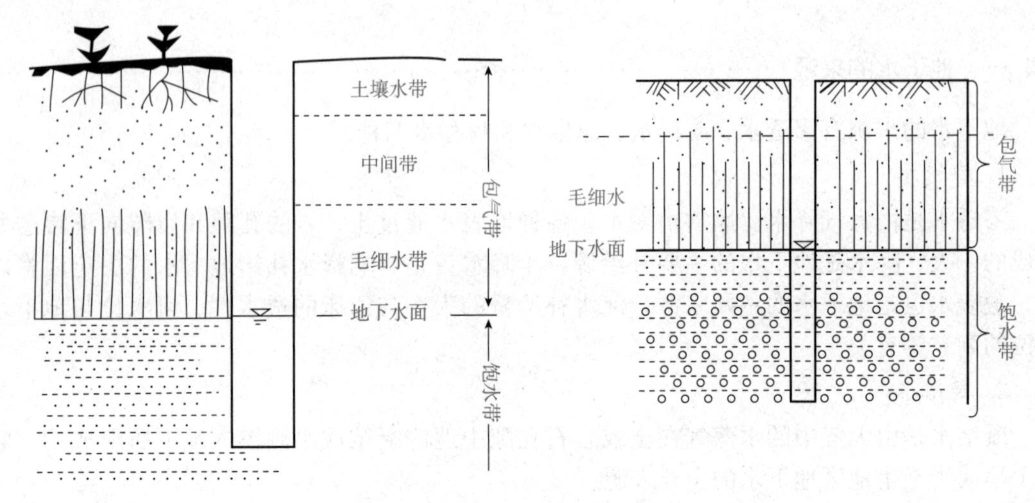

图 5-1　地下水的垂直分布

2. 气候条件

气候条件对地下水的形成有着重要的影响，如大气降水、地面径流、蒸发等方面的变化将影响到地下水的水量。

3. 地貌条件

不同的地貌部位与地下水的形成关系密切。一般在平原、山前区易于储存地下水，形成良好的含水层，而在山区一般很难储存大量的地下水。

4. 人为因素

大量抽取地下水，会引起地下水水位的大幅下降。修建水库可促使地下水水位上升。

三、地下水循环

按水循环的范围不同，水循环可分为大循环和小循环。大循环是指在全球范围内水从海洋表面蒸发，上升的水汽随气流运移到陆地上空，凝结成雨降落到陆地表面，又以地表或地下径流的形式最终流归海洋，再度受到蒸发；小循环是指水从海洋表面蒸发，遇冷后又降落到海洋表面，或者水从陆地上的湖泊与河流表面、地面及植物叶面蒸发，遇冷又降落到原地。因此，地下水是整个自然界不断循环着的水的一部分。在降水量很小的干旱地区，空气中的水蒸气进入岩土的孔隙和裂隙中凝结成水滴，水滴在重力作用下向下流动，也可聚积成地下水。

四、地下水与工程建设的关系

地下水在地壳分布中十分普遍，储藏量很大。因此，地下水无论对人民生活还是对工程建设都有着重要的意义。尤其在公路工程的设计和施工中，当考虑路基和隧道围岩的强度与稳定性、桥梁基础的砌置深度和基坑的开挖深度及隧道的涌水等问题时，都必须研究有地下水时的问题。例如，地基中的水能降低土的承载力，基坑涌水不利于工程施工。地下水常常是滑坡、地面沉降和地面塌陷发生的主要原因，一些地下水含有不少侵蚀性物质，对混凝土产生化学侵蚀作用，使其结构被破坏。工程上常把与地下水有关的问题称为水文地质问题。与地下水有关的地质条件称为水文地质条件。

总之，地下水对工程建设有很大的影响，为了充分合理地利用地下水和有效防治地下水的不良影响，就必须对地下水的成分、性质、类型、运动规律等进行充分的研究。

单元二　地下水的物理性质和化学成分

知识目标

(1)了解地下水的物理性质。

(2)了解地下水的化学成分和分析表示方法。

能力目标

(1)能够判断地下水的物理性质。

(2)能够区别地下水的化学成分并进行表示。

由于地下水在运动过程中与各种岩土介质的相互作用及溶解岩土中可溶物质等原因，地下水不是化学意义上的纯水，而是一种复杂的溶液。因此，研究地下水的物理性质和化学成分，对于了解地下水的成因与动态，确定其对混凝土、钢筋等的侵蚀性，以及进行水质评价等都有实际意义。

一、地下水的物理性质

地下水的物理性质有密度、温度、颜色、透明度、嗅气味、味道、导电性及放射性等。

1. 密度

地下水的密度取决于地下水中其他物质成分的含量。纯净时，密度为 1 g/cm³；当溶有其他化学物质时，密度达 1.2～1.3 g/cm³。

2. 温度

地下水的温度受气候和地质条件控制。由于地下水形成的环境不同，其温度变化也很大，一般为 0 ℃～100 ℃，个别地区达 100 ℃以上。根据温度将地下水分为以下几类：过冷水(＜0 ℃)、冷水(0 ℃～20 ℃)、温水(20 ℃～42 ℃)、热水(42 ℃～100 ℃)、已过热水(＞100 ℃)。

3. 颜色

地下水一般是无色透明的，但当水中含有某种离子、富集悬浮物或含胶体物质时，也可显示出各种颜色。例如，含 H_2S 的水为翠绿色；含 Ca^{2+}、Mg^{2+} 离子的水为微蓝色；含 Fe^{2+} 的水为灰蓝色；含 Fe^{3+} 的水为褐黄色；含有机腐殖质时为黄色；含悬浮物的水，其颜色取决于悬浮物。

4. 透明度

地下水多半是透明的。当水中含有矿物质、机械混合物、有机质及胶体时，地下水的透明度就会改变。根据透明度可将地下水分为透明的、微浑的、浑浊的、极浑浊的几种。

5. 嗅气味

地下水含有气体或有机质时，会具有一定的气味，如含腐殖质时具有“沼泽”味、含硫化氢时具有臭鸡蛋味。

6. 味道

地下水的味道主要取决于地下水的化学成分，例如：含 NaCl 的水具有咸味；含 $CaCO_3$ 的水清凉爽口；含 $Ca(OH)_2$ 和 $Mg(HCO)_2$ 的水具有甜味，俗称甜水；当 $MgCl_2$ 和 $MgSO_4$ 存在时，地下水具有苦味。

7. 导电性

当含有一些电解质时，地下水的导电性增强，导电性当然也受温度的影响。

通过对地下水物理性质的研究，能初步了解地下水的形成环境、污染情况及化学成分，这为利用地下水提供了依据。

二、地下水的化学成分

地下水的化学成分是指地下水中的气体成分、阴阳离子、胶体和有机质等。地下水的化学成分可呈离子、分子、化合物和气体状态，其中以离子状态者最多。常见的离子有 Cl^-、$SO_4{}^{2-}$、$HCO_3{}^-$、K^+、Na^+、Ca^{2+}、Mg^{2+} 七种；化合物有 Fe_2O_3、Al_2O_3、H_2SiO_3 等；气体有 O_2、N_2、CO_2、CH_4、H_2S 等。地下水还含有有机质和细菌成分。

在工程建设中，对地下水的水质进行评价时，下列成分及化学性质具有重要的意义。

1. 钙镁离子浓度

钙镁离子浓度是指水中 Ca^{2+}、Mg^{2+} 的含量，“硬度”是过去习惯使用的名称。现行法定名称为钙镁离子浓度（$c=Ca^{2+}+Mg^{2+}$）。根据钙镁离子的浓度，可将地下水分为五类，见表 5-2。

表 5-2　地下水的分类

水的类型	极软水	软水	微硬水	硬水	极硬水
钙镁离子浓度 c/ppm	<1.5	1.5～3.0	3.0～6.0	6.0～9.0	>9.0

2. 侵蚀性

地下水的侵蚀性是指地下水中的一些化学成分与混凝土结构物中的某些化学物质发生化学反应，在混凝土中形成新的化合物，使混凝土体积膨胀、开裂，或者溶解混凝土中的某些物质，使其结构遭到破坏、强度降低。常见的地下水侵蚀作用有以下几种。

(1)氧化、水化侵蚀。当地下水中含有较多氧气时，会对混凝土结构物中的钢筋等金属材料造成腐蚀。

$$4Fe+3O_2=2Fe_2O_3$$

$$Fe_2O_3+3H_2O=2Fe(OH)_3\text{（胶体状态）}$$

(2)酸性侵蚀。H^+的含量决定了地下水的酸碱反应和酸碱程度。一般以pH值表示H^+的含量。pH=7时，地下水呈中性；pH>7时，地下水呈碱性；pH<7时，地下水呈酸性。当地下水呈酸性时，氢离子会对混凝土表面的碳酸钙层产生溶蚀。

$$CaCO_3 + H^+ = Ca^{2+} + HCO_3^-$$

(3)碳酸类侵蚀。CO_2 在地下水中可以三种状态存在，即游离态(气体)、重碳酸态(HCO_3^-)和碳酸态(CO_3^{2-})。当水中富含 CO_2 时，会对混凝土中的 $Ca(OH)_2$ 产生溶蚀。

$$Ca(OH)_2 + CO_2 = CaCO_3 \downarrow + H_2O$$

$$Ca(OH)_2 + CO_2 + H_2O = Ca^{2+} + 2HCO_3^-$$

这是可逆反应，当反应达到平衡时，水中游离的 CO_2 称为平衡 CO_2。当水中游离 CO_2 的含量大于平衡时，反应向右进行，此时 $CaCO_3$ 将被溶解而使混凝土遭受侵蚀。这部分具有侵蚀性的 CO_2 称为侵蚀性 CO_2。但一般认为当水中侵蚀性 CO_2 含量小于15 mg/L时，实际上无侵蚀性；而当水的暂时硬度小于1.5度，且含有 HCO_3^- 时，或游离 CO_2 的含量小于0.6 mg/L时，部分混凝土也会被侵蚀破坏。当暂时硬度大于2.4度，pH<6.7时，石灰岩便被溶解。

(4)硫酸类侵蚀。当地下水中含有的 SO_4^{2-} 超过规定值，侵入混凝土的裂缝时，SO_4^{2-} 将与混凝土中的 Ca^{2+} 发生作用，生成 $CaSO_4$，再结晶成石膏($CaSO_4 \cdot 2H_2O$)。结晶时其体积膨胀1～2倍，可使混凝土遭到破坏，这称为地下水的硫酸盐侵蚀性。一般认为，当地下水中 SO_4^{2-} 的含量大于300 mg/L时具有硫酸盐侵蚀性。

(5)钙镁侵蚀。富含 $MgCl_2$ 的地下水与混凝土接触时会与混凝土中的 $Ca(OH)_2$ 反应，生成 $Mg(OH)_2$ 和溶于水的 $CaCl_2$，使混凝土中的钙质流失，结构破坏，强度破坏。

3. 矿化度

地下水中含有各种离子、分子和化合物的总量，称为矿化度，它以g/L为单位。它用来表明地下水中含盐量的多少。通常根据在105 ℃～110 ℃时将水蒸发干后所得的干涸残余物质的质量来确定矿化度。根据总矿化度(M)的大小，可将水分为淡水(M<1 g/L)、微咸水(M=1～3 g/L)、咸水(M=3～10 g/L)、盐水(M=10～50 g/L)和卤水(M>50 g/L)。

水的矿化度与水的化学成分有着密切的关系。淡水和微咸水常以 Ca^{2+}、Mg^{2+}、HCO_3^- 为主要成分，称为重碳酸盐型水；咸水常以 Na^+、Ca^{2+}、SO_4^{2-} 为主要成分，称为硫酸盐型水；盐水和卤水则以 Na^+、Cl^-为主要成分，称为氯化物型水。一般饮用水总矿化度不宜超过10 g/L，灌溉用水的总矿化度不宜超过17 g/L。

三、地下水化学成分的分析表示方法

在工程地质勘查中，一般均需采用地下水水样进行水化学分析，以确定其是否具有侵蚀性。当拟用地下水作为饮用水或技术用水时，应进行专门的水质分析和评价。

水质分析可分为简易分析和全分析。简易分析法精度较低，但可快速地在现场试验进行；全分析法则需要在实验室中进行，一般在简易分析的基础上进行。

水质分析结果主要用以下两种方法表示。

(1)离子毫克当量数表示法。以每升水中的当量数(毫克当量/L)表示水的化学成分，离子当量和毫克当量数用下式表示：

$$离子当量=离子量(原子量)/离子价$$

离子的毫克当量数=离子的毫克数 /离子当量

(2)库尔洛夫表示法。以数学分式的形式表示化学成分，即

$$气体成分_{含量}特殊成分_{含量}M_{含量}\frac{阴离子成分^{原子数}_{毫克当量百分数}}{阳离子成分_{毫克当量百分数}}t_{水温℃}$$

上述公式中，在分子位置上表示各阴离子及其毫克当量的百分数，在分母位置上表示各阳离子及其毫克当量的百分数，都是按其值的递减顺序排列的。含量小于10%的则不表示。横线前表示矿化度(M)、气体成分和特殊成分及含量，横线后为水温(t)。各离子的原子数标于右上角，各种成分的含量一律标于成分符号的右下角。

利用此公式表示水的化学成分比较简明，能清楚地反应地下水的基本特征，并可以直接确定地下水的类型。

单元三　地下水的类型及主要特性

知识目标

(1)了解地下水的分类和存在状态。

(2)了解包气带水、孔隙水、裂隙水和岩溶水的特征。

(3)掌握潜水和承压水的特征。

能力目标

(1)能够判断地下水的分类和状态。

(2)能够区别各种地下水的特征并进行工程运用。

(3)能够在实际现场区别地下水的补给、径流和排泄。

水在岩石中存在的形式是多种多样的，按其物理性质上的差异可分为气态水、吸着水、薄膜水、毛细管水、重力水和固态水。重力水在重力作用下向下运动，积聚于不透水层之上，使这一带岩石的所有空隙都充满水，故这一带岩石称为饱水带。饱水带以上的部分，除存在吸着水、薄膜水、毛细管水外，大部分空隙充满空气，所以称为包气带。包气带和饱水带之间的界限就是潜水面。

一、地下水的存在状态

岩土空隙中存在着各种形式的水，按其物理性质的不同，可分为气态水、液态水和固态水。其中，液态水按其是否受到固体颗粒吸引力的影响还可分为结合水(吸着水、薄膜水)、毛细水和重力水。

1. 气态水

以水蒸气的形式和空气一起存在于岩土空隙中的水，称为气态水。气态水常由水蒸气压力大的地方向水蒸气压力小的地方运移，当温度降低到露点时，气态水便凝结为液态水。

2. 液态水

(1)结合水。被固体颗粒的分子吸引和静电引力吸附在颗粒表面的一层膜状水，称为结合水。其中，最接近固体颗粒表面的结合水称为强结合水，其外层称为弱结合水。结合水被束缚于固相表面，而不能在自身重力的影响下运动，如图 5-2 所示。

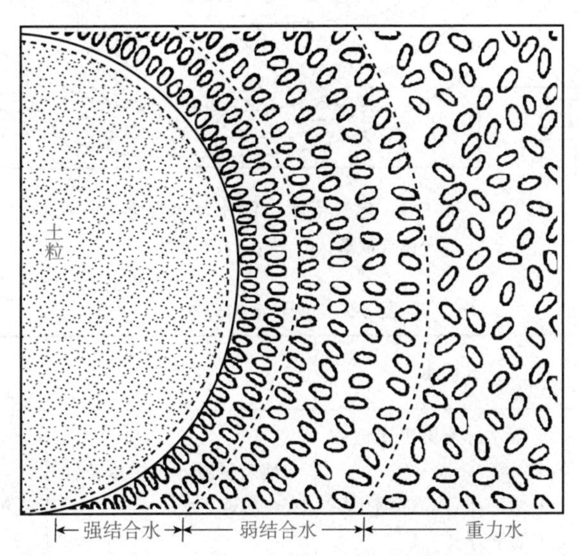

图 5-2　结合水分布

(2)毛细水。受表面张力等的支持而自由填充在固体的微细空隙和裂隙中的水，称为毛细水。毛细水主要存在于直径为 0.5～0.002 mm 大小的孔隙中。在地下水水面以上，由于毛细力的作用，一部分水可以沿细小孔隙上升，能在地下水水面以上形成毛细水带。毛细水能做垂直运动，可以传递静水压力。

对于土体来说，毛细水上升的快慢及高度取决于土颗粒的大小。土颗粒越细，毛细水上升高度越大，上升速度越慢。粗砂中的毛细水上升速度较快，几昼夜可达到最大高度，而黏性土要几年。

(3)重力水。岩土空隙中在重力作用下可以自由运动的水称为重力水。重力水不受静电引力的影响而在重力作用下运动，可传递静水压力。重力水能产生浮托力、孔隙水压力。流动的重力水在运动过程中会产生动水压力。重力水具有溶解能力外，还会对岩土产生化学潜蚀，导致土的成分及结构的破坏。重力水是水文地质研究的主要对象。

3. 固态水

固态水是指埋藏在常年温度层以下的冻土中的冰。固态水无论是冻结还是融化都将影响土的工程性质。在我国华北、东北、西北的某些地区，地下温度随季节的不同产生周期性的影响，当温度低于 0 ℃时，液态水变为固态水；当温度高于 0 ℃时，固态水变为液态水。这种周期性的冻涨、融沉会造成地面建筑物的失稳。

二、地下水的分类

地下水按照埋藏条件可分为包气带水、潜水和承压水三类，如图 5-3 所示；按照含水层的空隙性质可分为孔隙水、裂隙水和岩溶水三类，见表 5-3。

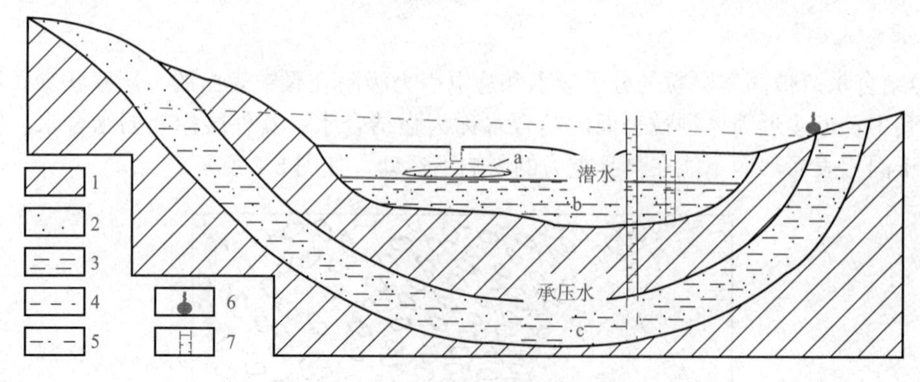

图 5-3　包气带水、潜水及承压水

a—包气带水；b—潜水；c—承压水

表 5-3　地下水的分类

埋藏条件＼空隙类型	孔隙水	裂隙水	岩溶水
包气带水	土壤水：土壤中未饱和的水 上层滞水：局部隔水层以上的重力水	地表裂隙岩体中季节性存在的地下水	可溶岩层中季节性存在悬挂毛细水
潜水	各类松散堆积物中的地下水	基岩上部裂隙中的地下水	裸露的可溶性岩层中的地下水
承压水	松散堆积物构成的承压盆地和承压斜地中的水	构造盆地及单斜岩层中的层状裂隙水，断层破碎带中的深部水	构造盆地、单斜或向斜构造可溶性岩层中的地下水

土壤水的研究意义不大，潜水和承压水是地下水的基本类型，对于工程建筑具有重要的意义，因此这里重点阐述潜水、承压水的特征。

三、各类地下水的特征

(一)包气带水

以地下水水位为界限，将地表以下的岩土体划分为地表与地下水水位之间的包气带和地下水水位以下的饱水带两个带。包气带中的地下水以上层滞水为主。上层滞水是存在于包气带中局部隔水层之上的重力水，一般分布范围不大，补给区与分布区基本一致，接受当地大气降水或地表水的补给，以蒸发的形式排泄和渗透，如图 5-4 所示。上层滞水接近地表，受气候、水文条件影响较大，故水量不大而随季节强烈变化。上层滞水在雨季获得补给，积存一定水量，在旱季水量逐渐消耗。

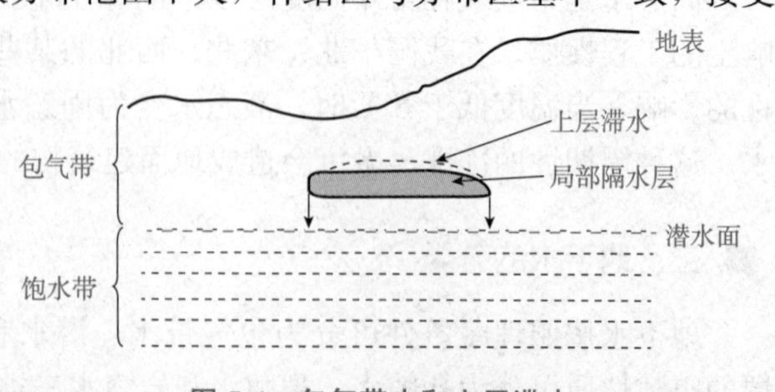

图 5-4　包气带水和上层滞水

上层滞水的动态主要取决于气候，

隔水层的范围、厚度、隔水性条件。当隔水层范围较小、厚度较大或隔水性不强时，上层滞水易于向四周流散或向下渗透。上层滞水矿化度较低，但最容易受到污染。松散沉积层、裂隙岩层及可溶性岩层中皆可埋藏上层滞水。

(二)潜水

潜水是指埋藏在地表以下第一层较稳定的隔水层以上具有自由水面的重力水。潜水一般多储存在第四纪松散沉积物中，也可储存在裂隙性或可溶性基岩中。其特点是与大气圈和地表水联系密切，积极参与水循环，如图 5-5 所示。

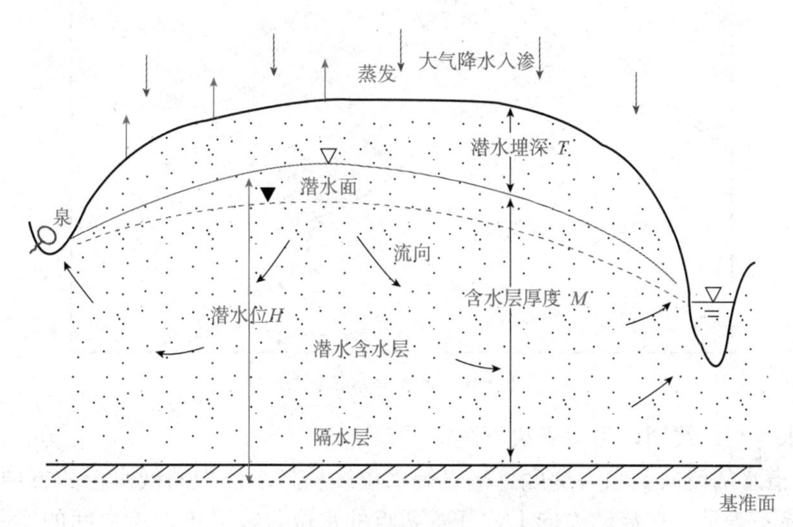

图 5-5　潜水埋藏示意

潜水的自由水面称为潜水面。地表到潜水面的铅垂距离称为潜水的埋藏深度 T；潜水面到下伏隔水层之间的岩层称为含水层；潜水面上任一点至隔水底板的距离称为潜水含水层厚度 M；潜水面到零基准面的铅锤距离称为潜水位 H。

1. 潜水的特征

(1)潜水具有自由睡眠，为无压水。在重力作用下，潜水可以沿水平方向由高水位向低水位处渗流，形成潜水径流。

(2)潜水的分布区与补给区基本一致。潜水含水层的分布范围称为潜水分布区。由于潜水含水层的上部没有连续隔水层，大气降水和地表水可通过包气带直接补给潜水，因此潜水容易受到污染，潜水接受补给的地区称为补给区。大气降水是潜水的主要补给来源，大气降水量的多少主要取决于降水性质、地面坡度、植被覆盖程度及包气带透水性和厚度等。地表水是潜水的重要补给来源，地表水补给量的多少取决于地表水与潜水的水位差、河流沿岸岩层透水性及潜水与河水有联系地段的分布范围。干旱地区凝结水也是潜水的重要补给来源，当承压水为高于潜水位、承压含水层与潜水之间存在局部透水层时，承压水也可补给潜水，称为越流补给。

(3)潜水排泄是潜水失去水量的过程，其主要方式有两种，即平原地区主要以蒸发形式排泄，高山丘陵则以泉、渗流形式排泄于地表。

(4)潜水的动态随季节不同有明显变化，雨季降雨量多，补给充沛，潜水面上升，含水层厚度增大，水量增加，埋藏深度变浅；枯水季节则相反。

2. 潜水等水位线图

潜水等水位线图是反映潜水面形状的一种平面图。其绘制方法与地形等高线绘制方法基本相同，即把在大致相同的时间内测得的潜水面各点的水位资料标在同一地形图上，将水位标高相同的各点连接起来，便绘制成一幅潜水面等高线图，即潜水等水位线图，如图 5-6 所示。潜水面随季节变化明显，因此所有等水位线图必须注明水位的测定日期。通过不同时期等水位线图的对比，可以了解潜水的动态。

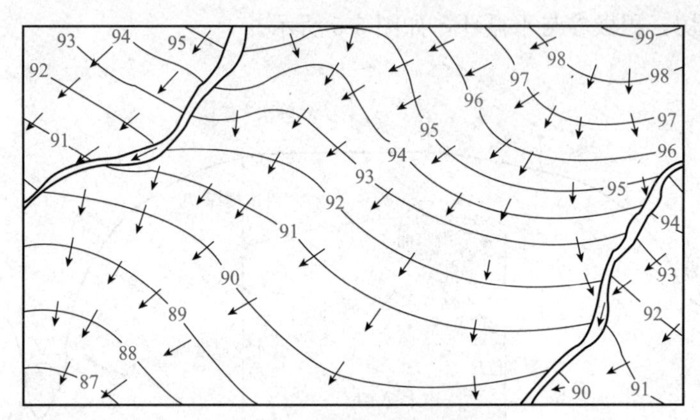

图 5-6 潜水等水位线图

利用潜水等水位线图，可以解决下列问题。

(1)确定潜水的流向及水力梯度。垂直等水位线从高水位指向低水位的方向，即潜水的流向，常用箭头表示。在流动方向上，任意两点的水位差除以该两点之间的实际水平距离，即此两点之间的平均水力坡度。一般潜水的水力坡度很小，常为千分之几至百分之几。

(2)确定潜水与河水的补给关系。在近河等水位线图上可以看出潜水与河水的补给关系，一般情况下潜水与河水的补给关系(图 5-7)有以下三种。

1)潜水补给河水。潜水面倾向河流，多见于河流的中上游地区。

2)河水补给潜水。潜水面背向河流，多见于河流的下游地区。

3)河水与潜水互补。潜水面一岸背向河流，一岸倾向河流，这种情况一般出现在山前地区的河流。

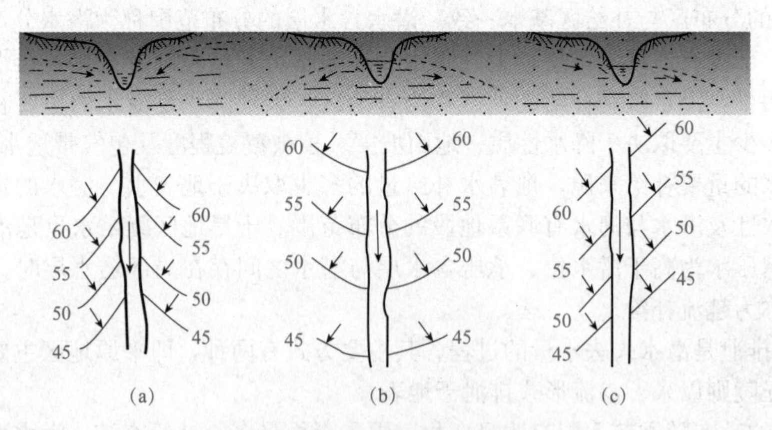

图 5-7 潜水与河水的补给关系

(a)潜水补给河水；(b)河水补给潜水；(c)河水与潜水互补

(3)确定潜水的埋藏深度。潜水面的埋藏深度等于该地形高程与潜水位之差。根据各点的埋藏深度值，可绘制潜水等埋深线。

(4)确定含水层厚度。当等水位线图上有隔水底板等高线时，同一测点的潜水水位与隔水层顶板高程之差即含水层厚度。

(5)分析推断含水层透水性及厚度变化。若等水位线由密变疏，说明潜水面坡度由陡变缓，可以推断含水层透水性由弱变强或含水层厚度由薄变厚；反之，则可能是含水层透水性由强变弱或含水层厚度变薄。

(三)承压水

1. 承压水的概念与特征

承压水是指充满于两个隔水层之间，含水层中具有静水压力的地下水。承压水有上、下两个稳定的隔水层，上面的称为隔水层顶板，下面的称为隔水层底板，两板之间的距离称为含水层厚度 M，如图 5-8 所示。

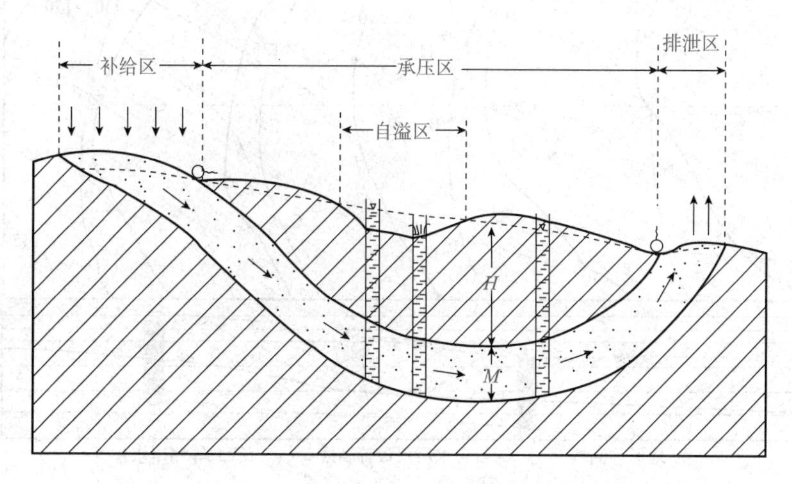

图 5-8　承压水分布示意

根据承压水的埋藏条件，承压水具有以下特征。

(1)承压水具有静水压力，为有压水，其顶面为非自由水面。

(2)承压水的补给区与分布区不一致。补给区一般位于承压盆地或承压斜地地势较高处，这里含水层出露地表，可直接接受大气降水和地面水的入渗补给；当承压水位低于潜水时，可通过断裂带或弱透水层等得到潜水补给。承压水的分布区是承压区，也称为径流区，而补给区是非承压水，具有潜水的特征。由于承压水上部具有稳定的隔水层，所以承压水不易受到污染。

(3)承压水在静水压力的作用下，可以由高水位向低水位运动，形成承压水的径流。承压水的径流条件取决于含水层的透水性及其挠曲程度、补给区到排泄区的距离等。含水层的透水性越强，挠曲程度越小，补给区到排泄区距离越近，水头差越大，承压水的径流条件越畅通，水体交替越强烈。反之，径流缓慢，水循环条件差。承压水的径流条件对水质影响很大。

(4)承压水的排泄区位于承压斜地或承压盆地边缘低洼地区。当河流与沟谷切割至含水层时，承压水可以以泉的形式排泄，当排泄区有潜水时，承压水可以直接排入潜水；承压水还可通过导水断层排泄于地表。

(5)承压水动态(水量、水位、水温)较稳定，受气象、水文因素的影响不显著，季节性变化小，其含水层厚度稳定。

2. 承压水等水压线图

承压水等水压线图就是承压水位等高线图，反映了承压水面的起伏状态，如图 5-9 所示。它与潜水面不同，潜水面是一个实际存在的面，承压水面是一个假想的势面，只有当钻孔打穿上覆盖隔水层顶板至含水层时才能测到。

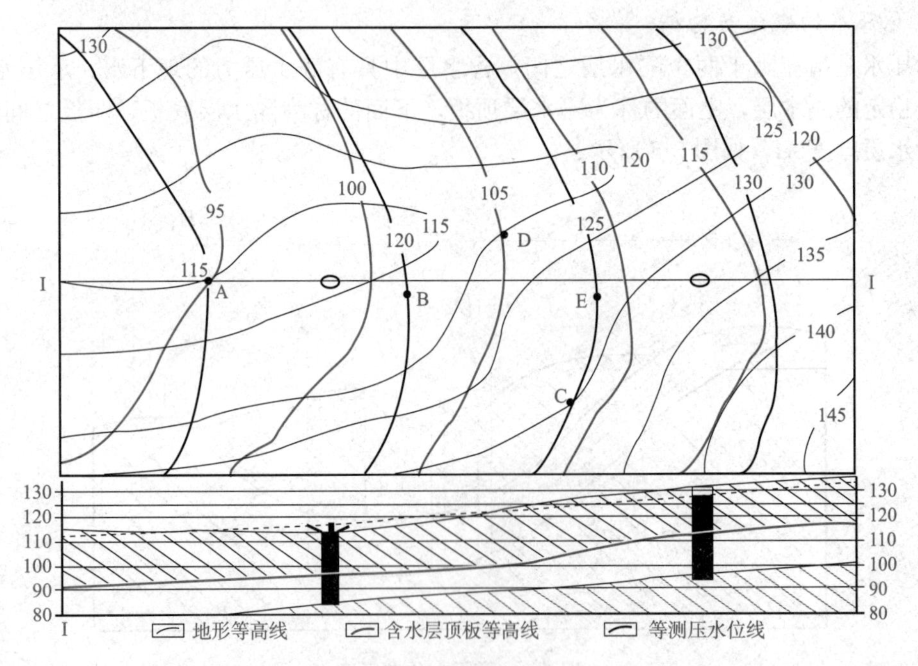

图 5-9　承压水等水压线图

在承压含水层分布区，将各观测点的初见水位和稳定水位等资料标在地形图上相应承压井和上升泉的旁边，用内插法将承压水位相同的点连接起来，即得到承压水等水压线图。承压水等水压线图一般与承压水剖面图配合使用。承压水面与承压水的埋藏深度不一致，与地形高低也不吻合，甚至高出地面。因此，在等水压线图中还要附以含水层顶板的等高线。承压水等水压线图与潜水等水位线图的绘制方法相似。

利用承压水等水压线图，可以解决下列问题。

(1)确定承压水流向及水力梯度。垂直等水压线由高水位指向低水位的方向即承压水流向，一般用箭头表示。在承压水流方向上，任意两点之间的水位差与该两点之间的实际水平距离比值，即此两点间的平均水力梯度。

(2)确定承压含水层的埋藏深度。某点地面高程减去该点隔水层顶板高程即此点处承压含水层埋藏深度。

(3)确定承压水位埋藏深度。某点地面高程减去该点承压水位即得到该点承压水的埋藏深度。它可以是正值，也可以是负值。正值表示承压水位有一定的埋藏深度；负值表示在此处打井或钻孔。一旦揭露隔水顶板，水便会逸出地表，形成自流井。承压水埋藏深度越小，开采利用越方便，据此可预测开采承压水的地点。

(4)确定承压水头值的大小。某点承压水位与该点初见水位的差值，即此处的承压水头值。据此可以预测开挖基坑和硐室时的水压力。

(5)可以为合理布置给水与排水建筑物的位置提供依据。如在含水层埋深小、承压水头高、汇水条件好的地方，可打出涌水量大的自流井。

(四)孔隙水

赋存于松散沉积物孔隙中的地下水称为孔隙水。由于孔隙的相互连通性，孔隙水一般具有分布联系、同一含水系统中的水具有水力联系和统一的地下水面、水量比较均匀等特点。不同成因类型的松散沉积物，如洪积层、河流冲击层、湖积层、三角洲沉积及黄土等，赋存于其中的孔隙水具有不同特征。山前冲洪积扇的砂砾石层，形成巨厚的潜水含水层；自山前向平原与盆地内部，砂砾与黏土交互成层，构成多个承压含水层，地下水埋深由大变小，水质由好变差。河漫滩及阶地堆积物常呈二元分布，上部多为细粒土，下部为砂砾石层，地下水主要埋藏于下部砂砾石层。在冲积平原中，游荡的河床构成纵向延伸的多个带状含水层，富水性不强，但分布比较均匀。滨岸地带由于沉积物颗粒较粗，可构成良好的含水层；在过渡地带，砂砾与黏土互层构成承压含水层，富水性强且不均匀，水体交替较差，水资源不易得到补充。

(五)裂隙水

埋藏在基岩裂隙中的地下水称为裂隙水。岩石裂隙是水存储和运移的场所，因为裂隙张开和密集程度、联通及填充情况都很不均匀，所以裂隙水的埋藏、分布及水力特征非常不均匀。根据裂隙水赋存介质的不同，将裂隙水划分为脉状裂隙水和层状裂隙水两种类型。坚硬基岩中的裂隙分布不均匀且具有方向性，通常只在岩层中某些局部范围内连通，构成若干互不联系或联系很差的脉状含水系统，赋存脉状裂隙水。在松散岩层中，空隙分布连续均匀，构成具有统一水力联系、水量分布均匀的层状孔隙含水系统，赋存层状裂隙水。

按含水介质裂隙的成因，裂隙水可分为风化裂隙水、成岩裂隙水与构造裂隙水。

1. 风化裂隙水

分布在风化裂隙中的地下水多数为层状裂隙水，由于风化裂隙彼此连通，所以在一定范围内形成的地下水也是相互连通的水体，在水平方向透水性均匀，在垂直方向透水性随深度增大而减弱，多属于潜水，有时也存在上层滞水。如果风化壳上部的覆盖层透水性很差，则其下部的裂隙带有一定的承压性，风化裂隙水主要受大气降水的补给，有明显季节性循环交替，常以泉的形式排泄于河流中。

2. 成岩裂隙水

具有成岩裂隙的岩层出露地表时，常赋存成岩裂隙潜水。岩浆岩中成岩裂隙水较为发育。玄武岩经常发育柱状节理及层面节理。裂隙均匀密集，张开性好，贯穿连通，常形成贮水丰富、导水畅通的潜水含水层。成岩裂隙水多呈层状，在一定范围内相互连通。具有成岩裂隙的岩体为后期地层覆盖时，也可构成承压含水层，在一定条件下可以具有很大的承压性。

3. 构造裂隙水

构造裂隙水为赋存于各类构造裂隙中的地下水。构造裂隙水以分布不均匀、水力联系差为特征。在钻孔、平硐、竖井及各种地下工程中，构造裂隙水的涌水量、水位、水温与水质往往变化很大，这是构造裂隙的分布密度、方向性、张开性、延伸性极不一致所造成的。一般来说，在层状岩层中，构造裂隙发育比较均匀，在层状裂隙的沟通下，构造裂隙水的水力联系较好；在块状岩体中，构造裂隙发育极不均匀。

当钻孔或坑道进入微裂隙岩体时，水量微不足道；当遇到裂隙网络时，会出现较大水量；当触及大的裂隙导水通道时，水量十分可观。

在裂隙岩体中开采或排除地下水时，要根据裂隙水的特点布置钻孔与坑道。在裂隙岩体中修建地下建筑物时，要充分考虑裂隙水的复杂性。渗漏计算、排水孔和灌浆工程的设计，都应充分考虑裂隙岩体渗透性的不均一性及各项异性。

(六)岩溶水

赋存并运移在可溶性岩层中的水称为岩溶水。岩溶常沿可溶岩层的裂隙构造裂隙带发育，通过水的差异溶蚀，形成管道化岩溶系统，并将大范围的地下水汇集成一个完整的地下河系。因此，岩溶水在某种程度上带有地表水洗的特征。岩溶水具有空间分布极不均匀，地下径流动态不稳定，流动变化强烈，流动迅速，地表径流与地下径流、无压流与有压流相互转化，排泄集中，一般具有向地表径流迅速转化的趋势等基本特征。岩溶水分布如图 5-10 所示。

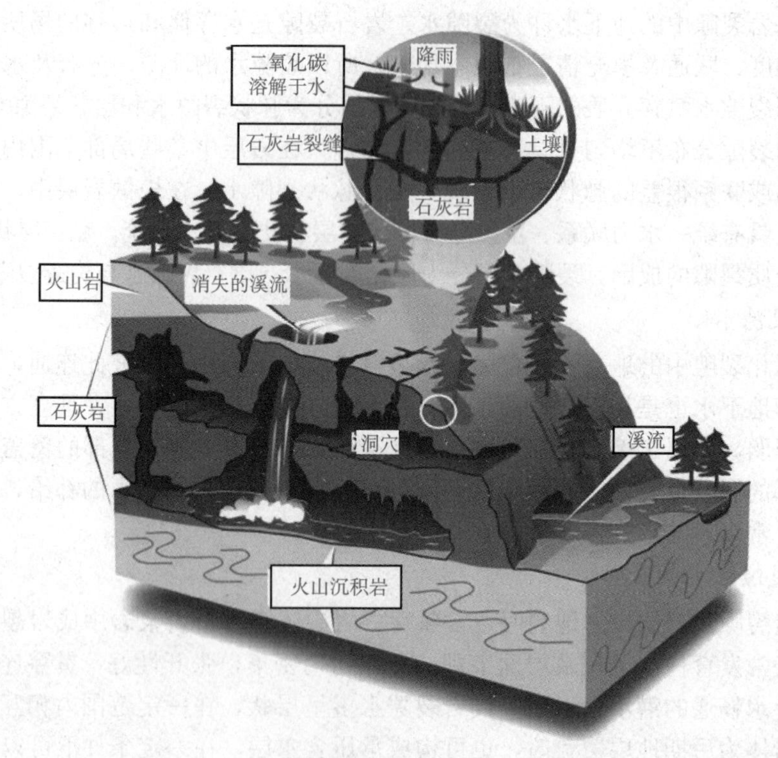

图 5-10　岩溶水分布

从总体来看，岩溶地区的地下径流总是趋向附近的排泄基面，向河谷或低洼处汇聚，以水平循环运动为主；但在岩溶化地块发育的溶蚀洼地，落水洞和漏斗成为地表水与地下水之间的联系通道，水流以垂直运动为主，相互之间水力联系很差。

岩溶水水量丰富，水质好，可作大型供水水源。岩溶水分布地区易发生塌陷，给交通和工程建设带来很大危害，应予注意。

■ 四、地下水的补给、径流与排泄

含水层从外界获得水量的过程称为补给；含水层失去水量的过程称为排泄；地下水自补给区向排泄区的运移的过程称为径流。地下水通过补给、径流、排泄经常不断参与地球的水文循环，与地表水、大气降水相互转化，这导致含水层中地下水水质以及水量也在不断变化。

(一)地下水补给

地下水的补给来源主要有大气降水补给、地表水补给、含水层间的补给、凝结水补给及人工补给等。

1. 大气降水补给

大气降水是地下水最主要的补给来源。大气降水补给地下水的量与降水性质、地表植被覆盖程度、地形、地质构造、包气带厚度及岩石透水性等密切相关。一般来说，短时间的暴雨虽然降雨量大，但大部分形成地表径流，补给地下水的量不大，而连绵不断的毛毛细雨虽然降雨量不大，因不易形成地表径流，大部分能补给地下水；地表植被覆盖程度越好，地形越平缓、地质构造越发育、包气带厚度越小及岩石透水性越大，降雨时补给地下水的量越大。

2. 地表水补给

地表水体是指河流、湖泊、水库和海洋等。地表水体可能补给地下水，也有可能排泄地下水，这取决于地表水与地下水之间的关系。地表水水位高于地下水水位，地表水补给地下水；反之，地下水补给地表水。另外，地表水补给和地表水与地下水有水力联系地段的范围及岩层透水性有关。

3. 含水层间的补给

两含水层间的隔水层若有透水“天窗”或受断层的影响，使上、下含水层之间产生一定的水力联系时，地下水便会由水位高的含水层补给水位低的含水层。另外，弱隔水层有弱透水能力，当两含水层之间水位相差较大时，也会通过弱透水层进行补给。

4. 凝结水补给

在干旱的沙漠地区，凝结水成为地下水的主要来源。

5. 人工补给

人工补给包括灌溉回灌水、工业与生活废水排入地下，以及专门增加地下水量的人工补给方法。

(二)地下水径流

地下水由补给区流经径流区，流向排泄区的整个过程构成地下水循环的全过程。地下水径流包括径流方向、径流速度与径流量。

地下水补给区与排泄区的相对位置和高差决定了地下水径流的方向及径流速度；含水层的补给条件与排泄条件越好、透水性越强，则径流条件越好。径流条件好的含水层，其水质也好。另外，地下水的埋藏条件也决定了地下水的径流类型：潜水属于无压流动，承压水属于有压流动。

(三)地下水排泄

地下水排泄的方式有蒸发、泉水溢出、向地表水体泄流、向含水层之间的排泄和人工排泄等。

1. 蒸发

通过土壤蒸发与植物蒸发的形式而消耗地下水的过程称为蒸发排泄。蒸发量的大小与温度、湿度、风速、地下水水位埋深、包气带岩性等有关，干旱与半干旱地区地下水蒸发强烈，常是地下水排泄的主要形式。地下水埋深越小、包气带岩性透水性越强或毛细作用越强烈，蒸发排泄量越大。

2. 泉水溢出

泉是地下水的天然露头，是地下水排泄的主要方式之一。当含水层通道被揭露于地表时，地下水便溢出地表形成泉。山区地形受到强烈的切割，岩石多次遭到褶皱、断裂，形成地下水流向地表水的通道，因此山区常有丰富的泉水；而平原地区由于地势平坦，地表切割作用微弱，故泉水的分布不多。

3. 向地表水体泄流

当地表水水位高于河水水位时，若河床下面没有不透水岩层阻隔，那么地下水可以直接流向河流补给河水。其补给量通过上、下游两端面河流流量进行测定计算。

4. 向含水层之间的排泄

一个含水层可通过“天窗”、导水断层、越流等方式补给另一个含水层。对于后一个含水层来说是补给，而对前一个含水层来说是排泄。

5. 人工排泄

抽取地下水作为供水水源和基坑抽水降低地下水水位等，都是地下水的人工排泄方式。

单元四　地下水的运动规律

知识目标

(1)了解地下水的地下渗透情况。
(2)掌握地下水涌水量的计算。

能力目标

能够针对具体工程计算地下水涌水量。

地下水在岩石孔隙中的运动称为渗透。由于受到介质的阻滞，地下水的流动较地表水缓慢。地下水的运动有层流、紊流和混合流三种形式。层流产生连续水流，流线相互平行；紊流具有涡流性质，各流线有相互交替的现场；混合流是层流和紊流同时出现的流动形式。

一、达西定律

1852—1856 年，法国水力科学家达西通过大量试验发现了地下水运动的线性渗透定律，该定律被称为达西定律，其实验装置如图 5-11 所示。

达西用粒径为 0.1～3 mm 的砂做了大量试验后，获得如下结论：单位时间内通过筒中砂的水流量 Q 与渗透长度 L 成反比，而与圆筒的过水断面面积 A，上、下两测压管的水头差 Δh 成正比，即

$$Q=Ak(\Delta h/L) \tag{5-1}$$

另外，比值 $\Delta h/L=I$，I 被称为水力梯度，也就是渗透路程中单位长度上的水头损失。又因 $v=Q/A$，则式(5-1)可写为

$$v=kI \tag{5-2}$$

式(5-2)表明，渗透速度 v 与水力梯度成正比，故达西定律又称为线性渗透定律。当 $I=1$ 时，$v=k$，这说明渗透系数值等于单位水力梯度下的渗透速度。

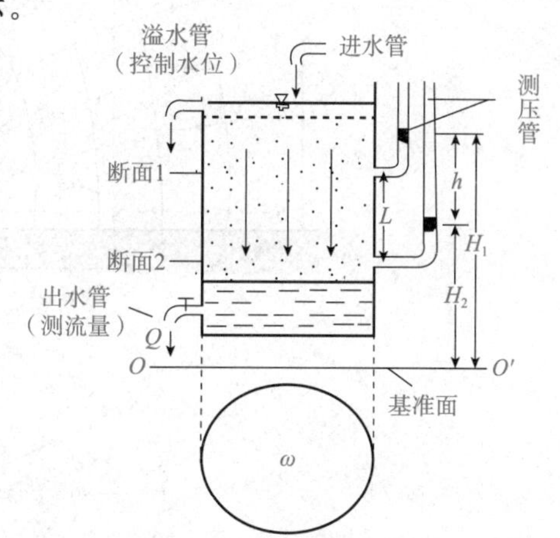

图 5-11　达西定律试验装置

二、地下水涌水量计算

水井是开采地下水的最基本形式之一，可称为集水建筑物。当水井穿过整个含水层而达到隔水底板时，称为完整井；如果仅穿入含水层部分厚度，则称为非完整井，如图 5-12 所示。开采潜水含水层的井称为潜水井；开采承压含水层的井称为承压水井。当承压水井内水位降深很大，以致动水位下降到含水层顶板以下，造成井附近承压水转化为非承压水时，则称为承压潜水井。流向不同集水建筑物的水流形态是不同的，因此必须建立不同的计算公式。

1863 年，法国水利学家裘布依首先应用线性渗透定律研究了均质含水层在等厚、广泛分布、隔水底板水平、天然的潜水面处于稳定流的条件下，层流运动的缓慢流向完整井的流量方程式。

由抽水试验得知，抽水时潜水完整井周围的潜水位逐渐下降，形成一个以井孔为中心的漏斗状潜水面，即所谓的降落漏斗。

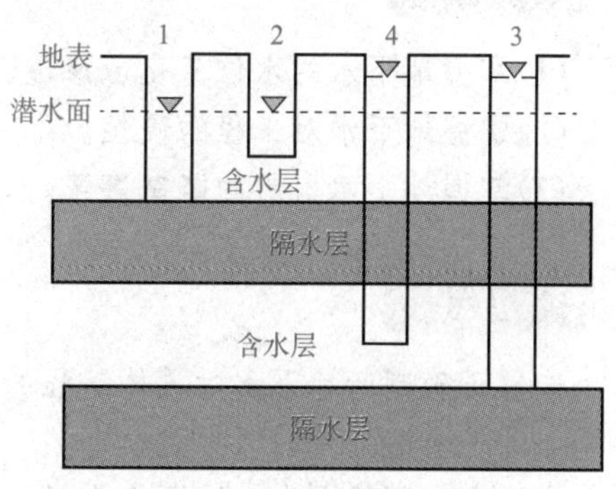

图 5-12　潜水完整井和非完整井

如图 5-13 所示，从平面上看，潜水向水井的渗流流向沿半径指向井轴，呈同心圆状。潜水完整井的出水量公式为

$$Q=\pi k[(H-h)/(\ln R-\ln r)] \tag{5-3}$$

式中，Q 为井的出水量(m^3/d)；k 为渗透系数(m/d)；H 为含水层厚度(m)；h 为动水位(m)；r 为井的半径(m)；R 为影响半径(m)。

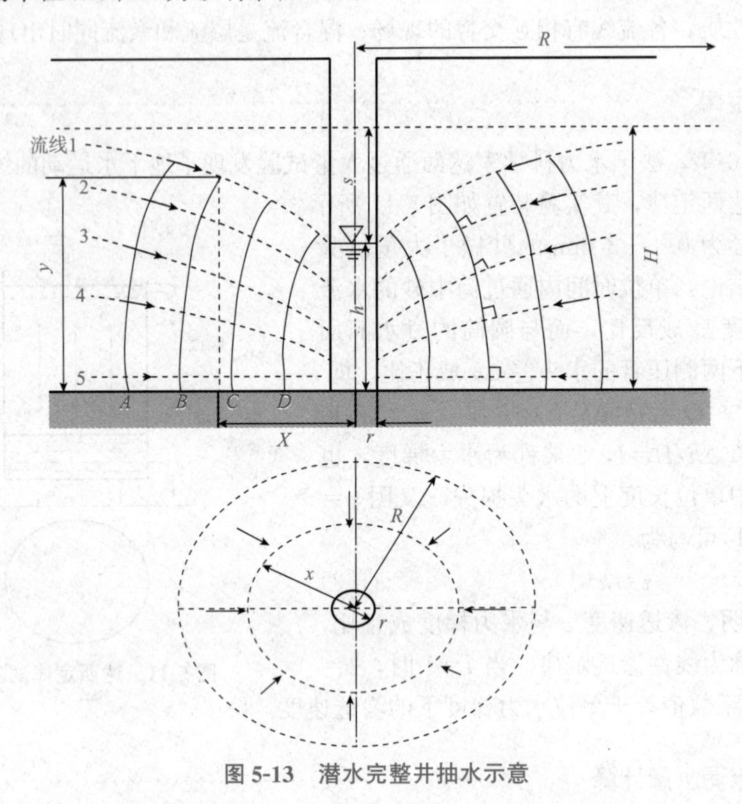

图 5-13　潜水完整井抽水示意

单元五　地下水对工程的不良影响

知识目标

(1)掌握地下水的水位变化、渗透、涌水现象及对工程的影响。

(2)掌握地下水对工程的侵蚀。

(3)掌握地下水引起的路基翻浆。

能力目标

能够正确判断地下水对具体工程的危害。

在土木工程建设中，地下水常常起着重大的作用，许多地质环境的变化常常是由地下水的变化引起的。地下水对土木工程的不良影响包括：地下水水位上升可能引起浅基础地基承载力降低；地下水水位下降会使地面产生附加沉降；不合理的地下水流动会诱发某些土层出现流砂现象和机械潜蚀；地下水对位于水位以下的岩土层和建筑物基础会产生浮托作用；地下水中的成分会对混凝土和其中的钢筋产生腐蚀等。

一、地下水水位的变化

如地下水水位上升，则可引起浅基础地基承载力降低，在有地震砂土液化的地区会引起液化加剧，岩土体产生变形、滑移、崩坍失稳等不良地质作用。另外，在寒冷地区会产生地下水的冻胀影响。

就建筑物本身而言，若地下水在基础底面以下的压缩层内发生上升变化，水浸湿和软化岩土，会造成地基土的强度降低，压缩性增大，建筑物会产生过大沉降，导致严重变形。尤其对于结构不稳定的土，这种现象更为严重，其对设有地下室建筑的防潮和防湿也均不利。

地下水水位的下降往往会引起地面塌陷、地面沉降等。对于建筑物本身而言，当地下水水位在基础底面以下的压缩层内下降时，岩土的自身压力将增加，可能引起地基基础的附加沉降。土质不均匀或地下水水位突然下降，也可能使建筑物产生变形破坏。

通常，地下水水位的变化往往是施工中抽水和排水引起的，局部的抽水和排水会使基础底面下的地下水突然下降，导致建筑物发生变形，因此，施工场地应注意抽水和排水对地下水水位的影响。另外，在软土地区，大面积抽水也可能引起地面下沉；如果抽水井滤网和砂滤层的设计不合理或施工质量差，抽水时会将土层中的黏粒、粉粒，甚至细砂等细小土颗粒随同地下水一起带出地面，使周围地面的土层很快产生不均匀沉降，造成地面建筑物和地下管线不同程度的破坏。

二、地下水的渗透产生流沙和潜蚀

1. 流沙

流沙是指砂土在渗透水流作用下产生的流动现象。这种现象的发生常是在地下水水位以下开挖基坑、埋设地下管道、打井等工程活动而引起的，因此流沙是一种不良的工程地质现象，易产生在细砂、粉砂、粉质黏土等。形成流沙的原因：一是水力坡度较大，流速大，冲动细颗粒使之悬浮而成；二是土粒周围附着亲水胶体颗粒，饱水时胶体颗粒膨胀，在渗透水作用下悬浮流动。

流沙在工程施工中能造成大量土体的流动，致使地表塌陷或建筑物的地基被破坏，会给施工带来很大困难，或直接影响工程建筑及附近建筑物的稳定。

2. 潜蚀

潜蚀是指渗透水流冲刷基岩土层，并将细粒物质沿空隙迁移(机械潜蚀)或将土中可溶解成分溶解(化学潜蚀)的现象。潜蚀通常可分为机械潜蚀和化学潜蚀，这两种作用一般是同时进行的。在地基土层内地下水的潜蚀作用将会破坏地基土的强度，形成空洞，产生地表塌陷，影响建筑工程的稳定。对潜蚀的处理可以采用堵截地表水流入土层、阻止地下水在土层中流动、设置反滤层、改造土的性质、减小地下水流速及水力坡度等措施。这些措施应根据当地地质条件分别或综合采用。

三、地下水的侵蚀性

地下水的侵蚀性主要表现在含有侵蚀性 CO_2 或 SO_4^{2-} 的地下水，它会对混凝土、可溶性石材、管道及金属进行侵蚀。

在公路工程建设中，桥梁基础、地下洞室衬砌和边坡支挡建筑物等都要长期与地下水接触，地下水中的各种化学成分与建筑物中的混凝土产生化学反应，使混凝土中某些物质被溶蚀，强度降低，结构遭到破坏，或者在混凝土中产生某些新的化合物，这些新的化合物生成时体积膨胀，会造成混凝土开裂。

地下水对混凝土的侵蚀主要有结晶型侵蚀、分解型侵蚀等类型。

1. 结晶型侵蚀

当地下水中 SO_4^{2-} 的含量大于 250 mg/L 时，SO_4^{2-} 与建筑物基础混凝土中的 $Ca(OH)_2$ 反应生成含水石膏结晶体，含水石膏再与水化铝酸钙反应生成水化硫铝酸钙，由于水化硫铝酸钙中含有大量结晶水，体积随之膨胀，内应力增大，最终导致混凝土开裂。

2. 分解型侵蚀

地下水中含有 CO_2，有时会对建筑物基础混凝土产生侵蚀作用。当地下水中 CO_2 的含量较高时，水中的 CO_2 与混凝土中的微量成分 $Ca(OH)_2$ 完全反应后，剩余的 CO_2 就会与混凝土成分最终的 $CaCO_3$ 发生反应产生重碳酸钙 $Ca(HCO_3)_2$，使混凝土遭到腐蚀。

■ 四、基坑突涌现象

当工程基坑设计在承压含水层的顶板上部时，开挖基坑必然会减少承压水顶板隔水层的厚度，当隔水层变薄到一定程度经受不住承压水头的压力作用时，承压水的水头压力将会顶裂、冲毁基坑底板而向上突涌，从而出现基坑突涌现象。

■ 五、地下水的浮托作用

在地下水静水位的作用下，建筑物基础的底面所受到的均布向上的静水压力，被称为地下水的浮托力。地下水水位上升产生的浮托力对地下室的防潮、防水、稳定性和构件的内力会产生较大的影响，如图 5-14 所示。

为了平衡地下水的浮托力，避免地下室或地下构筑物上浮，目前国内常采用抗拔桩或抗拔锚杆等抗浮设计。

图 5-14　地下车库上浮后柱体破坏

■ 六、路基翻浆

路基翻浆主要发生在季节性冰冻地区的春融时节，以及盐渍、沼泽等地区。因为地下水水位高、排水不畅、路基土质不良、含水过多，所以经行车反复作用，路基会出现弹簧、裂缝、冒泥浆等现象，如图 5-15 所示。

图 5-15　多年冻土区道路翻浆

思考与练习

一、名词解释

1. 包气带　　2. 饱水带　　3. 含水层
4. 隔水层　　5. 潜水　　6. 潜水含水层厚度
7. 潜水埋藏深度　　8. 潜水等水位线图　　9. 承压水
10. 隔水底板　　11. 承压含水层厚度　　12. 承压高度
13. 测压水位　　14. 等水压线图

二、填空题

1. 包气带自上而下可分为________、________和________。

2. 地下水的赋存特征对其________、________时空分布有决定意义，其中最重要的是________和________类型。

3. 根据地下水埋藏条件，可将地下水分为________、________和________。

4. 按含水介质(空隙)类型，可将地下水分为________、________和________。

5. 潜水的排泄除流入其他含水层外，泄入大气圈与地表水圈的方式有两类，即________和________。

6. 潜水接受的补给量大于排泄量，潜水面________，含水层厚度________，埋藏深度________。

7. 承压含水层获得补给时测压水位________，一方面，由于压强增大含水层中水的密度________；另一方面，由于孔隙水压力增大，有效应力降低，含水层骨架发生少量回弹，空隙度________。

8. 地下水的来源有四种，分别是________、________、________和________。

9. 地下水的侵蚀性主要表现为含有________或含有________的地下水，会对混凝土及金属等进行侵蚀。

10. 在地下水的形成条件中，__________对岩层的裂隙发育起控制作用，因此也影响着岩石的透水性。

11. 在软土地区，大面积抽水可能引起__________，对结构物产生破坏。

12. 工程上常把与地下水有关的问题称为__________，把与地下水有关的地质条件称为__________。

13. 地下水的运动有__________、__________和__________三种形式。

14. 在地下水的垂直分布中，地下水水面以上的称为__________，地下水水面以下的称为__________。

15. 根据透明度可将地下水分为__________、__________、__________和__________四种。

16. 1852—1856 年，法国水力科学家达西通过大量试验发现了地下水运动的线性渗透定律，被称为达西定律，其公式表达式为__________。

17. 地下水的化学成分是指地下水中的__________、__________、__________和__________等。

18. 在地下水静水位的作用下，建筑物基础的底面所受到的均布向上的静水压力，被称为地下水的__________。

19. 地下水中含有各种离子、分子和化合物的总量，称为________________，以 g/L 为单位。

20. 水井是开采地下水的最基本形式之一，可称为集水建筑物。当水井穿过整个含水层而达到隔水底板时，称为____________________；如果仅穿入含水层部分厚度，则称为__________。

21. 水质分析结果有__________和__________两种方法。

22. 潜水完整井的出水量公式为__________。

23. 岩土空隙中存在着各种形式的水，按其物理性质的不同，可分为____________、和__________。

24. 地下水排泄的方式有__________、__________、__________、__________和__________等。

25. 按含水介质裂隙的成因，裂隙水可分为__________、__________和__________。

26. 潜水的自由水面称为__________。地表到潜水面的铅垂距离称为潜水的__________。潜水面到零基准面的铅垂距离称为__________。

27. 在地下水的存在状态中，__________是水文地质研究的主要对象。

三、判断题

1. 海洋或大陆内部的水分交换称为大循环。(　　)
2. 水文循环是发生于大气水和地表水之间的水循环。(　　)
3. 水通过不断循环转化使水质得到净化。(　　)
4. 水通过不断循环水量得以更新再生。(　　)
5. 降水、蒸发与大气的物理状态密切相关。(　　)
6. 蒸发速度或强度与饱和差成正比。(　　)

7. 松散岩石中颗粒的形状对孔隙度没有影响。(　　)
8. 两种颗粒直径不同的等粒圆球状岩石，排列方式相同时，孔隙度完全相同。(　　)
9. 松散岩石中颗粒的分选程度对孔隙度的大小有影响。(　　)
10. 松散岩石中颗粒的排列情况对孔隙度没有影响。(　　)
11. 松散岩石中孔隙大小取决于颗粒大小。(　　)
12. 松散岩石中颗粒的排列方式对孔隙大小没有影响。(　　)
13. 裂隙率是裂隙体积与不包括裂隙在内的岩石体积的比值。(　　)
14. 结合水具有抗剪强度。(　　)
15. 在饱水带中也存在孔角毛细水。(　　)
16. 在松散的砂层中，一般来说容水度在数值上与孔隙度相当。(　　)
17. 在连通性较好的含水层中，岩石的空隙越大，给水度越大。(　　)
18. 对于颗粒较小的松散岩石，地下水水位下降速率较大时，给水度的值也大。(　　)
19. 松散岩石中孔隙度等于给水度与持水度之和。(　　)
20. 松散岩石中，孔隙直径越小，连通性越差，透水性就越差。(　　)
21. 在松散岩石中，无论孔隙大小如何，孔隙度对岩石的透水性都不起作用。(　　)
22. 黏性土因孔隙水压力下降而压密，待孔隙压力恢复后，黏性土层仍不能恢复原状。(　　)
23. 在一定条件下，含水层的给水度可以是时间的函数，也可以是一个常数。(　　)
24. 在包气带中，毛细水带的下部也是饱水的，故毛细饱水带的水能进入井中。(　　)
25. 地下水水位以上不含水的砂层也称为含水层。(　　)
26. 潜水含水层的厚度与潜水埋深不随潜水面的升降而发生变化。(　　)
27. 潜水主要接受大气降水和地表水的补给。(　　)
28. 潜水位是指由含水层底板到潜水面的高度。(　　)
29. 潜水的流向垂直于等水位线由高水位到低水位。(　　)
30. 潜水积极参与水循环，资源易于补充恢复。(　　)
31. 潜水直接接受大气降水补给，无论什么条件下，潜水的水质都比较好。(　　)
32. 当不考虑岩层压密时，承压含水层的厚度是不变的。(　　)
33. 测压水位是指揭穿承压含水层的钻孔中静止水位到含水层顶面的距离。(　　)
34. 承压高度是指揭穿承压含水层的钻孔中静止水位的高程。(　　)
35. 承压水受顶板、底板的限制，故承压水的资源不易补充恢复。(　　)
36. 承压含水层受隔水顶板的阻挡，一般不易受污染，故承压水的水质好。(　　)
37. 水位下降时潜水含水层所释放出的水来自部分空隙的疏干。(　　)
38. 上层滞水属于包气带水。(　　)
39. 地下水在多孔介质中运动，因此可以说多孔介质就是含水层。(　　)
40. 对含水层来说其压缩性主要表现在空隙和水的压缩上。(　　)
41. 在岩层空隙中渗流时，水做平行流动，称为层流运动。(　　)
42. 达西定律是线性定律。(　　)
43. 达西定律中的过水断面是指砂颗粒和空隙共同占据的面积。(　　)
44. 地下水运动时的有效孔隙度等于给水度。(　　)
45. 渗透流速是指水流通过岩石空隙时所具有的速度。(　　)

46. 实际流速等于渗透流速乘以有效空隙度。( )

47. 水力坡度是指两点间的水头差与两点间的水平距离之比。( )

48. 决定地下水流向的是水头的大小。( )

49. 渗透系数可定量说明岩石的渗透性。渗透系数越大,岩石的透水能力越强。( )

50. 水力梯度为定值时,渗透系数越大,渗透流速就越大。( )

51. 渗透系数只与岩石的空隙性质有关,与水的物理性质无关。( )

52. 补给、排泄与径流决定着地下水水量水质在空间与时间上的分布。( )

53. 降水补给地下水的量与降水强度没有关系,只与降水量的大小有关。( )

54. 地下水水位之所以随时间发生变动,是含水层水量收支不平衡的结果。( )

55. 地表水体补给地下水而引起地下水水位抬升时,随着远离河流,水位变幅增大。( )

56. 人类活动改变地下水的天然动态是通过增加新的补给来源或新的排泄去路来进行的。( )

57. 水中二氧化碳含量越高,溶解碳酸盐及硅酸盐的能力越强。( )

58. 地下水二氧化碳主要来源于大气,其次是土壤中产生的二氧化碳。( )

59. 水的流动是保证岩溶发育的最活跃、最关键的因素。( )

60. 断层带往往也是岩溶集中发育处,此处透水性良好,流线密集。( )

61. 在一个裸露碳酸盐岩层中,局部流动系统,岩溶最为发育。( )

62. 岩溶水与孔隙水和裂隙水相比其分布更不均匀。( )

63. 我国南方地下多发育较为完整的地下河系,北方地下多为溶蚀裂隙等。( )

四、简答题

1. 地下水的温度取决于哪些因素?
2. 地下水中包含哪些化学成分?
3. 研究地下水的化学成分有何意义?
4. 简述透水层、隔水层、结合水、重力水、潜水、承压水的概念。
5. 潜水、承压水分别有怎样的特征?
6. 潜水面的形状与哪些因素有关?
7. 潜水和承压水的补给、径流、排泄分别有哪些特点?
8. 什么样的地质构造条件适宜储存承压水?试绘图并进行说明。
9. 简述裂隙水的分布特征。
10. 在岩溶分布区如何寻找地下水?
11. 写出达西定律的关系式,并指出各符号的意义及达西定律的适用范围。
12. 写出地下水向潜水完整井运动的裘布依公式,并指出式中各符号的意义。

五、计算题

1. 在厚度为 12.5 m 的砂砾石潜水含水层进行完整井抽水试验,井孔直径为 160 mm,观测孔距离抽水井 60 m,当抽水井降深为 2.5 m 时,涌水量为 600 m^3/d,此时观测井的降深为 0.24 m,计算含水层的渗透系数。

2. 有一潜水完整井,含水粗砂层厚为 14 m,渗透系数为 10 m/d,含水层下伏为黏土层,潜水埋深为 2 m,钻孔直径为 304 mm,当抽水孔水位降深为 4 m 时,经过一段时间抽水达到稳定流,影响半径可采用 300 m,绘制剖面示意图并计算井的涌水量。

模块六　不良地质现象及相关工程地质问题

单元一　风化作用

知识目标

(1)了解物理风化、化学风化和生物风化作用的分类。
(2)了解风化作用的影响因素。
(3)掌握岩石风化的评价与防治。

不良地质现象及相关工程地质问题

能力目标

(1)能够正确区分工程现场岩石的分化类型。
(2)能够判断工程现场岩石的风化程度并采取相应的解决措施。

地表岩层的岩石，在太阳辐射热、大气、水和生物等因素作用与影响下，发生物理和化学的变化，致使岩体崩解、剥落、破碎乃至逐渐分解的作用，称为风化作用。风化作用是自然界最普遍的一种外力地质作用，大陆和海洋各处都有风化作用在进行，其中在地表表现最为强烈，随着深度的增加，风化作用逐渐减弱乃至消失。

风化作用使坚硬致密的岩石松散破裂，改变了岩石原有的矿物组成和化学成分，使岩石的强度大大降低、变形增加，直接影响建筑物的安全稳定。因此，了解风化作用，认识风化现象，分析岩石风化程度，对评价建筑场地的工程地质条件具有重要的意义。

一、风化作用的类型

根据风化作用的性质及其影响因素，风化作用可分为物理风化作用、化学风化作用及生物风化作用三种类型。

(一)物理风化作用

在地表或接近地表处，岩石释重和温度变化，使岩石、矿物在原地发生机械破碎而不改变其化学成分的过程称为物理风化作用。物理风化的结果是使岩石整体逐渐崩解破碎，形成岩屑、砂粒等碎屑物，除一部分受重力作用沿陡坡滚落，堆积于坡脚外，大部分残留于原地覆盖在基岩之上。除岩石释重和温度变化使岩石发生物理风化外，岩石裂隙中水的冻结与融化、盐类的结晶、湿解与层裂等也能促使岩石发生物理风化作用。

1. 岩石释重

原岩无论是岩浆岩、沉积岩还是变质岩，其在形成以后，都会因为上覆巨厚的岩层而承受巨大的静压力，一旦上覆岩层遭受剥蚀而卸荷，即岩石释重时，将产生向上或向外的膨胀力，形成一系列与地表平行的节理。处于地下深处承受巨大静压力的岩石，往往能够积聚很大的应力，一旦被剥蚀露出地表，其潜在的膨胀力是十分惊人的。岩石释重所形成的节理，又为水和空气提供了活动空间，加剧了岩石的风化作用，如图 6-1 所示。

图 6-1　岩石释重形成的节理

2. 温度变化

在日温差、年温差大的地区，气温升高时岩石表层首先升温，岩石是热的不良导体，热传递很慢，内部温度上升很慢，使岩石内外之间出现温差；而温度降低时，岩石吸收的太阳辐射热继续以缓慢的速度向岩石内部传递，内部仍在缓慢地升温膨胀。这样造成岩石内外部分膨胀不同，高温时岩石表面膨胀大于内部膨胀，形成表面平行的风化裂隙；低温时岩石表面迅速散热降温、表面收缩，内部仍处于膨胀状态，形成表面垂直的径向裂缝。久而久之，这些风化裂隙日益扩大、增多，导致岩石层层剥落，崩解破坏。

温度变化的速度，对物理风化作用的强度起着重要的影响。温度变化速度越快，收缩与膨胀交替越快，岩石破裂越迅速，因此日温差越大，对物理风化的影响也越大。温度变化的幅度对物理风化作用的强度也起着重要的影响。在昼夜变化剧烈的干旱沙漠地区，昼夜温差可达 50 ℃～60 ℃，而岩石热容量远小于水，因此在缺少植被和水的沙漠地区，地表岩石温度日变化远大于气温的日变化，在这些地区物理风化作用最为强烈。这种温度变化引起的物理风化作用又称为温差风化作用，如图 6-2 所示。

图 6-2　温度变化引起的物理风化作用

3. 水的冻结与融化

存在于岩石裂隙中的水，当温度低于 0 ℃时，从液态水就变成固态水，体积膨胀约为 9%，这将对裂隙产生很大的膨胀力，使空隙进一步扩大，同时产生更多新的裂隙。当温度升高至冰点以上时，冰又融化成水，体积减小，扩大的空隙中又有水渗入，年复一年，就会使岩石逐渐崩解成碎块，这种物理风化作用又称为冰劈作用或冰冻风化作用，如图 6-3 所示。

图 6-3　冰劈作用与冰裂缝

4. 可溶盐的结晶与潮解

在干旱及半干旱气候区，岩石中广泛分布着各种可溶盐类。有些盐类能从空气中吸收大量的水分而潮解，最后成为溶液。温度升高，水分蒸发，盐分又结晶析出，体积膨胀，产生撑裂作用，在干旱的内陆盆地非常显著。

盐类结晶对岩石所起的物理破坏作用，主要取决于可溶盐的性质，同时，与岩石孔隙度的大小和构造特征有关。

物理风化作用的结果，首先是岩石的整体性遭到破坏，然后随着风化程度的增加，逐渐成为岩石碎屑和松散的矿物颗粒。由于碎屑逐渐变细，热力方面的矛盾逐渐缓和，所以物理风化作用随之相对削弱，但同时随着碎屑与大气、水、生物等外营力接触的自由表面不断增大，风化作用的性质发生相应转化，在一定条件下，化学作用将在风化过程中起主要作用。

(二)化学风化作用

在地表或接近地表条件下，岩石、矿物在原地发生化学变化并产生新矿物的过程称为化学风化作用。水和氧气是引起化学风化作用的主要因素。自然界的水，无论是大气、地表水还是地下水，都溶解有多种气体和化合物，因此，自然界的水都是水溶液。溶液可通过溶解、水化、水解、碳酸化等方式促使岩石发生化学风化作用。化学风化作用破坏了原有矿物、岩石，产生了新的矿物、岩石。

1. 溶解作用

水直接溶解岩石中矿物的作用称为溶解作用。可溶物质溶解导致岩石中的孔隙增多，削弱了颗粒之间的结合力，从而降低了岩石的坚实程度，使岩石更易遭受物理风化作用。矿物溶解度的大小，一方面取决于化合物的性质；另一方面取决于外界条件。最容易溶解的矿物是卤化类盐，其次是硫酸盐类，再次是碳酸盐类。溶解作用的结果是易溶物质流失，难溶物质残留原地，岩石孔隙增多，硬度变小，岩石被破坏。

2. 水化作用

有些矿物与水接触后和水发生化学反应，吸收一定量的水到矿物中形成含水矿物，这种作用称为水化作用。

水化作用的结果产生了含水矿物。含水矿物的硬度一般低于无水矿物，同时，由于在水化过程中结合了一定数量的水分子成为矿物的成分，改变了矿物的结构，所以会引起体积膨胀，对岩石具有一定的破坏作用。

3. 水解作用

某些矿物遇水后离解，离解产物与水中的 H^+ 或 OH^- 发生化学反应，形成新的矿物，这种作用称为水解作用。

4. 碳酸化作用

当水中含有 CO_2 时，水溶液中除含有 H^+ 或 OH^- 之外，还含有 CO_3^{2-} 或 HCO_3^-，碱金属及碱土金属与之相遇会形成碳酸盐，这种作用称为碳酸化作用。碳酸盐矿物经碳酸化作用，其中碱金属变成碳酸盐随水流失。

5. 氧化作用

矿物中的低价元素遇到大气中的游离氧发生氧化后变为高价元素的作用，称为氧化作用。氧化作用是普遍的一种自然现象。在温暖、潮湿的情况下，氧化作用更为强烈。在自然界中，有机化合物、低价氧化物、硫化物最容易发生氧化作用，尤其是低价铁常被氧化为高价铁。

化学风化作用使岩石中的裂隙加大，孔隙增多，破坏了原来岩石的结构和成分，使岩层变成松散的土层。

(三)生物风化作用

岩石在动、植物及微生物的影响下发生的破坏作用称为生物风化作用。其表现为生物的生命活动过程和尸体腐烂分解过程对岩石的破坏作用。

生物风化作用有生物物理风化作用和生物化学风化作用两种形式。

1. 生物物理风化作用

生物的活动对岩石产生的机械破坏作用称为生物物理风化作用。植物对于岩石的物理风化作用表现为根部楔入岩石裂隙，而使岩石崩裂(图 6-4)；动物对于岩石的物理风化作用表现为穴居动物的掘土、穿凿等的破坏作用并促进岩石风化。

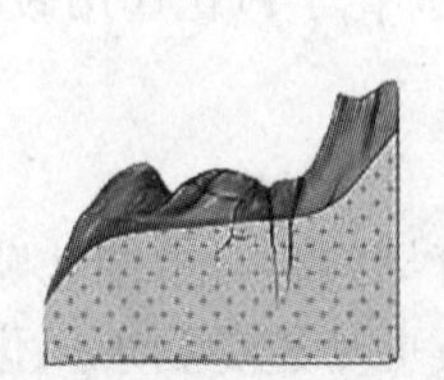
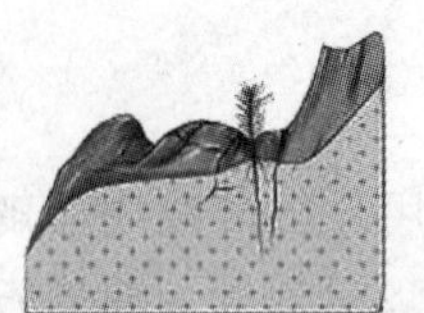

图 6-4　植物的根劈作用

2. 生物化学风化作用

生物的新陈代谢及死亡后遗体腐烂分解而产生的物质与岩石发生化学反应，促使岩石破坏的作用称为生物化学风化作用。例如，植物和细菌在新陈代谢过程中，通过分泌有机酸、碳酸、硝酸等溶液腐蚀岩石；动、植物遗体腐烂可分解出有机酸和气体等，溶于水后对岩石腐蚀破坏；遗体在还原环境中，可形成含钾盐、磷盐、氮的化合物和各种碳水化合物的腐殖质。腐殖质的存在可促进岩石物质的分解，对岩石起强烈的破坏作用。

矿物、岩石经过物理、化学风化作用后，再经过生物化学风化作用，已不再是单纯的无机物组成的松散物质，因为它还具有植物生长必不可少的腐殖质。这种具有腐殖质、矿物质、水和空气的松散物称为土壤。不同地区的土壤具有不同的结构及物理、化学性质，据此全世界可以划分出许多土壤类型，而每一种土壤类型都是在其特有的气候条件下形成的。

二、影响风化作用的因素

1. 地质因素

如果岩石生成的环境和条件与目前地表环境、条件相近，则岩石抵抗风化能力强；反之则容易风化。因此，喷出岩比浅层岩抗风化能力强，浅层岩又比深层岩抗风化能力强。一般情况下，沉积岩比岩浆岩和变质岩抗风化能力强。

组成岩石矿物成分的化学稳定性和矿物种类的多少，是决定岩石抵抗风化能力的重要因素。按照矿物化学稳定性顺序，石英化学稳定性最好，抗风化能力最强；其次是正长石、酸性斜长石、角闪石和辉石；而基性斜长石、黑云母和黄铁矿等矿物很容易被风化。

一般来说，深色矿物风化快，浅色矿物风化慢。各种碎屑岩和黏土岩抗风化能力强。均匀、细粒结构岩石比粗粒结构岩石抗风化能力强，等粒结构岩石比斑状结构岩石耐风化，而隐晶质岩石最不容易风化。从结构上看，具有各项异性的层理、片状岩石较致密块状岩石容易风化，而厚层、巨厚层岩石比薄层状岩石更耐风化。

岩石的节理、裂隙和破碎带等为各种风化因素侵入岩石内部提供了途径，扩大了岩石与空气、水的接触面积，大大促进了岩石的风化。因此，在褶曲轴部、断层破碎带及其附近裂隙密集部位的岩石风化程度比完整的岩石严重。

在相同的风化条件下，抗风化能力不一致的岩石表现出程度不同的风化速度，因此在表面形成凹凸不平的现象，称为差异风化作用。由于大角度相交的节理切割火成岩，在节理处强烈的风化作用造成的一种自然现象称为球状风化。地下水的存在也影响风化速度、风化程度和风化层的分布。

2. 气候因素

气候因素主要表现为气温变化、降水和生物的繁殖情况。地表条件下温度增加 10 ℃，化学反应速度增加 1 倍；水分充足有利于物质之间的化学反应，故气候可控制风化作用的类型和速度。在不同气候区，风化作用的类型及其特点有明显的不同。

3. 地形因素

地形可影响风化作用的速度、深度、风化产物的堆积厚度及分布情况。地形起伏较大、陡峭、切割较深的高山地区，主要以物理风化作用为主，岩石表面风化后岩屑可不断崩落，使新鲜岩石直接露出地表而遭受风化，且风化产物较薄。在地形起伏较小、流水缓慢流经的地区，以化学风化作用为主，岩石风化彻底，风化产物较厚。在低洼有沉积物覆盖的地区，岩石由于有覆盖物的保护而不易风化。

三、岩石风化程度及风化带

1. 岩石风化程度

岩石风化的结果使原来母岩性质改变，形成不同风化程度的风化岩。对风化岩石进行风化程度的评定，直接影响到地基的稳定性。《岩土工程勘察规范（2009 年版）》（GB 50021—2001）将岩石风化程度划分为未风化、微风化、中等风化、强风化、全风化和残积土，见表 6-1。

表 6-1　岩石风化程度划分

风化程度	野外特征
未风化	岩质新鲜，偶见风化痕迹
微风化	结构基本未变，仅节理面有渲染或略有变色，有少量风化裂隙
中等风化	结构部分破坏，沿节理面有次生矿物，风化裂隙发育，岩体被切割成岩块，用镐难挖，岩芯钻方可进
强风化	结构大部分破坏，矿物成分显著变化，风化裂隙很发育，岩体破碎，用镐可挖，干钻不易钻进
全风化	基本结构破坏，但尚可辨认，有残余结构强度，可用镐挖，干钻可钻进
残积土	组织结构全部破坏，已风化成土状，锹镐易挖掘，干钻易钻进，具可塑性

2. 风化带

岩石的风化一般是由表及里的，地表部分受风化作用的影响最显著，由地表往下风化作用的影响逐渐减弱以至消失。因此，在风化剖面的不同深度上，岩石的物理力学性质有明显的差异。根据岩石风化程度的深浅，在风化剖面上自下而上可分成四个风化带，即微风化带、弱风化带、强风化带和全风化带，如图 6-5 所示。

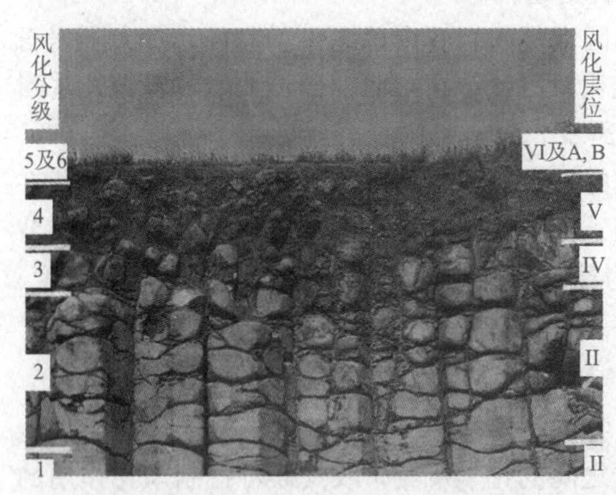

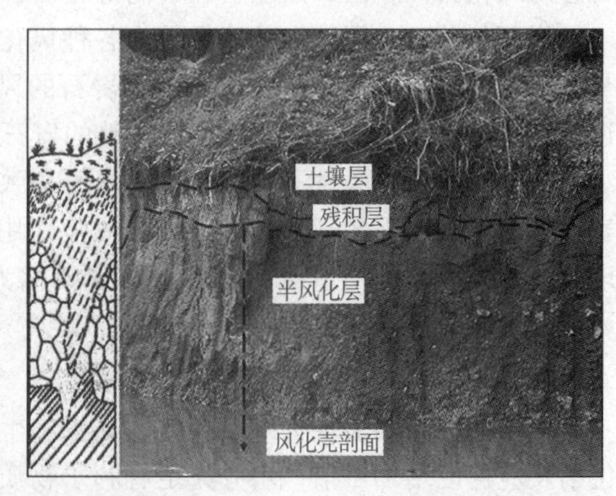

图 6-5　分化程度分带

岩石风化带的界线在工程建筑中是一项重要的工程地质资料。许多工程，特别是岩石工程都需要运用风化带的概念来划分地表岩体不同风化带的分界线，作为岩基持力层、基坑开挖、挖方边坡坡度及采取相应的加固措施的依据之一。但是，要确切地划分风化带界线尚无有效方法，通常只根据当地的地质条件并结合实践经验予以确定。况且，由于各地的岩性、地质构造、地形和水文地质条件不同，岩石风化带的分布情况变化很大，并且地下往往存在有风化囊，所以增加了风化带界线划分的难度。因此，划分岩石风化带需要结合实际情况进行综合分析。

■ 四、岩石风化的防治

岩石风化的防治主要有以下几种。

(1)挖除法。挖除法适用于风化层较薄的情况，当风化层厚度较大时通常只将严重影响建筑物稳定的部分剥除。

(2)抹面法。抹面法是用水和空气难以透过的材料(如沥青、水泥、黏土层等)覆盖岩层，使岩石与水和空气隔绝。

(3)胶结灌注。胶结灌注是用水泥、黏土等浆液贯入岩层或裂隙，以增强岩层的强度，降低其透水性。

(4)排水法。为了减少具有侵蚀性的地表水和地下水对岩石中可溶矿物的溶解及对岩石强度的影响，应做相应的排水设施。

单元二　河流的地质作用①

知识目标

(1)了解河流的地质作用及其分类。

(2)掌握河流的地质作用的防治。

能力目标

(1)能够准确识别河流各部位的地质作用。

(2)能够采取适当措施解决河流的侵蚀对工程的影响。

河流是指沿着槽型凹地经常性或周期性的流水。河流所流经的槽状地形称为河谷。河谷包括谷坡和谷底。谷坡上有河流阶地；谷底可分为河床和河漫滩，如图 6-6 所示。

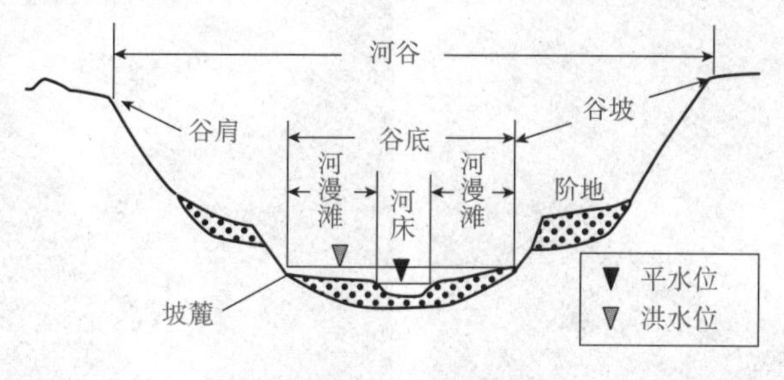

图 6-6　河谷的组成

① 注：本单元内容与模块四单元四内容有部分相同，但侧重点和角度不同，读者可两相印证。

河床是平水期河水占据的部分，又称为河槽；河漫滩是位于河床两侧或一侧，仅在洪水期被河水淹没的平坦地；河水流动时，对河床进行冲刷破坏，并将所侵蚀的物质带到适当的地方沉积下来，故河流的地质作用可分为侵蚀作用、搬运作用和沉积作用，如图 6-7 所示。

图 6-7 河流的地质作用(侵蚀、搬运、沉积)

河流的侵蚀作用、搬运作用和沉积作用在整条河流上同时进行，相互影响。在河流的不同段落上，常以某一作用为主。

■ 一、侵蚀作用

在河水流动过程中，河流以河水及其携带的碎屑物质不断冲刷和破坏河谷，加深河床的作用，称为河流的侵蚀作用。河流的侵蚀作用的方式包括机械侵蚀和化学溶蚀两种。前者是河流侵蚀的主要方式；后者只在可溶岩类地区的河流中才表现得比较明显。按照河流的侵蚀作用的方式，它可分为垂直侵蚀、侧方侵蚀和向源侵蚀。

1. 垂直侵蚀作用

河水及其携带的砂砾，在从高处不断向低处流动的过程中，不断撞击、冲刷、磨削和溶解河床岩石，起到降低河床、加深河谷的作用，称为河流的垂直侵蚀作用，简称下蚀作用。这种作用的结果是使河谷变得越来越深、谷坡变得越来越陡，如图 6-8 所示。

图 6-8 垂直侵蚀作用形成峡谷

河流的垂直侵蚀作用并非无止境。垂直侵蚀作用的极限平面称为侵蚀基准面，如海平面、湖面。由于垂直侵蚀作用可使跨河建筑物的地基遭受破坏，所以应使这些建筑物基础砌置的深度大于垂直侵蚀作用的深度，并对基础采取保护措施。

2. 侧方侵蚀作用

侧方侵蚀又称为旁蚀或侧蚀，是指河水对河流两岸的冲刷破坏，使河床左右摇摆，谷坡后退，不断拓宽河谷的过程。侧方侵蚀作用的结果是加宽河床、谷底，使河谷形态复杂化，形成河曲、凸岸、古河床和牛轭湖，其主要发生于河流的中、下游地区。

自然界的河流都是蜿蜒曲折的，河水也不是直线流动的，而是呈螺旋状的曲线流动。河水开始进入弯道时，主流线侧向弯道的凸岸；进入弯道后，主流线便明显地逐渐向凹岸转移，至河湾顶部，主流线则紧靠凹岸。在河湾处，水流因受离心力的作用，形成表流侧向凹岸而低流侧偏向凸岸的离心横向环流。

河谷在宽阔的谷底中犹如长蛇爬行般地迂回曲折、左右摇摆。这种程度弯曲的河床称为蛇曲。蛇曲进一步发展，使同侧相邻的两个河湾的凹岸逐渐靠拢，当洪水切开两个相邻河湾的弯曲地段时，河水便从上游河湾直接流入下游相邻的河湾，形成河流的自然裁弯取直。中间被废弃的弯曲河道逐渐淤塞断流，变为湖泊，称为牛轭胡。

3. 向源侵蚀作用

向源侵蚀作用又称为溯源侵蚀作用，是指河流下切的侵蚀作用所引起的河流源头向河间分水岭不断扩展延伸的过程。向源侵蚀的结果是使河流加长，扩大河流的流域面积，改变河间分水岭的地形和引发河流袭夺，如图 6-9 所示。

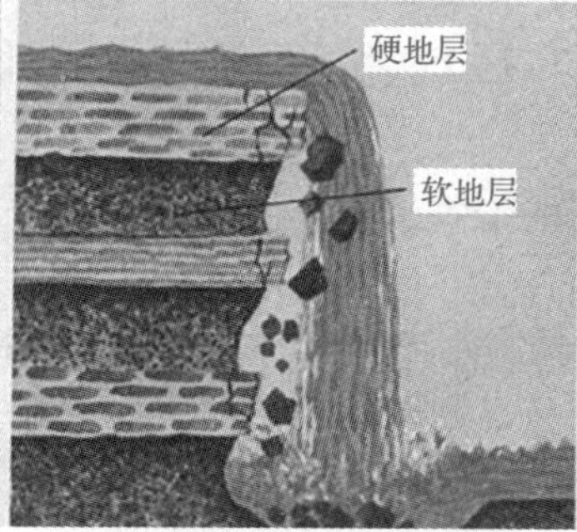

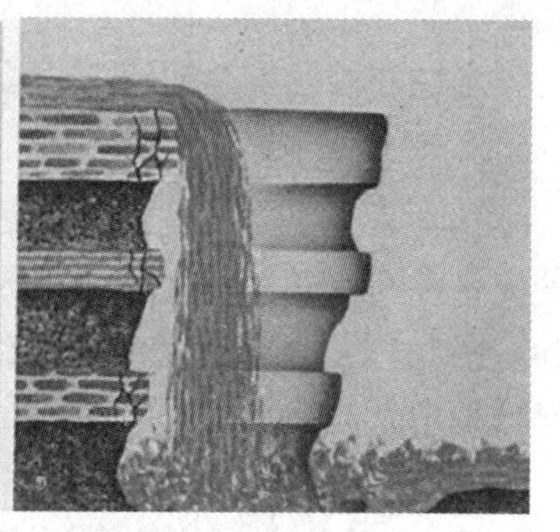

图 6-9 瀑布的向源侵蚀

■ 二、搬运作用

河流的搬运作用是指河流将自身侵蚀河床的产物，以及上游各种暂时性水流带入的泥沙和其他外力作用送入河流的物质转移到其他地方的过程。河流的侵蚀和堆积作用在一定意义上都是通过搬运作用来实现的。河流搬运能量的大小取决于河水的流量和流速，在一定的流量条件下，流速是影响搬运能量的主要因素。河流搬运的方式可分为物理搬运和化学搬运两大类。

1. 物理搬运

物理搬运又称为机械搬运，是指河流对碎屑物质的搬运。根据流速、能量和被搬运碎屑物质的不同，物理搬运可分为悬浮式、跳跃式和滚动式三种方式，如图 6-10 所示。悬浮式搬运是指颗粒细小的砂和黏性土悬浮于水中或水面，顺流而下。跳跃式搬运的物质一般为块石、卵石和粗砂，它们有时被急流、涡流卷入，最终被向前搬运，有时则被缓流推着沿河床底滚动。滚动式搬运的物质主要是巨大的块石、砾石，它们只能在水流的强烈冲击下沿河床底部缓慢地向下游滚动。

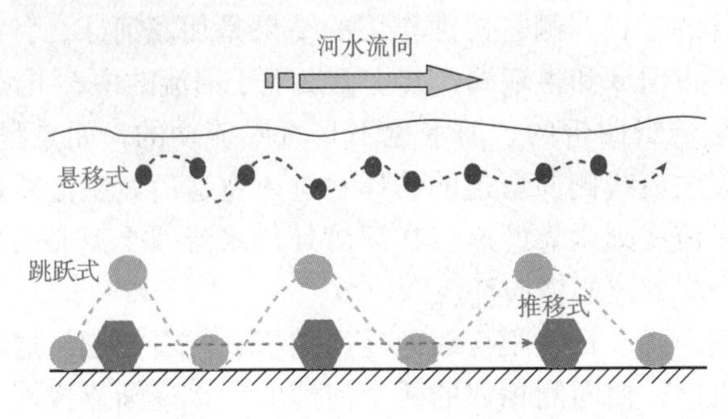

图 6-10　河流搬运作用示意

物理搬运是河流最主要的搬运方式。其搬运能力的大小与碎屑物颗粒的大小、水动力的强弱有关。流速、流量增加，物理搬运量增加，搬运的碎屑颗粒粒径也增大。河流的物理搬运量是非常巨大的，据测算，全世界的河流每年输入海洋的泥沙总量约为 2×10^{10} t。

河流在搬运过程中，将原来颗粒大小、轻重混杂的碎屑物质按比重和粒径的不同分别集中在一起，这就是河流的分选作用。另外，被搬运物质与河床之间、被搬运物质相互之间都不断发生摩擦、碰撞，使被搬运物质逐渐变圆、变细，这就是河流的磨蚀作用。良好的分选性和磨圆度是河流沉积物区别于其他沉积物的重要特征。

2. 化学搬运

化学搬运是指河流对可溶解的盐类或胶体物质的搬运。其搬运能力的大小取决于河流的流量和河水的化学性质，与流速关系不大。一般情况下，流动河水的溶解量远远没有饱和，因此，无论流速发生多大的变化，也难使可溶物质发生沉淀，而多是将其搬运到湖、海盆地中，当条件适当时在湖、盆地中产生沉积。

■ 三、沉积作用

河水在搬运过程中，由于流速和流量减小，其搬运能力也随之降低，使一般碎屑物质从水中沉积下来的过程，称为河流的沉积作用。由此形成的堆积物称为河流的冲击物，其一般特征是磨圆度良好，分选性好，层理清晰。

由于河流在不同地段流速降低的情况不同，所以各处形成的沉积层具有不同水位特点。在山区，河流底坡陡、流速大，沉积作用较弱，河床中的冲击层多为巨砾、卵石和粗砂。当河流由山区进入平原时，流速骤然降低，大量物质沉积下来，形成冲积扇。冲积扇常分布在大山的山麓地带，在河流下游，则由细小颗粒的沉积物组成广大的冲积平原。

在河流入海的河口处，流速几乎降到零，河流携带的泥沙绝大部分都要沉积下来。若河流沉积下来的泥沙量被海流卷走，或河口处地壳下降的速度超过河流泥沙量的沉积速度，这些沉积物不能被保留在河口或不能露出水面，这种河口则形成港湾。更多的情况是大河河口都能逐渐积累冲击层，它们在水面以下呈扇形分布，扇顶位于河口，扇缘则伸入海中，因为冲积扇露出水面的部分形成一个顶角指向河口的倒三角形，所以河口冲击层为三角洲，如图 6-11 所示。

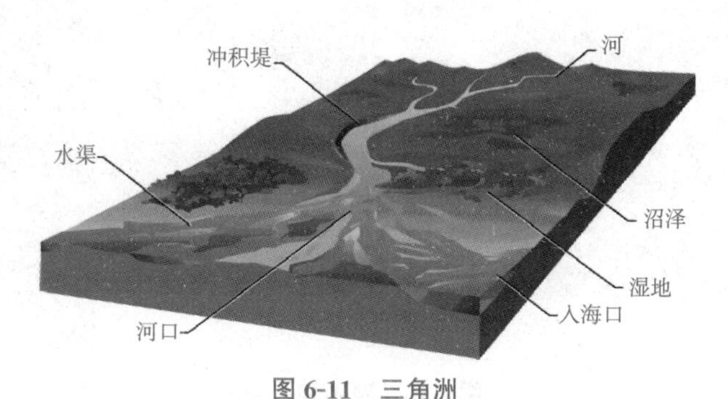

图 6-11　三角洲

四、河流侵蚀、淤积作用对建筑工程的影响

对于河流侧方侵蚀及河道局部冲刷所造成的坍岸等灾害，一般采用护岸工程加固河岸，如采用抛石、草皮护坡、护面墙等。它们适用于松软土岸坡，其中抛石和草皮护坡适用于冲刷不太强烈的地段。对于受强烈冲刷的地段，可用大片石护坡、浆片石护坡等，在坡脚部分可用钢筋混凝土沉排、平铺钢丝笼沉排等加固和削减水流的冲刷力，护岸墙则适合保护陡岸或使主流线偏离被冲刷地段。

1. 护岸工程

(1)直接加固岸坡。常在岸坡或浅滩地段种树、种草。

(2)护岸。护岸有抛石护岸和砌石护岸两种，即在岸坡砌筑石块，以削减水流能量，保护岸坡不受水流直接冲刷，如图 6-12 所示。石块的大小应以不致被河水冲走为原则。

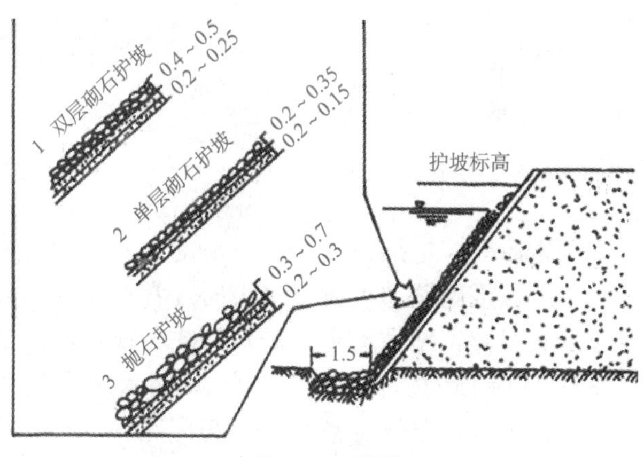

图 6-12　护岸

2. 约束水流

顺坝又称为导流坝，丁坝又称为半堤横坝，如图 6-13 所示。常将丁坝和顺坝布置在凹岸以约束水流，使主流线偏离受冲刷的凹岸。丁坝常斜向下游，可使水流冲刷强度降低 10%～15%。

(a)

(b)

图 6-13 顺坝和丁坝

(a)顺坝；(b)丁坝

单元三 滑坡

知识目标

(1)了解滑坡的要素和分类。

(2)了解滑坡的影响因素。

(3)掌握滑坡的防治。

能力目标

(1)能够正确识别具体的滑坡，并区别各要素。

(2)能够在工程现场提出具体的解决滑坡的措施。

滑坡是指边坡的一部分岩体以一定加速度沿某一滑动面发生剪切滑动的现象。滑坡是山区公路的主要病害之一。山坡或路基边坡发生滑坡时，常使交通中断，影响正常的公路运输。大规模的滑坡可以摧毁公路、堵塞河道、破坏厂矿、掩埋村庄，对山区建设和交通设施造成严重的危害，如图 6-14 所示。西南地区为我国滑坡分布的主要地区，在这些地区，不仅滑坡的类型多、规模大，而且发生频繁、分布广泛、危害严重，已成为影响国民经济发展和人身安全的制约因素之一。

一、滑坡的要素

一个发育完全的、比较典型的滑坡，在地表显示出一系列的滑坡形态特征，这些形态特征是正确识别和判断滑坡的主要标志，如图 6-15 所示。

图 6-14　滑坡造成的公路和铁路破坏

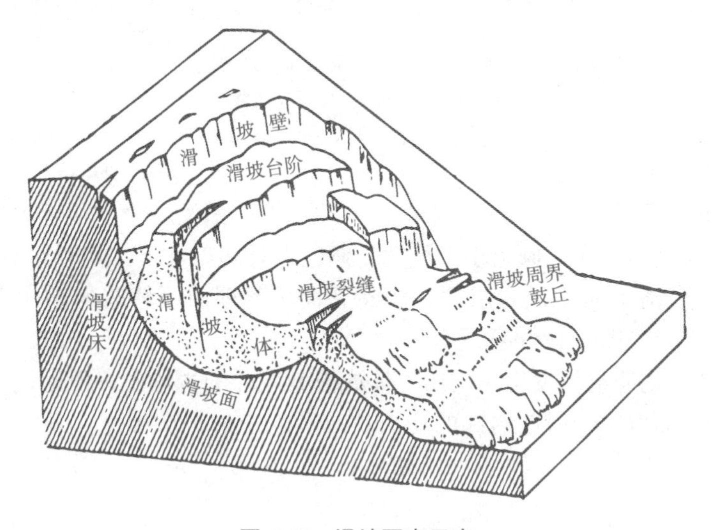

图 6-15　滑坡要素示意

(1)滑坡体。滑坡体是指滑坡的整个滑动部分，简称滑体。

(2)滑坡面。滑坡面是指滑坡体沿下伏不动体下滑的分界面，简称滑面。

(3)滑坡床。滑坡床是指滑体滑动时所依附的下伏不动体，简称滑床。

(4)滑坡带。滑坡带是指平行滑动面受揉皱及剪切的破碎地带，简称滑带。

(5)滑坡台阶。滑坡台阶是指滑体滑动时由于各段土体滑动速度的差异，而在滑坡体表面形成台阶状的错台。

(6)滑坡壁。滑坡壁是指滑坡体后缘与不动体脱离开暴露在外面的形似壁状的分界面。

(7)滑坡周界。滑坡周界是指滑坡体和周围不动体在平原上的分界线。

(8)滑坡裂缝。滑坡裂缝是指滑坡活动中在滑体及其边缘所产生的一系列裂缝。位于滑体上部多呈弧形展布者称为张拉裂缝；位于滑体中部，两侧又常伴有羽毛状排列者称为羽毛状裂缝；滑坡体前部因滑动受阻而隆起形成的张拉裂缝称为鼓胀裂缝；位于滑坡体中前部，尤其滑舌部呈放射状展布者称为扇状裂缝。

■ 二、滑坡的分类

根据滑坡的不同特征和不同工程的要求，有以下三种常用的分类方法。

1. 按滑坡的动力学特征分类

(1)推动式滑坡。滑体上部先滑动，挤压下部变形滑动形成的滑坡，称为推动式滑坡，[图 6-16(a)]。

(2)牵引式滑坡。滑体下部先滑动，上部失去支撑后变形滑动形成的滑坡，称为牵引式滑坡[图 6-16(b)]。

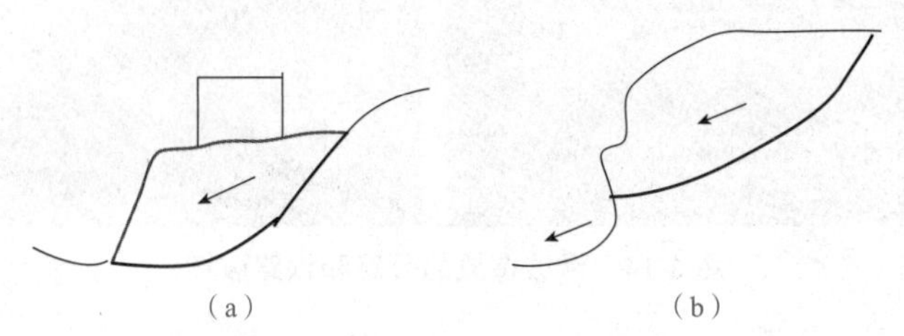

图 6-16　滑坡分类(根据动力学特征)

(a)推动式滑坡；(b)牵引式滑坡

2. 按滑动面与岩土体层面的关系分类

(1)顺层滑坡。顺层滑坡是指沿着岩层面或软弱夹层面发生滑动而产生的滑坡，多发生在岩层走向与斜坡走向一致、倾角小于坡角、倾向坡外的条件下，如图 6-17(a)所示。

(2)切层滑坡。滑动面切过岩层面，沿断裂面、节理面等软弱的结构面滑动形成的滑坡，称为切层滑坡，如图 6-17(b)所示。

(3)均质滑坡。均质滑坡发生在均质土体或极其破碎的岩体中，滑动面不受岩土体中已有结构面的控制，而取决于斜坡内部的应力状态和岩土的抗剪强度关系，通常近似为一圆弧面，如图 6-17(c)所示。

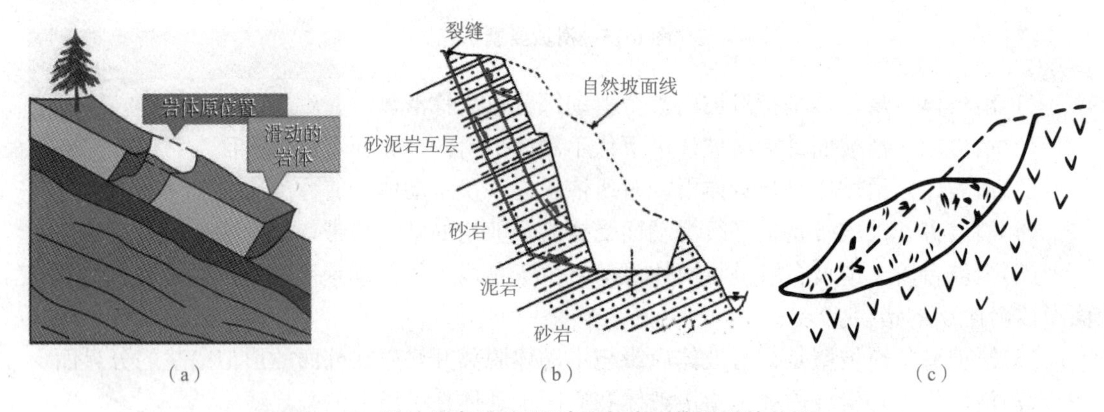

图 6-17　滑坡分类(根据滑动面与岩土体层面的关系)

(a)顺层滑坡；(b)切层滑坡；(c)均质滑坡

3. 按滑坡的岩土类型分类

(1)堆积层滑坡。堆积层滑坡是指坡积、洪积、重力堆积中沿基岩顶面滑动的各种滑坡。堆积层滑坡是由地下水的作用所引起的。

(2)残积层滑坡。残积层滑坡是指发生在厚层风化壳中的滑坡。由于强烈的化学风化作用，坚硬基岩也风化成土和碎石，滑坡多沿软弱的风化带滑动。

(3)黄土滑坡。黄土滑坡是指发生在不同时期和具有不同成因的黄土层中的滑坡。黄土滑坡多成群出现，变形急剧，滑动很快，破坏力很大。

(4)黏土滑坡。黏土滑坡是指发生在尚未成岩或成岩不良的各种成因的黏土、粉土中的滑坡。黏土滑坡多成群出现，滑坡多沿基岩表面或软弱夹层滑动，滑床坡度平缓，一般规模较小，滑速较慢。

(5)破碎岩石滑坡。松散破碎的岩石可产生层面滑坡和构造面滑坡。其滑体由碎石、块石和黏性土混合组成，地下水较多，无明显的含水层。

(6)岩层滑坡。岩层滑坡是指以各种基岩为主体的滑坡，山区分布较多。最常见的是岩层层面滑坡，视岩层倾角的陡缓，滑体速度有快有慢。

另外，还有其他不同的分类方法，如按滑坡的规模大小可分为小型滑坡、中型滑坡、大型滑坡和巨型滑坡；按滑坡体的厚度可分为浅层滑坡、中层滑坡、深层滑坡和超深层滑坡。

三、影响滑坡破坏的因素

在自然界中，无论天然斜坡还是人工边坡都不是固定不变的，在各种自然因素和人为因素的作用下，斜坡一直处于不断的发展和变化中。滑坡的形成和发展主要受地形地貌、地层岩性、地质构造、地下水和人为因素等的影响。

1. 地形地貌条件

边坡的坡高、倾角和表面起伏形状对其稳定性有很大的影响。坡角越平缓，坡高越低，边坡体的稳定性越好。凸形山坡或上陡下缓的山坡，当岩层倾向于边坡顺向时，易产生顺层滑坡。因此，开挖的边坡越高、越陡，稳定性越差。

2. 边坡岩体的岩性条件

天然边坡是由各种各样的岩体或土体组成的。由于介质性质不同，其抗剪切能力、抗风化能力和抗水冲刷、破坏能力也各不相同，抗滑动的稳定性自然各异。一般由岩性坚硬完整的岩体构成的斜坡不易发生滑坡，只有当这些岩体中含有向坡外倾斜的软弱夹层、软弱结构面，且倾角小于坡面、能够形成贯通滑动面时，才会形成滑坡。由各种软岩或第四纪松散沉积物组成的斜坡容易发生滑坡，因为这些岩石和土的抗剪强度低，多含黏土矿物，具有多种软弱结构面，较易形成贯通滑动面，一旦有地下水侵入就会发生滑坡。

3. 边坡体内部的结构构造

地质构造断层、节理或倾斜岩层的产状对滑坡的形成有非常重要的影响，有时是决定性因素，因为多数滑动面是沿着有利于滑动的各种倾斜岩层面、节理面及破碎岩带形成的。这些部位易于风化、抗剪强度低，尤其当其中的一些裂隙或结构构造面的产状比较陡峭时，就很容易引起边坡体的滑动。

4. 水文地质条件

地表水及地下水的活动常是导致滑坡产生的重要因素。据有关资料显示，90%以上的边坡滑动都与水的作用有关，因为地下水进入滑动体，到达滑动面，使滑动体的重量增大，使滑动面的抗剪强度降低，再加上对滑动体的静、动水压力，这些都成为诱发滑坡形成和发展的重要因素。

5. 水文和地震作用

气候条件变化会使岩石风化作用加剧，炎热干燥的气候会使土层开裂破坏，这些都会对边坡的稳定性造成影响。在地震过程中，受地层波的反复作用，边坡岩土体结构很容易遭到破坏，并造成边坡沿其中的一些裂隙、结构面或其他软弱面向下滑动。一般认为，地震烈度在 5 度以上时就能诱发边坡滑动。

6. 人为因素影响

人为因素主要是指人类工程活动不当所引起的滑坡。其包括工程设计不合理和施工方法不当所造成的短期滑坡，甚至十几年后发生的滑坡。

四、滑坡的防治

对于滑坡，应当尽早发现，以防为主，整治为辅；查明原因，综合整治；治早治小，贵在及时；力求根治，不留后患；因地制宜，就地取材；安全经济，正确施工。在工程位置选择阶段，应尽量避开可能发生滑坡的区域，特别是大型、巨型滑坡区域；在工程场地勘察设计阶段，必须进行详细的工程地质勘察，对可能产生的新滑坡，采取正确、合理的工程设计，避免新滑坡的产生；对已有的老滑坡，要防止其复活；对正在发展的滑坡，应进行综合整治。

应在查明滑动原因、滑动面位置等主要问题的基础上有针对性地提出整治措施。常用的整治措施有以下几个方面。

(一)排水

1. 排除地表水

排除地表水是整治滑坡不可缺少的辅助措施，而且应首先采取长期运用的措施。其目的是拦截、旁引滑坡外的地表水，避免地表水流入滑坡区，或将滑坡范围内的雨水及泉水尽快排除，阻止雨水、泉水进入滑坡体。因此，可在滑坡边界处设置环形截水沟，在滑坡内修筑树枝状排水沟。另外，还应平整场地，堵塞、夯实滑坡裂缝，防止地表水渗入滑坡。在滑坡体及四周种树、种草等方法也有显著效果。

2. 排除地下水

对于地下水，可疏而不可堵。其主要工程措施是采用截水盲沟，用于拦截和旁引滑坡外围的地下水。盲沟的迎水面应能渗水，并做反滤层防护；背水面是隔水的，防止水渗入滑坡体，为了防止地表水和泥沙渗入盲沟，沟顶部可设隔水层。另外，还可设置支撑盲沟，支撑盲沟既有支撑作用，又有排水作用，这种方法一般在滑坡床较浅、滑坡体内有大量积水或地下水分布层次多的滑坡中采用。

(二)刷方减载

凡属头重脚轻的滑坡极有可能产生滑坡的高而陡的斜坡，可将滑坡上部或斜坡上部的岩土体削去一部分，减轻上部荷载，这样可减小滑坡或斜坡上的滑动力，从而增加了稳定性。若将上部削除的岩土堆于坡角处，还可以增加滑坡或斜坡内的抗滑力，进一步提高滑坡或斜坡的稳定性，如图 6-18 所示。

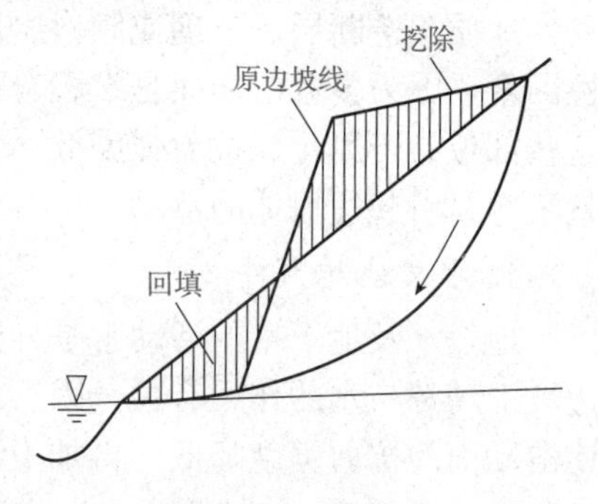

图 6-18 刷方减载

(三)修筑支挡工程

对于失去支撑所引起的滑坡，或滑坡床陡、滑动可能较快的滑坡，采用修筑支挡工程的办法，可增加滑坡的重力平衡条件，使滑坡迅速恢复稳定。支挡建筑物的种类主要有抗滑挡墙、抗滑桩、锚固工程等。

(1)抗滑挡墙。抗滑挡墙应用广泛，属于重型支挡工程，是防治滑坡常用的有效措施之一，常与排水等措施联合使用。它借助自身的质量来支挡滑体的下滑力，因此，采用抗滑挡墙时必须计算出滑坡的滑动推力，查明滑动面的位置，将抗滑挡墙的基础砌置于最低的滑动面之下，以避免其因本身滑动而失去抗滑能力。

(2)抗滑桩。抗滑桩是用以支挡滑体下滑力的桩柱，是近 20 多年来逐渐发展起来的抗滑工程，已被广泛采用。桩身材料多用钢筋混凝土。抗滑桩一般集中设置在滑坡的前缘附近。这种支挡形式对正在活动的浅层和中厚层滑坡效果好，如图 6-19 所示。

图 6-19　抗滑桩板墙

(3)锚固工程。锚固工程是近 20 多年来发展起来的新型抗滑加固工程。其包括锚杆加固和锚索加固。通过对锚杆和锚索施加预应力，增大了垂直滑动面上的法向压应力，增加了滑动面的抗剪强度，从而阻止滑坡的发生，如图 6-20 所示。

图 6-20　预应力锚杆加固

单元四　泥石流

知识目标

(1)了解泥石流的形成和分类。

(2)掌握泥石流的防治。

能力目标

(1)能够正确具体分析泥石流的形成并进行分类。

(2)能够在工程现场提出具体的防治泥石流的措施。

泥石流是山区特有的一种不良地质现象，是山洪水流携带大量泥沙、石块等固体物质突然以飞快的速度从沟谷上游奔腾直泻而下，来势凶猛，历史短暂，具有强大破坏力的一种特殊洪流。通常，在暴雨集中或积雪融化时会突然爆发泥石流，其具有极强的破坏力，浑浊的泥石流体沿着陡峻的山涧、峡谷冲出山外，在沟口平缓处堆积下来，会将沿途遇到的村镇房屋、道路、桥梁瞬间摧毁、掩埋，造成严重的自然灾害，如图 6-21 所示。

图 6-21　泥石流现场

我国是世界上泥石流最发育的国家之一，主要集中在西南、西北、华北山区，在华东、中南及东北部分山区也有零星分布。其中，尤以西藏东南部和川、滇、黔等山区最为严重，受害最大的是铁路、公路等交通线路。我国泥石流分布具有南强东弱、西多东少、东先西后的特点。

一、泥石流的形成条件

泥石流的形成和发展与流域的地质条件、地形地貌及气象水文条件等有密切的关系，同时也受人类经济活动的强烈影响。

1. 松散固体物质

泥石流沟流域范围内的地质环境条件决定了松散固体物质是否丰富。地质构造复杂、断层褶皱发育、新构造活动强烈、地震烈度较高的地区，一般有利于形成泥石流。由于这些因素会导致地表岩层破碎、滑坡、崩塌、错落等不良地质现象发育，所以它们为泥石流的形成提供了丰富的固体物质来源。结构疏松软弱、易于风化、节理发育的岩层，或软硬相间成层的岩层易遭受破坏，碎屑物质来源丰富。

2. 水源条件

水是泥石流的组成部分，也是搬运介质的基本动力。泥石流的形成与短时间内突然性的大量流水密切相关。突然性大量流水包括强度较大的暴雨，冰川、积雪的消融，冰川湖、高山湖、水库等的突然溃决等。另外，水浸润饱和山坡松散物质(使摩擦力减小、滑动力增大)，以及水流对松散物质的侵蚀侧挖作用都会产生滑坡、崩塌等，增加了物质来源。

3. 地形条件

泥石流流域的地形特征是山高沟深、地势陡峻、沟床纵坡大，泥石流流域的形状便于水流的汇集，如图 6-22 所示。

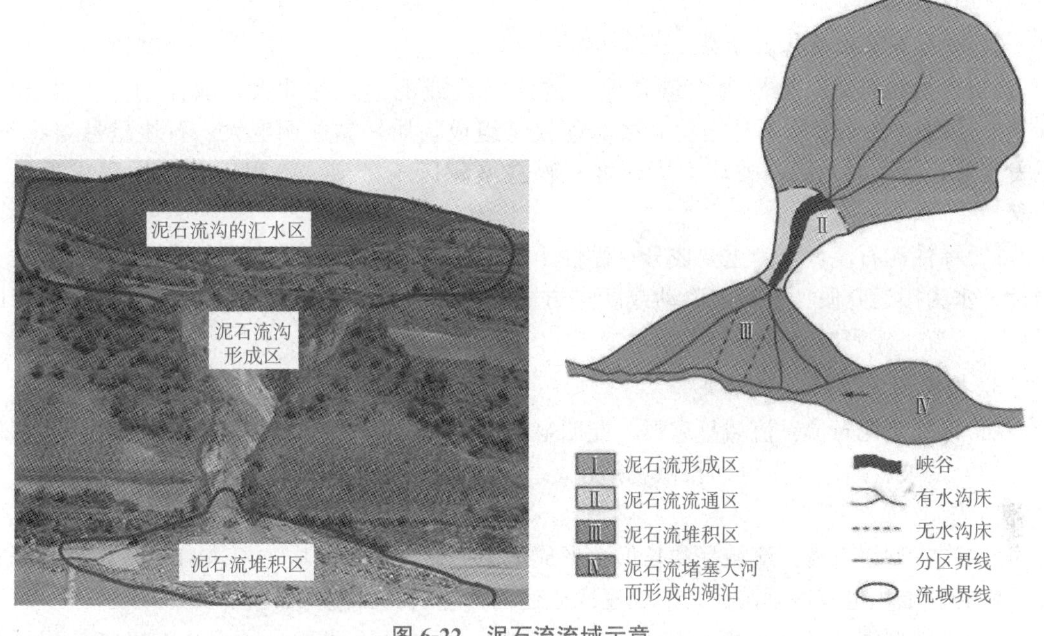

图 6-22　泥石流流域示意

(1)上游形成区的地形多为三面环山、一面出口的瓢状或漏斗状。周围山高坡陡，但地形比较开阔，山体破碎，植被生长不良。这样的地形有利于水和碎屑物质的集中。

(2)中游流通区的地形多为狭窄陡深的峡谷，谷床纵坡大，使泥石流得以迅猛直泻。

(3)下游堆积区的地形为开阔平坦的山前平原或河谷阶地，使碎屑物质有堆积的场所。

4. 其他条件

良好的植被可以减弱坡面侵蚀，延缓径流汇集，防止冲刷。在山区建设中，如果滥伐山林使山坡失去保护，会增强雨水对土壤的侵蚀，急速缩短汇流时间，加剧坡面片流冲刷和沟道冲刷，为泥石流的形成提供大量泥沙。另外，在山区建设中，若矿山剥土、工程建设中弃渣处理不当，一遇暴雨，弃渣就进入沟床，也可导致泥石流的发生。而且，泥石流在向下流动时不断沿沟冲刷，规模会越来越大，从而形成灾害性泥石流。触发崩塌、滑坡的各种人为因素，实际上也是激发泥石流发生的间接人为因素。

综上所述，可以看出泥石流的形成有几个基本条件：流域中有丰富的松散固体物质；有陡峭的地形和较大的沟床纵坡；流域的中、上游有充分的水源。

■ 二、泥石流的分类

目前，泥石流的分类方法尚不统一，主要根据泥石流的形成、流体性质和流域特征及综合防治措施的需要进行分类。下面介绍三种分类方法。

1. 按泥石流的固体物质组成分类

(1)泥流。泥流所含固体物质以黏土、粉土为主，有少量砂粒、石块，黏度大，呈稠泥状。

(2)泥石流。泥石流所含固体物质由黏土、粉土及粒径不等的砂粒、石块组成，它是一种比较典型的泥石流类型。

(3)水石流。水石流所含固体物质主要以大小不等的石块、砂粒为主，黏性土含量较少，一般小于10%。

2. 按泥石流物质状态分类

(1)黏性泥石流：是指含大量黏性土的泥石流或泥流，黏性大，固体物质占40%～60%，最高达80%。水不是搬运介质，而仅是组成物质，黏性稠度大，石块呈悬浮状态，爆发突然，持续时间短，破坏力大，堆积物在堆积区不散流，停积后石块堆积成舌状或岗状。

(2)稀性泥石流：水为主要成分，黏性土含量少，固体物质占10%～40%，有很大的分散性。水为搬运介质，石块以滚动或跃进方式前进，有强烈的下切作用，堆积物在堆积区呈扇状散流，停积后似石海。

3. 按泥石流流域特征分类

(1)标准型泥石流：流域呈扇形，能明显地分出形成区、流通区和堆积区。沟床下切作用强烈，滑坡、崩塌等发育，松散物质多，主沟坡度大，地表径流集中，泥石流的规模和破坏力较大。

(2)沟谷型泥石流：流域呈狭长形，形成区不明显，松散物质主要来自中游地段，泥石流沿沟谷有堆积也有冲刷搬运，形成逐次搬运的再生式泥石流，如图6-23(a)所示。

(3)山坡型泥石流：流域面积小，呈漏斗状，流通区不明显，形成区直接与堆积区相连，堆积作用迅速。由于汇水面积不大，所以水源一般不充沛，多形成重度大、规模小的泥石流，如图6-23(b)所示。

■ 三、泥石流的防治

泥石流的发生和发展原因很多，因此，泥石流的防治措施应根据泥石流的特征、破坏强度和工程建筑的要求来拟定，并采取综合防治措施。目前，泥石流的防治措施很多，归纳起来，有绕避、工程措施、生物措施等方法。严重发育地段且属于大型的泥石流，一般绕避为好，无法绕避的，在调查泥石流活动规律后，选择有利部位，采用适宜的建筑物通过。泥石流的整治是在研究泥石流的发生条件、发展阶段、流域特征、规模与其活动规律，以及对工程建筑物的影响程度的基础上，因地制宜，采用各种不同的有效方法进行处理。

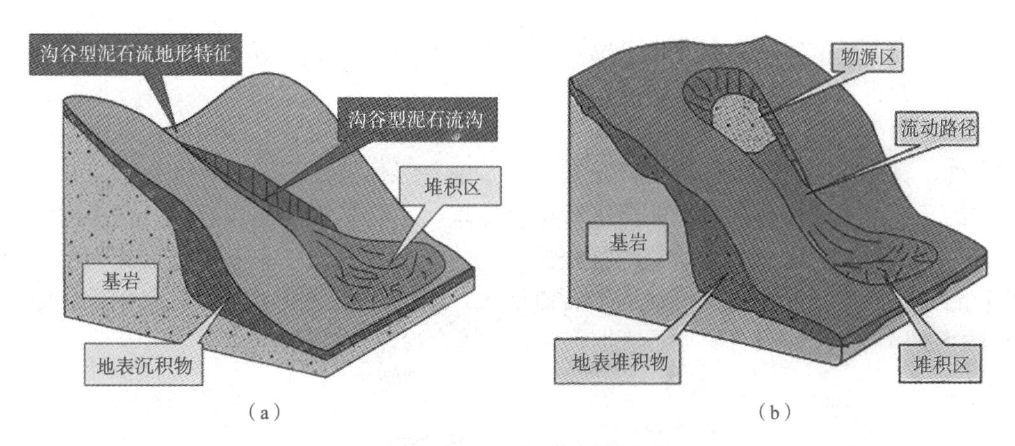

（a）　　　　（b）

图 6-23　泥石流按流域特征分类

(a)沟谷型泥石流；(b)山坡型泥石流

1. 工程措施

工程措施是在泥石流的形成区、流通区、堆积区内，相应地采取蓄水、引水工程，拦挡、支护工程，排导、引渡工程，停淤工程及改土护坡工程等治理措施，以控制泥石流的发生和危害。泥石流防治的工程措施通常适用泥石流规模大，爆发不是很频繁，松散固体物质补给及水动力条件相对集中，保护对象重要，防治要求标准高、见效快、一次性解决问题等情况。

(1)穿过工程：修隧道、明洞，从泥石流沟下方通过。另外，还可以修建用于排放泥石流的护路廊道。穿过工程是铁路和公路通过泥石流地区的又一主要工程形式。

(2)跨越工程：修建桥梁，从泥石流沟上方跨过，让泥石流在其下方排泄，用以避防泥石流。跨越工程是铁路部门和公路交通部门为了保障交通安全的常用措施。

(3)防护工程：对于泥石流地区的桥梁、隧道、路基，泥石流集中的山区变迁型河流的沿河路线或其他重要工程设施，做一定的防护建筑物，用以抵御或消除泥石流对主体建筑物的冲刷、冲击、侧蚀和淤埋等危害。

(4)排导工程：主要用于下游的冲积扇，目的是防止泥石流漫流改道，使泥石流按设计意图顺利排泄，减小冲刷和淤积的破坏以保护附近的居民点、工矿点和交通线路。

(5)拦挡工程：主要用于上游形成区的后缘，是用来控制泥石流的固体物质和雨洪径流，削弱泥石流的数量、下泄总量和能量，以减少泥石流对下游的冲刷、撞击和淤埋等危害的工程设施。

2. 生物措施

生物措施就是进行水土保持，维持较优化的生态平衡，其包括恢复植被和合理耕牧。一般采用乔、灌、草等植物进行科学的配置营造，充分发挥其滞留降水、保持水土、调节径流等功能，从而达到预防和制止泥石流发生及减小泥石流规模、减轻其危害程度的目的。生物措施一般需要在泥石流沟的全流域实施，对适宜种树造林的荒坡更需采取此种措施，但需要解决好农、林、牧之间的矛盾。

与工程措施相比，生物措施具有应用范围广、投资小、风险小、能促进生态平衡、能改善自然环境条件、具有生态效益及防治作用持续时间长的特点。生物措施一般需长时间才能见效，在一些滑坡、崩塌等重力侵蚀现象严重地段，单独依靠生物措施不能解决问题，还需要与工程措施相结合才能产生明显的防治效果。

泥石流的防治是一项艰难而持久的工作。根据被整治对象的具体情况，考虑泥石流的形成条件、具体特征、发生危害规模及其类型差别等多种因素，因地制宜地选用上述防治措施中的几项或多项措施，对泥石流进行综合治理，才能够有效地防治泥石流造成的工程危害。一般来说，在以坡面侵蚀及沟谷侵蚀为主的泥石流地区，应以生物措施为主，辅以工程措施；在崩塌、滑坡强烈活动的泥石流地区，应以工程措施为主，兼用生物措施；而在坡面侵蚀和重力侵蚀兼有的泥石流地区，则以综合治理效果最佳。

单元五　岩溶

知识目标

(1)了解岩溶的发育和岩溶地貌。

(2)掌握岩溶地区的工程问题和防治措施。

能力目标

(1)能够识别具体的岩溶地貌并分析原因。

(2)能够在工程现场提出具体的解决岩溶地质问题的措施。

岩溶又称喀斯特(Karst)，是地表水和地下水对可溶岩石所进行的一种以化学溶蚀为主、以机械剥蚀为辅的地质作用及其所产生的各种现象的总称，如图 6-24 所示。喀斯特原是南斯拉夫西北部沿海一带碳酸盐高原的地名，那里发育着各种碳酸盐地形。我国碳酸盐分布面积较广，因此岩溶发育面积广泛，类型较多。岩溶景观绮丽多彩，有些还会蕴藏丰富的地下水源，大的岩溶洞穴还可作为地下厂房。但是，岩溶对工程建设往往会造成不良影响，如修建水库时要注意防止渗漏问题，在开凿隧道和建设矿井时要注意涌水、排水问题，在建筑铁路、桥梁和厂房时要注意地基的塌陷问题等。

图 6-24　桂林山水(喀斯特地貌)

■ 一、岩溶的发育条件

1. 岩石的可溶性

可溶性岩层是发生溶蚀作用的必要前提。影响岩石可溶性的因素有岩石的化学成分、岩石的结构和构造、水中侵蚀性 CO_2 的含量等。

岩石的可溶性是指构成岩石的所有矿物或部分矿物的可溶性。一般用溶解度和溶解速度表征岩石的可溶性。

依据岩石的化学成分，可溶性岩石可分为三大类：一是碳酸盐类岩石，如石灰岩、白云岩、硅质灰岩、泥灰岩等；二是硫酸盐类岩石，如石膏、硬石膏和芒硝等；三是卤盐类岩石，如石岩和钾盐。卤盐类和硫酸盐类岩石溶解度很高，使它们溶蚀速度过快，因此岩溶现象分布不广，而在碳酸盐类岩石中发育得最好，岩溶类型也最齐全。构成石灰岩的矿物以方解石($CaCO_3$)为主，白云岩以白云石[$MgCa(CO_3)_2$]为主，硅质灰岩是含有燧石结构或条带的石灰岩，燧石矿物主要是石髓和石英或蛋白石(成分均为 SiO_2)，泥灰岩是黏土岩与碳酸盐岩之间的过渡岩石，泥灰岩中的黏土矿物常呈现胶体状态。因此，其溶蚀顺序依次为石灰岩、白云岩、硅质灰岩及泥灰岩。

岩石的结构与岩石的可溶性也有密切的关系。结晶质碳酸盐岩石的颗粒越小，其相对溶解度越大。致密结构的岩石相对溶解度最大。另外，不同结构类型对岩石的相对溶解度也有一定影响。

在含有 CO_2 的水溶液中，随着 CaO 或 MgO 含量的增加，相对溶解度也会增加。

2. 岩石的透水性

岩石本身的透水性极大地影响岩溶的发育，岩体内有裂缝，特别是构造裂隙时，不仅影响岩溶的发育程度，而且影响岩溶的发育方向。

可溶性岩石的透水性主要取决于岩石的孔隙率和裂隙的发育程度及连通情况。岩石中的孔隙及裂隙的存在，一方面为水流提供流动通道；另一方面增大了岩石与水的接触面积，使溶蚀作用更快和更容易地发生。

碳酸盐类岩石中有许多原生孔隙，如颗粒之间的孔隙或生物骨架间、生物体腔间的孔隙，还有晶粒之间的孔隙。石灰岩的孔隙率一般为 0.2%～34%，变化非常大。碳酸盐类岩石的初始透水性取决于原生孔隙，但这些孔隙比较细小，连通性不好，因此其对岩石透水性起的作用不如裂隙大。具有溶蚀能力的水，首先沿裂隙进入岩石，在不断进行溶蚀循环的过程中，裂隙不断扩大。裂隙越发育，水循环条件越好，溶蚀条件也越好。因此，裂隙密集带和未胶结的断层破碎带都是岩溶发育的有利地段。宽带的裂隙水流通畅，溶蚀扩宽速度迅速，同时促使水流速度加快，为宽大裂隙的进一步扩宽创造了条件，最终发展成为溶蚀管道。这些管道本身是岩溶的一部分，同时为更大规模的岩溶发育提供了可能。

在褶皱轴部，尤其是背斜轴部，岩层较破碎，裂隙发育，岩石的透水性非常好，因此岩溶的发育较两翼岩层强烈。

在断层发育的地方，特别是张性断裂发育的部位，岩石结构疏松，空隙大，透水性好，有利于岩溶作用的发育，因此在断裂带两侧常见到成串分布的溶洞。

节理是碳酸盐类岩石中主要的流水通道，节理越多，延伸越远，张开性越好，岩石的透水性越好，岩溶就越容易发育，没有节理的致密石灰岩内部有很少的岩溶。

岩层面往往具有比岩层内部更好的透水性，尤其在可溶岩与下伏隔水层的接触面上，往往集中发育成层的溶洞，这主要是水流下渗受阻，流水积聚于岩层接触界面上所致。

3. 水的溶蚀力

水的溶蚀力主要取决于水中侵蚀性 CO_2 的含量。纯水的溶蚀力是微弱的，只有当水中含有 CO_2 时，水才有较强的溶蚀能力，可将 $CaCO_3$ 溶解，把不能溶解的残余物留下，或呈悬浮状态带走。

在含有 CO_2 的水中，CO_2 与 H_2O 化合成碳酸，碳酸又离解为 H^+ 与 HCO_3^-。水中 CO_2 的含量越高，H^+ 就越多。H^+ 是很活跃的离子，当含大量 H^+ 的水对石灰岩作用时，H^+ 就会与 $CaCO_3$ 中的 CO_3^{2-} 结合成 HCO_3^-，分解出 Ca^{2+}，而使 $CaCO_3$ 溶解于水。

4. 水的流动性

水的流动性取决于岩体中水的循环条件，它与地下水的补给、渗流及排泄直接相关。如果地下水的补给和排泄条件通畅，就能不断地将溶解物质带走，同时能不断补充新的具有侵蚀性的水，岩溶发育速度就快；反之，若地下水流动缓慢或处于静止状态，则岩溶就会发育迟缓或处于停滞状态。

■ 二、岩溶地貌

岩溶地貌的类型有很多，其中与公路工程有密切关系的岩溶地貌主要有以下几种。

(一)地表岩溶地貌

1. 溶沟和石芽

地表水在沿可溶性岩石的裂隙下渗过程中，溶蚀和冲蚀会形成沟槽与脊状凸起，沟槽为溶沟，脊状凸起为石芽。石芽有裸露的，也有埋藏的。从山坡的上部到下部，石芽常有规律地分布：全裸露石芽—半裸露石芽—半埋藏石芽。岩溶沟不断加深，石芽增加，可形成巨大的貌似林立的石芽，称为石林，如图 6-25 所示。

图 6-25　溶沟和石芽

2. 峰林

峰林是热带、亚热带气候区岩溶作用充分发育条件下的产物。其是由落水洞、溶蚀漏斗及洼地等福相地貌不断扩大，地下溶洞与暗河的顶部岩层不断塌陷，使巨厚的石灰岩块体被切割而形成的分离散立的山峰。它平地拔起，形式丛林，因此称为峰林，如图 6-26 所示。

图 6-26　峰林

3. 漏斗

漏斗是分布于地表及浅处的碟状或漏斗状的洼地，由地表水的溶蚀和侵蚀作用并伴随塌陷作用而形成。其直径和深度一般为数米至数十米，底部常有落水洞与地下溶洞相通，是最常见的地表岩溶形态之一，如图 6-27 所示。

4. 竖井和落水洞

(1)竖井实际上是一种塌陷漏斗，在平面轮廓上呈方形、长条状或不规则圆形。其中，长条状是沿一组节理发育的，方形和圆形则是沿两组节理发育的。竖井井壁陡峭，近乎直立。

(2)落水洞是地表水流入地下的进口，其大小不一，形态各异。竖井和漏斗的形成主要是通过溶蚀作用和塌陷作用，而落水洞的形成则通过溶蚀作用外还通过机械侵蚀作用，特别是当大量地面水通过落水洞转为地下河时，侵蚀作用更加强烈。

竖井和落水洞都是地表通向地下深处的通道，常出现在漏斗、槽谷、溶蚀洼地和坡立谷的底部或河床的边缘，呈串珠状分布。

5. 天坑

天坑是岩溶地区的地下河在运行中形成大面积塌陷造成的，它与常说的岩溶漏斗不同，岩溶漏斗一般是斜坡，上宽下窄；天坑则是四壁岩石峭立，深度达百米至数百米，犹如一个巨大无比的“桶”。这个“桶”的口径从近百米至数百米不等。天坑形状奇特，地处僻壤，坑上坑下林木葱郁，如能进入坑底，更觉神奇，如图 6-28 所示。

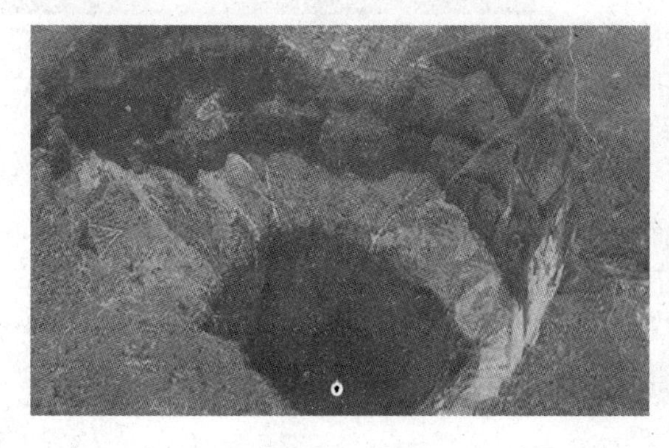

图 6-27　漏斗

图 6-28　天坑

6. 溶蚀洼地

溶蚀洼地由许多相邻的漏斗不断扩大汇合而成。其平面呈圆形或椭圆形，周围常有溶蚀残丘、峰丛、峰林，底部常有漏斗和落水洞。

7. 坡立谷和溶蚀平原

坡立谷是一种大型的封闭洼地，宽数百米至数千米，长数百米至数十千米，四周山坡陡峻，谷底宽平，覆盖溶蚀残余的黏性土，有时还有河流冲击层。坡立谷进一步发展，即形成宽广开阔的溶蚀平原。

8. 干谷和盲谷

当地面河流某一段被地下伏流所袭夺时，这一段河谷就变成了没有水的干谷。当地面河进入地下河入口而转变为地下河时，河谷的前方常被石灰岩壁阻挡，岩壁的脚下是地下河入口，这种向前没有退路的河谷称为盲谷。

(二)地下岩溶地貌

1. 溶洞

溶洞是指地下水流沿可溶岩的层面、断层面、节理面等进行溶蚀及侵蚀形成的近于水平或倾斜的大型空洞。洞的规模可以很大，长度可达几百米至几千米，形态多种多样。洞内常发育有石笋、石钟乳和石柱等洞穴堆积。溶有重碳酸钙的岩溶水，当温度压力改变时，可逸出 CO_2，产生 $CaCO_3$ 的沉淀，形成石灰华。由洞顶渗水形成的垂直于洞顶的石灰华沉积，称为石钟乳；渗水滴至洞底，形成由下而上生长的沉积，称为石笋；当两者相连时，称为石柱。沿洞壁慢溢形成的形似垂帘的堆积物，称为石幔。洞中这些碳酸钙沉积琳琅满目，形态万千，如图 6-29 所示。

2. 暗河与天生桥

图 6-29 溶洞

暗河与伏流通称为地下河系，是溶洞地区的主要水源。地面河水潜入地下，流经一段距离之后，又流出地表，这种有进口又有出口的地下潜行的河段称为伏流。它常发育于地壳上升区。暗河是指由地下水汇集而成的河道，它有一定范围的地下汇水流域，如图 6-30(a)所示。因此，暗河有明显出口，而无明显入口。高温多雨的热带及亚热带气候区最有利于暗河的形成。若溶洞或暗河洞道塌陷，则在局部地段有时会形成横跨水流的天生桥，如图 6-30(b)所示。

3. 岩溶地貌组合

上述各种岩溶地貌常呈一定组合而分布于地表，各种岩溶地貌在其发育过程中有成因上的联系，特别是地表岩溶地貌与地下岩溶地貌是密切相关的。

岩溶地貌的组合可分为平面组合和垂直组合。其中，垂直组合的工程意义更为突出，因此下面主要介绍岩溶地貌的垂直组合。

(a)

(b)

图 6-30　地下岩溶地貌

(a)暗河；(b)天生桥

(1)落水洞、竖井、地下通道的组合。落水洞通过竖井把地表岩溶和深处发育的地下通道联系起来。落水洞往往出现在溶蚀洼地的底部，汇入洼地的地表水由洼地底部的落水洞和竖井流入地下通道。

(2)干谷和暗河的组合。在有干谷出现的地方，常有地下暗河存在，这是由于原来在干谷里流动的水为了适应新的侵蚀基准面而深入地下，并发育成暗河。

(3)塌陷与地下溶洞的组合。呈现在岩溶化地表的塌陷，就是岩溶化地块内部地下溶洞发生坍落的结果。

(4)溶洞与地下通道的组合。溶洞往往和地下通道相连，因此可以说溶洞就是地下通道的进出口。

(5)溶洞与阶地的组合。溶洞在较稳定的地块中往往分层分布，即使在倾斜甚至垂直岩层组成的岩溶区，这种现象也很明显。这种溶洞层有的可与附近同高程的河流阶地进行对比。这主要是由于在当地侵蚀基准面相当稳定时，岩溶地块中发育了与地面河床相适应的地下河或地下通道；待地壳上升和河流下切时，在非岩溶区发育了阶地，而岩溶地块中的地下河或地下通道则成为与阶地同高程的溶洞。

(6)分水岭风口与溶洞的组合。分水岭地带的风口常与上坡上的溶洞处于同一高程，这说明当时地面的侵蚀和地下的溶蚀是在同一岩溶侵蚀基准面的控制下进行的。

■ 三、岩溶的工程地质问题

岩溶地区对建(构)筑物的稳定性和安全性有很大影响。

(一)溶蚀岩石的强度大为降低

岩溶水在可溶岩体中溶蚀，可使岩体发生孔洞，最常见的是岩体中有溶孔或小洞。所谓溶孔，是指在可溶岩石内部溶蚀有孔径不超过 20～30 cm，一般小于 1～3 cm 的微溶浊的空隙。岩石遭受溶蚀可使岩石有孔洞、结构松散，从而降低岩石强度和增大透水性能。

(二)造成基岩面不均匀起伏

石芽、溶沟溶槽的存在，使地表基岩参差不完整、起伏不均匀，这就造成了地基的不均匀性及交通的难行。因此，如利用石芽或溶沟发育的地区作为地基，则必须作出处理。

(三)漏斗对地面稳定性的影响

漏斗是包带气带中与地表接近部位所发生的岩溶和潜蚀作用的现象。当地表水的一部分沿岩土缝隙往下流动时，水便对孔隙和裂隙壁进行溶蚀与机械冲刷，使其逐渐扩大成漏斗状的垂直洞穴，为漏斗。这种漏斗在表面近似圆形，深可达几十米，表面口径由几米到几十米。另一种漏斗是由于土洞或溶洞顶的塌落作用而形成的。崩落的岩块堆于洞穴底部呈一漏斗状洼地。这类漏斗因其塌落的突然性，使地表建(构)筑物面临遭到破坏的威胁。

(四)溶洞对地基稳定性的影响

溶洞地基稳定性必须考虑以下三个问题。

1. 溶洞分布密度和发育情况

一般认为，若溶洞分布密度很密，并且溶洞或土洞的发育处在地下水交替最积极的循环带内，洞径较大，顶板薄，并且裂隙发育，则此地不宜选择为建筑场地和地基。但是，若该场地虽有溶洞或土洞，但溶洞或土洞是早期形成的，已被第四纪沉积物所充填，并已证实目前这些洞已不在活动，在这种情况下可根据洞的顶板承压性能决定其作为地基。另外，石膏或岩盐溶洞地区不宜选择作为天然地基。

2. 溶洞的埋深对地基稳定性影响

一般认为，溶洞，特别是土洞，如埋置很浅，则溶洞的顶板可能不稳定，甚至会发生地表塌落。若洞顶板厚度 H 大于溶洞最大宽度心的 1.5 倍(即 $H>1.5b$)，并且溶洞顶板岩石比较完整、裂隙较少，岩石也较坚硬，则该溶洞顶板作为一般地基是安全的。若溶洞顶板岩石裂隙较多，岩石较为破碎，则上覆岩层的厚度 H 如能大于溶洞最大宽度心的 3 倍(即 $H>3b$)，则溶洞的埋深是安全的。上述评定是对溶洞和一般建(构)筑物的地基而言的，不适用于土洞、重大建(构)筑物和震动基础。对于这些地质条件和特殊建筑物基础所必需的稳定土洞或溶洞顶板的厚度，须进行地质分析和力学验算，以确定顶板的稳定性。

3. 抽水溶洞顶板稳定的影响

一般认为，在有溶洞或土洞的场地，特别是土洞大片分布的场地，如果进行地下水的抽取，则地下水水位大幅度下降，会使保持多年的水位均衡遭到急剧破坏，大大地减弱了地下水对土层的浮托力。再者，由于抽水时加大了地下水的循环，动水压力会破坏一些土洞顶板的平衡，从而引起一些土洞顶板的破坏和地表塌陷。一些土洞顶板塌落又引起土层震动，或加大地下水的动水压力，结果震波或动水压力传播于近处的土洞，又促使附近一些土洞顶板破坏，以致地表塌陷，危及地面的建(构)筑物的安全。

■ 四、岩溶地基的防治

在进行建(构)筑物布置时，应先将岩溶的位置勘察清楚，然后针对实际情况做出相应的防治措施。当建(构)筑物的位置可以移位时，为了减少工程量和确保建(构)筑物的安全，应首先设法避开有威胁的岩溶和土洞区，实在不能避开时，再考虑处理方案。

1. 挖填

挖填即挖除溶洞或土洞中的软弱充填物，回填以碎石、块石或混凝土等，并分层夯实，以达到改良地基的效果。在土洞回填的碎石上设置反滤层，以防止潜蚀发生。

2. 跨盖

当洞埋藏较深或洞顶板不稳定时，可采用跨盖方案，如采用长梁式基础、桁架式基础或刚性大平板等方案跨越，但梁板的支承点必须放置在较完整的岩石上或可靠的持力层上，并注意其承载能力和稳定性。

3. 灌注

当溶洞或土洞埋藏较深，不可能采用挖填和跨盖方法处理时，对于溶洞，可采用水泥或水泥黏土混合灌浆于岩溶裂隙中；对于土洞，可在洞体范围内的顶板打孔灌砂或砂砾，应注意灌满和密实。

4. 排导

洞中水的活动可使洞壁和洞顶溶蚀、冲刷或潜蚀，造成裂隙和洞体扩大，或洞顶坍塌。因此应防止自然降雨和生产用水下渗，采用截排水措施，将水引导至他处排泄。

5. 打桩

土洞埋深较大时，可用桩基处理，如采用混凝土桩、木桩、砂桩或爆破桩等。其除了可以提高支承能力外，还可通过靠桩来挤压挤紧土层和改变地下水渗流条件。

单元六　地震

知识目标

(1)了解地震的相关概念、成因分类以及分布。

(2)掌握震级和烈度相关知识。

(3)掌握路桥的常见病害。

能力目标

能够判断地震对具体工程造成的危害。

地震是地壳运动的一种表现，是由于某种原因地壳岩层发生断裂、塌陷及火山爆发而产生的震动，并以弹性波的形式传递到地表的现象。全球每年大约发生 500 万次地震，但能感觉到的仅有 5 万次，约占总次数的 1%，其中能造成破坏的有 1 000 次，而 6 级以上的大地震只有十几次。我国是一个多地震的国家，根据中国地震局研究结果显示，从有地震记载历史的以来，大陆发生 8.0 级以上地震共 19 次(包括 2008 年发生的汶川大地震)，9.0 级以下的地震数不胜数，造成了大量的人员伤亡和建筑破坏。因此，在规划各种工程活动时，都必须考虑地震这样一个极其重要的环境地质因素。在修建各种建筑物时都必须考虑地震的可能性并采取相应的防震措施。

■ 一、地震波

地震波是指由地震所激发出的弹性波。1849 年，英国科学家托克斯证实地震时产生两种弹性波，一种是质点振动方向与传播方向一致的纵波(P 波)；另一种是质点振动方向与传播方向相垂直的横波(S 波)。P 波和 S 波都是在物体内部传递的，因此都称为体波。还有一种地震波只在地球表面传播，称为表面波，简称面波(L 波)，包括瑞利波(R 波)和勒夫波(Q)波，如图 6-31 所示。

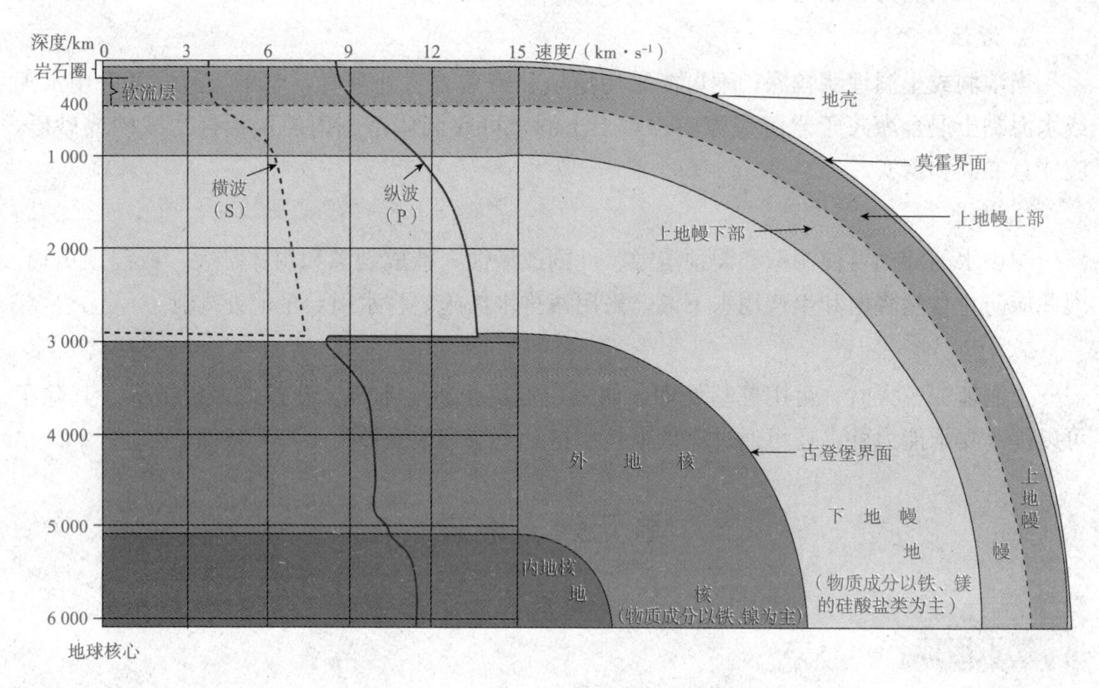

图 6-31　地震波速度与地球内部构造

P 波的质点振动方向与传播方向一致，速度为 5～6 km/s；S 波的振动方向与波的传播方向垂直，速度为 3～4 km/s；面波具有 R 波和 Q 波两种波的性质，到地面后传播速度一般小于 3 km/s。

地震波往往是按序列进行的，即在一定的时间内，发生在同一地质构造带上，或震源体的上的地震，在同一地震序列中，地震释放能量最大的称为主震。在主震前，有时会发生前震，在主震发生后，仍继续发生的较小的地震，称为余震。当然也有地震是一次性的孤立地震，其前震和余震都很小。

■ 二、地震的分类

地震按成因分为构造地震、火山地震、塌陷地震和诱发地震四种类型。

1. 构造地震

构造地震是由地质构造的作用造成的地下岩层断裂或错动所引起的地震。这类地震为数最多，约占全球天然地震的 90%以上，其破坏力最强，几乎所有的强烈地震均属于构造地震。构造地震很少单独发生。一个地区在一定时期内往往出现弱—强—弱的一系列地震，称为地震序列。一个地震序列延续的时间可长达几年，甚至几十年。

2. 火山地震

火山地震是由火山喷发或岩浆活动所产生的地震。这类地震约占全球天然地震的 6%。火山地震波及的地区多局限于火山附近数十里的范围，火山地震的震级一般不大，造成的灾害相对较小。

3. 塌陷地震

塌陷地震是由洞穴塌陷、地层陷落等所引起的地震。这种地震能量小，震级小，发生次数也很少，仅占地震总数的 3%。

4. 诱发地震

诱发地震是指在构造引力原来处于相对平衡的地区，外界力量破坏地壳应力平衡状态所引起的地震。属于这种类型的地震有水库诱发地震、深井注水地震、爆破引起的地震。这种地震数量少，危害小。

三、地震震级与地震烈度

地震震级与地震烈度是衡量地震大小的两个不同的概念。若把地震比作炸弹，则震级相当于这个炸弹的炸药量，烈度就相当于这个炸弹的杀伤力。

1. 地震震级

地震震级(M)是衡量地震本身大小的尺度，由地震所释放出来的能量大小来决定。地震释放出来的能量越大，则震级越大，因为一次地震所释放的能量是固定的，所以每次地震只有一个震级。

地震释放的能量大小可根据地震波记录图的最高振幅来确定。由于远离震中，波动要衰减，不同地震仪的性能不同，记录的波动振幅也不同，所以必须以标准地震仪和标准震中距的记录为准。根据震级大小可将地震分为以下几级。

(1)微震。震级小于 2 级的地震，人们感觉不到，称为微震。

(2)有感地震。震级为 2～4 级的地震，称为有感地震。

(3)破坏性地震或强震。震级在 5 级以上的地震，开始引起不同程度的破坏，统称为破坏性地震或强震。

(4)强烈地震或大震。震级在 6 级以上的地震，称为强烈地震或大震。

一个 1 级地震的能量相当于 2.0×10^{6} J。震级每增加 1 级，能量增大 30 倍左右。例如，6 级地震的能量约为 6.3×10^{13} J，它约与一个 2 万吨级的原子弹的能量相当；6 级地震相当于 30 个 2 万吨级原子弹的能量。迄今为止，世界上记录最大的地震是 1960 年 5 月22 日在智利发生的 9.5 级地震。

2. 地震烈度

地震烈度是指地震发生时某一地区的地面和各种建筑物遭受地震影响的破坏程度。它是衡量地震所引起的地面震动强烈程度的尺子。对于同一次地震，震级只有一个，而烈度可以随地区不同而异。在工程设计上，多采用地震烈度来衡量，而不采用震级。

地震烈度是根据地震时人的感觉、建筑物破坏、器物震动及自然表象等宏观标志进行判断的。通过对各类标志的对比来划分地震烈度，并按由大到小的数码顺序排列，就构成了地震烈度表，见表 6-2。

表 6-2　中国地震烈度

烈度	人的感觉	一般房屋		其他现象	参考物理指标	
		大多数房屋震害程度	平均震害指数		水平加速度/(cm · s^{-2})	水平速度/(cm · s^{-1})
Ⅰ	无感	—	—	—	—	—
Ⅱ	室内个别静止中的人有感觉	—	—	—	—	—
Ⅲ	室内多数静止中的人有感觉	门窗轻微作响	—	悬挂物微动	—	—
Ⅳ	室内多数人有感觉，室外少数人有感觉，少数人从梦中惊醒	门、窗作响	—	悬挂物明显摆动，器皿作响	—	—
Ⅴ	室内普遍人有感觉，室外多数人有感觉，多数人从梦中惊醒	门窗、屋顶、屋架颤动作响，灰土掉落，抹灰处出现微细裂缝	—	不稳定器物翻倒	31 (22～44)	3 (2～4)
Ⅵ	惊慌失措，仓皇逃出	个别砖瓦掉落，墙体出现微细裂缝	0～0.1	河岸和松软土上出现裂缝，饱和砂层出现喷砂冒水，地面上有的砖烟囱轻微裂缝、掉头	63 (45～89)	6 (5～9)
Ⅶ	大多数人仓皇出逃	轻度破坏-局部破坏、开裂，但不妨碍使用	0.11～0.3	河岸出现坍方，饱和砂层常见喷砂冒水，松软土上裂缝较多，大多数砖烟囱中等破坏	125 (90～166)	13 (10～18)
Ⅷ	摇晃颠簸，行走困难	中等破坏-结构受损，需要修理	0.31～0.5	干硬土上也有裂缝，大多数砖烟囱严重破坏	250 (168～353)	25 (19～35)
Ⅸ	坐立不稳，行动的人可能摔跤	严重破坏-墙体龟裂，局部倒塌，修复困难	0.51～0.6	干硬土上有许多地方出现裂缝，基岩上可能出现裂缝，滑坡、坍方常见，砖烟囱出现倒塌	500 (354～606)	50 (36～61)
Ⅹ	骑自行车的人会摔倒，处于不稳定状态的人会甩出几尺远，有抛弃感	倒塌-大部分倒塌，不堪修复	0.61～0.9	山崩和地震断裂出现，基岩上的拱桥破坏，大多数砖烟囱从根部破坏或倒毁	1 000 (608～1 414)	100 (62～141)
Ⅺ	—	毁灭	0.91～1	地震断裂延续很长，山崩破坏，基岩上拱桥破坏	—	—
Ⅻ	—	—	—	地面剧烈变化，山河改变	—	—

在工程勘察与设计中，经常用的地震烈度有基本烈度和设计烈度两种。另外，还要考虑场地因素对地震烈度的影响。

基本烈度是指在一定时间和一定地区范围内，一般场地条件下可能遇到的最大烈度，是一个地区的平均烈度。基本烈度的鉴定，一般是对一个大区甚至在全国范围内普遍进行评定，得到大区的或全国的基本烈度区划图，作为工程抗震标准。

根据建筑物的重要性、抗震性、经济性，针对不同建筑物将基本烈度予以调整，作为抗震设防的依据，这种烈度称为设计烈度。

由于建筑物场地的地质地貌条件不同，往往需要进一步划分，对基本烈度进行修正，这种烈度称为场地烈度。

原则上一般建筑用基本烈度，重要建筑适当提高。设计部门很少使用场地烈度。建筑物等级与抗震设防烈度见表 6-3。

表 6-3　建筑物等级与抗震设防烈度

建筑物等级	抗震设防烈度
甲类：特殊要求的后果极为严重的工程(放射性、毒气、大爆炸)	特殊抗震、专门研究
乙类：国家重点抗震城市的生命线工程(交通、通信)	基本烈度提高一度
丙类：一般工业民用建筑物	基本烈度
丁类：次要的临时建筑物	降低一度或不设防

3. 地震烈度与震源、震中、震级的关系

如图 6-32 所示，地下发生地震的地方称为震源；震源正对着的地面称为震中；震中至震源的垂直距离称为震源深度。按震源深度的不同可将地震分为浅源地震(0～60 km)、中源地震(60～300 km)和深源地震(300～600 km)。

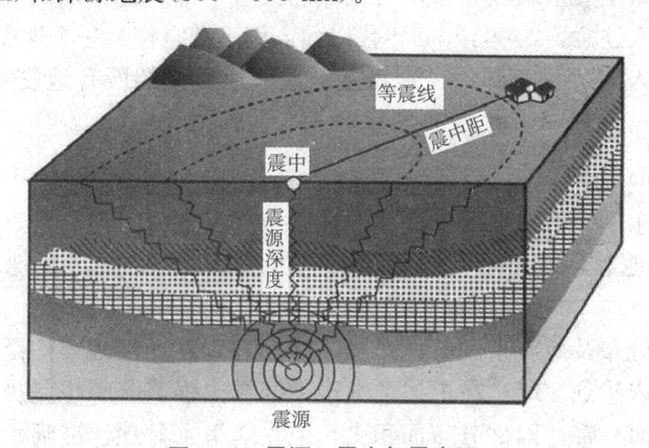

图 6-32　震源、震中与震中距

地震烈度的大小不仅与震级的大小有关，而且与震源深度、震中距及地质体的条件等因素有关。对某一次地震来说，震级是固定的，但不同地区的破坏烈度却不同。这是因为地震发生后，地震波从震源向外扩散传播，一般首先到达最近点震中，然后沿地表向外扩散，随着震中距的加大，烈度逐渐减小。因此，可以通过宏观调查，把烈度基本相同的地点连接成封闭曲线，称为等震线。

对于相同震级的地震，震源浅的比震源深的对地表的破坏性大。深源地震震级很大，波及范围很广，但地表烈度往往较小。震中距相同的地方，由于地质条件的不同，地表的破坏程度也有差别。通常把高烈度区中的小片低烈度区称为安全岛。另外，地震烈度与建筑物的结构设计及建筑质量有关。

■ 四、地震分布

(一)世界范围内的主要地震带及其大地构造环境

地震并非均匀分布在地球各部分，而是集中于某些特定的地带，这些地带被称为地震带。世界范围内的地震带主要如下。

1. 环太平洋地震带

环太平洋地震带沿太平洋板块边界上的岛弧—海沟带分布。这是世界上最大的地震带，在狭窄条带内震中密度也最大，全世界约 80%的浅源地震、90%的中源地震和全部的深源地震都集中于此地震带，其释放的能量约为全世界地震释放能量的 80%。此地震带的震源深度有自岛弧外线的深海沟向大陆内部逐步加深的规律。

2. 喜马拉雅—地中海地震带

喜马拉雅—地中海地震带又称为阿尔卑斯—喜马拉雅—印尼地震带，它沿欧亚、非洲、印度洋板块结合带分布，是仅次于环太平洋地震带的第二大地震带，震中分布较前者分散，因此该地震带的宽度大且有分支。其以浅源地震为主，中源地震在帕米尔、喜马拉雅地区有所分布，深源地震主要分布于印尼岛弧。环太平洋地震带以外的所有深源、中源和大的浅源地震均发生于此地震带，其释放的能量约占全球地震能量的 15%。

3. 大洋海岭地震带

大洋海岭地震带主要呈线状分布于各大洋的接近中部。这一地震带远离大陆时多为强震，因此以前未被人注意，20 世纪 60 年代以前人们不把它作为一个地震带，随着海底扩张和板块构造的发展人们才注意到这一地震带。这一地震带的所有地震均产生于岩石圈内，震源深度小于 30 km。

(二)我国地震的基本特征

我国除台湾省东部、西藏地区南部和吉林省东部发生深源地震外，其余地区的地震均属于大陆板块内部地震，即位于板内活动断层带及其附近，以浅源地震为主，震级有大有小。

我国强震空间分布及地震带划分以东经 105°为界，在西部地震广泛分布，在东部地震相对稀少且震级均未达到 8 级。在上述两地震带区域内强震分布也是极不均匀的，东部分布于华北及东南沿海一带，西部分布面积大，但在塔里木盆地、准噶尔盆地和鄂尔多斯盆地等地震分布较为零星。

有的研究者根据地震活动的强度和频率大致将区域分为以下三种情况。

(1)地震活动强烈地区，有台湾、西藏、四川和云南两省西部、新疆、甘肃、青海、宁夏，发生地震次数占地震总数的 80%。

(2)地震活动中等地区，有河北、陕西关中、山西、山东、辽宁南部、延吉、安徽中部、福建、广西、广东沿海地区，发生地震时震级可达 6～8 级，发生频率为 15%。

(3)地震活动较弱地区，有江苏、浙江、江西、湖南、湖北、河南、贵州、四川东部、黑龙江、吉林、内蒙古的大部分地区，发生地震时震级在6级左右。

从西部看，地震以喜马拉雅南缘、青藏高原南部最强，向北减弱，但天山南北地震有所增强。地震震源深度：西部为40～60 km，东部为20 km，东南沿海仅为10 km。

五、常见震害

(一)公路的震害

1. 地震激发滑坡、崩塌与泥石流

强烈的地震能激发滑坡、崩塌与泥石流，如震前久雨，更易发生这些现象。在山区，地震激发的滑坡、崩塌与泥石流所造成的灾害和损失，常常比地震本身直接造成的影响还要严重。规模巨大的崩塌、滑坡、泥石流，可以摧毁道路和桥梁，掩埋居民点。峡谷内的崩塌、滑坡可以形成堰塞湖，淹没道路和桥梁。一旦堆石溃决，洪水下泄，便形成泥石流，常可引起下游水灾。

2. 地面变形

断裂错动是浅源断层地震发生断裂错动时在地面上的表现。地倾斜是指地震时地面出现的波状起伏。这种起伏是面波造成的，不仅在大地震时可以看到，而且在震后往往有残余变形留在地表。这种地变形主要发生在土、砂和砾、卵石等地层内，由于振幅很大、地面倾斜等，它们对建筑物有很大的破坏力。

出现在发震断裂及其邻近地段的断裂错动和构造型地裂缝，人类难以克服，也无从防治，因此工程中应尽可能避开，或本着便于修复的原则设计公路，以便破坏后能及时修复。

3. 地震促使软弱地基变形、失效

软弱地基一般是指具有触变性的软弱黏性土地基及可液化的饱和砂土地基。它们在强烈地震作用下，会发生触变或液化，承载力大大降低或完全消失，这种现象通常称为地基失效。软弱地基失效时，可发生很大的变位或流动，不但不能支撑建筑物，反而对建筑物的基础产生推挤作用，进而严重破坏建筑物。除此之外，软弱地基在地震时容易产生不均匀沉陷，振动的周期长、振幅大，这些都会使其上的建筑物遭受破坏。

(二)桥梁的震害

桥梁的震害主要是墩台发生位移与倒塌、下部构造发生变形引起上部构造的变形或坠落。

在软弱地基上，桥梁的震害不仅严重，而且分布范围广。在一般地基上，也可能产生某些桥梁的震害，如墩台裂缝、土压力增大或水平方向抵抗力降低引起墩台的水平位移或倾斜等。

思考与练习

一、名词解释

1. 地质作用　　2. 风化作用　　3. 泥石流

4. 滑坡　　5. 地震烈度　　6. 岩溶

二、单项选择题

1. 下列不属于内动力地质作用的是(　　)。

A. 地壳运动　　B. 地震作用　　C. 搬运作用　　D. 变质作用

2. 下列不属于外动力地质作用的是(　　)。

A. 搬运作用　　B. 岩浆作用　　C. 风化作用　　D. 成岩作用

3. 在缺少植被和水的沙漠地区，(　　)风化作用最为明显。

A. 物理　　B. 冰冻　　C. 化学　　D. 生物

4. 风化作用在(　　)位置最明显。

A. 地表　　B. 地壳中部　　C. 地壳深部　　D. 以上全是

5. 随着距地表深度的不断加大，风化作用的程度(　　)。

A. 不发生变化　　B. 越来越强　　C. 越来越弱　　D. 无法判断

6. 地面流水、地下水、风等在运动过程中对地表岩石、土体的破坏过程称为(　　)。

A. 风化作用　　B. 剥蚀作用　　C. 搬运作用　　D. 变质作用

7. 岩石在(　　)过程中只发生机械破碎，而化学成分不变。

A. 碳酸化作用　　B. 温差风化

C. 水化作用　　D. 氧化作用

8. 引起岩石物理风化的主要因素的是(　　)。

A. 接触二氧化碳　　B. 生物分解

C. 温度变化　　D. 接触氧气

9. 河流的地质作用不包括(　　)作用。

A. 侵蚀　　B. 搬运　　C. 堆积　　D. 固结成岩

10. 河流的地质作用一般表现为(　　)。

A. 侵蚀、沉积　　B. 沉积、搬运

C. 侵蚀、搬运　　D. 侵蚀、沉积、搬运

11. 牛轭湖相沉积是(　　)造成的。

A. 河流的地质作用　　B. 湖泊的地质作用

C. 海洋的地质作用　　D. 风的地质作用

12. 滑坡体在滑运过程中，各部位受力性质和移动速度不同，受力不均而产生滑坡裂隙。其中分布在滑体中部两侧，因滑坡体与滑坡床发生相对位移而产生的裂隙称为(　　)。

A. 扇形裂隙　　B. 拉张裂隙　　C. 鼓张裂隙　　D. 剪切裂隙

13. 从滑坡形成的地形地貌条件分析，(　　)地段不易发生滑坡。

A. 高陡斜坡　　B. 山地缓坡，地表水易渗入

C. 山区河流的凸岸　　D. 黄土阶地前坡脚被地下水侵蚀

14. 斜坡的破坏方式有滑坡和(　　)。

A. 流动　　B. 松动　　C. 流砂　　D. 崩塌

15. 按滑动的力学性质，滑坡可分为(　　)。

A. 顺层滑坡和切层滑坡　　B. 牵引式滑坡和推动式滑坡

C. 张性滑坡和剪性滑坡　　D. 切层滑坡和均质滑坡

16.“马刀树”用于判断(　　)。

A. 崩塌　　B. 滑坡　　C. 地面沉降　　D. 地震

17. 岩体在重力作用下，凸出脱离母体向下坠落或滚动的现象称为(　　)。

A. 错落　　B. 崩塌　　C. 滑坡　　D. 塌陷

18. 影响滑坡的因素很多，以下不是主要因素的是(　　)。

A. 岩性　　B. 温度　　C. 水　　D. 地震

19. 按形成原因天然地震可划分为(　　)。

A. 构造地震和火山地震　　B. 陷落地震和激发地震

C. 浅源地震和深源地震　　D. A+B

20. 由水库蓄水或地下大爆炸所引起的地震，属于(　　)。

A. 构造地震　　B. 火山地震　　C. 陷落地震　　D. 激发地震

21. 世界上90%的地震属于(　　)。

A. 构造地震　　B. 火山地震　　C. 陷落地震　　D. 人工触发地震

22. 下列关于震级和烈度的组合正确的是(　　)。

A. 每次地震震级只有一个，烈度也只有一个

B. 每次地震震级可有多个，烈度只有一个

C. 每次地震震级只有一个，但烈度有多个

D. 每次地震震级可有多个，烈度也可有多个

23. 下列关于震级和烈度的叙述，正确的是(　　)。

A. 震级是地震所释放出来能量大小的反映

B. 震级是由地面和建筑物的破坏程度决定的

C. 烈度是由地震释放出来的能量大小决定的

D. 每次地震的烈度只有一个

24. 在今后一定时期内，某一地区一般场地条件下可能遭遇的最大地震烈度是(　　)。

A. 场地烈度　　B. 基本烈度　　C. 设防烈度　　D. 工程烈度

25. 根据条件调整后的地震烈度称为(　　)。

A. 基本烈度　　B. 设计烈度　　C. 场地烈度　　D. 工程烈度

26. 下列组合最易发生岩溶的是(　　)。

A. 可溶性岩石，岩体内有相互连通的裂隙，水具有侵蚀性，且水是流动的

B. 可溶性岩石，丰富的水，岩体内有丰富的裂隙，水是流动的

C. 沉积岩，水具有侵蚀性，且水是流动的

D. 可溶性岩石，岩体中有丰富裂隙，水具有侵蚀性，水是封闭的

27. 下列不是岩溶发育的必要条件的是(　　)。

A. 可溶性岩石　　B. 岩石为软岩　　C. 水是流动的　　D. 水的侵蚀性

28. 下列岩石中，产生岩溶现象的主要岩石种类是(　　)。

A. 硅质灰岩　　B. 石灰岩　　C. 砂岩　　D. 凝灰岩

29. 以下几种泥石流的防治措施中，能根治泥石流的一种方法是(　　)。

A. 跨越　　B. 滞留与拦截　　C. 水土保持　　D. 排导

30. 洞室衬砌的主要作用是(　　)。

A. 承受岩土和水压力　　B. 防止地下水入渗

C. 装饰洞室　　D. 辅助围岩灌浆

31. 在公路及隧洞选线时，应尽量使公路及隧道走向与岩层走向(　　)。

A. 平行　　B. 垂直　　C. 以45°角相交　　D. 以上都可以

32. 对于趋于稳定的岩堆，可在岩堆下部以(　　)方式通过。

A. 路堑　　B. 路堤　　C. 半填半挖　　D. 任意形式

三、填空题

1. 地质作用按动力来源可分为__________和__________地质作用两种。
2. 外动力地质作用包括__________、剥蚀作用、__________、沉积作用和成岩作用。
3. 河流在流动的过程中，不断加深和拓宽河床的作用称为河流的__________作用。
4. 流水产生的侵蚀作用包括__________和__________两种方式。
5. 防治斜坡变形破坏的措施可分为三大类，即__________、__________和__________。
6. 按发生滑坡的力学条件，滑坡可分为__________和__________。
7. 阶地按其成因类型可分为__________、__________、__________。
8. 岩石的可溶性主要取决于__________和__________。
9. 泥石流的防治措施，上游__________以__________为主，中游__________以__________为主，下游__________以__________为主。
10. 天然地震按其成因，可划分为__________、__________、__________和__________。
11. 地壳表层的岩石，在太阳辐射、大气、水和生物等的引力作用下，发生物理和化学变化，使岩石崩解破碎以至逐渐分解的作用，称为__________作用。

四、简答题

1. 什么是风化作用？风化作用的类型有哪些？其影响因素是什么？
2. 河流侵蚀作用的表现有哪些？对建筑工程有何影响？
3. 什么是滑坡？滑坡的要素有哪些？
4. 滑坡地貌的形成条件是什么？其形态特征有哪些？
5. 影响滑坡发生的因素有哪些？
6. 什么是泥石流？泥石流如何分类？
7. 泥石流的形成条件是什么？
8. 什么是岩溶？岩溶作用的发生需要哪些基本条件？
9. 常见的岩溶形态有哪些？简述岩溶的基本特征。
10. 试述岩溶发育的基本规律。为什么有这些规律？
11. 简述地震波的类型及特征。
12. 地震震级与地震烈度有什么关系和不同？
13. 工程建设中常用的地震烈度是什么？它与基本烈度的关系如何？

模块七　工程地质勘察

在城建规划和建(构)筑物、交通等基本建设工程兴建之前，通常都先要进行测量、水文、工程地质、水文地质及其他有关内容等工程勘察工作，以获取建筑场地自然条件的原始资料，制定技术正确、经济合理、社会效益可行的设计和实施方案。工程地质勘察就是这些工程勘察中一个极其重要的组成部分。

工程地质勘察

工程地质勘察的目的是获取建筑场地及其有关地区的工程地质条件的原始资料和工程地质论证。

工程地质勘察的基本原则是坚持为工程建设服务，因此，勘察工作必须结合具体建(构)筑物的类型、要求和特点，以及当地的自然条件和环境来进行，勘察工作要有明确的目的性和针对性。

可见，对工程地质评价的要求是：按勘察阶段要求，正确反映工程地质条件，提出工程地质评价，为设计、施工提供依据。

工程地质勘察的基本方法有工程地质测绘、工程地质勘探与取样、工程地质现场测试与长期观测、工程地质资料室内整理等。

工程地质勘察的要求、内容和方法视工程类别不同而异，本模块介绍建筑、道路、桥梁和隧道的工程地质勘察的基本内容与方法。

单元一　岩土工程地质勘察的内容和方法

知识目标

(1)了解工程地质勘察的几个阶段。

(2)掌握工程地质勘察的工作程序和方法。

(3)熟悉工程地质测绘和调查的方法。

能力目标

(1)能够根据相关材料判定岩土工程勘察等级。

(2)能够协助勘察技术负责人开展各类工程地质勘察工作。

一、工程地质勘察阶段

工程地质勘察阶段的划分是与设计阶段的划分一致的。一定的设计阶段需要相应的工程地质勘察工作。在我国建筑工程中，建筑工程的工程地质勘察也称为岩土工程地质勘察。工程地质勘察阶段可分为可行性研究勘察阶段、初步勘察阶段和详细勘察阶段。可行性研究勘察应符合选址或确定场地要求；初步勘察应符合初步设计或扩大初步设计要求；详细勘察应符合施工图设计要求。对工程地质条件复杂或有特殊要求的重要工程，还应进行施工勘察；对面积不大，且工程地质条件简单的场地或有建筑经验的地区，可简化勘察阶段。

每个工程地质勘察阶段都有该阶段的具体任务、应解决的问题、重点工作内容和工作方法及工作量等。各个勘察阶段的基本要求如下。

1. 可行性研究勘察阶段

在可行性研究勘察阶段收集建筑场地地质、地形、地震、矿产及附近地区的地质资料。实地踏勘，向群众调查为主，辅以少量钻探等，初步查清场地的地层分布、地质年代、地质构造、地层性质、地下水、有无不良地质现象(山洪、崩塌、泥石流等)等，以便对拟选场地作出工程评价及方案比较，配合其他专业人员选定场址。如果忽视这项工作，可能造成被迫改址，或花费大量资金。

2. 初步勘察阶段

在已选定的场地上，进一步查明不良地质现象的成因、分布范围，以便使主要建筑物的布置避开不良地质现象发育地区，确定建筑总平面图。为满足初步设计阶段的要求，要初步查明地层层序，地质构造，岩土的物理、力学性质，地下水埋藏条件，不良地质现象等，为满足此阶段的要求，要布置少量勘探工程。对于简单工程建设，此阶段可以不进行。

3. 详细勘察阶段

针对具体建筑地基或具体地质问题，为图纸的设计和施工提供可靠依据或设计参数，此阶段勘探间距要加密。详细勘探的具体内容根据不同的建筑物和不同的工程而有所不同。

施工勘察阶段不固定，是为解决设计施工中有关的工程地质问题而进行的。它主要与设计、施工单位相结合进行地基验槽、地基处理加固效果检验、施工中的工程地质监测和必要的补充勘察工作，解决与施工有关的工程地质问题，并为施工阶段地基基础的设计变更提出相应的地质资料。当遇到以下情况时，需进行施工勘察。

(1)重要建筑物的复杂地基，需进行施工验证，核查原勘察资料，必要时进行补充、勘探、测试工作。

(2)进行深基础设计时，需按施工方法确定的勘察内容进行施工勘察，如确定渗透系数、空隙水压力，测基地回弹，提供地层结构、地下水资料等。

(3)进行地基处理和加固前需进行施工勘察，如在桩基施工时遇到孤石，需查明它的大小及分布情况。

二、工程地质勘察的工作程序和方法

工程地质勘察的工作程序一般为：接受委托→资料收集→勘察设计→勘察施工(含原位测试、取样)→室内试验→资料整理→成果编制→成果审查、审核、审定→成果提交。

工程地质勘察的基本方法有工程地质测绘、工程地质勘探与取样、工程地质测试与长期观测、工程地质资料室内整理等。

(一)工程地质测绘和调查

1. 工程地质测绘和调查的任务

工程地质测绘和调查是工程地质勘察的早期工作，它的任务是在综合分析区内已有的地形地质、工程地质、水文地质等地质资料的基础上，编制测区的工程地质测绘工作底图，再利用工作底图填绘出测区内的地表工程地质图，为工程地质勘探、取样、试验、监测等的规划、设计和实施提供基础资料。其包括以下几项内容。

(1)地层岩性。查明测区范围内地表(岩层)的性质、厚度、分布变化规律，并确定其地质年代、成因类型、风化程度及工程地质特性等。

(2)地质构造。研究测区范围内各种构造行迹的产状、分布、形态、规模及其结构面的物理力学性质，明确各类构造岩的工程特性，并分析其对地貌形态、水文地质条件、岩石风化等方面的影响，以及构造活动尤其是地震活动的情况。

(3)地貌条件。调查地表形态的外表特征，如高低起伏、坡度陡缓和空间分布等，进而从地质学和地理学的观点分析地表形态形成的地质原因与年代，以及其在地质历史中不断演变的过程和将来发展的趋势；研究地貌条件对工程建设总体布局的影响。

(4)水文地质。调查地下水资源的类型、埋藏条件、渗透性，分析水的物理性质、化学成分、动态变化，研究水文条件对工程建设和使用期间的影响。

(5)地质灾害。调查测区内边坡稳定状况，查明滑坡、崩塌、泥石流、岩溶等地质灾害分布的具体位置、规模及发育规律，并分析其对工程结构的影响。

(6)建筑材料。在建筑场地或线路附近寻找可以利用的石料、砂料、土料等天然建筑材料，查明其分布位置、大致数量和质量、开采运输条件等。

2. 工程地质测绘和调查的精度

工程地质测绘和调查的精度可以通过测绘的比例尺和地质界线及地质点的测绘精度来控制。

(1)测绘比例尺：一般根据工程地质勘察的阶段来确定。在可行性研究勘察阶段可选用1∶5 000～1∶50 000，在初步勘察阶段可选用1∶2 000～1∶10 000，在详细勘察和施工勘察阶段可选用1∶500～1∶2 000。

对工程地质条件复杂和对工程有重要影响的地质单元，可适当加大比例尺。

(2)测绘和调查的精度：对于图上尺寸不小于3 mm地质单元的地质界线和地质观测点均应进行测绘与调查。

3. 工程地质测绘方法

工程地质测绘方法有相片成图法和实地测绘法等多种方法。相片成图法是利用地面摄影或航空(卫星)摄影的图像，在室内根据判断标志，结合所掌握的区域地质资料，把判明的地层岩性、地质构造、地貌、水系和不良地质现象等转绘在图纸上，并在新绘成的图纸上选择需要进一步调查的地点和路线进行实地调查，对图纸进行审核修正和补充，得到工程地质图。

实地测绘法主要依靠野外实地测绘来完成。实地测绘法有以下三种。

(1)路线穿越法。路线穿越法是指在测区内选择的一些路线，穿越测绘场地，将沿线所遇到的地层、构造、不良地质现象、水文地质、地形、地貌等界线和特征点填绘在工作底图上的方法。为了能用较少的工作量获得较多的工程地质资料，提高工作效率，测绘线路应尽量选择在岩层走向、构造线方向及地貌单元互相垂直，且露头多、覆盖层薄的方向上。

(2)界线追索法。界线追索法是指沿地层走向线、地质构造线、不良地质现象边界线等重要的工程地质界线进行追踪测绘的方法。

(3)测点法。测点法是指在测区内设若干观测点，再根据这些观测点的记录资料和工程地质图的原理进行工程地质测绘的方法。

以上三种方法的选择往往视测区内的地形、地质条件分布而定。由于路线穿越法具有工作量少、效率高的特点，所以在有条件的地区应首先选用；尤其是当地势较为平坦，布设测绘线路较为方便时，一般选用路线穿越法。界线追索法则适用于重要的地质界线的专门测绘，多作为路线穿越法的补充。测点法由于其不利于测区内地质模型的判断或建立，一般仅用于地形复杂，不宜布置测绘线路的地区，或作为测绘线路附近的特殊观测点的补充使用。当然，在实际工程中测区内的地形、地质条件是千变万化的，常常需要将三种方法灵活运用。一般以路线穿越法为基础，对测绘线路附近的特殊观测点增加临时测点，对测绘线路附近重要的地质界线临时增加追索线路的办法可以取得较为理想的效果。

(二)开挖勘探

开挖勘探是指将局部地质条件直接开挖，进行详细观察和描述的勘探方法。根据开挖体的空间形状的不同，开挖可分为槽探、坑探、井探、硐探、钻探、物探几种类型。

1. 槽探

槽探是在地表挖掘成长条形的沟槽(常称探槽)进行地质观察和描述的勘探方法。它主要用于地层分界线、地质构造线或断裂破碎带、岩脉等比较集中的地质剖面的测绘。

探槽的开挖深度一般小于 3 m，其断面有矩形、梯形和阶梯形等多种形式。一般采用矩形，当探槽深度较大时常用梯形；当探槽深度很大且探槽的两壁地层的稳定性较差时，则需要阶梯形来保证探槽的两壁地层的稳定。

2. 坑探

凡揭露勘探挖掘空间的三向尺寸相差不大时称挖掘空间为探坑，与之相应的勘探为坑探。坑探主要用于非常局部的地质现象的重点勘探，深度一般为 1～2 m。

3. 井探

凡揭露勘探挖掘空间的平面的长度和宽度相差不大，而深度远大于长度和宽度时称挖掘空间为探井，与之相应的勘探称为井探。井探主要用于局部地质现象随深度变化情况的重点勘探。探井深度一般为 3～15 m，断面形状有方形、圆形和矩形等。当在易坍塌的地层中开挖时需要采取支护措施。

4. 硐探

当需要对坡体以下某一标高的某水平方向的工程地质条件进行重点勘探时，常采用在指定标高的指定方向开挖地下硐室的方法来完成，此种勘探方法称为硐探，所开挖的地下硐室称为探硐。

5. 钻探

工程地质钻探是利用钻进设备，通过采集岩芯或观察井壁，探明地下一定深度内的工程地质条件，补充和验证地面测绘资料的勘探工作。工程地质钻探既是地表下准确的地质资料的重要方法，也是采取地下原装岩土样和进行多种现场试验及长期观测的重要手段。目前，国内土木工程的工程地质钻探工作主要按照《建筑工程地质勘探与取样技术规程》(JGJ/T 87—2012)进行。

6. 物探

物探是地球物理勘探的简称。它是利用岩土间的电学性质、磁性、重力场特征等物理性质的差异，探测场区地下工程地质条件的勘探方法的总称。其中利用岩土间的电学性质差异进行的勘探称为电法勘探；利用岩土间的磁性变化进行的勘探称为磁法勘探；利用岩土间的重力场特征差异进行的勘探称为重力勘探；利用岩土间传播弹性波的能力差异进行的勘探称为地震勘探。另外，还有利用岩土的放射性、热辐射性质的差异进行的物探的方法。

物探虽然具有速度快、成本低的优点，但由于其仅能对物理性质差异明显的岩土进行判别，且勘察过程中无法对岩土进行直接的观察、取样及其他的试验测试，所以主要用于特定的工程地质环境中精度要求较低的早期勘察阶段的大型构造、空区、地下管线等的探测。

■ 三、岩土工程测试与工程地质长期观测

岩土工程测试是在工程地质勘探的基础上，为进一步研究勘探区内岩、土的工程地质性质而进行的试验和测定，故也称为岩土测试。岩土工程测试方法可分为原位测试和室内测试两种。原位测试是在现场岩土体中对不脱离母体的“试样”进行的试验和测定；室内测试则是将从野外或钻孔采取的试样送到实验室进行试验和测定。原位测试是在现场条件下直接测定岩土的性质，避免了岩土试样在取样、运输及室内试验准备过程中被扰动，因此，所得的指标参数更接近岩土体的天然状态，一般在重大工程中采用；室内测试的方法比较成熟，所取试样体积小，与自然条件有一定的差异，因此所得到的指标参数更接近岩土体的天然状态，一般在重大工程中采用。

原位测试主要有三大任务：一是测定岩土体(地基土)的力学性质和承载力强度，方法主要有静力荷载试验、触探试验、标准贯入试验、十字板剪切试验等，相关内容在模块八中均有详细阐述；二是水文地质试验，主要有渗水试验、压水试验和抽水试验等；三是地基及基础工程试验，主要有不良地基灌浆补强试验和桩基础承载力试验等。

工程地质长期观测是指在工程规划、勘察、施工阶段完工以后，对某些工程地质条件和工程地质问题进行长期观测，以了解其随时间变化的规律及发展趋势，从而验证、预测、评价其对工程建筑及地质环境的影响。工程地质长期观测的对象有地下水动态(水位、水量、水质)，各种物理地质现象，如滑坡动态、斜坡岩土体变形、水库坍岸、地基沉降速度及各部分沉降差异、建筑物变形等。观测时间为定期或不定期，其间隔和长短视观测内容需要根据变化特点而定。

单元二　岩土工程地质勘察成果

知识目标

(1)掌握工程地质勘察报告书的编写方法。

(2)会看工程地质报告图及其附件。

能力目标

(1)能够读懂工程地质勘察报告书。

(2)针对各类勘察试验，能够帮助技术负责人开展试验的施加工作，并正确判断出何时应终止试验。

工程地质勘察报告书和图件是工程地质勘察的成果，是总结归纳该工程勘察资料而用书面方式来表达的。因此，它是勘察成果的最终体现，并作为设计部门进行设计的最重要的基础资料。工程地质勘察报告书和图件应该充分反映工程场址的客观实际且方便、实用。

工程地质勘察的内业整理是勘察工作的主要组成部分。它把现场勘察得到的工程地质资料和与工程地质评价有关的其他资料进行统计、归纳与分析，并编制成图件和表格；将现场和各方面搜集来的材料，按工程要求和分析问题的需要进行去伪存真、系统整理，以适应工程设计和工程地质评价的实际需要。

勘察资料的内页整理一般在现场勘察工作告一段落或整个勘察工程结束后进行。内业整理工作一般包括现场和室内试验数据的整理与统计、工程地质图件的编制及工程地质报告书的编写。

一、工程地质勘察报告书

工程地质勘察报告书是工程地质勘察的文字成果。工程地质勘察报告书必须有明确的目的性，结合场地自然条件、建筑类型和勘察阶段等规定其内容与格式，不能强求统一。总的来说，工程地质勘察报告书应简明扼要，切合主题；所提出的论点应有充分的实际资料作为依据，并附有必要的插图、照片及表格，以助文字说明。有些报告书采用表格形式列举实际资料，能起到节省文字、加强对比的作用；但对论证问题来说，文字说明原因作为主要形式。因此，工程地质勘察报告书表格化的做法，也需视实际情况而定，不可强求统一。当然，对于工程地质条件简单，勘察工程量小，且无特殊的设计、施工要求的工程，工程地质勘察报告书可以采用图表形式，并附以简要的文字说明。

工程地质勘察报告书的任务在于阐明工作地区的工程地质条件，分析存在的工程地质问题，并作出工程地质评价，得出结论。因此，对较复杂场地的大规模或重型工程的工程地质报告书，在内容结构上一般可分为绪论、一般部分、专门部分、结论部分。

(1)绪论。绪论的任务主要是说明勘察工作的任务、采用的方法及取得的成果。勘察任务应以上级机关或设计、施工单位提交的任务书为依据。为了明确勘察的任务和意义，在绪论中应先说明建筑的类型、拟定规模及其重要性、勘察阶段，以及需要解决的问题等。

(2)一般部分。一般部分的任务是阐述勘察场地的工程地质条件。对影响工程地质条件的因素，如地势、水文等也应做一般介绍。该部分所阐述的内容应既能表明建筑地区工程地质条件的特征及一般规律，又须结合工程要求择其有关者述之。

(3)专门部分。专门部分是整个报告书的中心内容，其任务是结合具体工程要求对涉及的各种工程地质问题进行论证，并对报告书中所提出的要求和问题给予尽可能圆满的回答。例如，对规划阶段的选定建筑地点可能方案的工程地质条件对比评价，适宜的建筑与基础结构类型的建议，不利条件及存在的工程地质问题的深入分析，以及为解决这些问题所应采取的合理措施等。当然，在论述时应当列举勘察所得各种实际资料，进行必要的不同途径方法的计算，在定性评价的基础上作出定量评价。

(4)结论部分。结论部分在上述各部分的基础上对任务书中所提出的及实际工作中所发现的各项工程地质问题给出简短明确的答案。因此，其内容必须明确具体，措辞必须简练正确。另外，在结论部分中还应指出存在的问题及今后进一步研究方向的建议。

二、工程地质图和其他附件

工程地质勘察报告书应附有各种工程地质图，如分析图、专门图、综合图等。这些图件对于说明工程地质勘察报告书是最基本的。工程地质勘察报告书赖以这些图件来说明和评价。

如前所述，工程地质图是由一套图组成的，平面图是最主要的，但若没有必要的附件，平面图将不易了解，也不能充分反映工程地质条件。这些附件如下。

1. 勘察点平面位置图

当地形起伏时，该点应绘制在地形图上。除在图上标明各勘探点(包括探井、探槽、钻孔等)的平面位置、各现场原位测试点的平面位置和勘探剖面线的位置外，还应绘制出工程建筑物的轮廓位置，并附场地位置示意图，各类勘探点、原位测试点的坐标及高程数据表。

2. 工程地质剖面图

工程地质剖面图以工程地质剖面图为基础，反映地质构造、岩性、分层、地下水埋藏条件、各分层岩土的物理力学性质指标等。

工程地质剖面图的绘制依据是各勘探点的成果和土工试验成果。工程地质剖面图用来反映若干条勘探线上工程地质条件的变化情况。由于勘探线的布置与主要地貌单元走向垂直，或与建筑主要轴线一致，故工程地质剖面图能最有效地揭示场地工程地质条件。

3. 地层综合柱状图(或分区地层综合柱状图)

地层综合柱状图反映场地(或分区)的地层变化情况，并对各地层的工程地质特征等作简要的描述，有时还附有各土层的物理力学性质指标。

4. 土工试验图表

土工试验图表主要包括土的抗剪强度(s-p 曲线)及土的压缩曲线(e-p 曲线)，一般由土工实验室提供。

5. 现场原位测试图件

现场原位测试图件是诸如荷载试验、标准贯入试验、十字板剪切试验、静力触探试验等的成果图件。

6. 其他专门图件

对于特殊土、特殊地质条件及专门性工程，应根据各自的需要，绘制相应的专门图件，如各种分析图等。

单元三　道路工程地质勘察

知识目标

(1)了解道路工程地质的主要问题。

(2)熟悉道路工程地质勘察的主要任务。

(3)掌握道路工程地质勘察不同阶段的基本任务。

能力目标

具备识别并解决道路工程地质问题的相关素质和能力，掌握道路工程勘察的要点。

道路路基包括路堑和半路堤、半路堑等。路基的主要工程地质问题为：路基边坡稳定性问题、路基基底稳定性问题、公路冻害问题及天然建筑材料问题等。

一、道路工程地质问题

(1)路基边坡稳定性问题：路基边坡包括天然边坡、傍山线路的半填半挖路基边坡及深路堑的人工边坡等。具有一定的坡度和高度的边坡在重力作用下，其内部应力状态也不断变化。当剪应力大于岩土体的抗剪强度时，边坡即发生不同形式的变化和破坏。其破坏形式主要表现为滑坡、崩塌和错落。土质边坡的变形主要取决于土的矿物成分，特别是亲水性强的黏土矿物及其含量。除受地质、水文地质和自然因素影响外，施工方法是否正确也有很大关系。岩质边坡的变形主要取决于岩体中各软弱结构面的性状及其组合关系。它们对边坡的变形起着控制作用。只有同时具备临空面、滑动面和切割面的三个基本条件，岩质边坡的变形才有发生的可能。

开挖路堑形成的人工边坡加大了边坡的陡度和高度，使边坡的边界条件发生变化，破坏了自然边坡原有的应力状态，进一步影响边坡岩土体的稳定性。另外，路堑边坡不仅可能产生工程滑坡，而且在一定条件下还能引起古滑坡复活。由于古滑坡发生时间长，在各种外营力的长期作用下，其外表形迹早已被改造成平缓的边坡地形，所以很难被发现。若不注意观察，当施工开挖形成滑动的临空面时，就可能造成边坡失稳。

(2)路基基底稳定性问题：一般路堤和高填路堤对路基基地要求是有足够的承载力，基底土的变形性质和变形量的大小主要取决于基底土的力学性质、基底面的倾斜程度、软土层或软弱结构面的性质与产状等，它往往使基地发生巨大的塑性变形，而造成路基的破坏。

(3)公路冻害问题：根据地下水的补给情况，公路冻胀的类型可分为表面冻胀和深源冻胀。表面冻胀发生在地下水埋深较大的地区，其冻胀量一般为 30～40 mm，最大达 60 mm。其主要原因是路基结构不合理或养护不周，致使道砟排水不良。深源冻胀多发生在冻结深度大于地下水埋深小或毛细管水带接近地表水的地区，这里地下水补给丰富，水分迁移强烈，其冻胀量一般为 200～400 mm，最大达 600 mm。公路冻害具有季节性，冬季，在负气温长期作用下，土中水分重新分布，形成平行于冻结界面的数层冻层，局部尚有冻透镜体，从而使土体积增大(约 9%)而产生路基隆起现象；春季，地表冰层融化较早，而下层尚未解冻，融化层的水分难以下渗，使上层土的含水量增大而软化，在外荷载作用下，路基出现翻浆现象。

(4)天然建筑材料问题：路基工程需要的天然建筑材料不仅种类较多，而且数量较大，同时要求各种材料产地沿线两侧零散分布。这些材料品质的好坏和运输距离的远近，直接影响工程的质量和造价，有时还会影响路线的布局。

■ 二、基本任务

道路工程地质勘察的基本任务如下。

(1)与路线、桥梁和隧道专业人员密切配合，查询路线上的地质、地貌条件及动力地质现象，阐明其演变规律，明确各条路线方案的主要工程地质条件，为各方案的比较提供依据。在地形、地质条件复杂的地段，确定路线的合理布设，以减少失误。

(2)特殊岩土地段及不良地质现象，如盐渍土、多年冻土、岩溶、沼泽、积雪、滑坡、崩塌、泥石流等，往往影响路线方案的选择、路线的布设和构造物的设计；应重点查明其类型、规模、性质、发生原因、发展趋势和危害程度。对严重影响路线安全而数量多、整治困难的各种工程地质问题，如发展中的暗河岩溶区、深层滑坡地段、深层沼泽、有沉陷的深源冻胀地段等，一般均以绕避为原则。但对技术切实可行，可彻底整治而费用不高，对今后运营无后患的地段，应合理通过，绝不盲目避绕。

(3)充分发掘、改造和利用沿线的一切就地材料，满足就地取材的要求。当就近材料不能满足要求时，应由近及远地扩大调查范围，以求得足够数量的品质优良、适宜开采和运输方便的筑路材料产地。

■ 三、勘察要点

在可行性研究阶段的工程地质勘察工作是收集资料、现场核对和概略了解地质条件。为此着重介绍初步勘察阶段和详细勘察阶段的工作内容，并示于表 7-1 中。

1. 初步勘察阶段

初步勘察阶段的基本任务是对已确定的路线范围内所有的路线摆动方案进行勘察对比，确定路线在不同地段的基本走法，并以比选和稳定路线为中心，全面查明路线最优方案沿线的工程地质条件。工程地质测绘是这一阶段中的一项重要手段。勘察范围沿路线两侧各宽 150～200 m、测绘比例尺为 1∶50 000～1∶200 000。勘探工作主要用于查明重大而复杂的关键性工程地质问题与不良地质现象的深部情况。

2. 详细勘察阶段

详细勘察阶段的基本任务是根据已批准的初步设计文件中所确定的修建原则、设计方案、技术要求等资料，对各种类型的工程建筑物(桥、隧、站场等)位置有针对性地进行详细的工程地质勘察，最终确定道路路线和构造物的布设位置，查明构造物地基的地质构造、工程地质及水文地质条件，准确提供工程和基础设计、施工必需的地质参数。

表 7-1　道路工程地质勘察要点

工作内容		初步勘察内容	详细勘察内容
道路选线		1. 按不同地形、地貌条件进行工程地质选线； 2. 按不良地质路段进行工程地质选线； 3. 按特殊沿途进行工程地质选线	对有价值的局部方案、新发现的不良地质条件和特殊岩土地段、增设的大型工程场地和新增沿线筑路材料场地，进一步核实、补充和修正初勘资料，进一步查明沿线的工程地质条件
路基	一般路基	调查与地基稳定和边坡稳定及设计有关的地质问题，重点为土质路基段	按地貌特征分段，查明各段的地质结构、岩土体性质、基岩风化情况及地下水变化规律，划分土石工程等级
	高路堤	调查地层层位、层厚、土质类别，调查地下水埋深分布，确定土的承载力抗剪指标和压缩指标。判定路堤的地基沉降和滑移稳定性	对已确定存在的沉降和滑移问题，初拟处理方案，对有关地层进行测试，特别是固结和抗剪指标
	陡坡路堤	调查斜坡上覆盖土层的类别和层厚，斜坡下卧基岩的倾斜度、岩性产状、风化程度，斜坡地下水情况，确定土层和岩土界面的抗滑、抗剪指标	对已确定存在的不稳定问题初拟方案。对有关地层可能滑动的沿途界面进行测试，重点是抗剪、抗滑指标
	深路堤	调查边坡岩石土体岩性、产状、结构面的抗滑、抗剪指标	对可能滑动的边坡土体和岩体的结构面进行测试，掌握设计所需的各种物理力学指标，重点是抗剪、抗滑指标
	支挡工程	构筑物地基的物理力学指标、岩性、地质构造，探查下卧软弱层的存在及分布	对已确定支挡工程位置的承重地层的岩性、地质构造和设计所需物理力学指标进行核实
	河岸防护工程	调查岸坡地层岩性、地质构造、地形、地貌、不良和特殊地质现象的现状及发展趋势，调查河段的水文特征和冲淤变化规律	对已确定的河岸防护和导流工程的地基地层岩性、地质构造和承重地层的物理力学指标，进一步勘察核实
	改河（沟渠）工程	调查原河段的水流、水力特征和冲刷淤积规律，评价改移河道地段的工程地质水文条件	对已确定工程的位置进一步核实其所涉及的开挖区段和构造物地基的地层岩性，进一步查明地质构造和水文地质条件，以及地基岩土的物理力学指标等
小桥涵		勘察地层岩性、地质构造，重点是查明地基覆盖层厚度及承载力，基岩埋深、风化程度及承载力	对存在不良地质问题的地基地层岩性、地质构造及承载力进行补充勘探
互通式立交工程		调查工程区段内的地层岩性、地质构造、地形地貌、水文地质条件和特殊不良地质问题，确定有关地层的物理指标	对已确定的工程位置中桥梁墩台、特殊路段、不良地质路段、重点工程路段，进一步查明地层岩性、地质构造和设计所需各类岩土物理力学指标

单元四　桥梁工程地质勘察

知识目标

(1)掌握桥梁、涵洞的分类方法。

(2)了解桥梁工程地质问题。

(3)了解不同阶段桥梁工程地质勘察存在的问题。

能力目标

能够掌握并了解桥梁工程地质勘察各阶段的勘察要点，具备解决桥梁工程地质相关问题的能力。

大、中桥位多是路线布设的控制点，桥位变动会使一定范围内的路线也随之变动。因此，桥梁工程地质勘察一般应包括两项内容：首先，对各比较方案进行调查，配合路线、桥梁专业人员选择地质条件比较好的桥位；然后，对选定的桥位进行详细的工程地质勘察，为桥梁及其附属工程的设计和施工提供所需要的地质资料。影响桥位选择的因素有路线方向、水文地质条件与工程地质条件。工程地质条件是评价桥位好坏的重要指标之一。桥梁、涵洞按跨径不同可分为五种类型，见表 7-2。

表 7-2　桥梁、涵洞按跨径分类

桥涵分类	多孔跨径总长 L/m	单孔跨径 L_k/m
特大桥	$L>1\ 000$	$L_k \geqslant 150$
大桥	$100 \leqslant L \leqslant 1\ 000$	$40 \leqslant L_k \leqslant 150$
中桥	$30<L<100$	$20 \leqslant L_k<40$
小桥	$8 \leqslant L \leqslant 30$	$5 \leqslant L_k<20$
涵洞	—	$L_k<5$

注：1. 单孔跨径是对标准跨径而言的。

2. 梁式桥、板式桥的多孔跨径总长为多孔标准跨径的总长；拱式桥为两端桥台内起拱线间的距离；其他形式桥梁为桥面系车道长度。

3. 管涵及箱涵无论管径或跨径大小、孔数多少，均称为涵洞。

4. 标准跨径：梁式桥、板式桥以梁桥墩中线间距离或桥墩中线与台背前缘间距为准，拱式桥和涵洞以净跨为准。

一、桥梁工程地质问题

桥梁是公路建筑工程中的重要组成部分，由正桥、引桥和导流等工程组成。正桥是主体，位于河岸桥台之间，桥墩均位于河中。引桥是连接正桥与路线的建筑物，常位于河漫滩或阶地之上，它可以是高路堤或桥梁。导流建筑物包括护岸、护坡、导流堤和丁坝等。它用于保护桥梁等各种建筑物的稳定。不同类型的桥梁对地基有不同的要求，因此，工程地质条件是选择桥梁结构的主要依据。其包括以下两个方面的主要工程地质问题。

(1)桥墩台地基稳定性问题。桥墩台地基稳定性主要取决于墩台地基中岩土体承载力的大小。它对选择桥梁的基础和确定桥梁的几个形式起决定作用。当桥梁为静定机构时，由于各桥孔是独立的，相互之间没有联系，对工程地质条件的适应范围较广，但超静定结构的桥梁对各桥墩台之间的不均匀沉降特别敏感；拱桥受力时，在拱脚处产生垂直和向外的水平力，因此，对拱脚处地基的地质条件要求较高。地基承载力的确定取决于岩土体的力学性质及水文地质条件，应通过室内试验和原位测试综合判定。

(2)桥墩台的冲刷问题。桥墩和桥台的修建使原来的河槽过水断面减少，局部增大的河水流速改变了流态，对桥基产生强烈冲刷，威胁桥墩台的安全。因此，桥墩台基础的埋深，除取决于持力层的部位外，还应满足以下几项。

1)桥位应尽可能选择在河道顺直、水流集中、河床稳定的地段，以保护桥梁在使用期间不受河流强烈冲刷的破坏或由于河道改变而失去作用。

2)桥位应选择在岸坡稳定、地基条件良好、无严重不良地质现象的地段，以保证桥梁和引道的稳定，降低工程造价。

3)桥位应尽可能避开顺河方向及平行桥梁轴线方向的大断裂带，尤其不可在未胶结的断裂破碎带和具有活动可能的断裂带上建桥。

■ 二、勘察要点

1. 初步勘察阶段

在工程可行性研究地质勘察资料的基础上，初步查明场地地基的地质条件，即对桥位处进行工程地质调查和测绘、物探、钻探、原位测试，进一步查明工程地质条件的优劣。特别应查明桥位方案或桥型方案比选有关的主要工程地质问题。

对于一般地区的桥位应查明两个方向的内容：一是地形、地貌、地物等方面对桥位选择的制约内容；二是工程地质条件对桥位选择的制约。对特殊地质地区的桥位选择，应针对泥石流、岩溶、滑坡、沼泽、黄土等特殊地区的特点认真研究比选，而不要盲目避绕。工程地质测绘采用1∶500～1∶10 000的比例尺，调查范围包括桥轴线纵向的河岸和两岸谷坡或阶地(为500～1 000 m)，以及横向河流上、下游各200～500 m。

在此阶段中，应对各桥位方案进行工程地质勘察，并对建桥的适宜性和稳定性有关的工程地质条件作出结论性评价。对于工程地质条件复杂的特大桥和中桥，必要时增加技术设计阶段勘察，还应包括环境介质对混凝土腐蚀的评价。

2. 详细勘察阶段

在初步设计阶段勘察测绘基础上进行补充、修正，查明桥梁墩台地基基础岩体风化和软弱层特征，测试岩土体物理力学性能，提供地基承载力基本值、桩壁极限摩阻力，并结合基础类型作出定量评价。随着二级以上公路的发展，在大江、大河上及跨海的公路工程逐渐增多，特大桥梁工程需对工程地质勘察工作特别重视。对于重要的特大桥，测绘应针对桥梁墩(台)、锚固基础、引道、调治构造物等处岩体进行大比例式工程地质测绘(或进行专题研究),因此,应把塔墩锚锭部位作为勘察重点,并采用综合勘测手段进行钻探、原位测试(静探、标贯、旁压试验、十字板剪切试验)、声波测井及抽水、压水试验等;查明地基基础的承载力、极限摩阻力,为设计提供可选择的基础类型和施工方案,并提出存在的问题及处理措施建议等。勘察重点如下。

(1)查明桥位地区岩性、地层构造、不良地质现象的分布及工程地质特性。

(2)探明桥梁墩台的调治构造地基的覆盖层和基岩风化层的厚度、墩台基础岩体的风化及构造破碎程度、软弱夹层情况及地下水状况。

(3)测试岩土的物理力学特性,提供地基的基本承载力、桩壁摩阻力、钻孔桩极限摩阻力,作出定量评价。

(4)对边坡及地基的稳定性、不良地质的危害程度和地下水对地基的影响程度作出评价。

(5)对地质复杂的桥基或特大的塔墩、锚锭基础应进行综合勘探。

思考与练习

一、单项选择题

1. 在详细勘察阶段,工程地质测绘的比例尺应选用(　　)。

A. 1∶200～1∶1 000　　B. 1∶500～1∶2 000

C. 1∶2 000～1∶10 000　　D. 1∶5 000～1∶50 000

2. 平板荷载试验可用于测定地基土的(　　)。

A. 抗剪强度　　B. 重度　　C. 承载力　　D. 压缩模量

3. 回转钻探不适宜的土层是(　　)。

A. 黏性土　　B. 粉土　　C. 砂土　　D. 砾石土

4. 下列不属于内力地质作用的是(　　)。

A. 地壳运动　　B. 地震作用　　C. 剥蚀作用　　D. 变质作用

5. 根据岩土的水理特性,砂土层与黏土层相比,其隔水性(　　)。

A. 差　　B. 相同　　C. 好　　D. 不能确定

6. 岩层在空间的位置由以下(　　)要素确定。

A. 地壳运动　　B. 地形地貌　　C. 走向和倾斜　　D. 走向、倾向、倾角

7. 背斜表现为(　　)。

A. 核部为新地层,两翼对称出现老地层　　B. 核部为老地层,两翼对称出现新地层

C. 向下的弯曲　　D. 与弯曲方向无关

8. 岩石在饱水状态下的极限抗压强度与在干燥状态下的极限抗压强度的值称为岩石的(　　)。

A. 饱水系数　　B. 渗透系数　　C. 吸水系数　　D. 软化系数

9. 残积土是由(　　)形成的。

A. 风化作用　　B. 雨、雪水的地质作用

C. 洪流的地质作用　　D. 河流的地质作用

10. 野外工程地质测绘的方法,不包括(　　)。

A. 实验法　　B. 路线穿越法　　C. 界线追索法　　D. 布点法

11. 内力地质作用包括地震作用、地壳运动、岩浆作用和(　　)。

A. 风化作用　　B. 变质作用　　C. 成岩作用　　D. 沉积作用

12. 在垂直压力作用下，岩石沿已有破裂面剪切滑动时的最大剪应力称为岩石的(　　)

A. 抗拉强度　　B. 抗切强度　　C. 抗剪断强度　　D. 抗剪强度

二、判断题

1. 勘察一般分为选址勘察、初步勘察、详细勘察三个阶段。(　　)

2. 岩土工程勘察等级应根据工程安全等级、场地等级和地基等级综合分析确定。(　　)

3. 房屋建筑与构筑物的工程地质问题的核心是地基稳定性问题。(　　)

4. 勘探孔距离及孔深的确定依勘察阶段的不同而不同。(　　)

5. 标准贯入试验是国际通用的原位测试方法，适用于各类土层。(　　)

6. 物探方法在工程地质勘察中应用广泛，其技术方法简单，且不受人力、设备、地形的限制，但其成果常具多解性。(　　)

7. 在详细勘察阶段，单栋一级高层建筑四个角点都要设原状土取土孔。(　　)

8. 施工勘察及超前地质预报是地下建筑工程地质勘察的重要环节。(　　)

9. 建设水利工程产生水库诱发地震是坝址区主要工程地质问题之一。(　　)

10. 野外鉴别走滑型活断层最好的地貌标志是河流沟谷的同步错移。(　　)

三、简答题

1. 工程地质勘察的主要任务是什么？可分为哪几个阶段？每个阶段的工作有什么具体的要求？

2. 工程地质勘察报告应包括哪几个部分？应包括哪些附件？

3. 道路工程主要有哪些地质问题？

4. 简述道路工程勘察的任务及勘察要点。

5. 桥梁及隧道的勘察要点分别是什么？

模块八　土的物理性质指标与工程分类

土的物理性质指标与工程分类

土是地壳表层母岩经强烈风化作用而形成的大小不等、未经胶结的一种松散物质。它包括土壤、黏土、砂、岩屑、岩块和砾石等。土的总特征是颗粒与颗粒之间的黏结强度低，甚至没有黏结性。根据土粒之间有无黏结性，大致可将土分为砂类土(砾石、砂)和黏质土两大类。

土从外观的颜色上看较为复杂，但以黑、红、白为基本色调。颜色是土粒成分的直观反映。黑色是所含有机物的腐化染色所形成的；白色常来自石英和高岭石的本色；红色主要是高价氧化铁染色所形成的。随着土的形成环境不同，土呈现多种多样的颜色。

土是地壳表层广泛分布着的物质，几乎无处不有。平原、海滨、河谷等处的土层厚度很大，在这些地区，人类的工程活动处处要遇到土的问题，因此，对土的研究在工程地质中占有十分重要的地位。在陆地上所沉积的土层，在水平方向上延伸不远，层位厚度有很大变化，其性质也发生变化；在垂直方向上则形成不同土层互相穿插，交替频繁，其性质极不均一。因此，人们在评价建筑地基时，所涉及的就是不均匀土层，而且是厚度不等、性质各异的许多土层组合的土体。

土体是指建筑场地范围内主要由不同土层组成的单元体。土体涉及对建筑物有影响的整个面积与深度。土体按照其成因可分为残积土、坡积土、洪积土、冲积土、淤积土、冰积土和风积土等类型。它们是在漫长的地质岁月中，一次又一次地由不同的地质作用、不同时代的物质堆积而成，因此它们的组成物质不可能是均匀的，而是由不同层次、不同性质的土层所组成的。各层次的土粒粒度不同、土的类型不同，其物理力学性质也不一致。即使同一土层，也不是完全均匀的，还会出现透镜体、尖灭、变薄等构造现象，其构造延伸的范围也不同。

既然土体不是由单一且均匀的土所组成的，那么就不能用局部、孤立的土块代表土体，也不能用某单一的土代表土体，实质上土与土体是整体与局部的关系。总之，土与土体是既有关联而又不能混为一谈的两个概念。在工程地质工作中，为了掌握土体的结构，必须鉴定具体的各个单一的土层，即研究各层土的特性是研究土体的基础。

单元一　土的组成

知识目标

(1)掌握土的三相组成。

(2)了解颗粒级配的三种常用表示方法。

能力目标

(1)能够掌握土的不均匀系数及曲率系数的计算方法。

(2)能够应用累计曲线确定土粒两个级配指标值，判定土的级配优劣情况。

■ 一、土的三相组成

土的三相组成是指土由固体颗粒、液体水和气体三部分组成(即固相、液相和气相)。土中的固体颗粒构成土的骨架，骨架之间贯穿着大量孔隙，孔隙中充填着液体水和气体。

随着环境的变化，土的三相比例也发生相应的变化，土体三相比例不同，土的状态和工程性质也随之各异。例如，固体＋气体(液体＝0)为干土，此时黏土呈干硬状态，砂土呈松散状态；固体＋液体＋气体为湿土，此时黏土多为可塑状态；固体＋液体(气体＝0)为饱和土。

由此可见，研究土的各项工程性质，首先应从最基本的、组成土的三相本身开始。

(一)土的固相物质

土的固相物质包括矿物颗粒和有机质。它们组成土的主体部分，构成土的“骨架”，也称“土粒”。土粒的物质基础是各种各样的矿物，除带有与母岩相同的原生矿物成分外，还带有大量的次生矿物成分和有机物。概括起来，组成地表土的物质可分为两大类：一类是包括原生矿物和次生矿物的无机质；另一类是包括泥炭在内的动植物残骸和腐殖质的有机质。这些物质成分与化学成分的差异及其不同分量的组合，就构成了不同类型的各种土的性质和特征。

(二)土的液相物质

土的液相是指土中水部分或全部地充满土颗粒之间的孔隙内。土中水可分为两大类：一类结合在土颗粒内部，成为矿物的组成部分，称为矿物内部结合水；另一类存在于天然土体的孔隙中。其与土粒矿物表面接触，有的呈液相，有的呈气相，也有的结成固相的冰，它们对土的工程性质的形成产生不同程度的影响，土粒越粗影响越小，土粒越细影响越大。土中水按其工程性质不同可分为以下几类。

1. 结合水

(1)强结合水(吸着水)。强结合水的性质与普通水不同，其密度大于1 g/cm^3(为1.2～1.4 g/cm^3)，性质接近固体，不传递静水压力，在100 ℃时不蒸发，在－78 ℃的低温下才冻结成冰，只有在105 ℃～110 ℃的高温下才能被烘去。土中吸着水的最大含量：砂土一般为1%～2%，黏土可达10%以上。当黏性土只含强结合水时呈固态坚硬状态；砂性土含强结合水时呈散粒状态。土颗粒之间的吸着水具有抵抗土体变形的能力，这是黏土区别于砂土的显著标志之一。

(2)弱结合水(薄膜水)。弱结合水在强结合水外侧，呈薄膜状，密度大于普通液态水(为1.3～1.7 g/cm^3)，也不传递静水压力。此部分水对黏性土的影响最大。

2. 自由水

自由水包括毛细水和重力水。

(1)毛细水。毛细水位于地下水水位以上土粒细小孔隙中，是介于结合水与重力水之间的一种过渡型水，受毛细作用而上升。一般在孔隙大的砂土中，毛细水上升高度小，甚至没有；在孔隙太小的黏土中，土粒间的孔隙全部被结合水所占据，毛细水没有移动的通路或移动受到很大阻力，因此上升非常缓慢；在极细砂和粉土中，土粒间的孔隙小，毛细水上升快而且高，在寒冷地区应注意由毛细水所引起的路基冻涨问题，尤其要注意毛细水源源不断地使地下水上升所产生的严重冻涨问题。

(2)重力水。重力水位于地下水水位以下较粗颗粒的孔隙中，只受重力控制，具有浮力的作用。重力水能传递静水压力，并具有溶解土中可溶盐的能力。

3. 气态水和固态冰

(1)气态水。气态水以水气状态存在于孔隙中。它能从气压高的空间向气压低的空间运动，并可在土粒表面凝聚而转化为其他类型的水。气态水的迁移与聚集使土中水和气体的分布状态发生变化，可使土的性质改变。

(2)固态冰。固态冰是当气温降至 0 ℃以下时，由液态的自由水冻结而成的。由于水的密度在 4 ℃时为最大，低于 0 ℃的冰不冷缩，反而膨胀，使基础发生冻胀，因此寒冷地区基础的埋深要考虑冻胀问题。

(三)土的气相物质

土的气相是指土的固体矿物之间的孔隙中没有被水充填的部分。土的含气量与含水率有密切关系。土的孔隙中占优势的是气体还是水，对土的工程性质有很大的影响。

土的气相可分为与大气连通的和不连通的两类。与大气连通的气体在受外力作用时，很快地从孔隙中被挤出来，因此，它对土的工程性质影响不大。与大气不连通的密封气体，在受到外力作用时，随着压力的增大，可被压缩或溶解于水中；压力降低时，气泡会恢复原状或游离出来；若土中封闭气泡很多，将使土的压缩性增高，渗透性降低。因此，它对土的工程性质影响较大。

二、土的粒度成分

土的粒度成分通常是指组成土的各种大小颗粒的相互比例关系。

(一)粒组的划分

土的粒度是指土颗粒的大小，以粒径表示，通常以 mm 为单位。按照土粒由粗到细，将其粒径每一区段所包含大小比例相似且工程性质基本相同的颗粒合并为组，称为粒组。每个粒组的区间内常以其粒径的上、下限给粒组命名，如砾粒、砂粒、粉粒、黏粒等。各组内还可细分成若干亚组。土的粒组划分见表 8-1。

表 8-1　土的粒组划分

mm

<table>
<tr><td colspan="10">200　　　　　　　　　60　　20　　5　　2　　0.5　0.25　0.075　　　0.002</td></tr>
<tr><td colspan="2">巨粒组</td><td colspan="6">粗粒组</td><td colspan="2">细粒组</td></tr>
<tr><td rowspan="2">漂石
(块石)</td><td rowspan="2">卵石
(小块石)</td><td colspan="3">砾(角砾)</td><td colspan="3">砂</td><td rowspan="2">粉粒</td><td rowspan="2">黏粒</td></tr>
<tr><td>粗</td><td>中</td><td>细</td><td>粗</td><td>中</td><td>细</td></tr>
</table>

(二)颗粒级配(粒度成分)

一般天然土由若干个粒组组成，它所包含的各粒组在土的全部质量中各自占有的比例称为颗粒级配，又称为粒度成分。用指定方法测定土中各粒组所占总质量百分数的试验，称为土的颗粒分析。

(三)颗粒级配的表示方法

颗粒级配经分析后，常用的表示方法有表格法、累计曲线法和三角坐标法。

1. 表格法

表格法是以列表形式直接表达各粒组的相对含量。表格法有两种不同的表示方法：一种是以累计含量百分比表示，见表 8-2；另一种是以粒度成的分析结果表示，见表 8-3。

表 8-2　粒度成分的累计含量百分比表示法

粒径 d_i/mm	粒径小于等于 d_i 的累计含量百分比 p_i/%		
	土样 a	土样 b	土样 c
10	—	100	—
5	100.0	75.0	—
2	98.9	55.0	—
1	92.9	42.7	—
0.5	76.5	34.7	—
0.25	35.0	28.5	100.0
0.10	9.0	23.6	92.0
0.075	—	19.0	77.6
0.01	—	10.9	40.0
0.005	—	6.7	28.0
0.001	—	1.5	10.0

表 8-3　粒度成分的分析结果

粒组/mm	粒度成分(以质量百分比计)/%		
	土样 a	土样 b	土样 c
10～5	—	25.0	—
5～2	1.1	20.0	—
2～1	6.0	12.3	—
1～0.5	16.4	8.0	—
0.5～0.25	41.5	6.2	—
0.25～0.10	26.0	4.9	8.0
0.10～0.075	9.0	4.6	14.4
0.075～0.01	—	8.1	37.6
0.01～0.005	—	4.2	11.1
0.005～0.001	—	5.2	18.9
<0.001	—	1.5	10.0

2. 累计曲线法

累计曲线法通常用半对数坐标纸绘制。横坐标表示粒径 d_i，纵坐标表示小于某一粒径土的累积百分比 p_i 的含量，如图 8-1 所示。

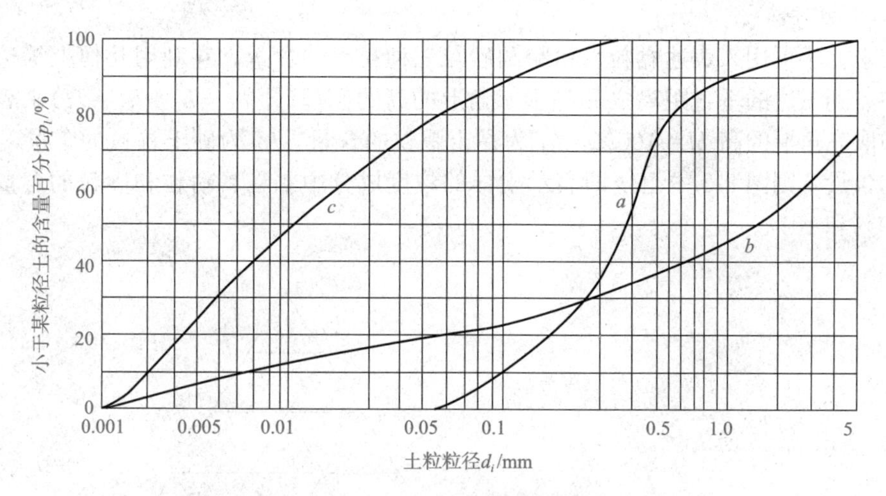

图 8-1　粒度成分累计曲线

从累计曲线可以看出，曲线平缓，表明土的粒度成分混杂，大小粒组都有，各粒组的相对含量差不多；曲线坡度较陡，表明土粒比较均匀，斜率最大的线段所包括的粒组在土样中的含量最大，成为具有代表性的粒组。

累计曲线的用途主要有以下两个方面。

第一，由累计曲线可以直观地判断土中各粒组的分布情况。曲线 a 表示该土绝大部分由比较均匀的砂粒组成；曲线 b 表示该土由各种粒组的土粒组成，土粒极不均匀；曲线 c 表示该土中砂粒极少，主要由粉粒和黏粒组成。

第二，由累计曲线可确定两个土粒的级配指标。

不均匀系数 C_u 为

$$C_u = d_{60}/d_{10} \tag{8-1}$$

曲率系数(或称级配系数)C_c 为

$$C_c = d_{30}^2/d_{10}d_{60} \tag{8-2}$$

式中　d_{10}——有效土粒径，即土中小于该粒径的颗粒质量为 10％的粒径(mm)；

d_{60}——限制粒径，即土中小于该粒径的颗粒质量为 60％的粒径(mm)；

d_{30}——平均粒径，即土中小于该粒径的颗粒质量为 30％的粒径(mm)。

不均匀系数 C_u 反映土的粗细情况和级配情况。C_u 值大，曲线平缓，表明土颗粒大小分布范围大，土的级配良好；C_u 值小，曲线陡，表明土粒大小相近，土的级配不良。一般不均匀系数 $C_u<5$ 时为匀粒土，其级配不好；$C_u \geqslant 5$ 时为非匀粒土，其级配良好。

实际上，仅单靠不均匀系数 C_u 来确定土的级配情况是不够的，还必须同时考虑曲率系数 C_c 的值。C_c 值越大，表明土的均匀程度越高；反之，土的均匀程度越低。在工程上，常利用累计曲线确定的土粒两个级配指标值来判定土的级配优劣情况。当同时满足不均匀系数 $C_u \geqslant 5$ 和曲率系数 $C_c = 1 \sim 3$ 这两个条件时，为级配良好的土；若不能同时满足两个条件，为级配不良的土。

例如，图 8-1 中 $d_{10}=0.11$ mm，$d_{30}=0.22$ mm，$d_{60}=0.39$ mm，则 $C_u=3.55$，$C_c=1.13$，表明土样 a 为级配不良的土。

3. 三角坐标法

三角坐标法可用来表达黏粒、粉粒和砂粒三种粒组的含量。它利用几何上等边三角形中任意一点到三边的垂直距离之和等于三角形的高的原理(即 $h_1+h_2+h_3=H$)来表达粒度成分。如取三角形的高 $H=100\%$，h_1 为黏土颗粒的含量，h_2 为砂土颗粒的含量，h_3 为粉土颗粒的含量，则图 8-2 中粗线即表示土样的粒度成分中黏粒、粉粒和砂粒的含量分别为 30%、60%和 10%。

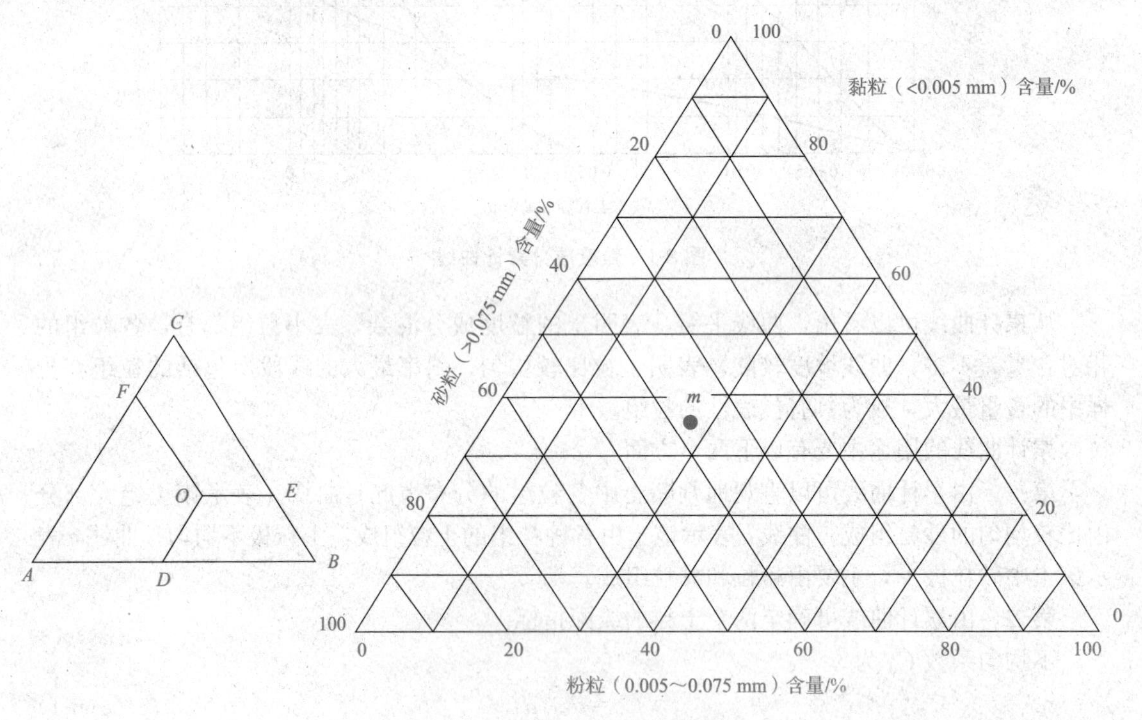

图 8-2　三角坐标法表示粒度成分

上述三种方法各有其特点和适用条件。表格法能很清楚地用数量说明土样的各粒组含量，但对于大量土样的比较就显得过于冗长，且无直观概念，使用比较困难。

累计曲线法能用一条曲线表示一种土的粒度成分，而且可以在一张图上同时表示多种土的粒度成分，能直观地比较其级配状况。

三角坐标法能用一点表示一种土的粒度成分，在一张图上能同时表示许多种土的粒度成分，便于进行土料的级配设计。三角坐标图中不同的区域表示土的不同组成，因此，三角坐标法还可以用来确定按粒度成分分类的土名。

单元二　土的物理性质指标

知识目标

(1)熟练掌握土的基本物理性质指标并会计算。

(2)掌握土的间接物理性质指标并会计算。

能力目标

(1)能够独立进行土的含水率试验，并出具试验报告。

(2)理解土中的三相关系，利用三个试验实测指标，能够导出其余指标换算公式。

土的物理性质是指土的各组成部分(固相、液相和气相)的数量比例、性质和排列方式及其所表现的物理状态，如轻重、干湿、松密程度等。

土的物理性质指标，就是指土中固相、液相、气相三者在体积和质量方面的相互配合比的数值。为了分析和计算方便，一般将土的三相关系用简图表达，如图 8-3 所示。

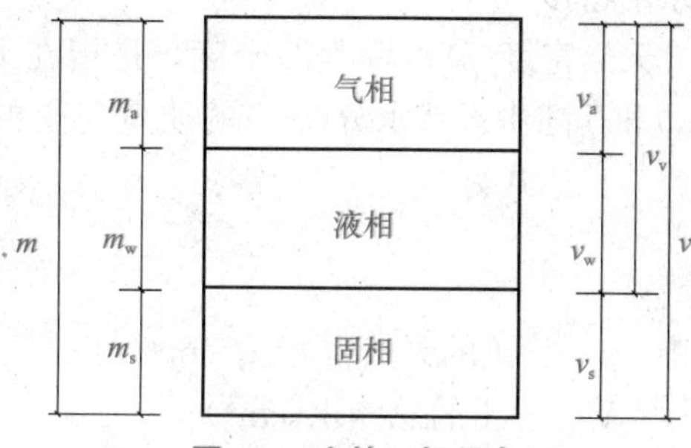

图 8-3　土的三相示意

土的物理性质指标分为两类：一类是通过试验直接测定的土的天然密度、含水率和土的相对密度；另一类是以这三项指标为依据，推导得到的土的干密度、孔隙比、孔隙率、饱和密度、水下密度和饱和度等。

一、土的基本物理性质指标

1. 土的相对密度 G_s(土粒比重)

土的相对密度是指土在 105 ℃～110 ℃下烘干至恒重时的质量与同体积 4 ℃蒸馏水质量的比值。它是土的基本物理性质指标之一。其表达式为

$$G_s=\frac{\text{固体颗粒质量}}{\text{同体积 4 ℃蒸馏水质量}}=\frac{m_s}{V_s\rho_w} \tag{8-3}$$

式中　G_s——土的相对密度；

m_s——干土粒的质量(g)；

V_s——干土粒的体积(cm^3)；

ρ_w——水在 4 ℃时的密度(g/cm^3)。

土的相对密度只与组成土的矿物成分有关，而与土的孔隙大小无关。一般砂土的相对密度为 2.65，黏土的相对密度可达 2.75，含腐殖质多的黏质土的相对密度较小，约为 2.60。

2. 土的含水率 w

土的含水率是指土在105 ℃～110 ℃下烘至恒量时所失去的水分质量和达到恒量后干土质量的比值，一般用百分数表示。其表达式为

$$w=\frac{水的质量}{固体颗粒质量}=\frac{m_w}{m_s}\times 100\% \tag{8-4}$$

式中 w——土的天然含水率(%)；

m_w——土中的水的质量(g)。

式中其余符号意义同前。

土的含水率只能表明土中固相与液相之间的数量关系，不能描述有关土中水的性质；只能反映孔隙中水的绝对值，不能说明其充满程度。当 $w=0$ 时，砂土呈松散状态，黏土呈坚硬状态。黏性土的含水率很高时其压缩性高，强度低。

3. 土的天然密度 ρ

土的天然密度是指土的总质量与土的总体积的比值。这里所说的总质量包括土粒的质量(m_s)、土孔隙中的水分(m_w)和气体(m_a)的质量。因气体质量极小，所以可认为 $m_a\approx 0$。根据孔隙中水分情况可将土的密度分为天然密度(ρ)、干密度(ρ_d)、饱和密度(ρ_f)和水下密度(ρ')。

天然密度(ρ)也称为湿密度，是指在天然状态下土的单位体积的质量，即土粒的质量(m_s)和孔隙中天然水分(m_w)的质量与土的总体积的比值。它是土的基本物理性质指标之一。其表达式为

$$\rho=\frac{m_s+m_w}{V}=\frac{m}{V} \tag{8-5}$$

式中 ρ——土的天然密度(g/cm^3)；

V——土的总体积(cm^3)；

m——土的总质量(g)。

土的密度与土的结构和所含水分的多少及矿物成分有关，因此，在测定土的天然密度时，必须用原状土样，以保持其天然结构状态下的天然含水率。如果土的结构破坏或水分变化，则土的密度也就改变，就不能正确测得真实的天然密度。也可根据工程的需要制备所需状态的扰动土样。

土的孔隙中含水率的高，对土的密度影响很大，随含水率的不同，土的密度的变化范围一般为1.60～2.20 g/cm^3。

■ 二、土的间接物理性质指标

土不是致密无隙的固体，而是土粒之间存在孔隙的物体。有些孔隙互相连通或与大气连通，有些微小孔隙则互相隔绝，形成封闭的小气泡夹在土粒中间。密实土的孔隙总体积较小，疏松土的孔隙总体积较大。土中存在许多孔隙及其所带来的这些特性称为土的孔隙性。土的透水性、压缩性等物理特性都与土的孔隙性有密切的关系。

1. 土的孔隙率 n

土的孔隙率表示土中孔隙大小的程度，为土样中孔隙的体积 V_n 占总体积的百分比，又称为孔隙度。其表达式为

$$n=\frac{V_n}{V}\times 100 \tag{8-6}$$

在工程计算中，n 是常用指标，一般为 30%～50%。

具有散粒结构的土，由于颗粒排列松紧不同，孔隙度也有变化，排列紧密的孔隙度小，排列松散的孔隙度大。粒度成分对孔隙度也有很大影响，不均粒土的孔隙度要小于均粒土的孔隙度。具有海绵结构的黏性土，单个孔隙很小，但数量很多，水在其中为结合水，因此黏质土的孔隙度可以大于 50%，即 v_n 可能大于 v_s。

当土的结构因受外力而改变时，孔隙度也随之而改变，即 v 和 v_n 都在改变，故往往用孔隙比来说明。

2. 孔隙比 e

孔隙比是土中孔隙的体积(v_n)与土粒的体积(v_s)的比值，常用小数表示。其表达式为

$$e=\frac{V_n}{V_s} \tag{8-7}$$

土的孔隙比直接反映土的紧密程度，孔隙比越大，土越疏松；孔隙比越小，土越密实。一般在天然状态下的土，若 $e<0.6$，可作为良好的地基；若 $e>1$，表明 $v_n>v_s$，说明土是工程性质不良的土。

n 与 e 都是反映孔隙性的指标，但在应用上却有所不同，凡是进行与整个土的体积有关测试时，一般用 n 较为方便；但若是要对比一种土的变化状态，则用 e 较为准确。由于 v_s 是不变的，可视为定值，土在荷载作用下引起变化的是 v_n，而 e 的变化直接与 n 的变化成正比，所以 e 能明显地反映孔隙体积的变化。在工程设计计算中常用 e 这一指标。

孔隙率与孔隙比的相互关系如下：

$$n=\frac{e}{1+e} \quad 或 \quad e=\frac{n}{1-n} \tag{8-8}$$

3. 饱和度 s_r

饱和度反映土中孔隙被水充满的程度，饱和度是土中水的体积与孔隙体积之比，用百分数表示。其表达式为

$$s_r=\frac{V_w}{V_v} \tag{8-9}$$

理论上，当 $s_r=100\%$时，表示土体孔隙中全部充满了水，土是完全饱和的；当 $s_r=0$ 时，表明土是完全干燥的。实际上，土在天然状态下极少达到完全干燥或完全饱和状态，因为风干的土仍含有少量水分；即使完全浸没在水下，土中仍可能存在一些封闭气体。

按饱和度的大小，可将砂土分为以下几种不同的湿润状态：$s_r\leqslant 50\%$，稍湿；$50\%<s_r\leqslant 80\%$，很湿；$s_r>80\%$，饱和。

4. 干密度 ρ_d

土的干密度是指单位土体中土粒的质量，即土体中土粒质量 ρ_d 与总体积 V 之比。其表达式为

$$\rho_d=\frac{m_s}{V}(\mathrm{g/cm^3}) \tag{8-10}$$

单位体积的干土所受的重力称为干重度，可按下式计算：

$$\gamma_d=\frac{W_s}{V}=\rho_d g(\mathrm{kN/m^3}) \tag{8-11}$$

土的干密度(或干重度)是评价土的密实程度的指标，干密度大表明土密实，干密度小表明土疏松。因此，在填筑堤坝、路基等填方工程中，常把干密度作为填土设计和施工质量控制的指标。

5. 饱和密度 ρ_{sat}

土的饱和密度是指土在饱和状态时单位体积土的密度。此时，土中的孔隙完全被水充满，土体处于固相和液相的两相状态。其表达式为

$$\rho_{sat}=\frac{m_s+m_w'}{V}=\frac{m_s+V_v\rho_w}{V}(\mathrm{g/cm^3}) \tag{8-12}$$

式中 m_w'——土中孔隙全部充满水时的水的质量(g)；

ρ_w——水的密度，$\rho_w=1\ \mathrm{g/cm^3}$。

饱和重度 $\gamma_{sat}=\rho_{sat}g$。

6. 浮重度 γ'

土在水下时，单位体积的有效质量称为土的浮重度，或称为有效重度。地下水水位以下的土，由于受到水的浮力作用，土体的有效质量应扣除水的浮力作用。浮重度的表达式为

$$\gamma'=\frac{W_s-V_s\gamma_w}{V}=\gamma_{sat}-\gamma_w \tag{8-13}$$

同一种土四种重度数值的关系为：$\gamma_{sat}\geqslant\gamma\geqslant\gamma_d\geqslant\gamma'$。

土的密度 ρ、土粒比重 G_s 和含水率 w 三个指标是通过试验测定的。在测定这三个指标后，其他各指标可根据它们的定义并利用土中的三相关系导出其换算公式。

土的物理性质指标都是三相基本物理量之间的相对比例关系，换算指标可假定 $V_s=1$ 或 $V=1$，根据定义利用三相草图计算出各相的数值，取三相草图中任一个基本物理量等于任何数值进行计算都应得到相同的指标值。

在实际工程中，为了减少计算工作量，可根据表 8-4 给出的土的物理性质主要指标的关系及其最常用的计算公式直接计算。

表 8-4 土的物理性质主要指标一览表

指标名称	表达式	参考数值	指标来源	实际应用
相对密度 G_s (比重)	$G_s=\frac{m_s}{V_s\cdot\rho_w}$	2.65～2.75	由试验测定	换算 n，e，ρ_d； 工程计算
密度 ρ /(g·cm^{-3})	$\rho=\frac{m}{V}$	1.60～2.20	由试验测定	换算 n，e； 说明土的密度
干密度 ρ_d /(g·cm^{-3})	$\rho_d=\frac{m_s}{V}$	1.30～2.00	$\rho_d=\frac{\rho}{1+w}$	换算 n，e，s_r； 粒度分析，压缩试验资料整理

续表

指标名称	表达式	参考数值	指标来源	实际应用
饱和密度 $\rho_{sat}/(g\cdot cm^{-3})$	$\frac{m_s+V_v\rho_w}{V}$	1.80～2.30	$\rho_{sat}=\frac{\rho(G_s-1)}{G_s(1+w)}+1$ 或 $\rho_{sat}=\rho_d+n\rho_w$	
水下密度 $\rho'/(g\cdot cm^{-3})$	$\rho'=\frac{m_s-V_s\rho_w}{V}$	0.80～1.30	$\rho'=\frac{\rho(G_s-1)}{G_s(1+w)}$ 或 $\rho'=\rho_f-\rho_w$	计算潜水面以下地基土自重应力；分析人工边坡稳定
天然含水率 $w/\%$	$w=\frac{m_w}{m_s}\times 100$	$0<w<100\%$	由试验测定	换算 s_r，ρ_d，n，e；计算土的稠度指标
饱和含水率 $w_{max}/\%$	$w_{max}=\frac{v_n\rho_w}{m_s}\times 100$	0～100%	$w_{max}=\frac{G_s(1+w)-\rho}{G_s\cdot\rho}\times 100$	—
饱和度 $s_r/\%$	$s_r=\frac{v_w}{v_n}\times 100$	—	$s_r=\frac{G_s\rho_w}{G_s(1+w)-\rho}$	说明土的饱水状态；计算砂土、黄土地基承载力
天然孔隙度 $n/\%$	$n=\frac{v_n}{v}\times 100$	—	$n=\left[1-\frac{\rho}{G_s(1+w)}\right]\times 100$	计算地基承载力；估计砂土密度和渗透系数；压缩试验调整资料
天然孔隙比 e	$e=\frac{v_n}{v_s}$	—	$e=\frac{G_s(1+w)}{\rho}-1$	说明土中孔隙体积；换算 e 和 ρ'

【例 8-1】 某原状土样，经试验测得天然密度 $\rho=1.91\ kg/m^3$，含水率 $w=9.5\%$，土粒相对密度 $G_s=2.7$。试计算：(1)土的孔隙比 e 和饱和度 s_r；(2)当土中孔隙充满水时土的饱和密度 ρ_{sat} 和饱和含水率 w_{max}。

解：设土的体积 $V=1.0(m^3)$

土样质量 $m=\rho V=1.91\times 1=1.91(kg)$

土样中水质量 $m_w=wm_s=0.095(m_s)$

而 $m=m_s+m_w=1.095m_s=1.91(kg)$

即 $m_s=1.744\ kg$，$m_w=0.166\ kg$

土粒密度 $\rho_s=G_s\rho_w=2.7\times 1=2.7(kg/m^3)$

土粒体积 $V_s=\frac{m_s}{\rho_s}=\frac{1.744}{2.7}=0.646(m^3)$

水的体积 $V_w=\frac{m_w}{\rho_w}=\frac{0.166}{1}=0.166(m^3)$

气体体积 $V_a=V-V_s-V_w=1-0.646-0.166=0.188(m^3)$

孔隙体积 $V_v=V_w+V_a=0.166+0.188=0.354(m^3)$

(1)土的孔隙比 $e=\frac{V_v}{V_s}=\frac{0.354}{0.646}=0.548$

饱和度 $s_r=\frac{V_w}{V_v}=\frac{0.166}{0.354}=46.9\%$

(2)饱和密度 $\rho_{sat}=\frac{m_s+V_v\rho_w}{V}=\frac{1.744+0.354\times1}{1}=2.1(kg/m^3)$

饱和含水率 $w_{max}=\frac{V_v\rho_w}{m_s}=\frac{0.354\times1}{1.744}=20.3\%$

单元三　土的物理状态的判定

知识目标

(1)掌握黏性土的稠度状态和可塑性的确定方法。
(2)掌握用密实度判定天然状态下无黏性土的优劣的方法。
(3)了解用孔隙比及标准贯入试验锤击数判别砂土的密实度的方法。

能力目标

(1)能够独立进行液塑限试验，并出具试验报告。
(2)能够根据相关数据，进行土的液限、塑限及塑性指数的计算。

土的三相比例反映土的物理状态，如干燥或潮湿、疏松或紧密。土的物理状态对土工程性质(如强度、压缩性)影响较大，类别不同的土所表现出的物理状态特征也不同，如无黏性土，其力学性质主要受密实程度的影响；黏性土则主要受含水率变化的影响。因此，不同类别的土具有不同的物理状态指标，不同状态的土具有不同的工程性质。

一、黏性土的稠度状态和可塑性的确定

1. 黏性土的稠度状态

含水率对黏性土的工程性质(如强度、压缩性等)有极大影响。黏性土随含水率的高低而表现出的稀稠程度称为稠度。当土从很湿逐渐变干时，会表现出几个不同的物理状态，如固态、半固态、塑态、液态等，称为土的稠度状态。黏性土的稠度状态表征在土中含水率不同的情况下，固体颗粒的活动程度和土抵抗外力的能力。

在黏性土中，当只含有强结合水时，土呈固态，能够抵挡较大的外力而不变形；当土中含水率升高，含有弱结合水时，土呈半固态，在外力作用下易变形；当土中含水率升高到出现极弱结合水时，土呈塑性状态，在外力作用下易变形但不发生断裂；当土中含有自由液态水时，黏粒间距离较大，水胶结力几乎消失，则土呈液性状态，在土的自重作用下可发生液流现象。

相邻的两种稠度状态有明显的区别，但并无截然划分的标准，而是一个连续渐变的过程，当含水率的变化到一定界限时，就会出现质的变化，即表现出不同的物理状态。通常，将土从一种稠度状态变为另一种稠度状态的界限，称为稠度界限；在稠度状态处于转变界限下的含水率，称为界限含水率，见表 8-5。

表 8-5　土的稠度及界限含水率

<table>
<tr><th>稠度状态</th><th>稠度特征</th><th>界限含水率</th><th>含水率减少方向</th><th>体积缩小方向</th></tr>
<tr><td>流塑的</td><td>呈层状流动</td><td rowspan="4">液限 w_L
塑限 w_P
缩限 w_S</td><td></td><td></td></tr>
<tr><td>可塑的</td><td>塑性变形</td><td></td><td></td></tr>
<tr><td>半干硬的</td><td>不易变形</td><td></td><td></td></tr>
<tr><td>干硬的</td><td>坚硬难变形</td><td colspan="2">土体积不变</td></tr>
<tr><td colspan="5">注：液限(w_L)——又称塑性上限或液性下限，是指土的流塑状态和可塑状态之间的界限含水率；
塑限(w_P)——又称塑性下限，是可塑状态和半干硬状态之间的界限含水率；
缩限(w_S)——在干硬状态范围内，是半干硬状态与干硬状态之间的界限含水率，为土的体积收缩与不收缩之间的转变点。</td></tr>
</table>

2. 塑性指数

塑性状态是黏性土的一种特殊状态，因此，黏性土又称为塑性土。土的塑性是指土在一定外力作用下可以被塑造成任何形状其整体性不改变，当外力取消后，在一段时间内仍保持其已变形后的形态而不恢复原状的性能，也称为土的可塑性。

判断土的塑性强弱的指标采用塑性指数 I_P，即土的液限与塑限之差。

$$I_P = w_L - w_P \tag{8-14}$$

式(8-14)表明，塑性指数 I_P 越大，土的塑性越强；反之则越小。

黏性土的塑性指数的大小主要取决于土中黏粒、胶粒及矿物成分的亲水性。土中黏粒、胶粒含量越多，亲水性越强，土的塑性指数越大；反之则越小。黏性土为塑性指数 $I_P > 10$ 且粒径大于 0.075 mm 的颗粒含量不超过总质量 50%的土。

《公路桥涵地基与基础设计规范》(JTG 3363—2019)中，黏性土根据塑性指数分为黏土和粉质黏土，见表 8-6。

表 8-6　黏性土根据塑性指数(I_P)的分类

塑性指数 I_P	土的名称
$I_P > 17$	黏土
$10 < I_P \leqslant 17$	粉质黏土

3. 液性指数

黏性土的塑性指数只能反映黏性土某一方面的物理性能，不能反映黏性土在天然状态下的稠度状态。同一类的黏性土，由于稠度状态不同，其物理性质相差很大。黏性土在天然情况下的稠度状态可以用液性指数 I_L 来表示，即土的天然含水率与塑限的差值和塑性指数之比，即

$$I_L = \frac{w - w_P}{w_L - w_P} \tag{8-15}$$

式中　I_L——土的液性指数；

w_L——土的液限(%)；

w_P——土的塑限(%)。

对于某种黏性土，其液限 w_L 和塑限 w_P 都是一定值，土的天然含水率越高，液性指数越大，土越稀软。

《公路桥涵地基与基础设计规范》(JTG 3363—2019)中，黏性土的软硬状态根据液性指数分为坚硬、硬塑、可塑、软塑和流塑五种，见表 8-7。

表 8-7　黏性土的软硬状态

液性指数值	$I_L \leqslant 0$	$0 < I_L \leqslant 0.25$	$0.25 < I_L \leqslant 0.75$	$0.75 < I_L \leqslant 1$	$I_L > 1$
状态	坚硬状态	硬塑状态	可塑状态	软塑状态	流塑状态

另外，液性指数在公路工程中是确定黏性土承载力的重要指标。根据液性指数所判定的稠度状态的标准值，是以室内扰动土样测定的，因未考虑土的结构影响，故只能做参考。在自然界中，一般黏性土都具有较强的结构连接，故天然含水率超过塑限时，并不表现为塑性状态，仍呈半固态；天然含水率超过液限时，也不表现液流状态，只有天然结构被破坏后才表现出塑态或流态。自然界中黏性土的这种现象称为潜塑状态和潜流状态。

二、无黏性土的密实状态

无黏性土是单粒结构的散粒体，它的密实状态对其工程性质影响很大。密实的砂土结构稳定，强度较高，压缩性较小，是良好的天然地基。疏松的砂土，特别是饱和的松散粉细砂，其结构常处于不稳定状态，容易产生流砂，在振动荷载作用下可能发生液化，对工程建筑不利。因此，常根据密实度来判定天然状态下无黏性土的优劣。

1. 以孔隙比 e 判别

判别无黏性土密实度最简便的指标是孔隙比 e，孔隙比越小，表示土越密实；孔隙比越大，表示土越疏松。但由于颗粒的形状和级配对孔隙比的影响很大，而孔隙比没有考虑颗粒级配这一重要因素的影响，故孔隙比在应用上存在缺陷。

《公路桥涵地基与基础设计规范》(JTG 3363—2019)规定粉土可以用 e 判定其密实度：$e < 0.75$，密实；$0.75 \leqslant e \leqslant 0.9$，中密；$e > 0.9$，稍密。

2. 以相对密实度 D_r 判别

密实度是反映砂类土松紧状态的指标，常用相对密实度来表示，也称为无凝聚性土的相对密实度。砂类土天然结构(即土粒排列松紧)的状况对其工程性质有极大影响。砂类土在最松散状况下的孔隙比为最大孔隙比 e_{max}；经振动或捣实后，砂砾相互靠拢压密，其孔隙比为最小孔隙比 e_{min}；在天然状态下的孔隙比为 e。

砂土的相对密实度是指最大孔隙比和天然孔隙比之差与最大孔隙比和最小孔隙比之差的比值，一般用小数或百分数表示。其表达式为

$$D_r = \frac{e_{max} - e}{e_{max} - e_{min}} \tag{8-16}$$

当 $D_r=0$，即 $e=e_{max}$时，表示砂土处于最疏松状态；当 $D_r=1$，即 $e=e_{min}$时，表示砂土处于最紧密状态。

《公路桥涵地基与基础设计规范》(JTG 3363—2019)中规定用 D_r 来判定砂土的密实度，将砂土分为四级，见表 8-8。

表 8-8　砂土密实度划分表

分级	密实度 D_r	标准贯入试验锤击数 N
密实	$D_r \geqslant 0.67$	>30
中密	$0.67>D_r>0.33$	$15<N\leqslant 30$
稍密	$0.33\geqslant D_r\geqslant 0.20$	$10<N\leqslant 15$
松散	$D_r< 0.20$	$\leqslant 10$

相对密实度 D_r 由于考虑了颗粒级配的影响，所以在理论上是较完善的，但目前对 e_{max}，e_{min}不能准确测定，加之要取原状砂土的土样也十分困难，故砂土 D_r 值的测定误差也很大。

3. 以标准贯入试验锤击数 N 判别

对于天然土体，较普遍的做法是采用标准贯入试验锤击数 N 来现场判定砂土的密实度。标准贯入试验是在现场进行的一种原位测试。这项试验的方法为：将质量为 63.5 kg 的钢锤提升至 76 cm 高度使其自由落下，打击贯入器，从贯入砂土层中 15 cm 后开始计数直至贯入 30 cm 所需的锤击数记为 $N_{63.5}$(简化为 N)，对照表 8-8 的分级标准来鉴定该砂土的密实程度。例如，某砂土层在现场的锤击数 N 为 18，其 D_r 应为 0.33～0.67，该土应为中密砂土。

单元四　土的工程分类

知识目标

(1)理解土的分类原则和方法。

(2)了解土类名称的表示方式，掌握几种常用土类名称的代号。

能力目标

能够运用塑性图对细粒土进行分类。

自然界的土是在各种不同成土环境里形成的，其结构、组成、成分及物理、水理、力学性质千差万别，即便是组成结构和成分很相近的土，由于沉积深度或所经历的年代不同，其工程性质也可能差别很大。为了正确评价土的工程特性，并从中测得其指标数据，以便采取合理的施工方案，必须对其进行工程分类。

■ 一、分类原则和分类方法

1. 分类原则

粗粒土按粒度成分及级配特征分类；细粒土根据塑性指数和液限，按塑性图分类；有机土和特殊土则分别单独各列为一类；对定出的土名赋予明确的含义和文字符号，既可一目了然，又便于查找。

2. 分类方法

在进行土的工程分类时，应根据土类、土组和土名的次序区分，首先按相应的粒级含量超过50%来划分土类。对于混合土类，其中粒组含量小于5%为不含，5%～15%为微含，15%～20%为含量界限。对于细粒土类，按液限划分为低、高2级。对已知土样应在实验室进行分类试验。通过土的颗粒大小分析试验，确定各粒组的含量；用液限、塑限测定仪测定土的液限、塑限，并计算出塑性指数。对于土的野外鉴别，可用眼看、手摸、嗅觉对土进行概略区分，最后将土分类、命名。

3. 土类名称表示方式

现行行业标准《公路土工试验规程》(JTG 3430—2020)对土的成分、级配、液限和特殊土等基本代号进行了规定，见表8-9。

表8-9　砂土密实度划分表

漂石-B	砾-G	砂-S	粉土-N	细粒土-F
块石-B	角砾-G		黏土-C	(混合)土(粗、细土合称)-Sl
卵石-Cb			有机质土-O	
小块石-Cb_2				

土的级配代号：级配良好—W；级配不良—P。

土液限高低代号：高液限—H；低液限—L。

特殊土代号：黄土—Y；膨胀土—E；红黏土—R；盐渍土—St；冻土—Ft；软土—Sf。

(1)土类名称可用一个基本代号表示。

(2)当由两个基本代号构成时，第一个代号表示土的主成分，第二个代号表示土的副成分(土的液限或级配)。

例如：

GW　　良好级配砾石；　　ML　　低液限粉土

(3)当由三个基本代号构成时，第一个代号表示土的主成分，第二个代号表示液限的高低(或级配的好坏)，第三个代号表示土中所含次要成分。

例如：

MHG　　含砾高液限粉土；　　CLM　　粉质低液限黏土

《公路土工试验规程》(JTG 3430—2020)对土类名称和代号进行了规定，见表8-10。

表 8-10　土类名称和代号

名称	代号	名称	代号	名称	代号
漂石土	B	级配良好砂	SW	含砾低液限黏土	CLG
块石土	Ba	级配不良砂	SP	含砂高液限黏土	CHS
卵石土	Cb	粉土质砂	SM	含砂低液限黏土	CLS
小块石土	Cb_a	黏土质砂	SC	有机质高液限黏土	CHO
漂石夹土	BS1	高液限粉土	MH	有机质低液限黏土	CLO
卵石夹土	CbS1	低液限粉土	ML	有机质高液限粉土	MHO
漂石质土	S1B	含砾高液限粉土	MHG	有机质低液限粉土	MLO
卵石质土	S1Cb	含砾低液限粉土	MLG		
级配良好砾	GW	含砂高液限粉土	MHS		
级配不良砾	GP	含砂低液限粉土	MLS		
含细粒土砾	GF	高液限黏土	CH		
粉土质砾	GM	低液限黏土	CL		
黏土质砾	GC	含砾高液限黏土	CHG		

二、公路系统的土质分类

现行行业标准《公路土工试验规程》(JTG 3430—2020)根据上述原则，提出了工程土质分类总体系，如图 8-4 所示。

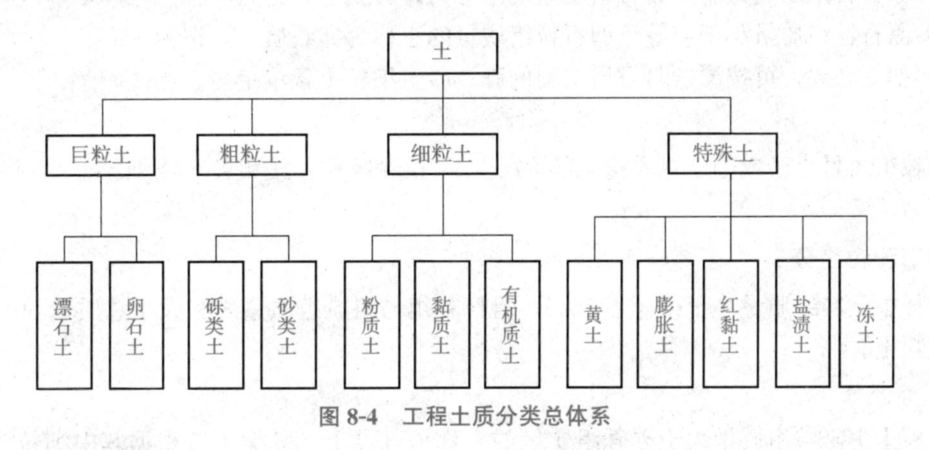

图 8-4　工程土质分类总体系

(一)巨粒土分类

试样中巨粒组质量大于总质量 50%的土称为巨粒土，分类体系如图 8-5 所示。

1. 漂(卵)石土

巨粒组质量多于总质量 75%的土称为漂(卵)石土，按下述规定定名。

(1)漂石粒组质量大于卵石粒组质量的土称为漂石土，记为 B;

(2)漂石粒组质量小于或等于卵石粒组质量的土称为卵石土，记为 Cb。

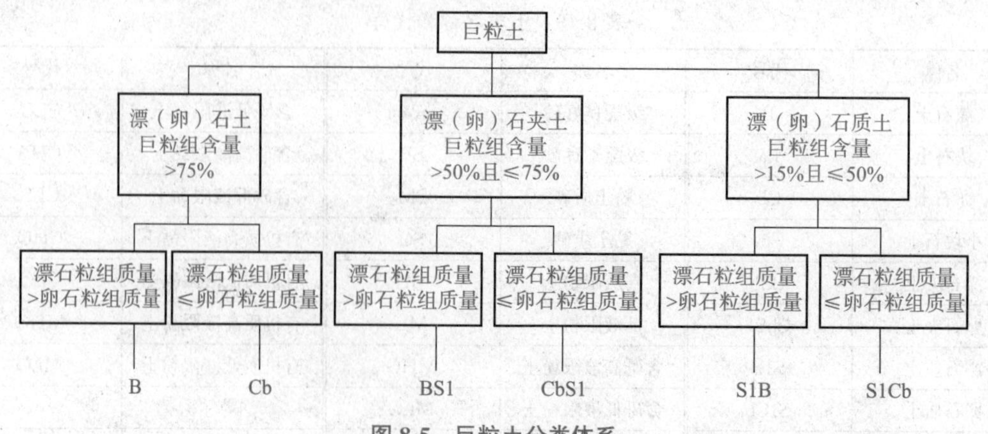

图 8-5　巨粒土分类体系

注：1. 巨粒土分类体系中的漂石换成块石，B 换成 Ba，即构成相应的块石分类体系。

2. 巨粒土分类体系中的卵石换成小块石，b 换成 Cb，即构成相应的小块石分类体系。

2. 漂(卵)石夹土

巨粒组质量为总质量 50%～75%(含 75%)的土称为漂(卵)石夹土，按下述规定定名。

(1)漂石粒组质量大于卵石粒组质量的土称为漂石夹土，记为 BS1；

(2)漂石粒组质量小于或等于卵石粒组质量的土称为卵石夹土，记为 CbS1。

3. 漂(卵)石质土

巨粒组质量为总质量 15%～50%(含 50%)的土称为漂(卵)石质土。按下述规定定名：

(1)漂石粒组质量大于卵石粒组质量的土称为漂石质土，记为 S1B；

(2)漂石粒组质量小于或等于卵石粒组质量的土称为卵石质土，记为 S1Cb。

(3)如有必要，可按漂(卵)石质土中的砾、砂、细粒土含量定名。

4. 其他

巨粒组质量小于或等于总质量 15%的土，可扣除巨粒，按粗粒土或细粒土的相应规定分类定名。

(二)粗粒土分类

试样中巨粒组质量小于或等于 15%，且巨粒组与粗粒组质量之和大于总质量 50%的土称为粗粒土。

1. 砾类土

粗粒土中砾粒组质量大于砂砾组质量的土称为砾类土。砾类土应根据其中细粒含量和类别及粗粒组的级配进行分类，其分类体系如图 8-6 所示。

(1)砾类土中细粒组质量小于或等于总质量 5%的土称为砾，按下列级配指标定名。

1)当 $C_u \geqslant 5$，且 $C_c = 1 \sim 3$ 时，称为级配良好砾，记为 GW；

2)不同时满足条件 1)时，称为级配不良砾，记为 GP。

(2)砾类土中细粒组质量为总质量 5%～15%(含 15%)的土称为含细粒土砾，记为 GF。

(3)砾类土中细粒组质量大于总质量 15%，并小于或等于总质量 50%时，称为细粒土质砾，按细粒土在塑性图中的位置定名。

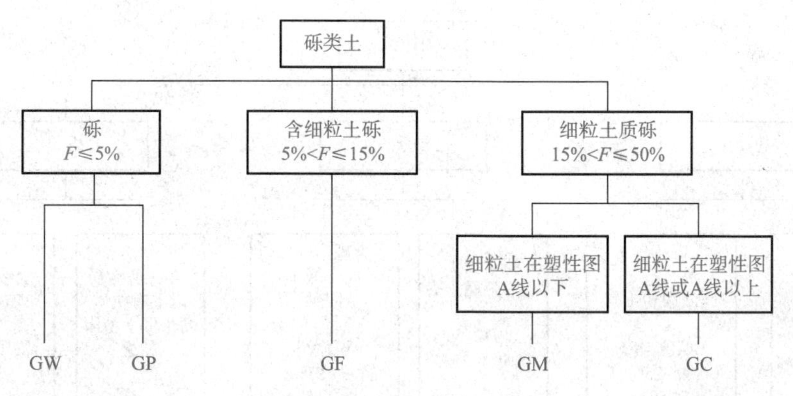

图 8-6　砾类土分类体系

注：砾类土分类体系中的砾石换成角砾，G 换成 Ga，即构成相应的角砾土分类体系。

1)当细粒土在塑性图 A 线以下时，称为粉土质砾，记为 GM；

2)当细粒土在塑性图 A 线或 A 线以上时，称为黏土质砾，记为 GC。

2. 砂类土

粗粒土中砾粒组质量小于或等于砂砾组质量的土称为砂类土。砂类土应根据其中的细粒含量和类别及粗粒组的级配进行分类，其分类体系如图 8-7 所示。

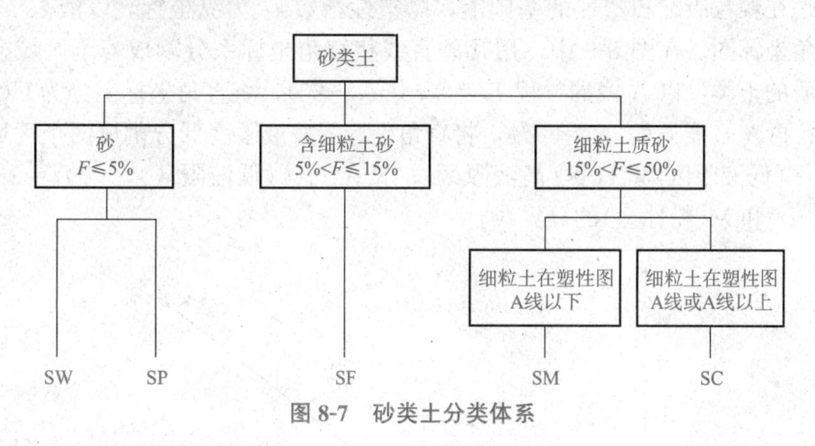

图 8-7　砂类土分类体系

(三)细粒土分类

试样中细粒组土粒质量大于或等于总质量 50％的土称为细粒土，其分类体系如图 8-8 所示。

1. 细粒土按规定划分

(1)细粒土中粗粒组质量小于或等于总质量 25％的土称为粉质土或黏质土。

(2)细粒土中粗粒组质量为总质量 25％～50％(含 50％)的土称为含粗粒的粉质土或含粗粒的黏质土。

(3)试样中有机质含量大于或等于总质量的 5％的土称为有机质土。试样中有机质含量大于或等于 10％的土称为有机土。

2. 细粒土按塑性图分类

塑性图采用下列液限分区：低液限：$w_L < 50\%$；高液限：$w_L \geqslant 50\%$。

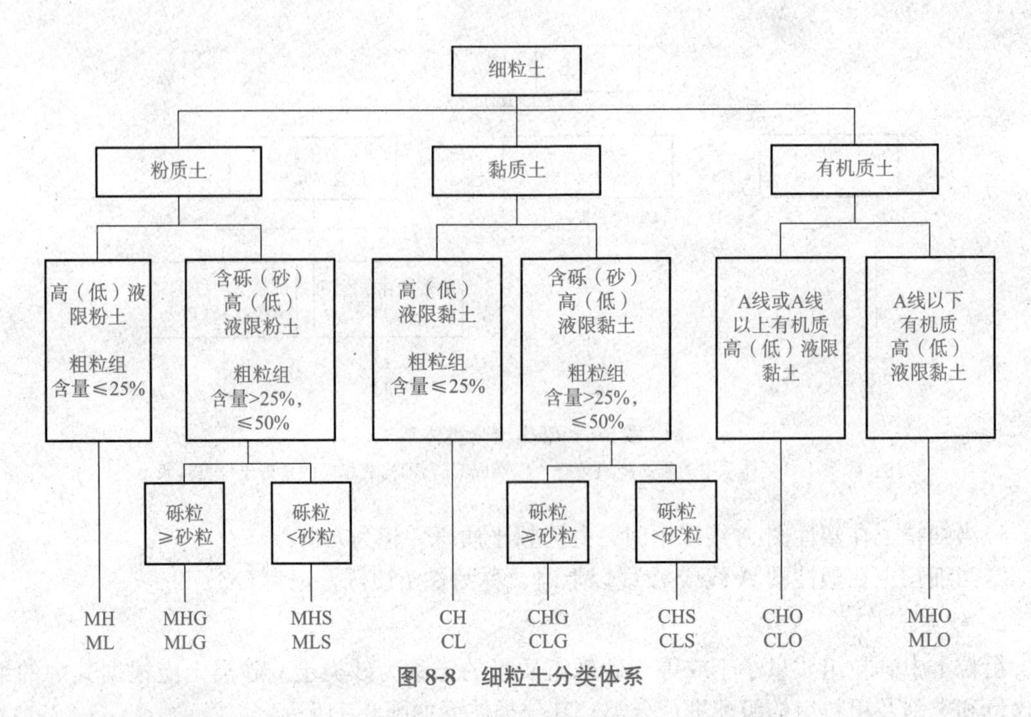

图 8-8　细粒土分类体系

塑性图是在颗粒级配和塑性的基础上，以塑性指数 I_P 为纵坐标，以液限 w_L(%)值为横坐标的直角坐标图。在图 8-9 中，用几条直线将直角坐标系分割成若干区域，不同区域代表不同性质的土类。以 A 线的方程 $I_P=0.73(w_L-20)$，将直角坐标图分为 C(黏土)区和 M(粉土)区；再以 B 线方程 $w_L=50\%$，将直角坐标图按液限高低分割成两个区域，即由左到右分为 L 区(低液限区)和 H 区(高液限区)；又在 L 区(低液限区)，以 $I_P=10$ 的水平线作为 C(黏性土)和 M(粉性土)的分界线。

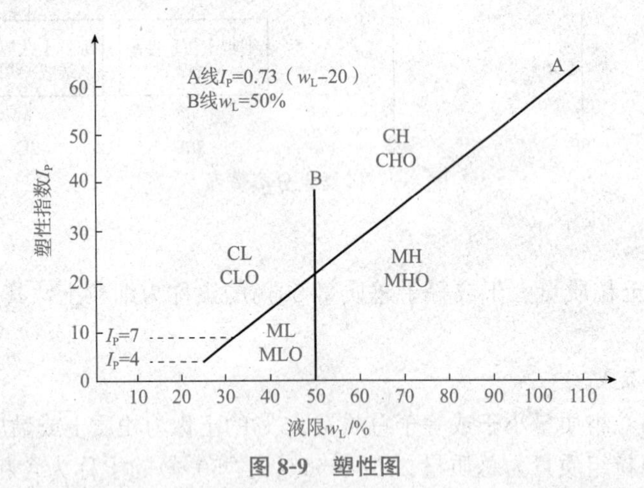

图 8-9　塑性图

塑性图的功能在于能较快和有效地定出土类的性质及土名，即根据实测的 I_P值及 w_L值在图上找出相对应的坐标点就可得到其稠度特征及土类名称。

细粒土应按其在塑性图(图 8-9)中的位置确定土名称。

(1)当细粒土位于 A 线或 A 线以上时，按下列规定定名。

1)在 B 线或 B 线以右，称为高液限黏土，记为 CH；

2)在B线以左，$I_P=7$线以上，称为低液限黏土，记为CL。

(2)当细粒土位于A线以下时，按下列规定定名。

1)在B线或B线以右，称为高液限粉土，记为MH；

2)在B线以左，$I_P=4$线以下，称为低液限粉土，记为ML。

(3)黏土～粉土过渡区(CL～ML)的土可以按相邻土层的类别考虑定名。

(4)含粗粒的细粒土应先按塑性图确定细粒土部分的名称，再按以下规定最终定名。

1)当粗粒组中砾粒组质量大于砂粒组质量时，称为含砾细粒土，应在细粒土代号后缀以代号G；

2)当粗粒组中砂粒组质量大于或等于砾粒组质量时，称为含砂细粒土，应在细粒土代号后缀以代号S。

(5)土中有机质包括未完全分解的动植物残骸和完全分解的无定形物质。后者多呈黑色、青黑色或暗色，有臭味、有弹性和海绵感，通过目测、手摸及嗅感判别。

当不能判定时，可采用下列方法：将试样在105 ℃～110 ℃的烘箱中烘烤，若烘烤24 h后试样的液限小于烘干前的3/4，则该试样为有机质土。

有机质土应根据塑性图(图8-9)按下列规定定名。

1)位于塑性图A线或A线以上时。

在B线或B线以右，称为有机质高液限黏土，记为CHO；

在B线以左，$I_P=7$线以上，称为有机质低液限黏土，记为CLO。

2)位于塑性图A线以下时。

在B线或B线以右，称为有机质高液限粉土，记为MHO；

在B线以左，$I_P=4$线以下，称为有机质低液限粉土，记为MLO。

(6)黏土～粉土过渡区(CL～ML)的土可以按相邻土层的类别考虑定名。

思考与练习

一、单项选择题

1. 土的三相比例指标包括土粒比重、含水量、密度、孔隙比、孔隙率和饱和度，其中(　　)为实测指标。

A. 含水量、孔隙比、饱和度　　B. 密度、含水量、孔隙比

C. 土粒比重、含水量、密度

2. 砂性土的分类依据主要是(　　)。

A. 颗粒粒径及其级配　　B. 孔隙比及其液性指数　　C. 土的液限及塑限

3. 已知a和b两种土的有关数据见表8-11。

表8-11　a和b两种土的指标

指标 土样	w_L/%	w_p/%	w/%	γ_s/(kN·m^{-3})	s_r/%
a	30	12	15	27	100
b	9	6	6	26.8	100

Ⅰ. a 土含的粘粒比 b 土多　　Ⅱ. a 土的重度比 b 土大

Ⅲ. a 土的干重度比 b 土大　　Ⅳ. a 土的孔隙比比 b 土大

下述组合说法正确的是(　　)。

A. Ⅰ、Ⅲ　　B. Ⅱ、Ⅲ　　C. Ⅰ、Ⅳ

4. 试判断下列三个土样哪一个是黏土(　　)。

A. 含水量 $w=35\%$，塑限 $w_p=22\%$，液性指数 $I_L=0.9$

B. 含水量 $w=35\%$，塑限 $w_p=22\%$，液性指数 $I_L=0.85$

C. 含水量 $w=35\%$，塑限 $w_p=22\%$，液性指数 $I_L=0.75$

5. 有一个非饱和土样，在荷载作用下饱和度由 80%增加至 95%。试问土的重度 γ 和含水量 w 变化是(　　)。

A. 重度 γ 增加，w 减小　　B. 重度 γ 不变，w 不变

C. 重度 γ 增加，w 不变

6. 有三个土样，它们的重度相同，含水量相同，则下述三种情况正确的是(　　)。

A. 三个土样的孔隙比也必相同　　B. 三个土样的饱和度也必相同

C. 三个土样的干重度也必相同

7. 有一个土样，孔隙率 $n=50\%$，土粒相对密度 $G_s=2.7$，含水量 $w=37\%$，则该土样处于(　　)。

A. 可塑状态　　B. 饱和状态　　C. 不饱和状态

8. 在下述地层中，容易发生流砂现象的地层是(　　)。

A. 黏土地层　　B. 粉细砂地层　　C. 卵石地层

9. 测定土液限的标准是把具有 30°角、质量为 76 g 的平衡锥自由沉入土体(　　)mm 深度时的含水量作为液限。

A. 10　　B. 12　　C. 15

10. 为了防止冻胀的危害，常采用置换毛细带土的方法来解决，应选用(　　)换填最好。

A. 粗砂　　B. 黏土　　C. 粉土

二、简答题

1. 土的物理性质指标有哪些？其中哪几个可以直接测定？

2. 土的密度 ρ 与土的重度 γ 的物理意义和单位有何区别？说明天然重度 γ、饱和重度 γ_{sat}、有效重度 γ 和干重度 γ_d 的相互关系，并比较其数值的大小。

3. 何谓孔隙比？何谓饱和度？用三相草图计算时，为什么有时要设总体积 $V=1$？什么情况下设 $V_s=1$ 计算更简便？

4. 土粒相对密度 G_s 的物理意义是什么？如何测定 G_s 值？砂土的 G_s 大约是多少？黏性土的 G_s 一般是多少？

5. 塑性指数的定义和物理意义是什么？I_p 的大小与土颗粒粗细有何关系？

三、计算题

1. 有一个饱和原状土样，体积为 143 cm³，质量为 260 g，土粒相对密度为 2.70，确定它的孔隙比、含水量和干密度。

2. 某施工现场需要填土，其坑的体积为 2 000 m³，土方来源是从附近土丘开挖，经勘

察，土粒相对密度为 2.70，含水量为 15%，孔隙比为 0.60。要求填土的含水量为 17%，干重度为 17.6 kN/m^3。求：

(1)取土场土的重度、干重度和饱和度是多少？

(2)应从取土场开采多少土？

(3)碾压时应洒多少水？填土的孔隙比是多少？

3. 某饱和土的天然重度为 18.44 kN/m^3，天然含水量为 36.5%，液限为 34%，塑限为 16%。

(1)确定该土的土名。

(2)求该土的相对密度。

4. 从 A，B 两地土层中各取黏性土样进行试验，恰好其液限、塑限相同，即液限 w_L=45%，塑限 w_P=30%，但 A 地的天然含水量 w=45%，而 B 地的天然含水量 w=25%。试求 A，B 两地的地基土的液性指数，并通过判断土的状态，确定哪个地基土比较好。

5. 用干土(土粒相对密度 G_s=2.67)和水制备一个直径为 5 cm、长为 10 cm 的圆柱形土样，要求土样含水量 w=16%，空气含量(占总体积百分比)18%。试计算该土样的饱和度 s_r。(γ_w=10 kN/m^3)

模块九　土体应力计算

单元一　土中自重应力的计算

土体应力计算

知识目标

(1)掌握均质土中自重应力的计算。
(2)掌握成层土中自重应力的计算。
(3)掌握地下水水位升降时土中自重应力的计算。

能力目标

(1)会正确计算均质土及成层土中的自重应力。
(2)会计算存在地下水时土中的自重应力。

土中自重应力是指土体受到自身重力作用而存在的应力，其又可分为两种情况：一种是成土年代长久，土体在自重作用下已经完成压缩变形，这种自重应力不再产生土体或地基的变形；另一种是成土年代不久，如新近沉积土、近期人工填土等，土体在自重作用下尚未完成压缩变形，因此仍将产生土体或地基的变形。另外，地下水的升降会引起土中自重应力大小的变化，而产生土体压缩、膨胀或湿陷等变形。

一、均质土中自重应力的计算

在计算土中自重应力时，假设天然地面是半空间(半无限体)表面一个无限大的水平面，因此，在任意竖直面和水平面上均无剪应力存在。如果天然地面下土质均匀，土的天然重度为 γ(kN/m^3)，则在天然地面下任意深度 z(m)处 a-a 水平面上任意点的竖向自重应力 σ_{cz}(kPa)，可取作用于该水平面任一单位面积上的土柱体自重 $\gamma z\times 1$，计算公式(图 9-1)如下：

$$\sigma_{cz}=\gamma z \tag{9-1}$$

即 σ_{cz}沿水平面均匀分布，且随深度 z 按直线规律分布。

地基土中除了有作用于水平面的竖向自重应力 σ_{cz}外，还有作用于竖直面的侧向(水平向)自重应力σ_{cx}和σ_{cy}。土中任意点的侧向自重应力与竖向自重应力成正比关系，而剪应力均为零，即

$$\sigma_{cx}=\sigma_{cy}=K_0\sigma_{cz} \tag{9-2a}$$

$$\tau_{xy}=\tau_{yx}=\tau_{yz}=\tau_{zy}=\tau_{zx}=\tau_{xz}=0 \tag{9-2b}$$

式中，比例系数K_0称为土的侧压力系数，可由试验测定。

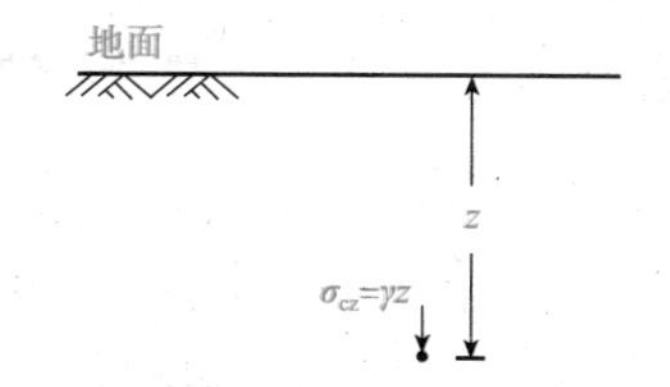

图 9-1　均质土中竖向自重应力

若计算点在地下水水位以下，由于水对土体有浮力作用，水下部分土柱体自重必须扣除浮力，应采用土的浮重度γ'代替(湿)重度γ计算。

二、成层土中自重应力的计算

地基土往往是成层的，因此各层土具有不同的重度，如地下水水位位于同一土层中，计算自重应力时，地下水水位面也应作为分层的界面。如图 9-2 所示，天然地面下任意深度z范围内各层土的厚度自上而下分别为h_1，h_2，…，h_i，…，h_n，计算出高度为z的土柱体中各层土重的总和后，可得到成层土自重应力的计算公式：

$$\sigma_c=\sum_{i=1}^{n}\gamma_i h_i \tag{9-3}$$

式中　σ_c——天然地面下任意深度z处的竖向有效自重应力(kPa)；

n——深度z范围内的土层总数；

h_i——第i层土的厚度(m)；

γ_i——第i层土的天然重度，对地下水水位以下的土层取浮重度γ'_i(kN/m^3)。

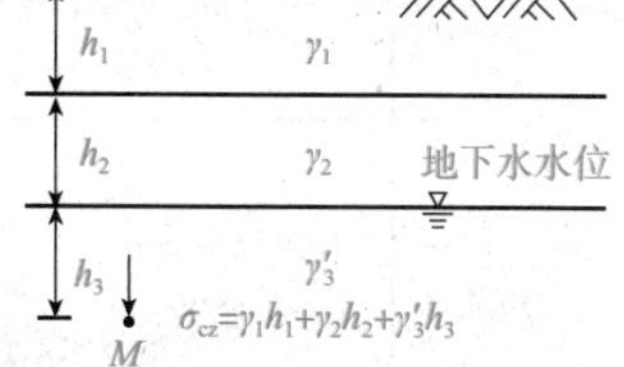

图 9-2　成层土中自重应力沿深度的分布

在地下水水位以下，若埋藏有不透水层(如岩层或只含结合水的坚硬黏土层)，由于不透水层中不存在水的浮力，所以不透水层顶面的自重应力值及层面以下的自重应力应按上覆土层的水土总重计算，如图 9-2 中下端所示。

三、地下水水位升降时土中自重应力的计算

地下水水位升降，使地基土中自重应力相应发生变化。图 9-3(a)所示为地下水水位下降的情况，如在软土地区，大量抽取地下水导致地下水水位长期大幅度下降，使地基中有效自重应力增加，从而引起地面大面积沉降的严重后果；图 9-3(b)所示为地下水水位长期上升的情况，在人工抬高蓄水水位的地区(如筑坝蓄水)或工业废水大量渗入地下的地区，地下水水位上升会引起地基承载力减小、湿陷性土塌陷的现象，必须引起注意。

【例 9-1】 某建筑场地的地质柱状图和土的有关指标列于图 9-4 中。试计算地面下深度为 2.5 m、5 m 和 9 m 处的自重应力，并绘制出分布图。

解： 本题中天然地面下第一层粉质黏土层厚为 6 m，其中地下水水位以上和以下的厚度分别为 3.6 m 与 2.4 m；第二层为黏土层。依次计算 2.5 m、3.6 m、5 m、6 m 和 9 m 各深度处的土中竖向自重应力，计算过程及自重应力分布图一并列于图 9-4 中。

σc
0
原地下水水位
1
变动后
地下水水位
1′
2′
2
z
(a)
σc
0
变动后
地下水水位
1
原地下水水位
1
2
2′
z
(b)

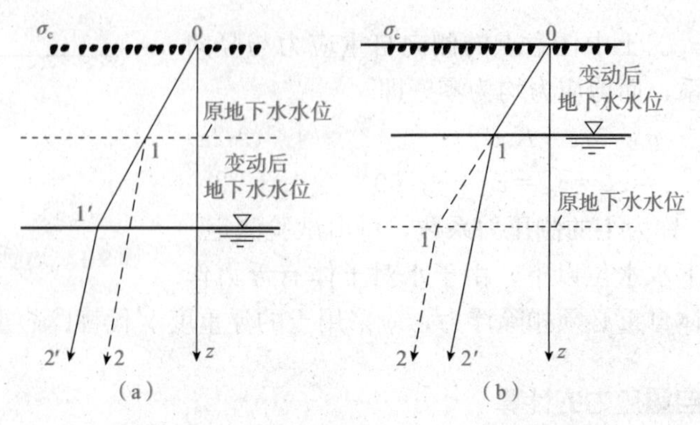

图 9-3　地下水水位升降对土中自重应力的影响

(a)0-1-2 线为原来自重应力的分布；(b)0-1′-2′线为地下水水位变动后自重应力的分布

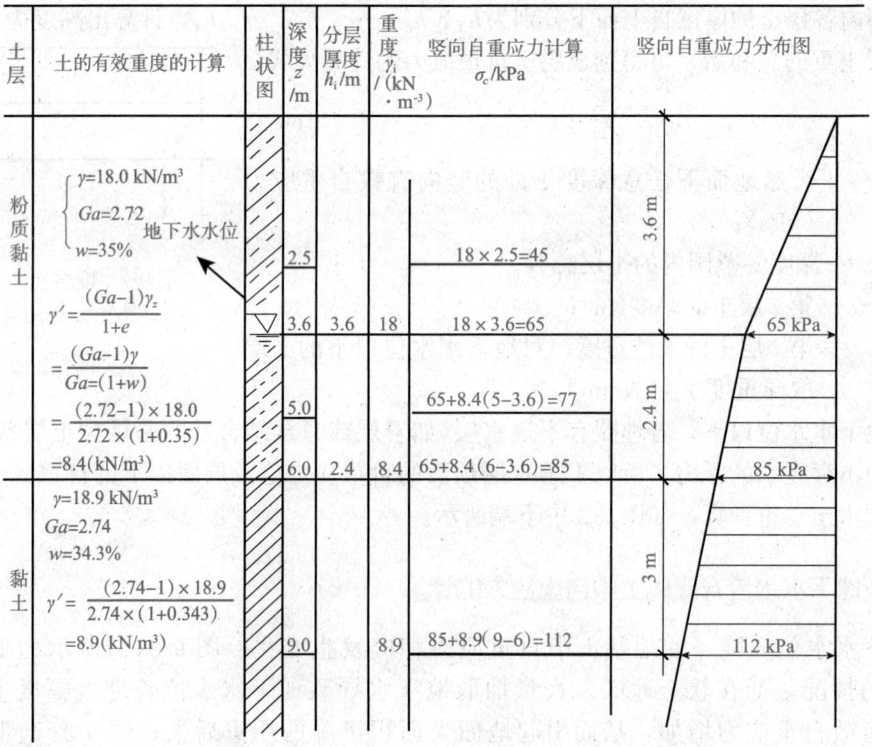

土层
土的有效重度的计算
柱状图
深度 z /m
分层厚度 h_i/m
重度 γ_i / (kN · m⁻³)
竖向自重应力计算 σ_c/kPa
竖向自重应力分布图
粉质黏土
γ=18.0 kN/m³
Ga=2.72
w=35%
地下水水位
$\gamma'=\frac{(Ga-1)\gamma_z}{1+e}$
$=\frac{(Ga-1)\gamma}{Ga=(1+w)}$
$=\frac{(2.72-1)\times 18.0}{2.72\times(1+0.35)}$
=8.4(kN/m³)
2.5
18 × 2.5=45
3.6　3.6　18
18 × 3.6=65
65 kPa
3.6 m
5.0
65+8.4(5−3.6)=77
6.0　2.4　8.4
65+8.4(6−3.6)=85
85 kPa
2.4 m
黏土
γ=18.9 kN/m³
Ga=2.74
w=34.3%
$\gamma'=\frac{(2.74-1)\times 18.9}{2.74\times(1+0.343)}$
=8.9(kN/m³)
9.0　8.9
85+8.9(9−6)=112
112 kPa
3 m

图 9-4　例 9-1 图

■ 四、土质堤坝自身的自重应力

土质堤坝的剖面形状不符合半空间(半无限体)的假定，其边界条件及路基、坝基的变形条件对堤坝自身的应力有明显影响，要严格求解其自重应力既困难又复杂。通常，为使用上的方便，无论是均质的还是非均质的土质堤坝，其自身任意点的自重应力均假定等于单位面积上该计算点以上土柱的有效重度与土柱高度的乘积，即按式(9-1)计算，从临空点竖直向下堤身自重应力按直线分布(图 9-5)。

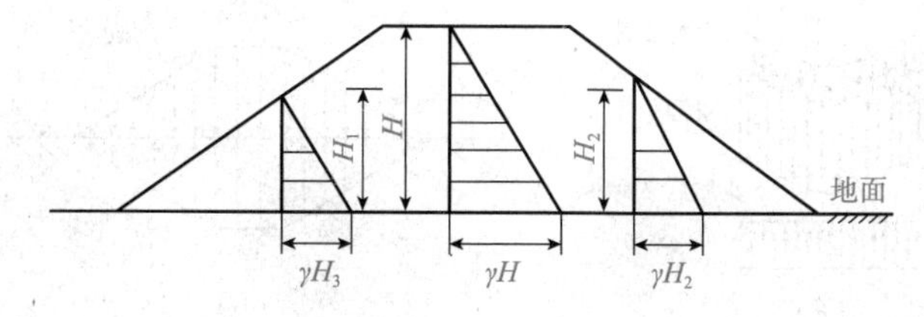

图 9-5　土质堤坝自身的自重应力

单元二　基底压力的计算

知识目标

(1)熟悉基底压力的分布规律。

(2)掌握基底压力的简化计算。

(3)掌握基底附加压力的计算。

能力目标

(1)能够正确绘制柔性基础和刚性基础下的压力分布图。

(2)会计算基底压力和基底附加压力。

建筑物的荷载通过自身基础传递给地基，在基础底面与地基之间便产生了接触压力。它既是基础作用于地基的基底压力，又是地基反作用于基础的基底反力。

一、基底压力的分布规律

在计算地基中的附加应力和变形及设计基础结构时，都必须研究基底压力的分布规律。

1. 柔性基础下的压力分布

当完全柔性基础(基础抗弯刚度 EI＝0)上作用着均布条形荷载时，由于该基础不能承受任何弯矩，所以基础上下的外力分布必须完全一致；如果上部荷载是均布的，则经过基础传至基底的压力也是均布的。由于基础完全柔性，抗弯刚度 EI＝0，所以柔性基础像一个放在地上的柔软橡皮板，可以完全适应地基的变形。这种均布荷载在半无限弹性地基表面上引起的沉降为中间大、两端小的锅底形凹曲线，如图 9-6 所示。

当然，实际上没有 EI＝0 的完全柔性基础，工程中常把土坝(堤)及以钢板做成的储油罐底板等视为柔性基础，因此，在计算土坝底部由土坝自重引起的接触压力分布时，可认为底部压力与土坝的外形轮廓相同，其大小等于各点以上的土柱质量。

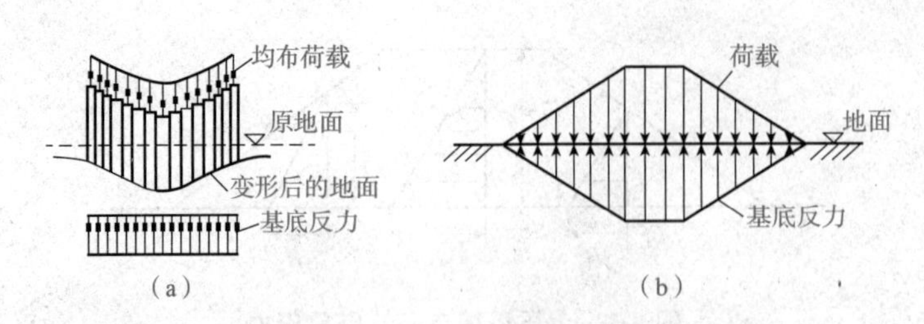

图 9-6　柔性基础基底压力分布

2. 刚性基础下的压力分布

当基础刚度与土相比非常大，可假设为绝对刚性，在均布荷载作用下，基础只能保持平面下沉而不能弯曲。桥梁中的很多圬工基础都属于这一类型，如许多扩大基础和沉井基础等。对于刚性基础，如果假设地基上基底压力是均匀的，则地基将产生不均匀沉降，使基础变形与地基变形不协调，基底中部将会与地面脱开，出现架桥作用。为使基础与地基的变形保持协调相容，必然要重新调整基底压力的分布形式，使两端应力加大，中间应力减小，从而使地面保持均匀下沉，以适应绝对刚性基础的变形而不致两者脱离。

实测资料表明，刚性基础底面上的压力分布形状大致有图 9-7 所示的几种情况。当荷载较小时，基底压力分布形状如图 9-7(a)所示，接近弹性理论解；荷载增大后，基底压力可呈上述的马鞍形[图 9-7(b)]；荷载再增大时，边缘塑性区逐渐扩大，所增加的荷载必须靠基底中部应力的增大来平衡，基底压力图形可变为抛物线形[图 9-7(c)]以至倒钟形分布[图 9-7(d)]。

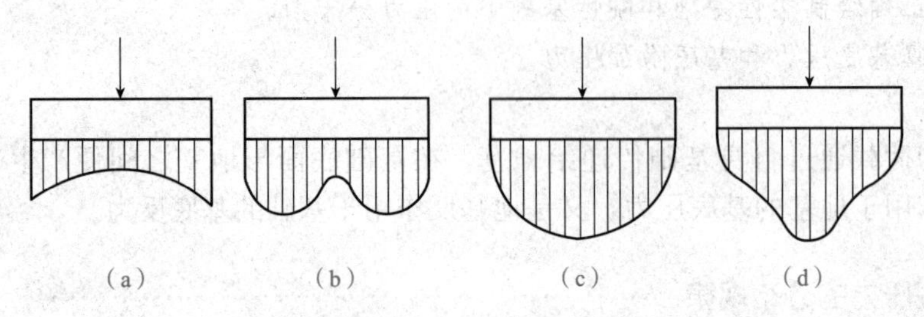

图 9-7　刚性基础底面上的压力分布

从以上分析可见，基底压力分布形式是十分复杂的，但由于基底压力都是作用在地基表面附近，所以其具体分布形式对地基中盈利计算的影响将随深度的增加而减少，至一定深度后，地基中应力分布几乎与基底压力的分布形状无关，而只取决于荷载合力的大小和位置。因此，目前在基础工程的地基计算中允许采用简化方法。

二、基底压力的简化计算

1. 中心荷载作用

竖向集中荷载作用于基底形心时，其产生的基底压力均匀分布(图 9-8)，并按下式计算。

对于矩形基础：

$$p=\frac{P}{A} \tag{9-4}$$

式中　p——基底压力(kPa)；

P——作用于基础底面的竖直荷载(kN)；

A——基底面积(m^2)，$A=bl$，b 和 l 分别为矩形基底的宽度和长度。

对于条形基础，在长度方向上取 1 m 计算，故

$$p=\frac{P}{b} \tag{9-5}$$

式中　P——沿长度方向 1 m 内的相应荷载值(kN/m)。

2. 偏心荷载作用

矩形基础受偏心荷载作用时，产生的基底压力可按材料力学偏心受压柱计算。若基础受双向偏心荷载作用(图 9-9)，则基底任意点的基底压力为

$$p_{(x,y)}=\frac{P}{A}\pm\frac{M_x \cdot y}{I_x}\pm\frac{M_y \cdot x}{I_y} \tag{9-6}$$

式中　$p_{(x,y)}$——基底内任意点(坐标 x，y)的基底压力(kPa)；

M_x，M_y——竖直偏心荷载 P 对基础底面 x 轴和 y 轴的力矩(kN·m)；

I_x，I_y——基础底面对 x 轴和 y 轴的惯性矩(m^4)。

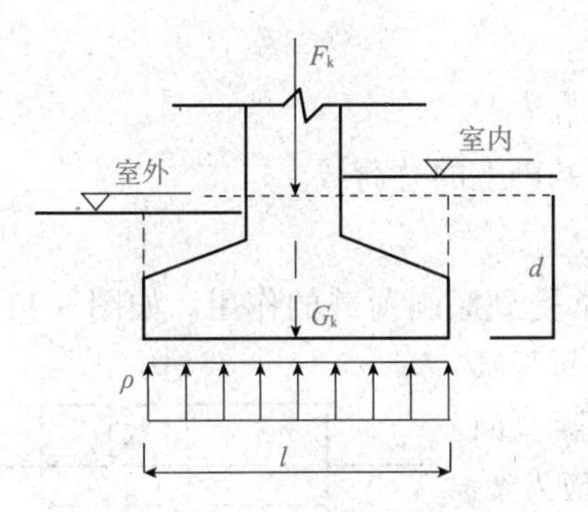

图 9-8　中心荷载下的基底压力

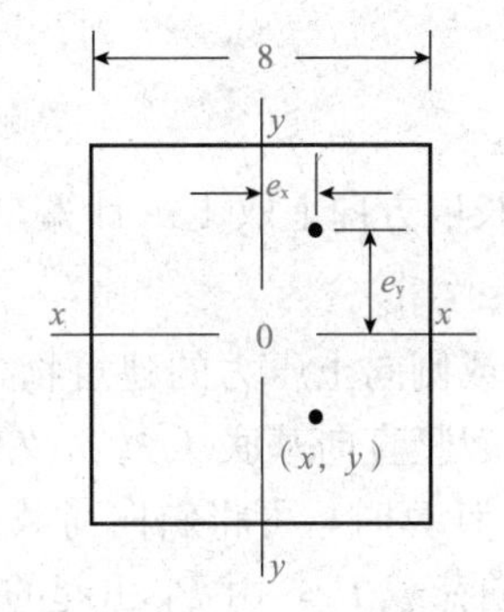

图 9-9　双向偏心荷载下的基底压力

若基础受单向偏心荷载作用时，如作用于 x 主轴上(图 9-10)，则 $M_x=0$。这时，基底两端的压力为

$$p_{\min}^{\max}=\frac{P}{A}\left(1\pm\frac{6e}{b}\right) \tag{9-7}$$

按式(9-7)，当 $e<b/6$ 时，基底压力为梯形分布[图 9-10(c)]；当 $e=b/6$ 时，基底压力为三角形分布[图 9-10(d)]；当 $e>b/6$ 时，基底压力将出现负值，即拉力，实际上在土与基础之间不可能存在拉力，因此基础底面下的压力将重新分布，如图 9-10(e)所示，这种情况在设计中应尽量避免，但有时高耸结构物下的基底压力可能出现此种情况。

这时，根据基础底面下所有压力之和与基础上总竖直荷载 P 相等的条件，得出基底边缘最大压力 $p_{\max}$ 为

$$p_{\max}=\frac{2P}{3al} \tag{9-8}$$

式中，$a=\frac{b}{2}-e$；其他符号意义同前。

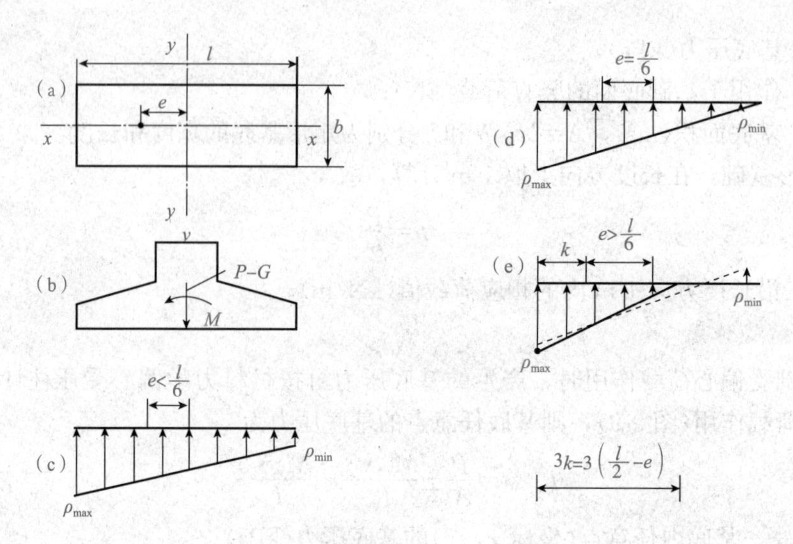

图 9-10　单向偏心荷载下的基底压力

若条形基础受偏心荷载作用，同样可在长度方向取一延米进行计算，则基底宽度方向两端的压力为

$$p_{\min}^{\max}=\frac{P}{b}\left(1\pm\frac{6e}{b}\right) \tag{9-9}$$

式中　P——沿长度方向上取 1 m 计算，为作用于基础上的总荷载。

3. 水平荷载作用

承受水压力或侧向土压力的建筑物，基础常常受到倾斜荷载的作用，如图 9-11 所示。斜向荷载除要引起竖直向基底压力 p_v 外，还会引起基底水平向应力 p_h。计算时，可将斜向荷载 R 分解为竖直向荷载 P_v 和水平向荷载 P_h，由 P_h 引起的基底水平应力 p_h 一般假定为均匀分布于整个基础底面，则对于矩形基础

$$p_h=\frac{P_h}{A} \tag{9-10}$$

对于条形基础：

$$p_h=\frac{P_h}{b} \tag{9-11}$$

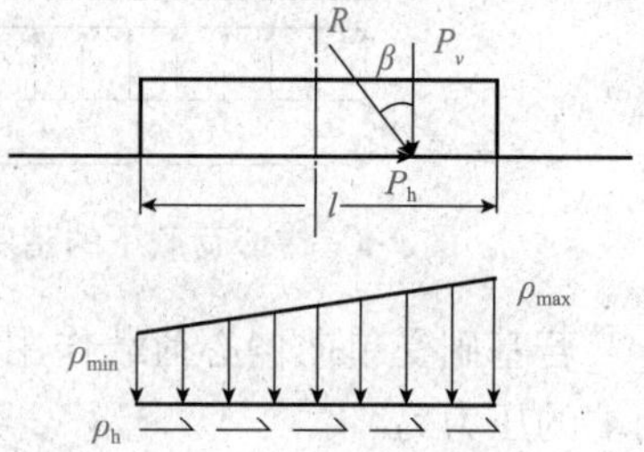

式中符号意义同前。

图 9-11　倾斜荷载作用下的基底压力

三、基底附加压力

建筑物建造前，土中早已存在自重应力，基底附加压力是基底压力与基底处建造前土中自重应力之差，它是引起地基附加应力和变形的主要原因。

浅基础一般埋置在天然地面下一定深度，该处原有土中竖向自重应力 σ_{ch}[图 9-12(a)]。开挖基坑后，卸除了原有的自重应力，即基底处建前曾有过自重应力的作用[图 9-12(b)]。建筑物建后的基底平均压力扣除建前基底处土中自重应力后，才是新增加于地基的基底平均附加压力[图 9-12(c)]。

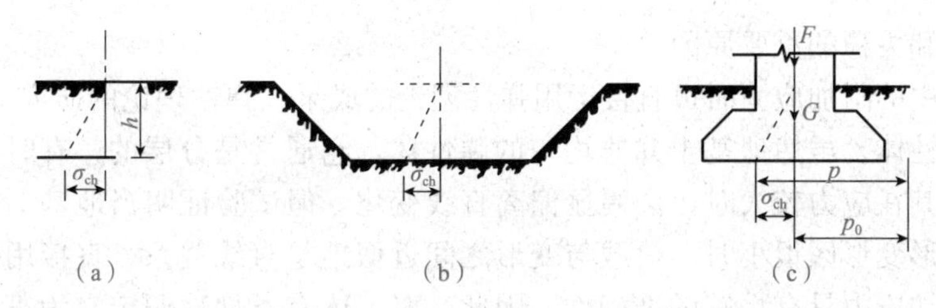

图 9-12　基底附加压力的计算

基底平均附加压力 p_0 应按下式计算：

$$p_0 = p - \sigma_{ch} = p - \gamma_m h \tag{9-12}$$

式中　p——基底平均压力(kPa)；

σ_{ch}——基底处土中自重应力(kPa)；

γ_m——基底标高以上天然土层的加权平均重度，$\gamma_m = (\gamma_1 h_1 + \gamma_2 h_2 + \cdots)/(h_1 + h_1 + \cdots)$，其中地下水水位下的重度应取浮重度(kN/m³)；

h——从天然地面算起的基础埋深，$h = h_1 + h_1 + \cdots$(m)。

由于基底附加压力一般作用在地表下一定深度(指浅基础的埋深)处，所以运用弹性力学解答所得的地基附加应力结果只是近似的。但是，对于一般浅基础而言，这种假设所造成的误差可以忽略不计。

必须指出，当基坑的平面尺寸较大或深度较大时，基坑地面将发生明显的回弹，且基坑中点的回弹大于边缘点。这在沉降计算中应该加以考虑。一个近似的方法是修正基底附加压力，通常将 σ_{ch} 前乘以一个系数 α，即将式(9-12)中的 σ_{ch} 用 $\alpha\sigma_{ch}$ 代替，α 在 0～1 范围内取值。应该指出，α 通常根据经验取值，精确取值是困难的。

单元三　地基中附加应力的计算

知识目标

(1)掌握竖向集中力作用下的地基附加应力的计算。

(2)掌握矩形面积上各种分布荷载作用时附加应力的计算。

(3)掌握条形面积上各种分布荷载作用时附加应力的计算。

能力目标

(1)会计算在不同的力的作用下地基的附加应力。

(2)能够绘制地基中附加应力分布图。

土中附加应力是指土体在外荷载(包括建筑物荷载、交通荷载、堤坝荷载等)及地下水渗流、地震等作用下附加产生的应力增量。它是产生地基变形的主要原因，也是导致地基土的强度破坏和失稳的重要原因。

计算地基中的附加应力时可直接运用弹性理论的成果。弹性理论的研究对象是均匀的、各向同性的弹性体。虽然地基土并非均匀的弹性体，它通常是分层的，有时也不符合直线变化关系，尤其在应力较大时，会明显偏离直线变化，但试验证明当地基上的作用荷载不大且土中的塑形变形区很小时，荷载与变形之间近似地呈直线关系，直接用弹性理论成果计算土中的附加应力具有足够的准确性。因此，对土体有条件地假定它为直线变形体，就可以运用弹性理论公式来计算土中的应力。

■ 一、竖向集中力作用下的地基附加应力的计算

1885 年，法国学者布辛奈斯克(Boussinesq)用弹性理论推出了在半无限空间弹性体表面上作用有竖向集中力 F 时，在弹性体内任意点所引起的全部应力(σ_x，σ_y，σ_z，$\tau_{xy}=\tau_{yx}$，$\tau_{yz}=\tau_{zy}$，$\tau_{zx}=\tau_{xz}$)，如图 9-13 所示。其中，与基础竖向变形计算直接相关的竖向附加应力 σ_z 为

$$\sigma_z=\frac{3Fz^3}{2\pi R^5}=\frac{3F}{2\pi z^2}\cdot\frac{1}{\left[1+\left(\frac{r}{z}\right)\right]^{5/2}}=\alpha\frac{F}{z^2} \tag{9-13}$$

式中 F——集中荷载(kN)；

z——M 点距弹性体表面的深度(m)；

α——集中力 F 作用下的地基竖向附加应力系数；

R——M 点到力 F 的作用点的距离(m)。

由式(9-13)可见，在竖向集中力作用下地基附加应力越深越小，越远越小。其分布规律(应力泡)可在图 9-14 中得到说明。注意 $z=0$ 为奇异点，无法计算附加应力。

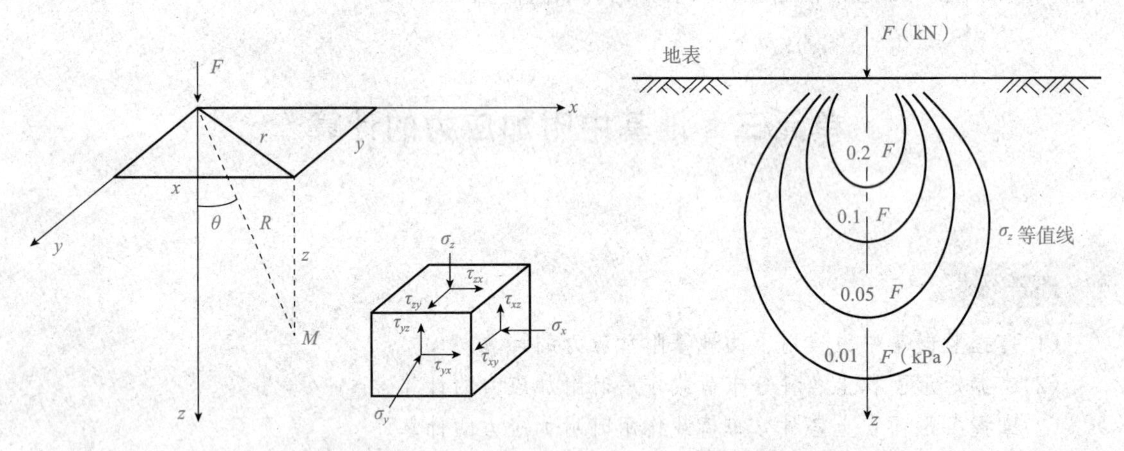

图 9-13 竖向集中力作用下地基中一点附加应力状态　　图 9-14 竖向集中力作用下竖向附加应力分布规律

【例 9-2】 在地基上作用一个集中力 $p=100$ kN，要求：(1)在地基中 $z=2$ m 的水平面上，确定水平距离 $r=0$，1，2，3，4(m)处各点的附加应力 σ_z 值，并绘制分布图；(2)在地基中 $r=0$ 的竖直线上，确定距地基表面 $z=0$，1.2，3，4(m)处各点的 σ_z 值，并绘制分布图；(3)取 $\sigma_z=10$，5，2，1(kPa)，反算在地基中 $z=2$ m 的水平面上的 r 值和在 $r=0$ 的竖直线上的 z 值，并绘制四个 σ_z 等值线图。

解：(1)σ_z 的计算资料列于表 9-1 中，σ_z 的分布图如图 9-15 所示。

表 9-1　$z=2$ m 处水平面上 σ_z 的计算资料

z/m	r/m	$\frac{r}{z}$	α	$\sigma_z=\alpha\frac{P}{z^2}$/kPa
2	0	0	0.477 5	$0.4775\frac{100}{2^2}=11.9$
2	1	0.5	0.273 3	6.8
2	2	1.0	0.084 4	2.1
2	3	1.5	0.025 1	0.6
2	4	2.0	0.008 5	0.2

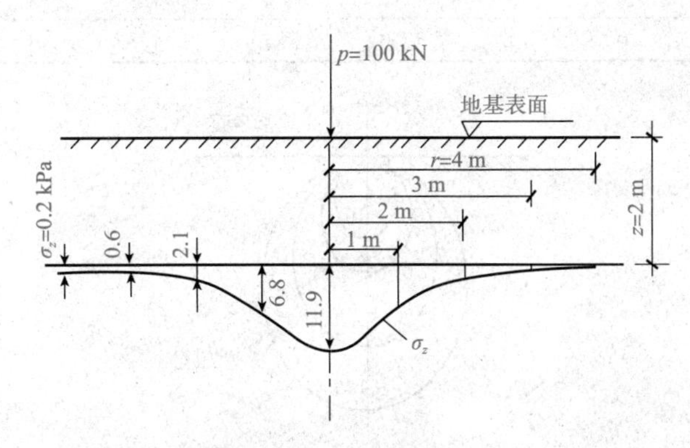

图 9-15　σ_z 的分布图

(2)σ_z 的计算资料列于表 9-2 中，σ_z 的分布图如图 9-16 所示。

表 9-2　$r=0$ 处竖直面上 σ_z 的计算资料

z/m	r/m	$\frac{r}{z}$	α	$\sigma_z=\alpha\frac{P}{z^2}$/kPa
0	0	0	0.477 5	∞
1	0	0	0.477 5	47.8
2	0	0	0.477 5	11.9
3	0	0	0.477 5	5.3
4	0	0	0.477 5	3.0

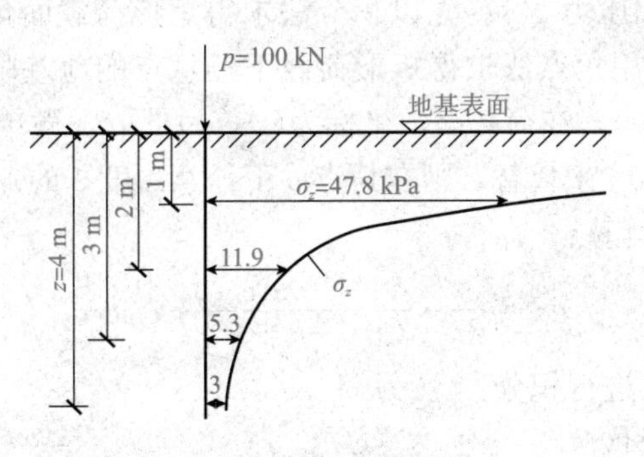

图 9-16　σ_z 的分布图

(3)反算资料列于表 9-3 中，σ_z 的等值线图如图 9-17 所示。

表 9-3　根据 σ_z 的大小反算 r 和 z 的计算资料

z/m	r/m	r/z	α	σ_z/kPa
2	0.54	0.27	0.400 0	10
2	1.30	0.65	0.200 0	5
2	2.00	1.00	0.080 0	2
2	2.60	1.30	0.040 0	1
2.19	0	0	0.477 5	10
3.09	0	0	0.477 5	5
5.37	0	0	0.477 5	2
6.91	0	0	0.477 5	1

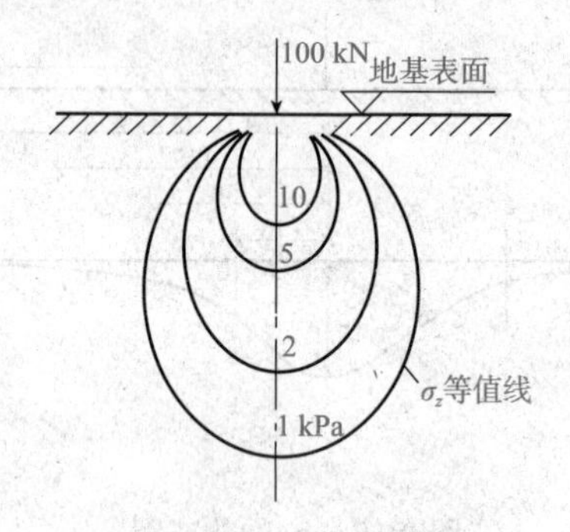

图 9-17　σ_z 的等值线图

二、矩形面积上各种分布荷载作用下附加应力的计算

在实际中，荷载很少是以集中荷载的形式作用在地基上的，往往通过基础分布在一定面积上。如果基础底面的形状或基础底面的荷载分布是不规则的，则可以先将分布荷载分割为若干单元面积上的集中荷载，然后应用式(9-13)和力的叠加原理计算土中应力。若基础底面的形状和分布荷载是有规律的，则可以应用式(9-14)所示的积分法计算土中应力。

1. 矩形面积上竖向均布荷载作用下附加应力的计算

设矩形荷载面的长边宽度和短边宽度分别为 l 和 b，作用于弹性半空间表面的竖向均布荷载为 p(或基底平均附加压力 p_0)。先以积分法求得矩形荷载面角点下任意深度 z 处该点的地基附加应力，然后运用角点法求得矩形荷载下任意点的地基附加应力。以矩形荷载面角点为坐标原点 o(图 9-18)，在荷载面内坐标为(x，y)处取一微单元面积 $\mathrm{d}x\mathrm{d}y$，并将其上的均布荷载以集中力 $p\mathrm{d}x\mathrm{d}y$ 来代替，则在角点 o 下任意深度 z 的 M 点处由该集中力引起的竖向附加应力 $\mathrm{d}\sigma_z$ 按下式计算：

$$\mathrm{d}\sigma_z=\frac{3}{2\pi}\cdot\frac{pz^3}{(x^2+y^2+z^2)^{5/2}}\mathrm{d}x\mathrm{d}y \tag{9-14}$$

将它对整个矩形荷载面 A 进行积分：

$$\begin{aligned}\sigma_z&=\iint_A\mathrm{d}\sigma_z=\frac{3pz^3}{2\pi}\int_0^l\int_0^b\frac{1}{(x^2+y^2+z^2)^{5/2}}\mathrm{d}x\mathrm{d}y\\&=\frac{p}{2\pi}\left[\frac{lbz(l^2+b^2+2z^2)}{(l^2+z^2)(b^2+z^2)\sqrt{l^2+b^2+z^2}}+\arcsin\frac{lb}{\sqrt{(l^2+z^2)(b^2+z^2)}}\right]\end{aligned} \tag{9-15}$$

令 $\alpha_c=\frac{1}{2\pi}\left[\frac{lbz(l^2+b^2+2z^2)}{(l^2+z^2)(b^2+z^2)\sqrt{l^2+b^2+z^2}}+\arcsin\frac{lb}{\sqrt{(l^2+z^2)(b^2+z^2)}}\right]$ 得

$$\sigma_z=\alpha_c p \tag{9-16}$$

又令 $m=l/b$，$n=z/b$(注意其中 b 为荷载面的短边宽度)，则

$$\alpha_c=\frac{1}{2\pi}\left[\frac{mn(m^2+2n^2+1)}{(m^2+n^2)(1+n^2)\sqrt{m^2+n^2+1}}+\arcsin\frac{m}{\sqrt{(m^2+n^2)(1+n^2)}}\right]$$

α_c 为均布矩形荷载角点下的竖向附加应力系数，简称角点应力系数，可从表 9-4 中查得。

表 9-4　矩形面积受竖向均布荷载作用时角点下的应力系数 α_c

$m=l/b$，$n=z/b$(参见公式推导)											
m	n										
	1.0	1.2	1.4	1.6	1.8	2.0	3.0	4.0	5.0	6.0	10.0
0.2	0.248 6	0.248 9	0.249 0	0.249 1	0.249 1	0.249 1	0.249 2	0.249 2	0.249 2	0.249 2	0.249 2
0.4	0.240 1	0.242 0	0.242 9	0.243 4	0.243 7	0.243 9	0.244 2	0.244 3	0.244 3	0.244 3	0.244 3
0.6	0.222 9	0.227 5	0.230 0	0.231 5	0.232 4	0.232 9	0.233 9	0.234 1	0.234 2	0.234 2	0.234 2
0.8	0.199 9	0.207 5	0.212 0	0.214 7	0.216 5	0.217 6	0.219 6	0.220 0	0.220 2	0.220 2	0.220 2
1.0	0.175 2	0.185 1	0.191 1	0.195 5	0.198 1	0.199 9	0.203 4	0.204 2	0.204 4	0.204 5	0.204 6
1.2	0.151 6	0.162 6	0.170 5	0.175 8	0.179 3	0.181 8	0.187 0	0.188 2	0.188 5	0.188 7	0.188 8
1.4	0.130 8	0.142 3	0.151 8	0.156 9	0.161 3	0.1644	0.171 2	0.173 0	0.173 5	0.173 8	0.174 0
1.6	0.112 3	0.124 1	0.132 9	0.143 6	0.144 5	0.148 2	0.156 7	0.159 0	0.159 8	0.160 1	0.160 4
1.8	0.096 9	0.108 3	0.117 2	0.124 1	0.129 4	0.133 4	0.143 4	0.146 3	0.147 4	0.147 8	0.148 2
2.0	0.084 0	0.094 7	0.103 4	0.110 3	0.115 8	0.120 2	0.131 4	0.135 0	0.136 3	0.136 8	0.137 4
2.2	0.073 2	0.083 2	0.091 7	0.098 4	0.103 9	0.108 4	0.120 5	0.124 8	0.126 4	0.127 1	0.127 7
2.4	0.064 2	0.073 4	0.081 2	0.087 9	0.093 4	0.097 9	0.110 8	0.115 6	0.117 5	0.118 4	0.119 2
2.6	0.056 6	0.065 1	0.072 5	0.078 8	0.084 2	0.088 7	0.102 0	0.107 3	0.109 5	0.110 6	0.111 6
2.8	0.050 2	0.058 0	0.064 9	0.070 9	0.076 1	0.080 5	0.094 2	0.099 9	0.102 4	0.103 6	0.104 8
3.0	0.044 7	0.051 9	0.058 3	0.064 0	0.069 0	0.073 2	0.087 0	0.093 1	0.095 9	0.097 3	0.098 7
3.2	0.040 1	0.046 7	0.052 6	0.058 0	0.062 7	0.066 8	0.080 6	0.087 0	0.090 0	0.091 6	0.093 3
3.4	0.036 1	0.042 1	0.047 7	0.052 7	0.057 1	0.061 1	0.074 7	0.081 4	0.084 7	0.086 4	0.088 2
3.6	0.032 6	0.038 2	0.043 3	0.048 0	0.052 3	0.056 1	0.069 4	0.076 3	0.079 9	0.081 6	0.083 7
3.8	0.029 6	0.034 8	0.039 5	0.043 9	0.047 9	0.051 6	0.064 5	0.071 7	0.075 3	0.077 3	0.079 6
4.0	0.027 0	0.031 8	0.036 2	0.040 3	0.044 1	0.047 4	0.060 3	0.067 4	0.071 2	0.073 3	0.075 8
4.2	0.024 7	0.029 1	0.033 3	0.037 1	0.040 7	0.043 9	0.056 3	0.063 4	0.067 4	0.069 6	0.072 4
4.4	0.022 7	0.026 8	0.030 6	0.034 3	0.037 6	0.040 7	0.052 7	0.059 7	0.063 9	0.066 2	0.069 2
4.6	0.020 9	0.024 7	0.028 3	0.031 7	0.034 8	0.037 8	0.049 3	0.056 4	0.060 6	0.063 0	0.066 3
4.8	0.019 3	0.022 9	0.026 2	0.029 4	0.032 4	0.035 2	0.046 3	0.053 3	0.057 6	0.060 1	0.063 5
5.0	0.017 9	0.021 2	0.024 3	0.027 4	0.030 2	0.032 8	0.043 5	0.050 4	0.054 7	0.057 3	0.061 0
6.0	0.012 7	0.015 1	0.017 4	0.019 6	0.021 8	0.023 8	0.032 5	0.038 8	0.043 1	0.046 0	0.050 6
7.0	0.009 4	0.011 2	0.013 0	0.014 7	0.016 4	0.018 0	0.025 1	0.030 6	0.034 6	0.037 6	0.042 8
8.0	0.007 3	0.008 7	0.010 1	0.011 4	0.012 7	0.014 0	0.019 8	0.024 6	0.028 3	0.031 1	0.036 7
9.0	0.005 8	0.006 9	0.008 0	0.009 1	0.010 2	0.011 2	0.016 1	0.020 2	0.023 5	0.026 2	0.031 9
10.0	0.004 7	0.005 6	0.006 5	0.007 4	0.008 3	0.009 2	0.013 2	0.016 7	0.019 8	0.022 2	0.028 0

对于均布矩形荷载附加应力计算点不在角点下的情况，就可利用式(9-16)以角点法求得。图 9-18 所示为计算点不在矩形荷载面角点下的四种情况(在图中 o 点以下任意深度 z 处)。计算时，通过 o 点把荷载面分成若干个矩形面积，这样，o 点就必然是划分出的各个矩形的公共角点，然后按式(9-16)计算每个矩形角点下同一深度 z 处的附加应力 σ_z，并计算其代数和。四种情况的算式分别如下。

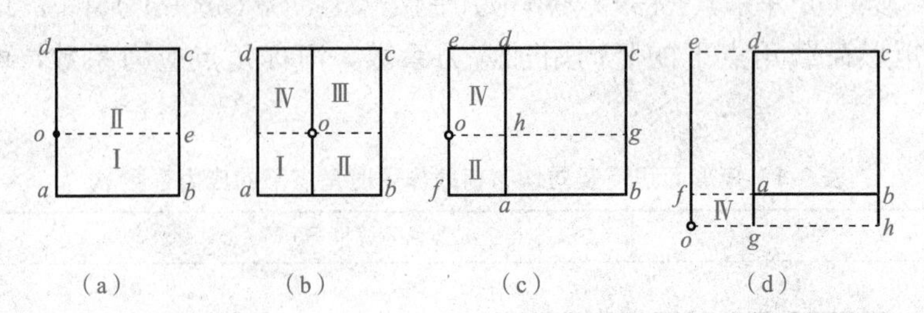

图 9-18　以角点法计算均布矩形荷载下的地基附加应力

(a)荷载面边缘；(b)荷载面内；(c)荷载面边缘外侧；(d)荷载面角点外侧

(1)o 点在荷载面边缘[图 9-18(a)]时，有

$$\sigma_z=(\alpha_{c\text{I}}+\alpha_{c\text{II}})p \tag{9-17}$$

式中，$\alpha_{c\text{I}}$ 和 $\alpha_{c\text{II}}$ 分别表示相应于面积Ⅰ和Ⅱ的角点应力系数。必须指出，查表 9-4 时所取用的 l 应为一个矩形荷载面的长边宽度，而 b 则为短边宽度，以下各种情况相同，不再赘述。

(2)o 点在荷载面内[图 9-18(b)]时，有

$$\sigma_z=(\alpha_{c\text{I}}+\alpha_{c\text{II}}+\alpha_{c\text{III}}+\alpha_{c\text{IV}})p \tag{9-18}$$

如果 o 点位于荷载面中心，则 $\alpha_{c\text{I}}=\alpha_{c\text{II}}=\alpha_{c\text{III}}=\alpha_{c\text{IV}}$，得 $\sigma_z=4\alpha_{c\text{I}}p$，即利用角点法求均布的矩形荷载面中心点下 σ_z 的解。

(3)o 点在荷载面边缘外侧[图 9-18(c)]时，将荷载面 $abcd$ 看成由Ⅰ($ofbg$)与Ⅱ($ofah$)之差和Ⅲ($oecg$)与Ⅳ($oedh$)之差合成的，所以

$$\sigma_z=(\alpha_{c\text{I}}-\alpha_{c\text{II}}+\alpha_{c\text{III}}-\alpha_{c\text{IV}})p \tag{9-19}$$

(4)o 点在荷载面角点外侧[图 9-18(d)]时，将荷载面看成由Ⅰ($ohce$)、Ⅳ($ogaf$)两个面积中扣除Ⅱ($ohbf$)和Ⅲ($ogde$)而成的，所以

$$\sigma_z=(\alpha_{c\text{I}}-\alpha_{c\text{II}}-\alpha_{c\text{III}}+\alpha_{c\text{IV}})p \tag{9-20}$$

【例 9-3】 今有均布荷载 $p=100$ kPa，荷载面积为 2 m×1 m，如图 9-19 所示，求荷载面积上角点 A、边点 E、中心点 O 及荷载面积外 F 点和 G 点等各点下 $z=1$ m 深度处的附加应力，并利用计算结果说明附加应力的扩散规律。

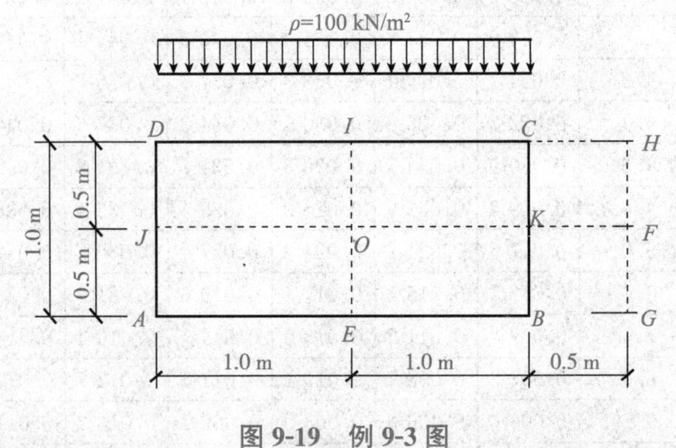

图 9-19　例 9-3 图

解：(1)A 点下的应力。A 点是矩形 $ABCD$ 的角点，且 $m=\frac{l}{b}=\frac{2}{1}=2$，$n=\frac{z}{b}=1$，查表 9-4 得 $\alpha_c=0.1999$，故

$$\sigma_{zA}=\alpha_c p=0.1999\times100\approx20(\text{kPa})$$

(2)E 点下的应力。通过 E 点将矩形荷载面积分为 2 个相等的矩形 $EADI$ 和 $EBCI$，求它们的角点应力系数 α_c：$m=\frac{l}{b}=\frac{1}{1}=1$，$n=\frac{z}{b}=\frac{1}{1}=1$。查表 9-4 得 $\alpha_c=0.1752$，故

$$\sigma_{zE}=2\alpha_c p=2\times0.1752\times100\approx35(\text{kPa})$$

(3)O 点下的应力。通过 O 点将原矩形面积分为 4 个相等的矩形 $OEAJ$，$OJDI$，$OICK$ 和 $OKBE$，求它们角点应力系数 α_c：$m=\frac{l}{b}=\frac{1}{0.5}=2$，$n=\frac{z}{b}=\frac{1}{0.5}=2$。查表 9-4 得 $\alpha_c=0.1202$，故

$$\sigma_{zO}=4\alpha_c p=4\times0.1202\times100\approx48.1(\text{kPa})$$

(4)F 点下的应力。过 F 点作矩形 $FGAJ$，$FJDH$，$FGBK$ 和 $FKCH$。设 $\alpha_{c\mathrm{I}}$ 为矩形 $FGAJ$ 和 $FJDH$ 的角点应力系数；$\alpha_{c\mathrm{II}}$ 为矩形 $FGBK$ 和 $FKCH$ 的角点应力系数。

求 $\alpha_{c\mathrm{I}}$：$m=\frac{l}{b}=\frac{2.5}{0.5}=5$，$n=\frac{z}{b}=\frac{1}{0.5}=2$。查表 9-4 得 $\alpha_{c\mathrm{I}}=0.1363$。

求 $\alpha_{c\mathrm{II}}$：$m=\frac{l}{b}=\frac{0.5}{0.5}=1$，$n=\frac{z}{b}=\frac{1}{0.5}=2$。查表 9-4 得 $\alpha_{c\mathrm{II}}=0.0840$，故

$$\sigma_{zF}=2(\alpha_{c\mathrm{I}}-\alpha_{c\mathrm{II}})p=2\times(0.1363-0.0840)\times100=10.5(\text{kPa})$$

(5)G 点下的应力。通过 G 点作矩形 $GADH$ 和 $GBCH$，分别求出它们的角点应力系数 $\alpha_{c\mathrm{I}}$ 和 $\alpha_{c\mathrm{II}}$。

求 $\alpha_{c\mathrm{I}}$：$m=\frac{l}{b}=\frac{2.5}{1}=2.5$，$n=\frac{z}{b}=\frac{1}{1}=1$，查表 9-4 得 $\alpha_{c\mathrm{I}}=0.2016$。

求 $\alpha_{c\mathrm{II}}$：$m=\frac{l}{b}=\frac{1}{0.5}=2$，$n=\frac{z}{b}=\frac{1}{0.5}=2$，查表 9-4 得 $\alpha_{c\mathrm{II}}=0.1202$，故

$$\sigma_{zG}=(\alpha_{c\mathrm{I}}-\alpha_{c\mathrm{II}})p=(0.2016-0.1202)\times100=8.1(\text{kPa})$$

将计算结果绘制成图 9-20(a)，可以看出在矩形面积受均布荷载作用时，不仅在受荷面积垂直下方的范围内产生附加应力，而且在荷载面积以外的土中(F、G 点下方)也产生附加应力。另外，在地基中同一深度处(如 $z=1$ m)，离受荷面积中线越远的点，其 σ_z 值越小，矩形面积中点处 σ_{zO} 最大。求出中点 O 下和 F 点下不同深度的 σ_z 并绘制成曲线，如图 9-20(b)所示，从该图可以看出地基中附加应力的扩散规律。

2. 矩形面积承受竖直三角形分布荷载作用时的附加应力计算

设弹性半空间表面作用的竖向荷载沿矩形面积一边 b 方向上呈三角形分布(沿另一边 l 的荷载分布不变)，荷载的最大值为 p，取荷载零值边的角点 O 为坐标原点(图 9-21)，则可将荷载面内某点(x，y)处所取微单元面积 $\mathrm{d}x\mathrm{d}y$ 上的分布荷载以集中力 $\frac{x}{b}p\mathrm{d}x\mathrm{d}y$ 代替。角点 O 下深度 z 处的 M 点由该集中力引起的附加应力为

$$\mathrm{d}\sigma_z=\frac{3}{2\pi}\cdot\frac{pxz^3}{b(x^2+y^2+z^2)^{5/2}}\mathrm{d}x\mathrm{d}y \tag{9-21}$$

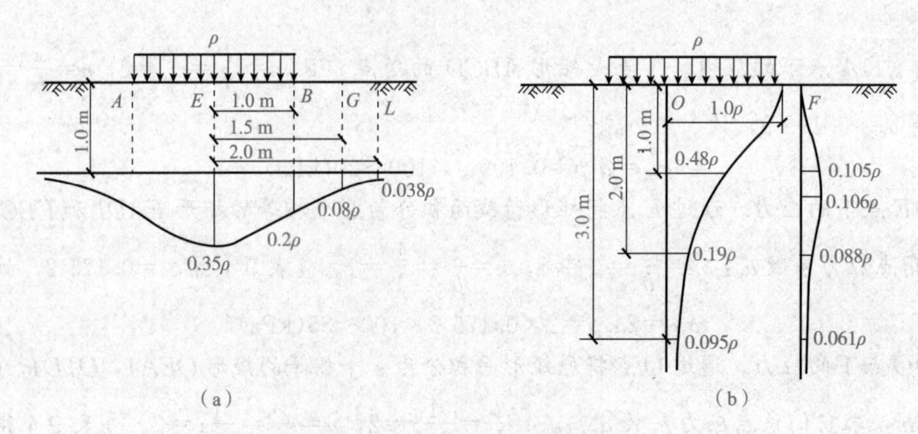

图 9-20　例 9-3 计算结果图

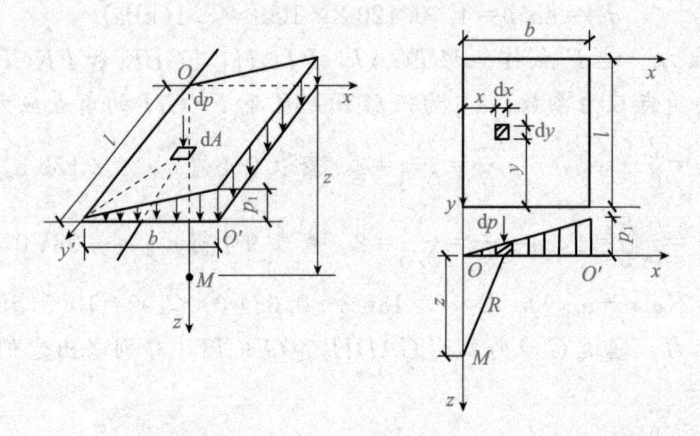

图 9-21　矩形面积受竖直三角形分布荷载作用时角点下的附加应力

在整个矩形荷载面积进行积分后得角点 O 下任意深度 z 处竖向附加应力为

$$\sigma_z = \alpha_t p \tag{9-22}$$

式中，$\alpha_t = \frac{mn}{2\pi}\left[\frac{1}{\sqrt{m^2+n^2}} - \frac{n^2}{(1+n^2)\sqrt{m^2+n^2+1}}\right]$，为矩形面积受竖直三角形分布荷载作用时的竖向附加应力分布系数，可由表 9-5 查得；$m=l/b$，$n=z/b$。

表 9-5　矩形面积受竖直三角形分布荷载作用时压力为零的角点附加应力系数 α_t

$m=l/b$，$n=z/b$(参见公式推导)										
n	m									
	0.2	0.4	0.6	0.8	1.0	1.2	1.4	1.6	1.8	2.0
0.2	0.022 3	0.028 0	0.029 6	0.030 1	0.030 4	0.030 5	0.030 5	0.030 6	0.030 6	0.030 6
0.4	0.026 9	0.042 0	0.048 7	0.051 7	0.053 1	0.053 9	0.054 3	0.054 5	0.054 6	0.054 7
0.6	0.025 9	0.044 8	0.056 0	0.062 1	0.065 4	0.067 3	0.068 4	0.069 0	0.069 4	0.069 6
0.8	0.023 2	0.042 1	0.055 3	0.063 7	0.068 8	0.072 0	0.073 9	0.075 1	0.075 9	0.076 4
1.0	0.020 1	0.037 5	0.050 8	0.060 2	0.066 6	0.070 8	0.073 5	0.075 3	0.076 6	0.077 4

续表

$m=l/b$，$n=z/b$(参见公式推导)										
n	m									
	0.2	0.4	0.6	0.8	1.0	1.2	1.4	1.6	1.8	2.0
1.2	0.017 1	0.032 4	0.045 0	0.054 6	0.061 5	0.066 4	0.069 8	0.072 1	0.073 8	0.074 9
1.4	0.014 5	0.027 8	0.039 2	0.048 3	0.055 4	0.060 6	0.064 4	0.067 2	0.069 2	0.070 7
1.6	0.012 3	0.023 8	0.033 9	0.042 4	0.049 2	0.054 5	0.058 6	0.061 6	0.063 9	0.065 6
1.8	0.010 5	0.020 4	0.029 4	0.037 1	0.043 5	0.048 7	0.052 8	0.056 0	0.058 5	0.060 4
2.0	0.009 0	0.017 6	0.025 5	0.032 4	0.038 4	0.043 4	0.047 4	0.050 7	0.053 3	0.055 3
2.5	0.006 3	0.012 5	0.018 3	0.023 6	0.028 4	0.032 6	0.036 2	0.039 3	0.041 9	0.044 0
3.0	0.004 6	0.009 2	0.013 5	0.017 6	0.021 4	0.024 9	0.028 0	0.030 7	0.033 1	0.035 2
5.0	0.001 8	0.003 6	0.005 4	0.007 1	0.008 8	0.010 4	0.012 0	0.013 5	0.014 8	0.016 1
7.0	0.000 9	0.001 9	0.002 8	0.003 8	0.004 7	0.005 6	0.006 4	0.007 3	0.008 1	0.008 9
10.0	0.000 5	0.000 9	0.001 4	0.001 9	0.002 3	0.002 8	0.003 3	0.003 7	0.004 1	0.004 6
0.2	0.030 6	0.030 6	0.030 6	0.030 6	0.030 6					
0.4	0.054 8	0.054 9	0.054 9	0.054 9	0.054 9					
0.6	0.070 1	0.070 2	0.070 2	0.070 2	0.070 2					
0.8	0.077 3	0.077 6	0.077 6	0.077 6	0.077 6					
1.0	0.079 0	0.079 4	0.079 5	0.079 6	0.079 6					
1.2	0.077 4	0.077 9	0.078 2	0.078 3	0.078 3					
1.4	0.073 9	0.074 8	0.075 2	0.075 2	0.075 3					
1.6	0.069 7	0.070 8	0.071 4	0.071 5	0.071 5					
1.8	0.065 2	0.066 6	0.067 3	0.067 5	0.067 5					
2.0	0.060 7	0.062 4	0.063 4	0.063 6	0.063 6					
2.5	0.050 4	0.052 9	0.054 3	0.05 47	0.054 8					
3.0	0.041 9	0.044 9	0.046 9	0.047 4	0.047 6					
5.0	0.021 4	0.024 8	0.028 3	0.029 6	0.030 1					
7.0	0.012 4	0.015 2	0.018 6	0.020 4	0.021 2					
10.0	0.006 6	0.008 4	0.011 1	0.012 8	0.013 9					

应用式(9-22)时要注意，计算点应落在三角形分布荷载强度为零点的垂线上，b 始终指荷载变化方向的矩形的边长。

对于基底范围内(或外)任意一点下的竖向附加应力，仍然可以利用角点法和叠加原理进行计算。

三、条形面积上各种分布荷载作用下附加应力的计算

若在半无限宽弹性体表面作用无限长条形面积分布荷载，且荷载在各个截面上的分布均相同，则垂直于长度方向的任一截面内附加应力的大小及分布规律都是相同的，即与所取截面的位置无关，只与土中所求应力点的平面位置有关，故又称为平面问题。虽

然在实际工程中没有无限长条形面积分布荷载，但在实际应用中当一般截面荷载面积的延伸长度 l 与其宽度 b 之比大于或等于 10 时，即可认为是条形基础，如墙基、路基、挡土墙和堤坝等，它们均可按平面问题计算地基中的附加应力，其计算结果与实际相差很小。

1. 竖向均布线荷载作用下附加应力的计算

在地表面无限长直线上，作用有竖直均布线荷载 $\bar{p}$，如图 9-22 所示，求在地基中任意点 M 引起的应力。在均布线荷载上取微分长度 $\mathrm{d}y$，作用在上面的荷载 $\bar{p}\mathrm{d}y$ 可以看成集中力，则在地基内 M 点引起的应力按式(9-13)为 $\mathrm{d}\sigma_z=\dfrac{3\bar{p}z^3}{2\pi R^5}\mathrm{d}y$，则

$$\sigma_z=\int_{-\infty}^{+\infty}\frac{3\bar{p}z^3\mathrm{d}y}{2\pi(x^2+y^2+z^2)^{5/2}}=\frac{3\bar{p}z^3}{\pi(x^2+z^2)^2} \tag{9-23}$$

按弹性力学方法可推导出

$$\sigma_x=\frac{2\bar{p}x^2z}{\pi(x^2+z^2)^2} \tag{9-24}$$

$$\tau_{xz}=\tau_{zx}=\frac{2\bar{p}xz^2}{\pi(x^2+z^2)^2} \tag{9-25}$$

式中　$\bar{p}$——单位长度上的线荷载(kN/m)。

2. 竖向均布条形荷载作用下附加应力的计算

当地面上作用强度为 p 的竖向均布荷载时(图 9-23)，首先利用式(9-13)求出微分宽度 $\mathrm{d}\xi$ 上作用的线均布荷载 $\mathrm{d}p=p\mathrm{d}\xi$ 在任意一点 M 所引起的竖向附加应力，即

$$\mathrm{d}\sigma_z=\frac{2p}{\pi}\cdot\frac{z^3\mathrm{d}\xi}{[(x-\xi)^2+z^2]^2} \tag{9-26}$$

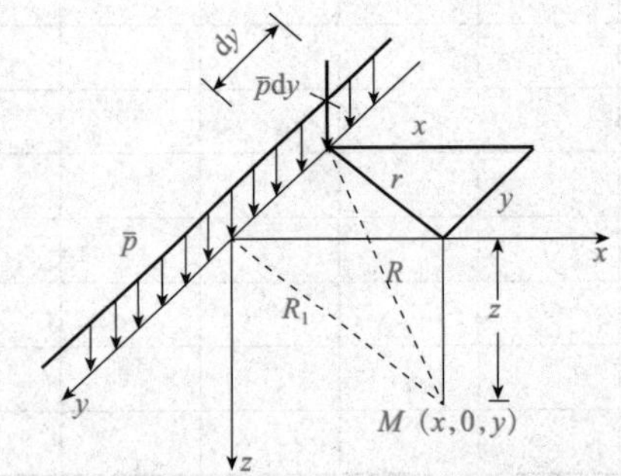

图 9-22　竖向均布线荷载作用时的附加应力

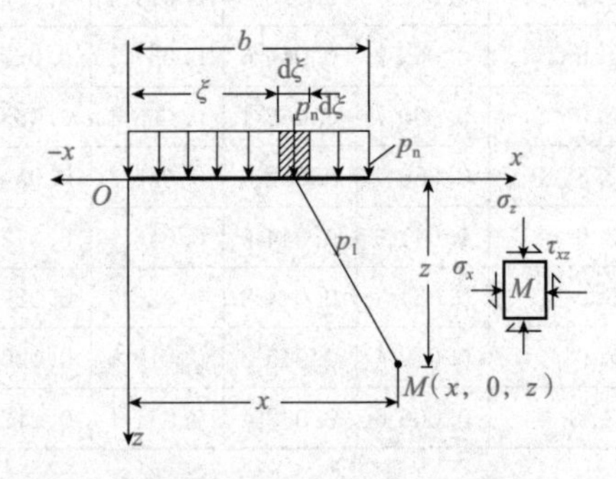

图 9-23　竖向均布条形荷载作用时的附加应力

再将式(9-26)沿宽度 b 积分，即可得到条形面积受均布荷载作用时的竖向附加应力为

$$\sigma_z=\int_0^b\frac{2p}{\pi}\cdot\frac{z^3\mathrm{d}\xi}{[(x-\xi)^2+z^2]^2}$$

$$=\frac{p}{\pi}\left[\arctan\left(\frac{m}{n}\right)-\arctan\left(\frac{m-1}{n}\right)+\frac{mn}{m^2+n^2}-\frac{n(m-1)}{n^2+(m-1)^2}\right]=\alpha_u p \tag{9-27}$$

式中　α_u——条形面积受竖向均布荷载作用时的竖向附加应力系数，可由表 9-6 查得，$m=x/b$，$n=z/b$，b 为基地宽度(m)。

表 9-6　条形面积受竖向均布荷载作用下的竖向附加应力系数 α_u

$n=z/b$	$m=x/b$				
	0.00	0.25	0.50	1.00	2.00
0.00	1.00	1.00	0.50	0.00	0.00
0.25	0.96	0.90	0.50	0.02	0.00
0.50	0.82	0.74	0.48	0.08	0.00
0.75	0.67	0.61	0.45	0.15	0.02
1.00	0.55	0.51	0.41	0.19	0.03
1.50	0.40	0.38	0.33	0.21	0.06
2.00	0.31	0.31	0.28	0.20	0.08
3.00	0.21	0.21	0.20	0.17	0.10
4.00	0.16	0.16	0.15	0.14	0.10
5.00	0.13	0.13	0.12	0.12	0.09

3. 竖向条形三角形分布荷载作用下附加应力的计算

当条形面积上受最大强度为 p 的三角形分布荷载作用时(图 9-24)，同样可先求出微分宽度 $\mathrm{d}\xi$ 上作用的线荷载 $\mathrm{d}p=\frac{p}{b}\xi\mathrm{d}\xi$，再计算出 M 点所引起的竖向附加应力，然后沿宽度 b 积分，即可得到整个三角形分布荷载对 M 点引起的竖向附加应力为

$$\sigma_z=\frac{p}{\pi}\left\{m\left[\arctan\left(\frac{m}{n}\right)-\arctan\left(\frac{m-1}{n}\right)\right]-\frac{n(m-1)}{n^2+(m-1)^2}\right\}=\alpha_s p \tag{9-28}$$

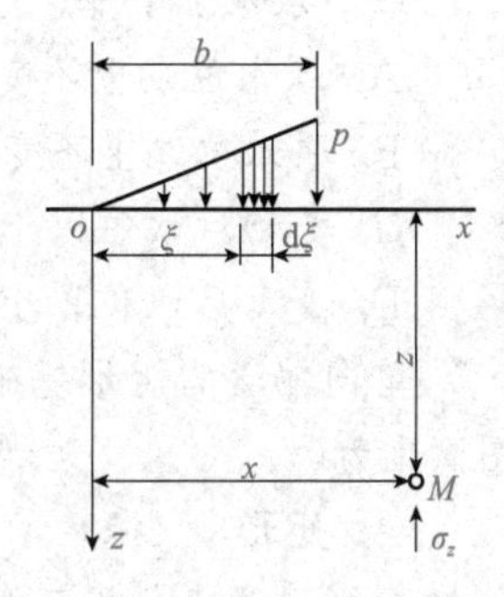

图 9-24　竖向条形三角形分布荷载作用时的附加应力

式中　α_s——竖向条形三角形分布荷载作用下的附加应力系数，可由表 9-7 查得，$m=x/b$，$n=z/b$，b 为基地宽度(m)。

表 9-7　竖向条形三角形分布荷载作用下的附加应力系数 α_s

$n=z/b$	$m=x/b$										
	−1.5	−1.0	−0.5	0	0.25	0.5	0.75	1.0	1.5	2.0	2.5
0	0	0	0	0	0.250	0.500	0.750	0.750	0	0	0
0.25	—	—	0.001	0.075	0.256	0.480	0.643	0.424	0.015	0.003	—
0.50	0.002	0.003	0.023	0.127	0.263	0.410	0.477	0.353	0.056	0.017	0.003
0.75	0.006	0.016	0.042	0.153	0.248	0.335	0.361	0.293	0.108	0.024	0.009
1.0	0.014	0.025	0.061	0.159	0.223	0.275	0.279	0.241	0.129	0.045	0.013
1.5	0.020	0.048	0.096	0.145	0.178	0.200	0.202	0.185	0.124	0.062	0.041
2.0	0.033	0.061	0.092	0.127	0.146	0.155	0.163	0.153	0.108	0.069	0.050
3.0	0.050	0.064	0.080	0.096	0.103	0.104	0.108	0.104	0.090	0.071	0.050
4.0	0.051	0.060	0.067	0.075	0.078	0.085	0.082	0.075	0.073	0.060	0.049
5.0	0.047	0.052	0.057	0.059	0.062	0.063	0.063	0.065	0.061	0.051	0.047
6.0	0.041	0.041	0.050	0.051	0.052	0.053	0.053	0.053	0.050	0.050	0.045

思考与练习

一、单项选择题

1. 成层土中竖向自重应力沿深度的增大而发生的变化为(　　)。

A. 折线减小　　B. 折线增大　　C. 斜线减小　　D. 斜线增大

2. 宽度均为 b，基底附加应力均为 P_0 的基础，同一深度处附加应力数值最大的是(　　)。

A. 方形基础　　B. 矩形基础　　C. 条形基础　　D. 圆形基础(b 为直径)

3. 在基底附加应力 P_0 作用下，地基中附加应力随深度 z 增大而减小，z 的起算点为(　　)。

A. 基础底面　　B. 天然地面　　C. 室内设计地面　　D. 室外设计地面

4. 土中自重应力起算点位置为(　　)。

A. 基础底面　　B. 天然地面　　C. 室内设计地面　　D. 室外设计地面

5. 地下水水位下降，土中有效自重应力发生的变化是(　　)。

A. 原水位以上不变，原水位以下增大

B. 原水位以上不变，原水位以下减小

C. 变动后水位以上不变，变动后水位以下减小

D. 变动后水位以上不变，变动后水位以下增大

6. 单向偏心的矩形基础，当偏心距 $e<l/6$(l 为偏心一侧基底边长)时，基底压应力分布图简化为(　　)。

A. 矩形　　B. 梯形　　C. 三角形　　D. 抛物线形

7. 矩形面积上作用三角形分布荷载时，地基中竖向附加应力系数 K_t 是 l/b，z/b 的函数，b 指的是(　　)。

A. 矩形的长边　　B. 矩形的短边

C. 矩形的短边与长边的平均值　　D. 三角形分布荷载方向基础底面的边长

8. 由于建筑物的建造而在基础底面处产生的压力增量称为(　　)。

A. 基底压力　　B. 基底反力　　C. 基底附加应力　　D. 基底净反力

9. 计算土中自重应力时，地下水水位以下的土层应采用(　　)。

A. 湿重度　　B. 饱和重度　　C. 浮重度　　D. 天然重度

10. 只有(　　)才能引起地基的附加应力和变形。

A. 基底压力　　B. 基底附加压力　　C. 有效应力　　D. 有效自重应力

二、简答题

1. 土中自重应力计算的假定是什么?

2. 地基中的自重应力分布有什么特点?

3. 地基中竖向附加应力的分布有什么基本规律? 相邻两基础下附加应力是否会彼此影响? 为什么?

4. 附加应力的计算结果与地基中实际的附加应力能否一致? 为什么?

5. 建筑物的埋置深度对其地基应力是否有影响?

三、计算题

1. 图 9-25 所示为某地基剖面图及其各土层的重度及地下水水位，试求土的自重应力，并绘制出其分布图。

2. 某构筑物基础如图 9-26 所示，在设计地面标高处作用有偏心荷载 680 kN，作用位置距中心线 1.31 m，基础埋深为 2 m，底面尺寸为 4 m×2 m。试求基底平均压力 p 和边缘最大压力 p_{max}，并绘制沿偏心方向的基底压力分布图。

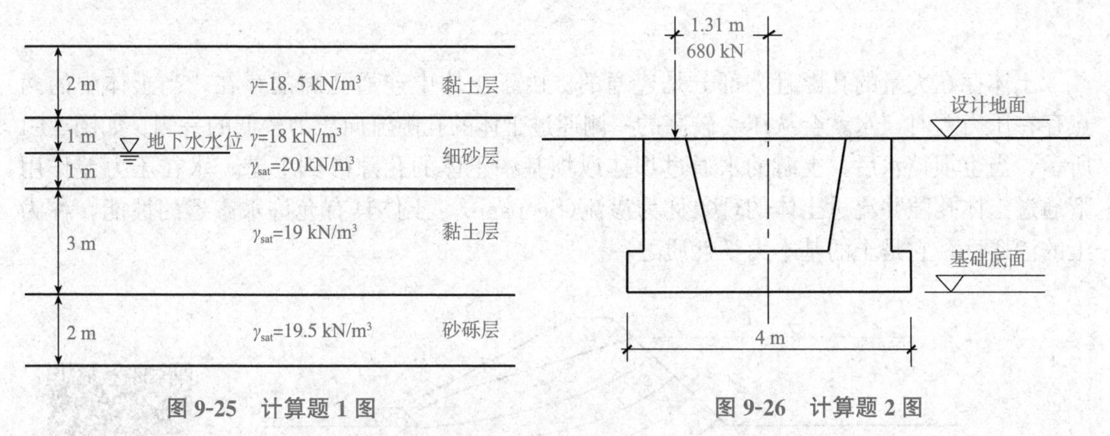

图 9-25　计算题 1 图　　　　图 9-26　计算题 2 图

3. 计算图 9-27 所示两种情况的荷载作用时 O 点下的附加应力。

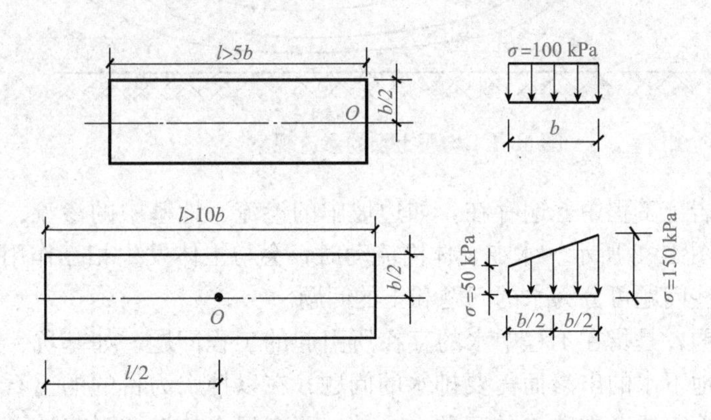

图 9-27　计算题 3 图

4. 某外墙下条形基础底面宽度 b=1.5 m，基础底面标高为−1.500 m，室内地面标高为±0.000，室外地面标高为−0.600 m，墙体作用在基础顶面的竖向荷载 F=230 kN/m，试求基底压力 P。

5. 某柱下方形基础边长为 4 m，基底压力为 300 kPa，基础埋深为 1.5 m，地基土重度为18 kN/m³，试求基底中心点下 4 m 深处的竖向附加应力。已知边长为 2 m 的均布方形荷载角点和中心点下 4 m 深处的竖向附加应力系数分别为 0.084 和 0.108。

模块十　土的渗透性及渗透对土体的破坏

土体存在大量的孔隙且大部分是连通的。由于土体中连通孔隙的存在，当土体中的两点存在压力差时，水就会从压力较高的一侧通过土体的孔隙流向压力较低的一侧。如图 10-1 所示，当土坝挡水后，上游的水通过坝体或坝基中土体的孔隙渗到下游。水在压力差作用下通过土体孔隙并流过土体的现象称为渗流(Seepage)。土体具有允许水渗透的性能，称为土的渗透性，它是土的基本力学性质之一。

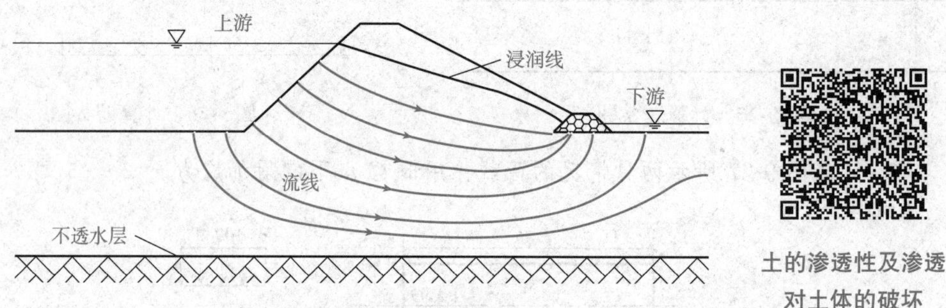

图 10-1　均质土坝的渗流现象

土的渗透性及渗透对土体的破坏

渗透问题在岩土工程中普遍存在，如边坡中的渗流、地基中的渗流、堤坝中的渗流及基坑渗流等，如图 10-2 所示。水在土体内流动时，会与土体发生相互作用，产生各种各样的工程问题，这些问题可分为水的问题和土的问题。

所谓水的问题，是指在工程中水的存在所引起的工程问题，如基坑、隧道等工程开挖施工中普遍存在地下水的出渗而需要排水的问题；在以挡水为目的的土石堤坝中，由于渗透造成水量损失而需要考虑防渗的问题；另外，还有污水的渗透引起地下水污染，地下水开采引起地面沉降及沼泽、湿地干涸等水环境问题。也就是说，水自身的量(涌水量、渗水量)、质(水质)、储存位置(地下水水位)的变化所引起的问题就是水的问题。

所谓土的问题，是指水的存在引起土体内部应力状态发生变化，或土体的结构、强度等状态发生变化，使建筑物或地基产生变形甚至发生失稳的问题。水的存在会使土体的有效应力发生变化；在土坡、挡土墙等结构物中常常会由于水的渗透而出现内部应力状态变化导致失稳；土坝、堤防、基坑等结构物会由于渗流逐渐改变地基内土的结构而酿成破坏事故。

在研究土体中水、土的相互作用时，土的渗透性强弱对土体的固结变形、强度都有非常重要的影响，因此，对水在土中的渗流规律及土体的渗透稳定等问题进行研究具有重要的意义。本模块主要研究土的渗透规律及渗透对土体的破坏。

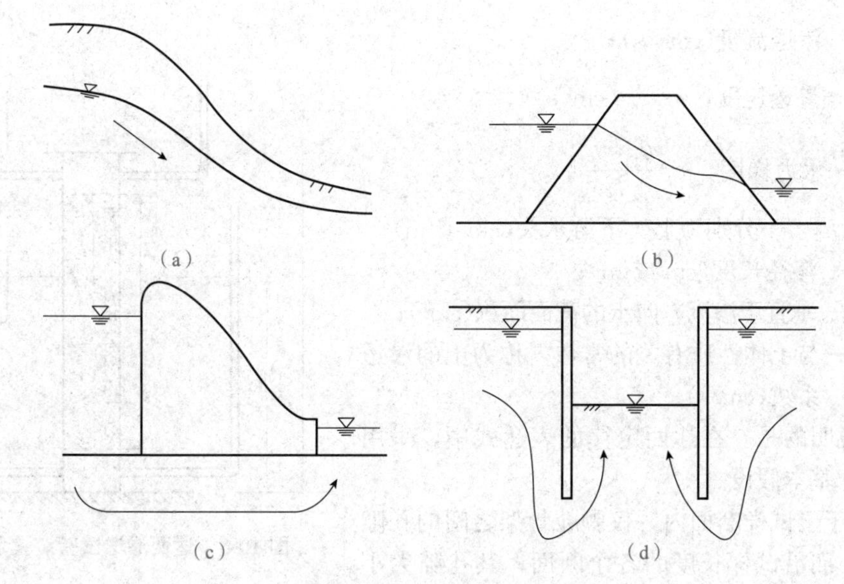

图 10-2　岩土工程渗流问题示意

(a)边坡渗流；(b)堤坝渗流；(c)地基渗流；(d)基坑渗流

单元一　土的渗透性

知识目标

(1)理解达西定律，掌握达西定律测定方法和适用范围。

(2)掌握土的渗透系数的计算及影响渗透系数的因素。

(3)掌握成层土渗透系数的计算方法。

能力目标

(1)能够运用所学的知识测定土的渗透系数，评价土的渗透性。

(2)能够判别渗透变形及对渗透变形采取防治措施。

一、达西定律

水可以通过土体渗透，即土具有渗透性。那么土的渗透性与什么有关呢？

早在 1856 年，法国学者达西(Darcy)根据砂土渗透试验(图 10-3)，发现水的渗透速度与试样两端面间的水头差成正比，而与相应的渗透路径成反比，于是他把渗透速度表示为

$$q=kiA \tag{10-1}$$

或

$$v=ki \tag{10-2}$$

式中　q——渗透流量(cm^3/s)；

v——渗透速度，$v=\frac{q}{A}$(cm/s)；

i——水力梯度，$i=\frac{h_1-h_2}{L}$；

h_1，h_2——分别为上、下游水头(cm 或 m)；

L——渗径长度(cm 或 m)；

A——垂直于渗流方向土的截面面积(cm^2)；

k——与土体性质有关的常数，称为土的渗透系数(cm/s)。

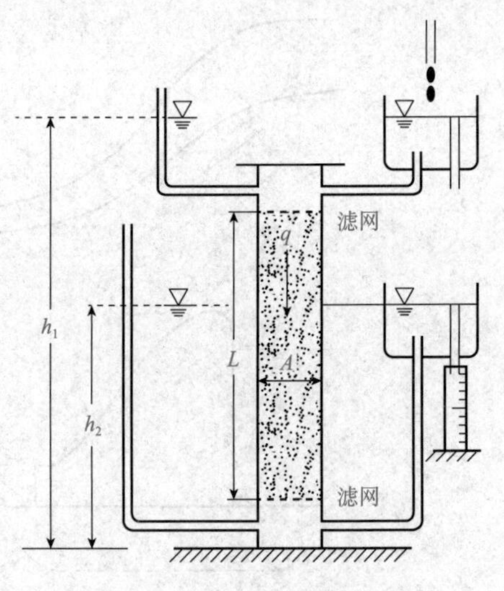

图 10-3　达西渗透试验装置示意

需要说明的是，在达西定律的表达式中，采用了以下两个基本假设。

(1)由于土试样断面内，仅颗粒骨架之间的孔隙是渗水的，而沿试样长度的各个断面，其孔隙大小和分布是不均匀的。达西采用了以整个土样断面面积计的假想渗流速度，或单位时间内土样通过单位总面积的流量，而不是土样孔隙流体的真正流速。

(2)土中水的实际流程是十分弯曲的，比试样长度大得多，而且也无法知道。达西考虑了以试样长度计算的平均水力梯度，而不是局部的真正水力梯度。这样处理就避免了微观流体力学分析上的困难，得出一种统计平均值，基本上是经验性的宏观分析，但不影响其理论和实用价值，故一直沿用至今。

由于土中的孔隙一般非常微小，在多数情况下水在孔隙中流动时的粘滞阻力很大、流速缓慢，因此，其流动状态大多属于层流(即水流线互相平行流动)范围。此时土中水的渗流规律符合达西定律，因此，达西定律也称为层流渗透定律，但以下两种情况被认为超出达西定律的适用范围。

一种情况是在粗粒土(如砾、卵石等)中存在渗流(如堆石体中的渗流)，且水力梯度较大时，土中水的流动已不再是层流，而是紊流。这时，达西定律不再适用，渗流速度 v 与水力梯度 i 之间的关系不再保持直线，而变为次线性的曲线关系[图 10-4(b)]，层流与紊流的界限即达西定律适用的上限，该上限值目前尚无明确的方法确定。

另一种情况是发生在黏性很强的致密黏土中。不少学者对原状黏土所进行的试验表明这类土的渗透特征也偏离达西定律，其 v-i 关系如图 10-4(c)所示。实线表示试验曲线，它成超线性规律增长，且不通过原点。使用时，可将曲线简化为图 10-4(c)虚线所示的直线。截距 i_0 称为起始水力梯度。这时，达西定律可修改为

$$v=k(i-i_0) \tag{10-3}$$

当水力梯度很小，$i<i_0$ 时，没有渗流发生。不少学者对此现象作如下解释：密实黏土颗粒的外围具有较厚的结合水膜，它占据了土体内部的过水通道，渗流只有在较大的水力梯度作用下，挤开结合水膜的堵塞才能发生。起始水力梯度 i_0 用来克服结合水膜阻力所消耗的能量。i_0 就是达西定律适用的下限。

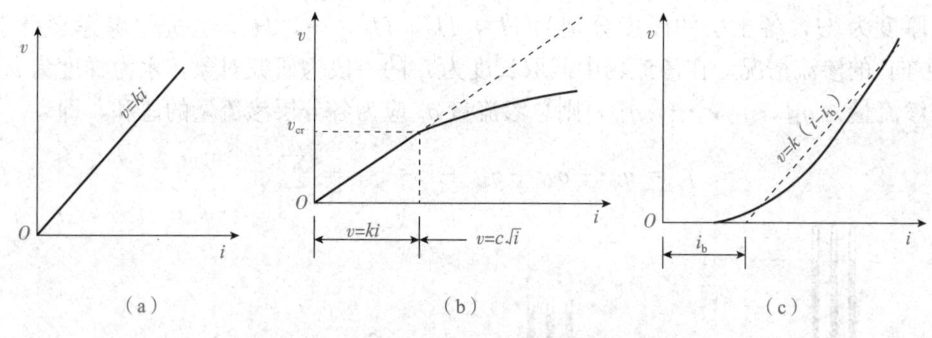

图 10-4　土的渗透速度 v 与水力梯度 i 的关系

(a)砂土；(b)砾土；(c)密实黏土

■ 二、影响土的渗透系数的因素

影响土的渗透系数的因素很多，主要有土的粒度成分和矿物成分、土的结构和土中气体等。

1. 土的粒度成分及矿物成分的影响

土的颗粒大小、形状及级配会影响土中孔隙大小与其形状因素，进而影响土的渗透系数。土粒越细、越圆、越均匀，渗透系数就越大。砂土中含有较多粉土或黏性土颗粒时，其渗透系数会大大减小。

土中含有亲水性较大的黏土矿物或有机质时，因为结合水膜厚度较厚，会阻塞土的孔隙，所以土的渗透系数减小。因此，土的渗透系数还和水中交换阳离子的性质有关系。

2. 土的结构的影响

天然土层通常不是各向同性的，因此，土的渗透系数在各个方向是不相同的。例如，由于黄土具有竖向大孔隙，所以竖向渗透系数要比水平方向大得多。这在实际工程中具有十分重要的意义。

3. 土中气体的影响

当土孔隙中存在密闭气泡时，密闭气泡会阻塞水的渗流，从而减小土的渗透系数。这种密闭气泡有时是由溶解于水中的气体分离出来而形成的，故水中的含气量也影响土的渗透性。

4. 渗透水的性质对渗透系数的影响

渗透水的性质对渗透系数的影响主要是由于粘滞度不同。温度高时，水的粘滞性降低，渗透系数变大；反之变小。因此，测定渗透系数 k 时，以 20 ℃作为标准温度，温度不是 20 ℃时要进行温度校正。

■ 三、层状土层的渗透性

天然沉积的黏性土常由厚薄不同且渗透性不同的多层土所组成，平行于层向的透水性一般要比垂直于层向的大。用黏性土填筑的碾压式土坝，碾压施工时若不注意上、下层面的结合，则水平方向的透水性同样会大于垂直方向的透水性。因此，研究层面平行的土层的渗透性时，如果已知各土层的渗透系数和厚度，则可以按下面的方法，求出整个土层与层面平行和垂直的平均渗透系数，作为进行渗流计算的依据。

如图 10-5 所示，假设土体可分为 n 层，各土层的渗透系数分别为 k_1，k_2，k_3，…，k_n，

土层总厚度为 H，各土层的厚度分别为 H_1，H_2，H_3，…，H_n。首先，考虑平行于层向(沿 x 方向)的渗流情况，在渗流场中截取长度为 L 的一段为研究对象，水力梯度为 i，通过各层的渗流量为 q_{1x}，q_{2x}，…，q_{nx}，则总渗流量 q_x 应为各分层渗流量的总和，即

$$q_x = q_{1x} + q_{2x} + q_{3x} + L + q_{nx} = \sum_{i=1}^{n} q_{ix} \tag{10-4}$$

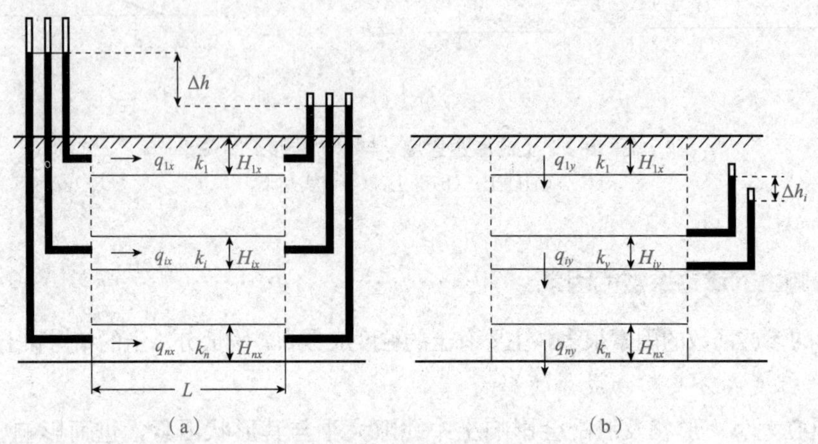

图 10-5　成层土渗流情况

根据达西定律，总渗流量可以表示为

$$q_x = k_x jH \tag{10-5}$$

式中　k_x——与层面平行的土层平均渗透系数；

　　　j——与层面平行的土层平均水力梯度。

对于这种条件下的渗流，通过各土层相同距离的水头损失均相等，因此，各土层的水力梯度及整个土层的平均水力梯度也相等，于是第 i 土层的渗流量为

$$q_{ix} = k_i jH_i \tag{10-6}$$

将式(10-5)与式(10-6)代入式(10-4)，得

$$k_x jH = k_1 jH_1 + k_2 jH_2 + k_3 jH_3 + L + k_n jH_n = \sum_{i=1}^{n} k_i jH_i$$

约去 j 后，则得沿 x 方向的平均渗透系数 k_x 为

$$k_x = \frac{\sum_{i=1}^{n} k_i H_i}{H} \tag{10-7}$$

这相当于各土层渗透系数按厚度加权的算术平均值，平均渗透系数 k_x 的大小主要受渗透性最大的土层的渗透系数控制。

对垂直于层向(沿 y 方向)的渗流情况，可以采用类似的方法对渗透系数进行求解。设流经土层厚度 H 的总水力梯度为 j，流经各土层的水力梯度分别为 j_1，j_2，j_3，…，j_n，总渗流量 q_y 应等于各土层的渗流量 q_1，q_2，q_3，…，q_n，所以

$$q_y = q_1 = q_2 = q_3 = L = q_n$$

由达西定律得

$$k_y jA = k_1 j_1 A = k_2 j_2 A = k_3 j_3 A = L = k_n j_n A \tag{10-8}$$

两边同除以 A，得

$$k_y j = k_i j_i$$

即

$$j_i = \frac{k_y j}{k_i} = \frac{h k_y}{H k_i} \tag{10-9}$$

式中　$j = \dfrac{h}{H}$——土层总厚度为 H 的平均水力梯度；

A——渗流截面面积(图 10-5)。

又因总水头损失等于各层水头损失的总和，故

$$h = H_1 j_1 + H_2 j_2 + H_3 j_3 + L + H_n j_n = \sum_{i=1}^{n} j_i H_i \tag{10-10}$$

将式(10-9)代入式(10-10)中得沿 y 方向的平均渗透系数 k_y：

$$k_y = \frac{H}{\sum_{i=1}^{n}\left(\frac{H_i}{k_i}\right)} \tag{10-11}$$

【例 10-1】 某地基由三层土组成，第一层土厚度为 3 m，渗透系数为 2×10^{-2} cm/s；第二层土厚度为 2 m，渗透系数为 4×10^{-5} cm/s；第三层土厚度为 4 m，渗透系数为 1×10^{-8} cm/s。试求该地基组成的平行层面的渗透系数和垂直层面的渗透系数。

解：(1)平行层面的渗透系数：

$$\begin{aligned} k_x &= \frac{(k_1 H_1 + k_2 H_2 + L + k_m H_n)}{H} \\ &= \frac{2\times10^{-2}\times3 + 4\times10^{-5}\times2 + 1\times10^{-8}\times4}{3+2+4} \\ &= 6.68\times10^{-3}(\text{cm/s}) \end{aligned}$$

(2)垂直层面的渗透系数：

$$\begin{aligned} k_y &= \frac{H}{\left(\frac{H_1}{k_1} + \frac{H_2}{k_2} + L + \frac{H_n}{k_n}\right)} \\ &= \frac{3+2+4}{\frac{3}{2\times10^{-2}} + \frac{2}{4\times10^{-5}} + \frac{4}{1\times10^{-8}}} \\ &= 2.25\times10^{-8}(\text{cm/s}) \end{aligned}$$

由此可以得出结论，成层土与层面一致方向顺流的平均渗透系数取决于最透水层的渗透系数和厚度；垂直层面方向的渗透系数取决于最不透水的土层的渗透系数和厚度。因此，平行层面渗流的平均渗透系数总是大于垂直层面渗流的平均渗透系数。

四、土体的渗透系数的测定方法

土的渗透系数是工程中常用的一个力学性质指标，它是判别土体透水性强弱的标准和选择坝体填筑土料的依据。若按照渗透性划分，坝基土层可分为：强透水层，渗透系数大于 10^{-3} cm/s；中等透水层，渗透系数为 $10^{-3}\sim10^{-5}$ cm/s；弱透水层，渗透系数小于 10^{-5} cm/s。又如选择筑坝土料时，总是将渗透系数较小的土($k<10^{-6}$ cm/s)用于填筑坝体的防渗体部位(心墙)，而将渗透系数较大的土($k>10^{-3}$ cm/s)填筑坝体的其他部位。

由于组成土体颗粒粒径范围分布很广，所以土体渗透系数的变化范围很大，由粗砾到黏土，随着粒径和孔隙的减小，其渗透系数可由 1.0 cm/s 减小到 10^{-9} cm/s。根据大量试验研究，得出了几种常见土的渗透系数建议值以供参考，见表 10-1。

表 10-1　渗透系数经验参考值

cm/s

土类	粗砾	砂质砾	粗砂	细砂	粉土	粉质黏土	黏土
渗透系数	10^0～5×10^{-1}	10^{-1}～10^{-4}	5×10^{-4}～10^{-4}	5×10^{-3}～10^{-3}	10^{-3}～10^{-4}	5×10^{-6}～10^{-4}	$<5\times10^{-6}$

渗透系数确定的准确性直接影响渗流计算结果的正确性和渗流控制方案的合理性，但它不能由计算求出，只能通过试验直接测定。一般来说，确定渗透系数的方法主要有经验估算法、室内试验法、现场试验法和反演法。经验估算法和反演法偏于理论，依赖于对试验的总结和数值模拟处理，而通过试验测定得到的相对直接且更准确可靠。下面主要介绍土体的渗透系数的室内试验法。

从土坑中取土样或钻孔取样，即可在室内进行渗透系数的测定。室内测定土的渗透系数的仪器和方法较多，但按原理可分为常水头法和变水头法两种。

1. 常水头法

常水头法是在整个试验过程中，水头保持不变，适用于透水性较大的无黏性土，其试验装置如图 10-6 所示。

设试样厚度，即渗径长度为 L，截面面积为 A，试验时的水位差保持为 h，这三个量都可以在试验前根据需要直接量出或控制。用量筒和秒表测得 t 时段内流经试样的渗水量为 V，则根据达西定律有

$$V=kiAt=k\frac{h}{L}At \tag{10-12}$$

于是渗透系数为

$$k=\frac{VL}{Aht} \tag{10-13}$$

2. 变水头法

黏性土由于具有透水性，所以渗透系数很小，透过试样渗透的水量很少，用常水头法难以直接准确测量，因此考虑采用变水头法。

变水头法试验装置如图 10-7 所示。与常水头法试验装置不同，其试样的一端与细玻璃管相连，在整个试验过程中，水头是随着时间而变化的。

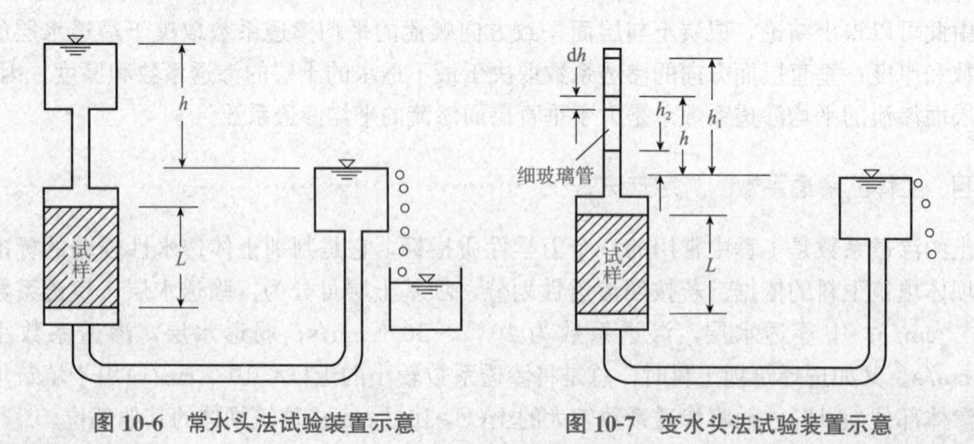

图 10-6　常水头法试验装置示意　　图 10-7　变水头法试验装置示意

设细玻璃管内截面面积为 a，试验中，任一 t 时刻细玻璃管中的水位差为 h，经 $\mathrm{d}t$ 时段，水位下降 $\mathrm{d}h$，则经 $\mathrm{d}t$ 时段流经试样的水量为

$$\mathrm{d}V=-a\mathrm{d}h \tag{10-14}$$

式中，负号表示水量随 h 的减小而增大。

根据达西定律，在时段 $\mathrm{d}t$ 内流经试样的水量为

$$\mathrm{d}V=k\frac{h}{L}A\mathrm{d}t \tag{10-15}$$

则由式(10-14)和式(10-15)可得

$$a\mathrm{d}h=-k\frac{h}{L}A\mathrm{d}t \tag{10-16}$$

将式(10-16)两边积分，并设时刻 t_1 和 t_2 对应的水头差分别为 h_1 和 h_2，则可得土的渗透系数为

$$k=\frac{aL}{A(t_2-t_1)}\ln\frac{h_1}{h_2}=2.3\times\frac{aL}{A(t_2-t_1)}\lg\frac{h_1}{h_2} \tag{10-17}$$

【例 10-2】 某砂土试样，用常水头渗透仪做试验，试样直径 $d=10$ cm，试样长度 $L=10$ cm，在水头差 $h=10$ cm 时 2 min 内流经试样的水量 $V=600\ \mathrm{cm}^3$，水温为 20 ℃。试求该试样的渗透系数。

解：试样的截面面积：$A=\frac{\pi d^2}{4}=\frac{3.14\times(10)^2}{4}=78.5(\mathrm{cm}^2)$

试样的渗透系数：$k_{20}=\frac{VL}{Aht}=\frac{600\times10}{78.5\times10\times2\times60}=0.064(\mathrm{cm/s})$

【例 10-3】 某土坝加高培厚，取一原状土样做变水头试验，试样的截面面积 $A=30\ \mathrm{cm}^2$，长度 $L=4$ cm，竖管内径 $d=0.8$ cm，试验开始时的水头 $h_1=170$ cm，结束时的水头 $h_2=160$ cm，试验经过的时间为 5 min，水温为 20 ℃。试计算该土样的渗透系数。

解：测压管截面面积：$a=\frac{\pi d^2}{4}=\frac{3.14\times0.8^2}{4}=0.5024(\mathrm{cm}^2)$

水头从 170 cm 下降到 160 cm 经过的时间：$t=5\times60=300(\mathrm{s})$

试样的渗透系数：$k_{20}=2.3\times\frac{aL}{A(t_2-t_1)}\lg\frac{h_1}{h_2}=2.3\times\frac{0.5024\times4}{30\times300}\lg\frac{170}{160}=5.88\times10^{-6}(\mathrm{cm/s})$

单元二　渗透作用对土的影响

知识目标

(1)理解渗透力的概念。

(2)了解渗透变形产生的原因及其基本形式和判别方式。

(3)掌握临界水力梯度的计算方式和渗透变形的防治措施。

能力目标

(1)能够掌握达西定律并独立完成达西定律的相关试验。

(2)能够根据渗透变形的形式判别具体的防治方法。

一、渗透力

土体渗流过程中会发生渗透破坏，归根结底是因为水流对土颗粒拖曳力超过了某一临界值，这种渗透水流施加在土体颗粒上的拖曳力称为渗透力。图 10-8(a)所示的容器 A 内装有厚度为 L 的均匀砂样，贮水器的水面与容器的水面平行时，没有渗水现象。若将贮水器提升，则产生了水位差 h，贮水器内的水就透过砂样从溢水口流出。贮水器被提得越高，则水位差 h 越大，水的流速就越大，经过砂样的渗水量也就越大。当贮水器被提到某一高度时，就可明显地看到渗水翻腾并挟带着砂子向上涌出，从而发生渗透破坏。

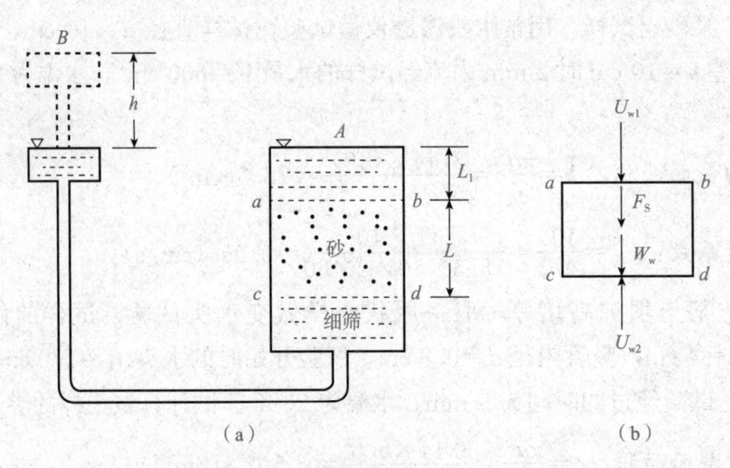

图 10-8　流土试验示意

如图 10-8(b)所示，设试样截面面积为 A。若试样渗流进口(ab 面)与出口(cd 面)两个位置测压管水面高差为 h，水从 ab 面流过厚度为 L 的试样到达 cd 面时，因为要克服整个试样内砂粒对水流的阻力 F_S，所以总水压力便降低了 $\Delta U_w = U_{w2} - U_{w1} = \gamma_w hA$。由于土中渗透速度一般极小，所以流动水体的惯性力可以忽略不计。根据力的平衡条件，渗流作用于试样的总渗透力 J 应和试样中砂粒对水流的阻力 F_S 大小相等，方向相反，即

$$J = \gamma_w hA$$

所以作用于单位体积土体的渗透力应为

$$j = \frac{J}{AL} = \frac{\gamma_w hA}{AL} = \gamma_w i \tag{10-18}$$

渗透力是一种体积力，以 N/cm³ 或 kN/m³ 为单位。渗透力的作用方向与渗流方向一致，渗透力的大小随水力梯度的增加而增大。可见，渗透力为体积力(量纲与重度一致)，其方向与渗流方向一致，与水力梯度成正比。渗透力与渗透系数或渗透速度无关，其惯性力甚小，可以略而不计。

二、渗透变形

由于渗透力的方向与渗流方向一致，当水的渗流自上向下时，渗透力方向和土体重力方向一致，这将增加土颗粒之间的压力(即增大了土的有效压力)；如渗流自下向上，则渗透力方向与土体重力方向相反，这将减少土颗粒之间的压力，即减少土的有效应力。当向上的渗透力与土的浮重度相等时，土颗粒之间的压力等于零，即土的有效应力等于零，土颗粒将处于悬浮状态而失去稳定，土能随渗流水而流动，这种现象称为流土现象，这时的水力梯度称为临界水力梯度 i_c。因此，由 $J=\gamma'=\gamma_w i_c$，得

$$i_c=\frac{\gamma'}{\gamma_w}\approx 1 \tag{10-19}$$

产生流土现象的必要条件是土的水力梯度 i 等于或大于土的临界水力梯度 i_c。流土现象经常发生在粉砂、细砂及粉土等细粒土中。

在基坑开挖中，如果挖到地下水水位以下，且采用直接排水，将产生由下向上的渗流。当水力梯度 i 超过临界梯度 i_c 时，就会发生流土现象，此时渗流水夹带泥土由基坑以下向上涌起，将引起地基破坏，影响施工，直接危及建筑工程与附近建筑物的稳定性。对此类现象必须预防，工程上对此常采取的措施有人工降低地下水水位、打板桩和抛石等。

水在砂性土中渗流时，土中的一些细小颗粒在动水力作用下，可能通过粗颗粒之间的较大孔隙被水流带走，这种现象称为管涌。管涌可以发生在局部范围，但也可能逐步扩大，最后导致土体失稳破坏。发生管涌时的临界水力梯度 i_c 与土的颗粒大小及其级配有关，土的不均匀系数 C_u 越大，管涌越容易发生。

流土现象发生在土体表面渗流渗出处，不发生于土体内部，而管涌现象可以发生在渗流逸出处，也可以发生于土体内部。

三、渗透变形的基本形式

渗流作用会给土体带来两类破坏：一类是土体的局部稳定破坏，即渗透水流将土体的细颗粒冲出、带走或使局部土体产生移动，导致土体变形破坏；另一类是整体稳定破坏，即在渗流作用下，整体土体发生滑动或坍塌。局部稳定破坏如不及时防治，同样会酿成整体土体的毁坏。此处只讨论渗流引起的局部稳定破坏问题，这类问题即常称的渗透变形。渗透变形是土体在渗流作用下发生变形和破坏的现象，它包括流土和管涌两种基本形式。

(1)流土。流土是指在渗流过程中，土体中某一范围内的颗粒同时发生移动而流失的现象。流土主要发生于渗流溢出处而不发生于土体内部。开挖渠道或基坑时常常碰到的所谓流砂现象就属于流土类型。它在黏性土和无黏性土中都有可能发生。

(2)管涌。管涌是指在渗流作用下，无黏性土体中的细小颗粒通过粗大颗粒的孔隙发生移动或被带出的现象。它可能发生在渗流溢出处，也可能发生在土体内部，故被称为渗流的潜蚀现象。其主要发生在砂砾石地基中。

有些土在水力梯度较小时就会发生管涌，有些土则在水力梯度升高到发生流土破坏也不发生管涌。流土和管涌是在一定水力梯度条件下，土受渗透力的作用而破坏，并通过土体的颗粒流失而表现出来的两种不同破坏现象。它们之间有本质的差别，破坏时的水力梯度也相差较大，工程上需要探讨影响它们发生的因素，以便在实践中对它们进行区别。

■ 四、流土与管涌的判别

土的特性与渗透变形的形式有很大关系。黏性土颗粒之间具有凝聚力，粒间连接较紧，一般不会产生管涌，而只能出现流土破坏；砂土和砂砾石的渗透变形的形式与其颗粒级配有关，近年来不少人研究过这一问题，目前一致认为不均匀系数 $C_u \leqslant 10$ 的匀粒砂土在一定水力梯度下，较易局部地发生流土，也可能产生管涌，这主要取决于细小填料的含量。这里所谓的填料，是指自由分散在孔隙中的细小颗粒，而将互相约束的较粗颗粒则称为集料。

即使同属管涌型土，渗透变形后的发展状况也会有所不同。有一种土，一旦出现渗透变形，细土粒即连续不断地被带出，土体无能力再承受更大的水力梯度，有的甚至会出现所能承受的水力梯度下降的情况，这种土称为发展型管涌土；另一种土，当出现渗透变形后不久，细土粒即停止流失，土体尚能承受更大的水力梯度，继续增大水力梯度后，直至试样表面出现许多泉眼，渗流量会不断增大，或者最后以流土的形式破坏，这种土称为非发展型管涌土，有时也称作介于管涌型土和流土型之间的过渡型土。因此，可以将土细分为管涌型土、过渡型土、流土型土三种类型，如图 10-9 所示。

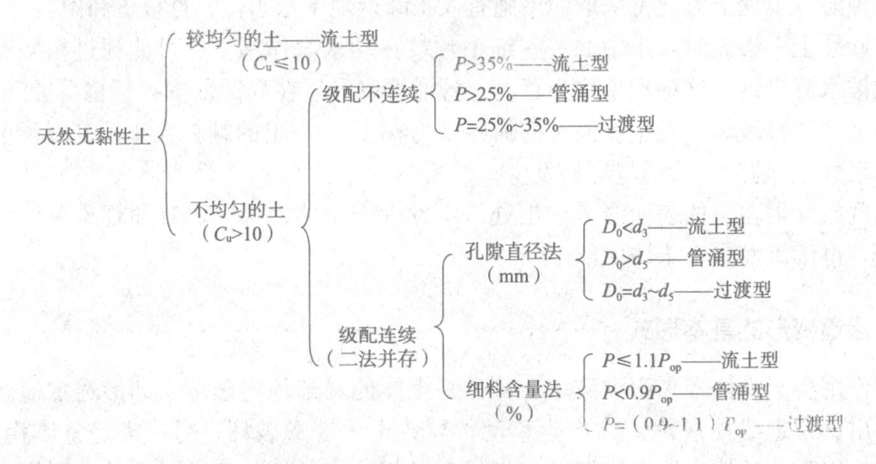

图 10-9　无黏性土渗透变形的判别

P——细料含量，对于级配不连续的土，是指小于粒组频率曲线中谷点对应粒径的土料含量；对于级配连续的土，是指小于几何平均粒径的土粒含量；

$C_u = d_{60}/d_{10}$，其中，d_{60}，d_{10}——小于某粒径的土粒含量分别为 60% 和 10% 所对应的粒径；

d_3，d_5——小于某粒径的土粒含量分别为 3% 和 5% 所对应的粒径；

D_0——土孔隙的平均直径，按 $D_0 = 0.63\,nd_{20}$ 估算，n 为土的孔隙率，d_{20} 为土的等效粒径，是指小于某粒径的土粒含量为 20% 时所对应的粒径；

P_{op}——最优细料含量，$P_{op} = (0.3 - n + 3n^2)/(1 - n)$，$n$ 为土的孔隙率。

土体渗透变形的形式与土的性质、颗粒组成和细料含量等有关。就一般黏性土来说，只有流土而无管涌，但分散性土例外。而对于无黏性土来说，其渗透变形的形式与土的颗粒级配和密度等因素相关。对于过渡型土，其渗透变形的形式因密度的不同而不同，在密度较大时可能会出现流土，而在密度较小时又可能变为管涌。

■ 五、流土与管涌的临界水力梯度

土体在渗流作用下是否会发生渗透破坏与水力梯度大小有关，当水力梯度超过土体的允许水力梯度时，将发生渗透破坏(或称渗透变形)。土体开始发生渗透变形时的水力梯度称为临界水力梯度，它可以用流土试验(图 10-8)或计算方法加以确定，但由于目前计算方法还不完善，故对重要的建筑物宜以试验及实际观测方法来确定临界水力梯度。

1. 流土

从图 10-8 所示砂样表面取一单位体积的土体进行分析。已知土在水下的浮重度 γ' 为

$$\gamma' = (G_s - 1)\gamma_w / (1+e) = \gamma_{sat} - \gamma_w$$

当竖直向上的渗透力 j 等于土的浮重度时，即

$$j = \gamma' = i_{cr}\gamma_w = (G_s - 1)\gamma_w / (1+e) = \gamma_{sat} - \gamma_w$$

这时，土的有效质量为零，土体处于临界状态而开始涌砂，产生局部的或整体的流土现象。从上式求出该临界状态的水力梯度为

$$i_{cr} = (G_s - 1)/(1+e) = (G_s - 1)(1-n) = \gamma'/\gamma_w \tag{10-20}$$

式中 i_{cr}——临界水力梯度；

G_s——土粒比重；

e——土的孔隙比；

n——土的孔隙率；

γ_{sat}——土的饱和重度；

γ'——土的浮重度；

γ_w——水的重度。

式(10-20)是太沙基提出的计算公式。在使用式(10-20)时，应当注意它只适用于水流由下向上且土层未加保护的无黏性土情况。许多试验表明，算得的临界水力梯度比实际的小，这主要是由于没有考虑周围土体对流土区的约束作用。如果将约束作用考虑在内，则更能使计算结果接近实际临界水力梯度。

流土一般发生在渗流的逸出处，因此，只要人们将渗流逸出处的水力梯度，即将逸出梯度 i_e 求出，就可判别流土的可能性。

当 $i_e < i_{cr}$ 时，土处于稳定状态；当 $i_e = i_{cr}$ 时，土处于临界状态；当 $i_e > i_{cr}$ 时，土处于流土状态。

对于渗流逸出处的水力梯度 i_e 的确定，通常是把渗流逸出处的流网网格的平均水力梯度作为逸出梯度。若渗流逸出处的网格的水头损失为 Δh，网格在流线方向的平均长度为 ΔL，则逸出梯度为

$$i_e = \frac{\Delta h}{\Delta L}$$

在进行建筑物设计时，通道将临界水力梯度除以一个大于 1 的系数，作用为设计的容许水力梯度[i]，以保证建筑工人的安全，通常要求将逸出梯度 i_e 限制在容许水力梯度[i]之内，即

$$i_e \leqslant [i] = \frac{i_{cr}}{F_s} \tag{10-21}$$

式中 F_s——流土的安全系数，一般取《碾压式土石坝设计规范》(NB/T 10872—2021)规定的1.5～2.0，对于特别重要的工程，也可采用2.5。

2. 管涌

管涌是土体中细小颗粒沿骨架颗粒孔隙被水流带出土体的现象。根据颗粒的平衡条件，国内外学者给出了多种管涌型土临界水力梯度的计算方法。我国水利水电科学研究院根据渗流场中单个土粒受到的渗流力、浮力及自重作用时的极限平衡条件，并结合试验资料分析的结果，提出了管涌型土临界水力梯度的经验计算公式，即

$$i_{cr}=2.2(G_s-1)(1-n)^2\frac{d_5}{d_{20}} \tag{10-22}$$

式中符号意义同前。

【例 10-4】 某房屋建筑工程基坑在细砂层中开挖，经施工抽水，待水位稳定后，实测水位情况如图 10-10 所示。据场地勘查报告提供：细砂层饱和重度 $\gamma_{sat}=18.9\ kN/m^3$，$k=4.5\times10^{-2}$ mm/s，试求渗透水流的平均速度 v 和渗透力，并判断是否会产生流砂现象。

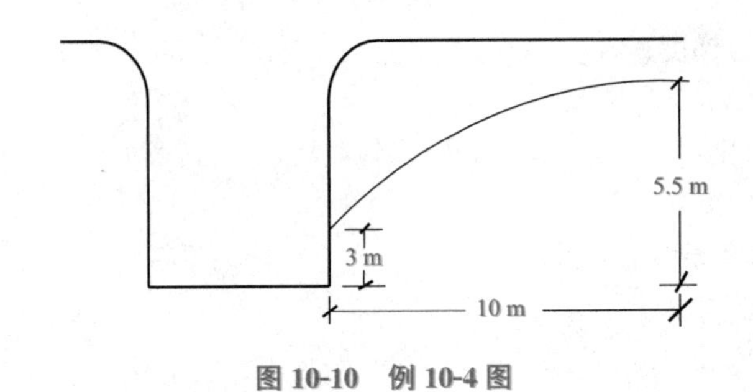

图 10-10 例 10-4 图

解：
$$i=\frac{H_1-H_2}{L}=\frac{5.5-3.0}{10}=0.25$$

$$v=ki=4.5\times10^{-2}\times0.25=1.125\times10^{-2}(mm/s)$$

$$j=\gamma_w i=10\times0.25=2.5(kN/m^3)$$

细砂层的有效重度：$\gamma'=\gamma_{sat}-\gamma_w=18.9-10=8.9(kN/m^3)$

$$i_{cr}=\frac{\gamma'}{\gamma_w}=\frac{8.9}{10}=0.89$$

$$i=0.25<[i]=\frac{i_{cr}}{2.5}=0.356$$

土处于稳定状态，不会因基坑抽水而产生流砂现象。

3. 防止渗透变形的措施

防止渗透变形的发生可以从两个方面采取措施：一是减小水力梯度，为此，可以设法延长渗径或降低水头差；二是设反滤层，使渗透水流有畅通的出路，或在渗流逸出处加盖重物(保证透水通道)。降低水头差的办法很多，例如，在建筑物下游设置减压井、减压沟，对于尾矿坝、冲填坝设法延长干滩长度等。

单元三　有效应力原理

知识目标

(1)了解有效应力原理的计算模型、计算公式。

(2)理解有效应力原理中有效应力、孔隙水压力和总应力之间的转换关系。

能力目标

能够利用有效应力原理分析土体压力转换关系。

土体中的孔隙是互相连通的，因此，饱和土体孔隙中的水是连续的，它与通常的静水相同，能够承担和传递压力。这里将饱和土体中由孔隙水来承担或传递的应力定义为孔隙水应力(用 u 表示)。由于渗流作用，土体中水头分布会发生变化，从而引起孔隙水应力的变化。任一点的孔隙水应力在各个方向是相等的，其值等于该点的测压管水柱的高度 h 与水的重度 γ_w 的乘积，即

$$u=\gamma_w h \tag{10-23}$$

从式(10-23)可知，只要知道某点的测压管水柱高度，则即可求得该点的孔隙水应力。

饱和土体中除孔隙水可承担和传递应力外，还可通过粒间接触面传递的应力，称为有效应力(Effective Stress)。只有有效应力才能使土体产生变形和改变土体的强度。但是，由于粒间接触面面积非常微小，接触情况十分复杂，粒间力的传递方向又变化无常，所以为了简化，在实用中，常把研究平面内所有粒间接触面上接触力在该平面法线方向分力之和 N_s 除以所研究平面的总面积(包括粒间接触面面积和孔隙面积在内)A 所得到的平均应力定义为有效应力，即

$$\sigma'=\frac{N_s}{A} \tag{10-24}$$

即使做了以上简化，要想直接计算或实测土体中一点的有效应力仍然是不可能的。为此，将寻求孔隙水应力与有效应力的关系，以间接的方式推求有效应力。

如图 10-11 所示，设饱和土体单元总面积为 A，受到法向应力 σ 的作用，取只通过颗粒接触点的曲面 X-X 为研究对象，那么接触点面积在水平面上的投影为 A_s，接触点传递的力的总和在水平面上的投影为 N_s，孔隙水应力在水平面上的投影为 u，则该研究平面上的总法向力等于孔隙水所承担的力和粒间接触面所承担的力之和，即

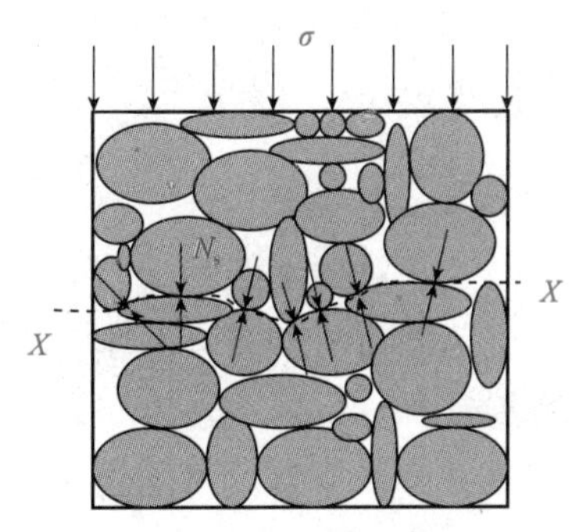

图 10-11　土中应力传递示意

$$\sigma A=N_s+(A-A_s)u \tag{10-25}$$

将式(10-24)代入式(10-25)可得

$$\sigma=\frac{N_s}{A}+\left(1-\frac{A_s}{A}\right)u=\sigma'+(1-\alpha)u \tag{10-26}$$

式中，α——研究平面内粒间接触面面积所占的比值。

试验研究证明，粒间接触面面积 A_s 很小，α 仅为百分之几。实用上令 $\alpha=0$，于是式(10-26)可简化为

$$\sigma=\sigma'+u \tag{10-27}$$

式(10-27)就是著名的有效应力原理，它是由太沙基首先提出的。它表示研究平面上的总应力、有效应力与孔隙水应力三者之间的关系。当总应力保持不变时，孔隙水应力与有效应力可互相转化。通常总应力可以计算，孔隙水应力可以实测或计算，因此，有效应力可通过式(10-27)求出。

思考与练习

一、单项选择题

1. 在用常水头法试验测定渗透系数 k 时，饱和土样截面面积为 A，长度为 L，当水流经土样，水头差 Δh 及渗出流量 Q 稳定后，测量经过时间 t 内流经试样的水量 V，则土样的渗透系数 k 为(　　)。

A. $V\Delta h/(ALt)$　　B. $\Delta hV/(LAt)$　　C. $VL/(\Delta h\,At)$

2. 下列关于渗透力的描述正确的是(　　)。

①其方向与渗流方向一致；②其数值与水力梯度成正比；③其是一种体积力

A. 仅①②正确　　B. 仅①③正确　　C. ①②③都正确

3. 管涌形成的条件中，除一定的水力条件外，还与几何条件有关，下列叙述正确的是(　　)。

A. 不均匀系数 $C_u<10$ 的土比不均匀系数 $C_u>10$ 的土更容易发生管涌

B. 不均匀系数 $C_u>10$ 的土比不均匀系数 $C_u<10$ 的土更容易发生管涌

C. 与不均匀系数 C_u 没有关系

4. 不透水岩基上有水平分布的三层土，厚度均为 1 m，渗透系数分别为 $k_1=1$ m/d，$k_2=2$ m/d，$k_3=10$ m/d，则等效土层水平渗透系数 k_x 为(　　)m/d。

A. 12　　B. 4.33　　C. 1.87

5. 下列土样中，(　　)更容易发生流砂。

A. 粗砂或砾砂　　B. 细砂和粉砂　　C. 粉土

6. 如图 10-12 所示，有 A，B，C 三种土，其渗透系数分别为：$k_A=1\times10^{-2}$ cm/s，$k_B=3\times10^{-3}$ cm/s，$k_C=5\times10^{-4}$ cm/s，装在断面 10 cm×10 cm 的方管中，渗流经过 A 土后的水头降落值 Δh 为(　　)cm。

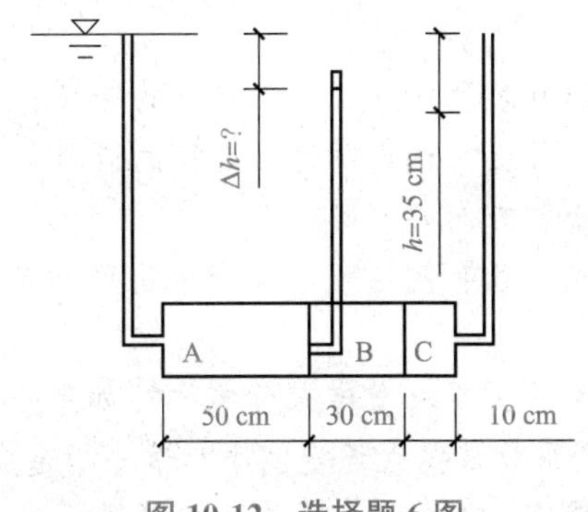

图 10-12　选择题 6 图

A. 5　　B. 10　　C. 20

7. 下列关于影响土体渗透系数的因素中描述正确的是(　　)。

①粒径大小和级配；②结构与孔隙比；③饱和度；④矿物成分；⑤渗透水的性质

A. 仅①②对影响渗透系数有影响

B. ④⑤对影响渗透系数无影响

C. ①②③④⑤对渗透系数均有影响

8. 某基坑围护剖面如图 10-13 所示，从图中可以得出 AB 两点之间的平均水力梯度为(　　)。

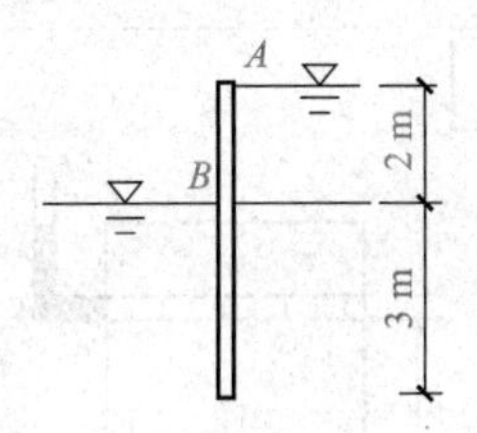

图 10-13　选择题 8 图

A. 1　　B. 0.4　　C. 0.25

9. 在防治渗透变形措施中，(　　)用于控制水力梯度。

A. 在上游做垂直防渗帷幕或设水平铺盖　　B. 在下游挖减压沟

C. 在逸出部位铺设反滤层

10. 如图 10-14 所示，已知土样的饱和容重为 γ_{sat}，长为 L，水头差为 h，则土样发生流砂的条件为(　　)。

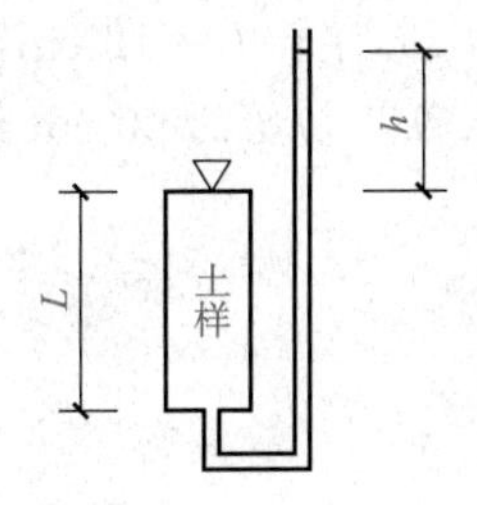

图 10-14　选择题 10 图

A. $h>L(\gamma_{sat}-\gamma_w)/\gamma_w$　　B. $h>L\gamma_{sat}/\gamma_w$　　C. $h<L\gamma_{sat}/\gamma_w$

二、简答题

1. 什么是达西定律？写出其表达式并说明各符号的含义。

2. 达西定律的基本假定是什么？试说明达西定律的应用条件和适用范围。

3. 什么是渗透力？其大小和方向如何确定？

4. 渗透变形有哪几种形式？各有何特征？其产生机理和条件是什么？采用何种工程措施来防治渗透变形？

5. 在进行渗透试验时，为什么要求土样充分饱和？如果土样未充分饱和，则在试验中会出现什么现象？测出的渗透系数是偏大还是偏小？试分析造成这些结果的原因。

6. 什么是流网？其主要特征有哪些？其主要用途是什么？

三、计算题

1. 在变水头渗透试验中，土样直径为 7.5 cm，长为 1.5 cm，量管(测压管)直径为 1.0 cm，初始水头 h_0=25 cm，经 20 min 后，水头降至 12.5 cm，求渗透系数 k。

2. 试验装置如图 10-15 所示，已知土样长 L=30 cm，G_s=2.72，e=0.63。

(1)若水头差 D_h=20 cm，土样单位体积上的渗透力是多少？

(2)判断土样是否发生流土。

(3)求土样发生流土的水头差。

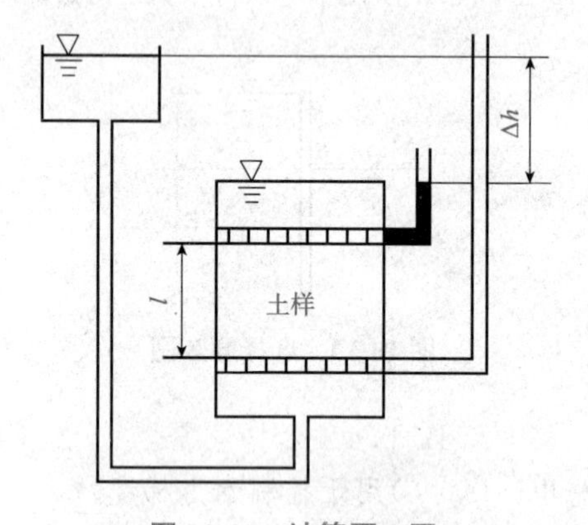

图 10-15　计算题 2 图

3. 在室内做常水头渗透试验，土样长 L=12 cm，截面面积 A=6 cm^2，进水端水位 h_1=60 cm，出水端水位 h_2=15 cm。在试验中测得 2 min 流经土样的水量 Q=200 cm^3，试求土样的渗透系数。

4. 在室内做细粒土变水头试验，土样长 L=12 cm，截面面积 A=6 cm^2，变水头管截面面积a=2 cm^2。试验时变水头管水位从初始的 60 cm 经 30 min 直降了 5 cm。试求土样的渗透系数。

模块十一　土的压缩性与地基沉降计算

单元一　土的压缩性

知识目标

(1)了解应力历史的概念及对土体压缩性的影响。

(2)掌握土体侧限压缩试验及试验成果整理。

土的压缩性与
地基沉降计算

能力目标

(1)能够在工程实践中进行试验并给出具体参数。

(2)能够判别工程现场土体的应力历史。

在建筑物基底附加压力的作用下，地基土内各点除承受土自重引力引起的自重应力外，还要承受附加应力。同其他材料一样，在附加应力的作用下，地基要产生附加的变形，这种变形一般包括体积变形和形状变形。对于土这种材料来说，体积变形通常表现为体积缩小，人们把这种在外力作用下体积缩小的特性称为土的压缩性。土的压缩性具有以下两个特点。

(1)土的压缩主要是孔隙体积减小所引起的。对于饱和土，土是由固体颗粒和水组成的，在工程上一般的压力(100～600 kPa)作用下，固体颗粒和水本身的体积压缩量非常微小，可不予考虑，但由于土中水具有流动性，在外力作用下会沿着土中孔隙排除，从而引起土体积减小而发生压缩。

(2)由孔隙水的排除所引起的压缩对于饱和黏性土来说是需要时间的，土的压缩随时间增长的过程称为固结。这是由于黏性土的透水性很差，土中水沿着孔隙排出速度很慢。

一、侧限压缩试验

1. 概述

土的压缩性大小和特征可通过室内侧限压缩试验测定。侧限压缩试验通常又称为单向固结试验，即土体侧向受限制不能变形，只有竖直方向产生压缩变形，通常采取天然原状土样进行侧限压缩试验，主要仪器为侧限压缩仪，如图 11-1 所示。

侧限压缩试验的过程大致如下：先用金属环刀切取原状土样，然后将土样连同环刀一起放入侧限压缩仪，再分级加载，在每级荷载的作用下将土样压至变形固结“稳定”，测出土样固结稳定变形量后，再施加下一级压力。每个土样一般按 $p=50$ kPa，100 kPa，200 kPa，300 kPa，400 kPa 加载，根据每级荷载下的固结变形稳定变形量，可算出相应压力下的孔隙比。

2. 土的压缩曲线

如前所述，土体在压缩变形过程中，土颗粒的体积 V_s 是不变的，土的压缩变形仅由于孔隙体积的减少所致，因此土的压缩变形常用孔隙比 e 的变化来表示。

图 11-2 所示为侧限压缩试验中土体孔隙比的变化。设原状土样的高度为 H_0，土粒体积 $V_s=1$，此时土样的孔隙体积 $V_V=e_0$；压缩后土样高度 $H=H_0-s$，土颗粒体积不变，$V_s=1$，孔隙体积 $V_V=e$，由于侧限压缩土样面积 A 不变，则有如下公式。

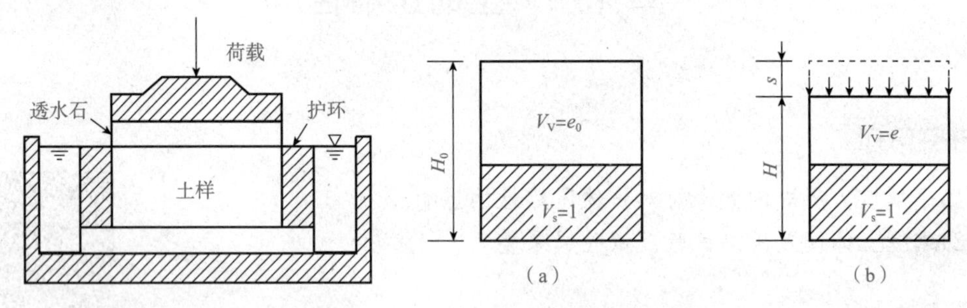

图 11-1 侧限压缩试验示意

图 11-2 侧限压缩土样孔隙比变化

(a)压缩前；(b)压缩后

压缩前土样的体积为

$$H_0A=1+e_0 \tag{11-1}$$

压缩后土样的体积为

$$HA=(H_0-s)A=1+e \tag{11-2}$$

两式等号前后相比得

$$\frac{H_0}{H_0-s}=\frac{1+e_0}{1+e} \tag{11-3}$$

整理可得任一级荷载作用下土体稳定后的孔隙比为

$$e_i=e_0-(1+e_0)\frac{s_i}{H_0} \tag{11-4}$$

根据某级荷载下的稳定变形量，按式(11-4)即可求出该级荷载下的孔隙比 e_i，然后以横坐标表示压力 p，以纵坐标表示孔隙比 e，绘制 e-p 关系曲线，称为压缩曲线。压缩曲线有两种绘制方式，一种是按普通直角坐标绘制的 e-p 曲线，如图 11-3 所示；另一种是用半对数坐标绘制的 e-lg$p$ 曲线，如图 11-4 所示。

二、压缩指标

1. 压缩系数 a

由图 11-3 可以看出，e-p 曲线越陡，说明随着压力的增加，土的孔隙比减小得越显著，土产生的压缩变形越大，土的压缩性越高。e-p 曲线上任一点处切线的斜率 a，也可反映土体在该压力 p 作用下土体压缩性的大小，即曲线平缓，其斜率小，土的压缩性低；反之，曲线陡，其斜率大，土的压缩性高。

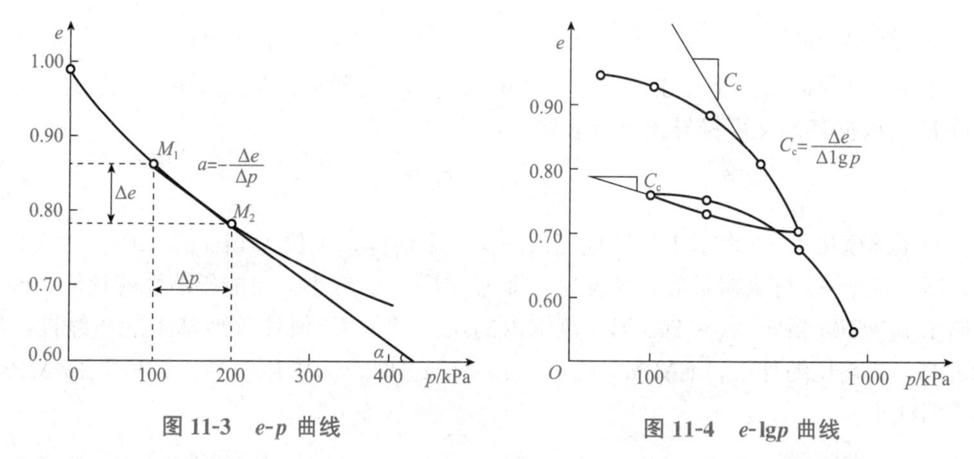

图 11-3　*e-p* 曲线　　　　**图 11-4　*e*-lg*p* 曲线**

在工程上，一般建筑物荷载在地基中引起的应力变化不大，仅为压缩曲线上的一小段，因此，在图上压力从 p_1 增加到 p_2 段，即压缩曲线上相应的 M_1M_2 段可近似地看作直线，即用割线 M_1M_2 代替曲线，土在此段的压缩性可用该割线的斜率来反映，则直线 M_1M_2 的斜率称为土体在该段的压缩系数，即

$$a=\frac{e_1-e_2}{p_2-p_1}=-\frac{\Delta e}{\Delta p} \tag{11-5}$$

式中　a——土的压缩系数($\mathrm{kPa^{-1}}$或 $\mathrm{MPa^{-1}}$)；

p_1——增压前土样受到的压力强度(kPa)；

p_2——增压后使土样压缩稳定的压力强度(kPa)；

e_1，e_2——增压前后土体在压力 p_1 和 p_2 作用稳定下的孔隙比。

式中，负号表示土体孔隙比随压力 p 的增加而减小。

由式(11-5)可以看出，压缩系数表示单位压力增量作用下土的孔隙比的减小量，故压缩系数 a 越大，土的压缩性就越大，但压缩系数不是一个常数。随着所取压力增量段的位置和大小不同，其割线的斜率不同，压缩系数也不同，因此，压缩系数是一个变量。

为了便于统一标准，在工程实践中，通常采用由压力 $p_1=100$ kPa 增加到 $p_2=200$ kPa 时所求得的压缩系数 $a_{1\text{-}2}$ 来评价土的压缩性高低，当 $a_{1\text{-}2}<0.1\ \mathrm{MPa^{-1}}$ 时，为低压缩性土；当 $0.1\ \mathrm{MPa^{-1}}\leqslant a_{1\text{-}2}<0.5\ \mathrm{MPa^{-1}}$ 时，为中压缩性土；当 $a_{1\text{-}2}\geqslant 0.5\ \mathrm{MPa^{-1}}$ 时，为高压缩性土。

2. 压缩指数 C_c

由图 11-4 中的 e-lg$p$ 曲线可以看出，曲线的初始段较平缓，而当压力逐渐增加到一定值 p 时，曲线曲率变化明显，其后曲线又近似地呈现为坡度很大的斜直线。e-lg$p$ 曲线斜直线的坡度，称为土的压缩指数 C_c，用下式表示：

$$C_c=\frac{e_1-e_2}{\lg p_2-\lg p_1}=\frac{e_1-e_2}{\lg\dfrac{p_2}{p_1}} \tag{11-6}$$

压缩指数 C_c 也是反映土的压缩性高低的一个指标。C_c 值越大，e-lg$p$ 曲线越陡，土的压缩性越高；反之，C_c 值越小，e-lg$p$ 曲线越平缓，土的压缩性就越低。一般认为，$C_c<0.2$ 时，为低压缩性土；$C_c=0.2\sim0.4$ 时，为中压缩性土；$C_c>0.4$ 时，为高压缩性土。

3. 压缩模量 E_s

土体在完全侧限条件下，土的竖向应力的增量 Δp 与相应的应变增量 $\Delta\varepsilon$ 之比，称为压缩模量 E_s。根据其定义可推导出下列表达式：

$$E_s=\frac{1+e_1}{a} \tag{11-7}$$

土的压缩模量 E_s 是表示土压缩性高低的又一个指标，单位为 kPa 或 MPa。由式(11-7)可知，压缩模量 E_s 与压缩系数 a 成反比，即 E_s 越大，a 越小，土的压缩性就越低。同样可用相应于 $p_1=100$ kPa，$p_2=200$ kPa 范围内的压缩模量 E_s 值评价地基土的压缩性：$E_s<$ 4 MPa 时，为高压缩性土；4 $\mathrm{MPa}^{-1}\leqslant E_s\leqslant 15$ MPa^{-1}时，为中压缩性土；$E_s>15$ MPa 时，为低压缩性土。

三、应力历史对土体压缩性的影响

1. 不同情况的应力历史

土的应力历史是指土体历史上曾经受过的应力状态。为了讨论应力历史对土压缩性的影响，人们将土在历史上曾经受到过的最大有效固结压力称为先期固结压力，以 P_c 表示；将土体在地质历史时期所受的最大固结压力 P_c 与目前现有的固结应力 p_0 的比值称为超固结比，以 OCR 表示。根据 OCR 可将土分为正常固结土(OCR=1)、超固结土(OCR >1)和欠固结土(OCR <1)三种类型。

(1)正常固结土。一般土体的固结是在自重应力作用下伴随土的沉积过程逐渐达到的，当土体达到固结稳定后，土层中的应力未发生明显变化，也就是说，先期固结压力为目前土层的自重应力，这种状态的土被称为正常固结土。工程中大多数建筑物地基为正常固结土，如图 11-5(a)所示。

(2)超固结土。当土层在历史上经受过较大固结应力作用而达到固结稳定后，由于受到强烈的侵蚀、冲刷等原因，其目前的自重应力小于先期固结压力，这种状态的土称为超固结土，如图 11-5(b)所示。

(3)欠固结土。土层沉积历史短，在自重应力作用下尚未达到固结稳定，这种状态的土称为欠固结土，如图 11-5(c)所示。

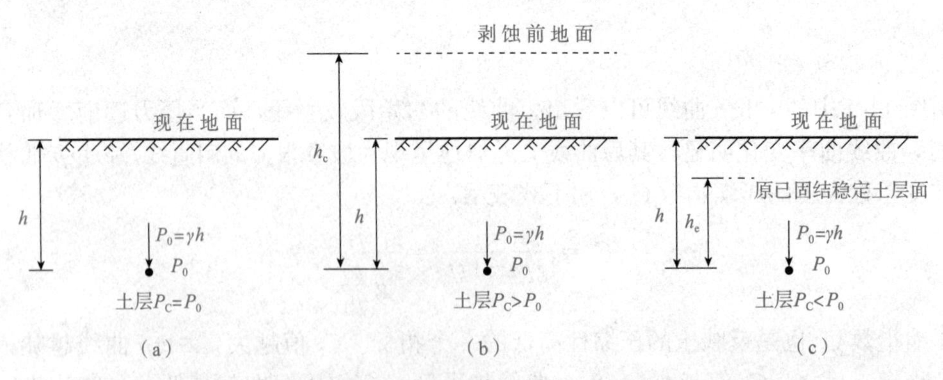

图 11-5 三种不同应力历史的土层

(a)正常固结土；(b)超固结土；(c)欠固结土

2. 先期固结压力的确定

先期固结压力通常采用作图法确定。图 11-6 所示为卡萨格兰德经验作图法，具体步骤如下。

(1)作 e-lg$p$ 压缩曲线。

(2)过曲率半径最小点 m 作水平线 $m1$ 和切线 $m2$。

(3)作$\angle 1m2$ 的角平分线 $m3$。

(4)将 e-lg$p$ 曲线中直线段反向延长交$\angle 1m2$ 的角平分线 $m3$ 于 B 点，则 B 点对应的压力为先期固结压力 P_c。

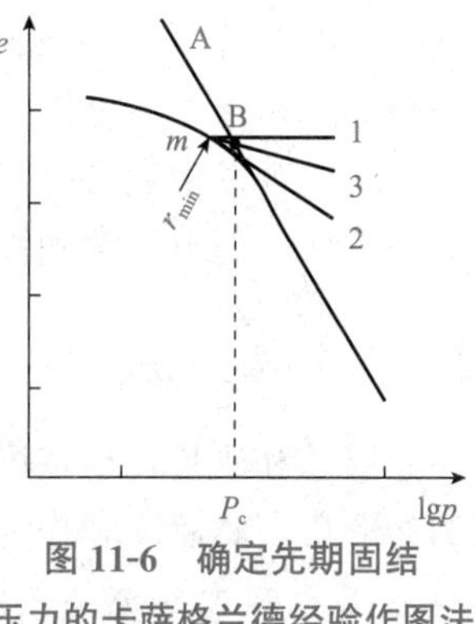

图 11-6　确定先期固结压力的卡萨格兰德经验作图法

单元二　地基的变形量计算

知识目标

(1)了解地基沉降的组成部分。

(2)掌握分层总和法和《公路桥涵地基与基础设计规范》(JTG 3363—2019)地基变形计算法。

(3)掌握地基的变形验算。

能力目标

能够依据工程具体资料进行工程基础的沉降计算。

土体在自身重力、建筑物荷载或其他因素作用下，均可产生应力，建造在土质地基上的建筑物常在地基的竖向应力作用下产生一定的沉降量，建筑物各部分之间也会产生一定的沉降差。建筑物产生的沉降量或沉降差过大，会影响建筑物的正常使用，严重时还会影响建筑物的安全。因此，对于重要的建筑物，在设计时必须进行地基的变形计算，并验算它们是否小于建筑物的允许值，否则就必须采取相应的工程措施或改变上部结构和基础的设计。

地基最终变形量的计算方法有很多，这里仅介绍常用的分层总和法和《公路桥涵地基与基础设计规范》(JTG 3363—2019)地基变形计算法(以下简称《规范》法)。

一、地基沉降的组成部分

根据地基土在局部荷载作用下的实际变形特征的观察和分析，地基土的最终变形量可以认为是由机理不同的瞬时沉降、固结沉降和次固结沉降三部分沉降组成的。

瞬时沉降是指施加荷载的瞬时土体变形引起的基础沉降量，该沉降历时短，沉降量小，工程中常可忽略不计；固结沉降是指土体在固结过程中，土体固结排水、体积压缩变形使基础产生的沉降量，该沉降历时长，沉降量大，是沉降的主要部分，也称为主固结沉降；次固结沉降是指某些黏性土在主固结已基本完成后，在有效应力不变的情况下，土的骨架仍随时间继续发生变形时产生的基础沉降，一般情况下，次固结沉降时间缓慢、量小，可以忽略不计，但对于高塑性的软黏土，次固结沉降不应忽视。

■ 二、分层总和法

分层总和法是在地基沉降计算深度范围内将体积土体分为若干分层，分别计算每一分层的变形量，然后求和作为地基土的最终变形量。

1. 基本原理和单一土层变形量计算

分层总和法假定土体在荷载作用下不会产生侧向变形，即与室内侧限压缩试验时土样的受力条件相同，如图 11-7 所示。因此，单层土体的变形量 s 为

$$s=H_1-H_2 \tag{11-8}$$

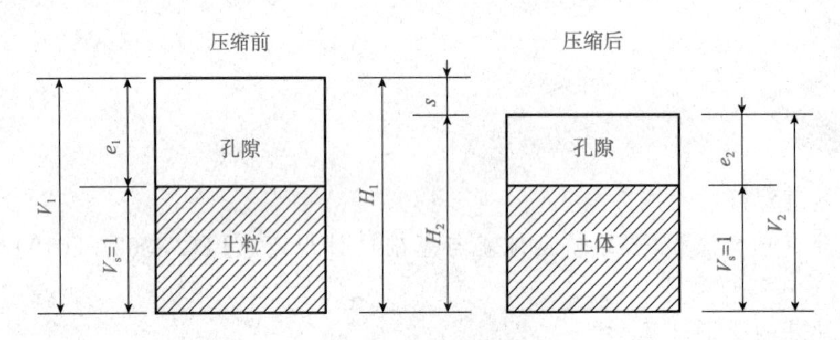

图 11-7 土柱压缩图

式中 H_1——压缩前土层厚度(m)；

H_2——土层在压力增量 Δp 作用下压缩稳定后的厚度(m)。

参照式(11-3)可得

$$H_2=\frac{1+e_2}{1+e_1}H_1 \tag{11-9}$$

将式(11-9)代入式(11-8)，可得

$$s=H_1-H_2=\frac{e_2-e_1}{1+e_1}H_1 \tag{11-10}$$

将式(11-5)代入式(11-10)，可得

$$s=\frac{a}{1+e_1}\Delta pH_1 \tag{11-11}$$

将式(11-7)代入式(11-11)，可得

$$s=\frac{1}{E_s}\Delta pH_1 \tag{11-12}$$

式(11-10)～式(11-12)均为侧限条件下地基单层土体变形量的计算公式。式中，e_1 为附加应力作用前土体的孔隙比，e_2 为自重应力与附加应力共同作用下土层稳定后的孔隙比，均可以根据自重应力平均值$\overline{\sigma_{cz}}$、自重应力平均值与附加应力平均值之和$\overline{\sigma_{cz}}+\overline{\sigma_z}$查 e-p 曲线得到。

天然地基完全无侧限的情况是不可能的，但人们发现，在基础中心下土柱压缩量最接近无侧胀的情况。实践证明，当基底面积尺寸较土层厚度大得多时，按前述公式计算出的沉降量与实际沉降的差值是为工程所允许的。

2. 计算方法及步骤

(1)收集上部结构和地基土层资料，绘制地基土层分布图和基础剖面图。

(2)地基土分层。其原则：地基土中的天然土层的层面必须作为分层截面；平均地下水水位作为分层界面；每分层内的附加应力分布曲线接近直线，要求分层厚度 $h \leqslant 0.4b$(b 为基础宽度)。

(3)计算基底压力及基底附加压力。

(4)计算各分层上、下层面处土的自重应力和附加应力，并绘制分布曲线，如图 11-8 所示。

(5)确定压缩层深度 z_n。压缩层的深度在理论上可达无限大，但达到一定深度后，附加应力已很小，它对地基土的压缩作用不大。因此，在实际工程中，可采用基底以下某一深度 z_n 作为地基的压缩层计算深度。

确定原则：当某层面处的附加应力和自重应力的比值满足$\overline{\sigma_{cz}}/\overline{\sigma_z} \leqslant 0.2$，或软弱土层中满足$\overline{\sigma_{cz}}/\overline{\sigma_z} \leqslant 0.1$时，下部土体可不计算变形量。

(6)计算压缩土层深度内各分层的平均自重应力$\overline{\sigma_{czi}}$和平均附加应力$\overline{\sigma_{zi}}$。计算公式为$\overline{\sigma_{czi}} = [\sigma_{cz(i-1)} + \sigma_{czi}]/2$，$\overline{\sigma_{zi}} = [\sigma_{z(i-1)} + \sigma_{zi}]/2$。

(7)计算各分层的变形量。在 e-p 曲线上依据 $p_{1i} = \overline{\sigma_{cz}}$和 $p_{2i} = \overline{\sigma_{czi}} + \overline{\sigma_{zi}}$查出相应的孔隙比 e_{1i}和 e_{2i}，按照式(11-10)计算各分层的变形量；若是已知土层的压缩模量或压缩系数，可以按照式(11-11)或式(11-12)计算各层土的变形量。

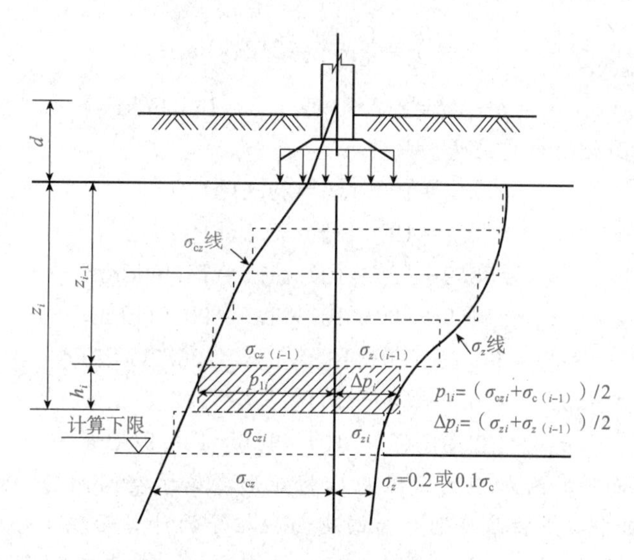

图 11-8　自重应力和附加应力分布曲线

(8)将各分层变量 s_i 加起来求出总变形量 $s = \sum s_i$。

【例 11-1】 有一矩形独立基础放置于均质黏性土层中，如图 11-9(a)所示，基础长度

$l=8$ m，宽度 $b=4$ m，埋深 $d=1.5$ m，基础底面上作用中心荷载 $F=6\ 785$ kN。地基土的天然重度为 19 kN/m³，饱和重度为 20 kN/m³。土的压缩曲线如图 11-9(b)所示。若地下水水位距基底 1.6 m，试求基础中心点的沉降量。

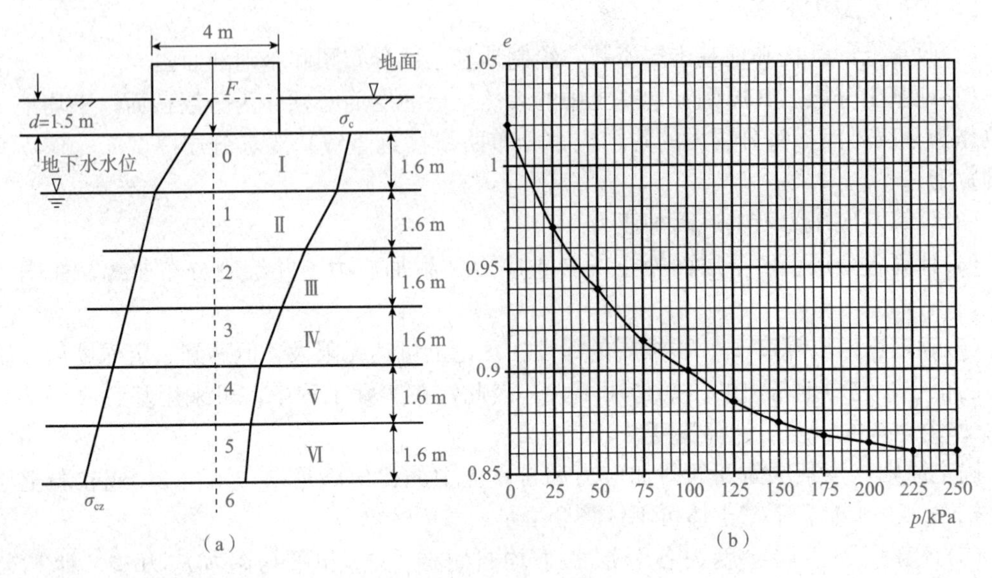

图 11-9 例 11-1 图

解：(1)地基土分层。以基底为计算 0 点，以地下水水位处为 1 点，地下水水位以下土体分层厚度取 2 m，满足最大分层厚度 $h\leqslant 0.4b=1.6$ m 的要求。

(2)计算基底附加压力。

基底压力：
$$p=\frac{F}{A}=\frac{6\ 785}{8\times 4}=212(\text{kPa})$$

基底附加压力：
$$p_0=p-\gamma d=212-19\times 1.5=183.5(\text{kPa})$$

(3)计算各分层面处的自重应力。

$$\sigma_{cz0}=19\times 1.5=28.5(\text{kPa})$$
$$\sigma_{cz1}=19\times 3.1=58.9(\text{kPa})$$
$$\sigma_{cz2}=58.9+(20-10)\times 1.6=74.9(\text{kPa})$$
$$\sigma_{cz3}=74.9+(20-10)\times 1.6=90.9(\text{kPa})$$
$$\sigma_{cz4}=90.9+(20-10)\times 1.6=106.9(\text{kPa})$$
$$\sigma_{cz5}=106.9+(20-10)\times 1.6=122.9(\text{kPa})$$
$$\sigma_{cz6}=122.9+(20-10)\times 1.6=138.9(\text{kPa})$$

(4)计算各分层面处的附加应力。该基础为矩形，属于空间问题，故应用“角点法”求解。为此，通过基础中心点将基底划分为四块面积相等的计算面积，每块的长度 $l_1=4$ m，宽度 $b_1=2$ m。中心点正好在四块计算面积的公共角点上，该点下任意深度 z_i 处的附加应力为任一分块在该处引起的附加应力的 4 倍，计算结果见表 11-1。

表 11-1　附加应力计算成果表

位置	z_i/m	z_i/b	l/b	α_c	$\sigma_z=4\alpha_c p_0$/kPa
0	0	0	2.0	0.250 0	183.5
1	1.6	0.8	2.0	0.218 0	160.0
2	3.2	1.6	2.0	0.145 0	106.4
3	4.8	2.4	2.0	0.098 0	71.9
4	6.4	3.2	2.0	0.067 0	49.2
5	8.0	4.0	2.0	0.048 0	35.2
6	9.6	4.8	2.0	0.035 0	26.7

(5)确定压缩层深度。从计算结果可知，在第 6 点处，$\frac{\sigma_{z6}}{\sigma_{cz6}}=0.192<0.2$，因此，取压缩层深度为 9.6 m。

(6)计算各分层的平均自重应力和平均附加应力。

(7)根据 $p_{1i}=\sigma_{czi}$ 和 $p_{2i}=\sigma_{czi}+\sigma_{zi}$ 分别查取初始孔隙比和压缩稳定后的孔隙比，结果列于表 11-2 中。

表 11-2　各分层的平均应力及相应的孔隙比

层次	平均自重应力 p_{1i}/kPa	平均附加应力/kPa	总应力平均值 p_{2i}/kPa	初始孔隙比 e_{1i}	压缩稳定后孔隙比 e_{2i}
Ⅰ	43.7	171.76	215.46	0.946 1	0.871 0
Ⅱ	66.9	133.22	200.12	0.917 6	0.872 6
Ⅲ	82.9	89.18	172.08	0.904 2	0.878 3
Ⅳ	98.9	60.56	159.46	0.893 9	0.876 8
Ⅴ	114.9	42.21	157.11	0.886 8	0.873 8
Ⅵ	130.9	30.46	161.36	0.884 0	0.873 0

(8)计算地基的沉降量。

$$
\begin{aligned}
s &= \sum \frac{e_{1i}+e_{2i}}{1+e_{1i}}H_i \\
&=\left(\frac{0.946\,1-0.871\,0}{1+0.946\,1}+\frac{0.917\,6-0.872\,6}{1+0.917\,6}+\frac{0.904\,2-0.878\,3}{1+0.904\,2}+\frac{0.893\,9-0.876\,8}{1+0.893\,9}+\right. \\
&\quad \left.\frac{0.886\,8-0.873\,8}{1+0.886\,8}+\frac{0.884\,0-0.873\,0}{1+0.884\,0}\right)\times 160 \\
&=15.51(\text{cm})
\end{aligned}
$$

■ 三、《规范》法

《规范》法计算地基最终变形量的公式是从分层总和法公式推导出的一种简化形式。若按分层总和法对同一天然土层须将地基按 0.4b 分层，则计算工作量繁重，故《规范》法只对不同天然土层分层，而对同一天然土层不再分层，并采用平均附加应力系数$\overline{\alpha_i}$来简化计算，

同时提出经验系数 Ψ_s，以修正沉降计算值与实测值之间的误差。

1. 基本原理和土层变形量计算

在分层总和法中，按式(11-12)计算第 i 层土的变形量为

$$s_i=\frac{\overline{\alpha_i}p_0h_i}{E_{si}} \tag{11-13}$$

式中，$\overline{\alpha_i}p_0h_i$ 代表第 i 层土的附加应力面积，如图 11-10 中阴影面积，用符号 A_{3456} 表示。

由图 11-10 可知：

$$A_{3456}=A_{1234}-A_{1256}$$

曲线面积 1234 可用矩形面积 $p_0\ \overline{\alpha_i}z_i$ 表示，另一曲线面积 1256 可用矩形面积 $p_0\ \overline{\alpha_{i-1}}z_{i-1}$ 表示。代入式(11-11)中便得单一土层变形量计算公式，即

$$s_i=\frac{p_0}{E_{si}}(\overline{\alpha_i}z_i-\overline{\alpha_{i-1}}z_{i-1}) \tag{11-14}$$

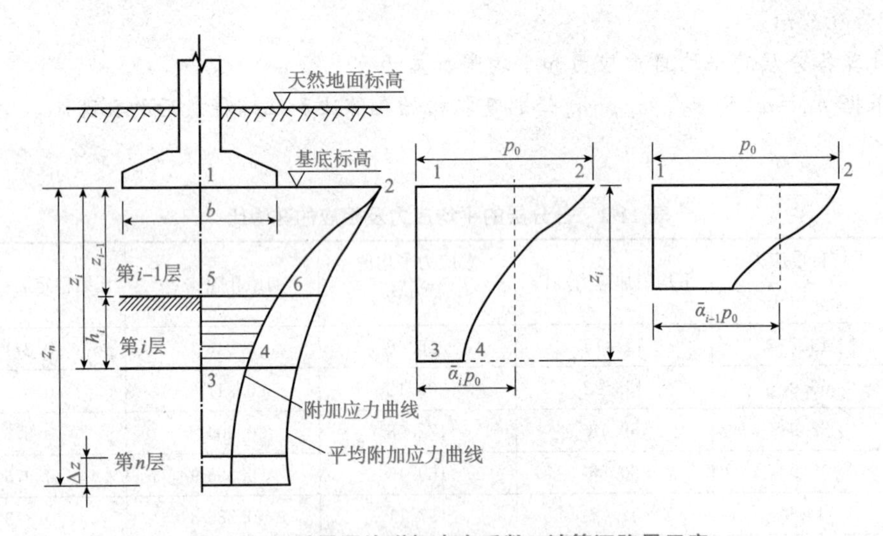

图 11-10　采用平均附加应力系数$\overline{\alpha_i}$计算沉降量示意

地基变形量等于各层土变形量之和，即

$$s'=\sum_{i=1}^{n}s_i=\sum_{i=1}^{n}\frac{p_0}{E_{si}}(\overline{\alpha_i}z_i-\overline{\alpha_{i-1}}z_{i-1}) \tag{11-15}$$

《公路桥涵地基与基础设计规范》(JTG 3363—2019)规定，按上述公式计算得到的沉降值还应乘以经验系数 Ψ_s，以提高计算准确度，即

$$s=\Psi_{ss'}=\Psi_s\sum_{i=1}^{n}\frac{p_0}{E_{si}}(\overline{\alpha_i}z_i-\overline{\alpha_{i-1}}z_{i-1}) \tag{11-16}$$

式中　s——地基最终变形量(mm)；

Ψ_s——沉降计算经验系数，根据地区沉降观测资料及经验确定，也可由表 11-3 根据 E_s 和 p_0 与 f_{a0}的关系查出；

n——地基沉降计算深度范围内所划的土层数；

p_0——基础底面处的附加应力；

E_{si}——基础底面下第 i 层土的压缩模量(MPa)；

z_i，z_{i-1}——基础底面至 i 层和 $i-1$ 层底面的距离(m)；

$\overline{\alpha_i}$，$\overline{\alpha_{i-1}}$——基础底面至第 i 层和第 $i-1$ 层范围内的平均附加应力系数，对于均布矩形荷载按 l/b 和 z/b 查表 11-4，对于均布条形荷载，可按 $l/b=10$ 及 z/b 查表 11-4，l 与 b 分别为基础的长边与短边。

表 11-3　沉降计算经验系数 Ψ_s

基底附加压应力 P_0	压缩模量 $\overline{E_s}$/MPa				
	2.5	4.0	7.0	15.0	20.0
$P_0 \geqslant f_{a0}$	1.4	1.3	1.0	0.4	0.2
$P_0 \leqslant 0.75\ f_{a0}$	1.1	1.0	0.7	0.4	0.2

注：1. f_{a0} 为地基承载力标准值。

2. $\overline{E_s}$ 为沉降计算深度范围内压缩模量的当量值，按下式计算：

$$\overline{E_s} = \frac{\sum A_i}{\sum \frac{A_i}{E_{si}}}$$

式中，A_i 及 E_{si} 分别为第 i 层土附加应力面积及压缩模量。

表 11-4　均布面积上均布荷载作用时中点处平均附加压应力数 $\overline{\alpha_i}$

z/b	l/b												
	1.0	1.2	1.4	1.6	1.8	2.0	2.4	2.8	3.2	3.6	4.0	5.0	≥10.0
0.0	1.000	1.000	1.000	1.000	1.000	1.000	1.000	1.000	1.000	1.000	1.000	1.000	1.000
0.1	0.997	0.998	0.998	0.998	0.998	0.998	0.998	0.998	0.998	0.998	0.998	0.998	0.998
0.2	0.987	0.990	0.991	0.992	0.992	0.992	0.993	0.993	0.993	0.993	0.993	0.993	0.993
0.3	0.967	0.973	0.976	0.978	0.979	0.979	0.980	0.980	0.981	0.981	0.981	0.981	0.981
0.4	0.936	0.947	0.953	0.956	0.958	0.965	0.961	0.962	0.962	0.963	0.963	0.963	0.963
0.5	0.900	0.915	0.924	0.929	0.933	0.935	0.937	0.939	0.939	0.940	0.940	0.940	0.940
0.6	0.858	0.878	0.890	0.898	0.903	0.906	0.910	0.912	0.911	0.914	0.914	0.915	0.915
0.7	0.816	0.840	0.855	0.865	0.871	0.876	0.881	0.884	0.885	0.886	0.887	0.887	0.888
0.8	0.775	0.801	0.819	0.831	0.839	0.844	0.851	0.855	0.857	0.858	0.859	0.860	0.860
0.9	0.735	0.764	0.784	0.797	0.806	0.811	0.821	0.826	0.829	0.830	0.831	0.830	0.836
1.0	0.698	0.728	0.749	0.764	0.775	0.783	0.792	0.798	0.801	0.803	0.804	0.806	0.807
1.1	0.663	0.694	0.717	0.733	0.744	0.753	0.764	0.771	0.775	0.777	0.779	0.780	0.782
1.2	0.631	0.663	0.686	0.703	0.715	0.725	0.737	0.744	0.749	0.752	0.754	0.756	0.758
1.3	0.601	0.633	0.756	0.674	0.688	0.698	0.711	0.719	0.725	0.728	0.730	0.733	0.735
1.4	0.573	0.605	0.629	0.648	0.661	0.672	0.687	0.696	0.701	0.705	0.708	0.711	0.714
1.5	0.548	0.580	0.604	0.622	0.637	0.648	0.664	0.673	0.679	0.683	0.686	0.690	0.693
1.6	0.524	0.556	0.580	0.599	0.611	0.641	0.641	0.651	0.658	0.663	0.666	0.670	0.675
1.7	0.502	0.533	0.558	0.577	0.591	0.603	0.620	0.631	0.638	0.643	0.646	0.651	0.656
1.8	0.482	0.511	0.537	0.556	0.571	0.588	0.600	0.611	0.619	0.624	0.629	0.633	0.638
1.9	0.463	0.493	0.517	0.536	0.551	0.563	0.581	0.593	0.601	0.606	0.610	0.616	0.622

续表

z/b	l/b											
	1.0	1.2	1.4	1.6	1.8	2.0	2.4	2.8	3.2	3.6	4.0	5.0	≥10.0
2.0	0.446	0.475	0.499	0.518	0.533	0.545	0.563	0.575	0.584	0.590	0.594	0.600	0.606
2.1	0.429	0.459	0.482	0.500	0.515	0.528	0.546	0.559	0.567	0.574	0.578	0.585	0.591
2.2	0.414	0.443	0.466	0.484	0.499	0.511	0.530	0.543	0.552	0.558	0.563	0.570	0.577
2.3	0.400	0.428	0.451	0.469	0.484	0.496	0.515	0.528	0.537	0.533	0.548	0.554	0.564
2.4	0.387	0.414	0.436	0.454	0.469	0.481	0.500	0.511	0.523	0.530	0.535	0.543	0.551
2.5	0.374	0.401	0.423	0.441	0.455	0.468	0.486	0.500	0.509	0.516	0.522	0.530	0.539
2.6	0.362	0.389	0.410	0.428	0.442	0.473	0.473	0.487	0.496	0.504	0.509	0.518	0.528
2.7	0.351	0.377	0.398	0.416	0.430	0.461	0.461	0.474	0.484	0.492	0.497	0.506	0.517
2.8	0.341	0.366	0.387	0.404	0.418	0.449	0.449	0.463	0.472	0.480	0.486	0.495	0.506
2.9	0.331	0.356	0.377	0.393	0.407	0.438	0.438	0.451	0.461	0.469	0.475	0.485	0.496
3.0	0.322	0.346	0.366	0.383	0.397	0.409	0.429	0.441	0.451	0.459	0.465	0.474	0.487
3.1	0.311	0.337	0.357	0.373	0.387	0.398	0.417	0.430	0.440	0.448	0.454	0.464	0.477
3.2	0.305	0.328	0.348	0.364	0.377	0.389	0.407	0.420	0.431	0.439	0.445	0.455	0.468
3.3	0.297	0.320	0.339	0.355	0.368	0.379	0.397	0.411	0.421	0.429	0.436	0.446	0.460
3.4	0.289	0.312	0.331	0.346	0.359	0.371	0.388	0.402	0.412	0.420	0.427	0.437	0.452
3.5	0.282	0.304	0.32	0.338	0.351	0.362	0.380	0.393	0.403	0.412	0.418	0.429	0.444
3.6	0.276	0.297	0.315	0.330	0.343	0.354	0.372	0.385	0.395	0.403	0.410	0.421	0.436
3.7	0.269	0.290	0.308	0.323	0.335	0.346	0.364	0.377	0.387	0.395	0.402	0.411	0.429
3.8	0.263	0.284	0.301	0.316	0.328	0.339	0.356	0.369	0.379	0.388	0.394	0.405	0.422
3.9	0.257	0.277	0.294	0.309	0.321	0.332	0.349	0.362	0.372	0.380	0.387	0.398	0.415
4.0	0.251	0.271	0.288	0.302	0.311	0.325	0.342	0.355	0.365	0.373	0.379	0.391	0.408
4.1	0.246	0.265	0.282	0.296	0.308	0.318	0.335	0.348	0.358	0.366	0.372	0.384	0.402
4.2	0.241	0.260	0.276	0.290	0.302	0.312	0.328	0.341	0.352	0.359	0.366	0.377	0.396
4.3	0.236	0.255	0.270	0.284	0.296	0.306	0.322	0.335	0.345	0.353	0.359	0.371	0.390
4.4	0.231	0.250	0.265	0.278	0.290	0.300	0.316	0.329	0.339	0.347	0.353	0.365	0.384
4.5	0.226	0.245	0.260	0.273	0.285	0.294	0.310	0.323	0.333	0.341	0.347	0.359	0.378
4.6	0.222	0.240	0.255	0.268	0.279	0.289	0.305	0.317	0.327	0.335	0.341	0.353	0.373
4.7	0.218	0.235	0.250	0.263	0.274	0.284	0.299	0.312	0.321	0.329	0.336	0.347	0.367
4.8	0.214	0.231	0.245	0.258	0.269	0.279	0.294	0.306	0.316	0.324	0.330	0.342	0.362
4.9	0.210	0.227	0.241	0.253	0.265	0.274	0.289	0.301	0.311	0.319	0.325	0.337	0.357
5.0	0.206	0.223	0.237	0.249	0.260	0.269	0.284	0.296	0.306	0.311	0.320	0.332	0.352

注：表中 l、b 分别代表矩形的长边与短边，z 代表基底以下的深度。

2. 沉降计算深度 z_n 的确定

地基沉降计算深度 z_n 可通过试算确定，应符合下式要求：

$$s_n \leqslant 0.025\sum s_i \tag{11-17}$$

式中　Δs_n——计算深度内向上取厚度 Δz 的土层变形量计算值，Δz 如图 11-10 所示并由表 11-5 确定；

s_i——在计算深度范围内，第 i 层土的计算沉降量。

表 11-5　Δz 取值　　m

基础宽度 b	≤2	2<b≤4	4<b≤8	>8
Δz	0.3	0.6	0.8	1.0

确定的计算深度下部仍有较软土层时应进行计算。当无相邻荷载影响，基础宽度为 1～30 m 时，基础中点的变形计算深度也可按下列简化公式计算：

$$z_n = b(2.5 - 0.4\ln b) \tag{11-18}$$

式中　b——基础宽度(m)。

在计算深度范围内存在基岩时，z_n 可取至基岩表面；当存在较厚的坚硬黏土层，其孔隙比小于 0.5，压缩模量大于 50 MPa，或存在较厚的密实砂卵石层，其压缩模量大于 80 MPa 时，z_n 可取至该土层表面。

【例 11-2】　某结构基础，其面积为 2 m×3 m，埋深为 1.5 m，上部荷载和基础重共计 F=1 080 kN，地质剖面图和土的性质如图 11-11 所示(地基承载力标准值 f_{a0}=150 kPa)。试用《规范》法计算基础的最终沉降量。

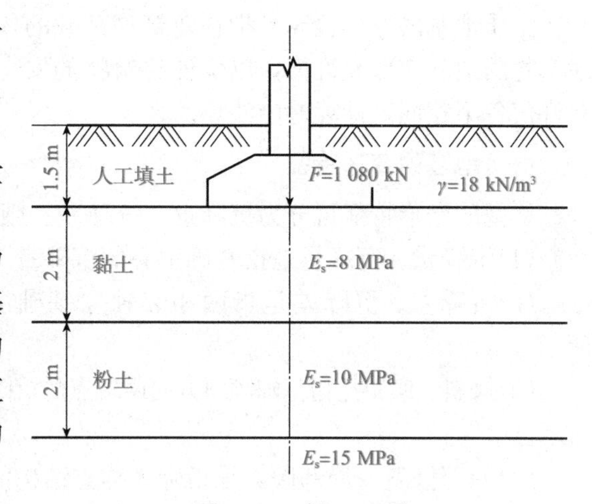

图 11-11　例 11-2 图

解：(1)求基底压力和基底附加压力。

$$p = \frac{F}{A} = \frac{1\,080}{3\times 2} = 180(\text{kPa})$$

$$p_0 = p - \gamma d = 180 - 18\times 1.5 = 153(\text{kPa})$$

(2)确定压缩层计算深度 z_n。

$$z_n = b(2.5 - 0.4\ln b) = 2\times(2.5 - 0.4\ln 2) = 4.5(\text{m})$$

(3)列表计算地基变形量。

由式 $s = \Psi_{s s'} = \Psi_s \sum_{i=1}^{n} \frac{p_0}{E_{si}}(\overline{\alpha_i} z_i - \overline{\alpha_{i-1}} z_{i-1})$ 计算确定，见表 11-6。

表 11-6　沉降量计算表

z_i/m	l/b	z_i/b	$\overline{\alpha_i}$	$z_i\overline{\alpha_i}$/mm	$\overline{\alpha_i}z_i - \overline{\alpha_{i-1}}z_{i-1}$/mm	E_s/MPa	s_i/mm	$\sum s_i$/mm
0	3/2=1.5	0	1.000	0	0	0	0	
2		1	0.757 5	1.515	1.515	8	28.97	28.97
4		2	0.508 5	2.034	0.519	10	7.94	36.91
4.5		2.25	0.467 6	2.104 2	0.070 2	15	0.716	37.63

由表 11-6 查得 $\Delta z=0.3$ m，相应的 $\Delta s_n=0.396\ \text{mm}\leqslant 0.025\times 37.63=0.941(\text{mm})$，满足式(11-17)的要求。

(4)确定修正系数。4.5 m 深度以内地基压缩模量的当量值为

$$\overline{E_s}=\frac{\sum A_i}{\sum \frac{A_i}{E_{si}}}=\frac{p_0(1.515+0.519+0.0702)}{p_0\left(\frac{1.515}{8}+\frac{0.519}{10}+\frac{0.0702}{15}\right)}=8.55\ (\text{MPa})$$

$p_0=153\ \text{kPa}\geqslant f_{a0}=150\ \text{kPa}$，由表 11-3 内插得 $\Psi_s=0.88$。

(5)计算柱的沉降量。

$$s=\Psi_s s'=0.88\times 37.63=33.11(\text{mm})$$

四、地基变形验算

土质地基的变形验算是指在建筑物荷载的作用下，建筑物的地基变形计算值不能超过建筑物的地基变形允许值，以保证建筑物的安全和正常使用。不同类型的建筑物地基变形允许值各不相同，计算时应注意。

(一)地基的变形特征

地基的变形特征可分为沉降量、沉降差、倾斜和局部倾斜。

(1)沉降量。沉降量是指基础中心的沉降量 s，如图 11-12(a)所示。

(2)沉降差。沉降差是指两相邻独立基础沉降量的差值 $\Delta s=s_1-s_2$，如图 11-12(b)所示。

(3)倾斜。倾斜是指基础倾斜方向两端点的沉降差与其距离的比值$(s_1-s_2)/l$，如图 11-12(c)所示。

(4)局部倾斜。局部倾斜是指砌体称重结构沿纵墙 6～10 m 内基础两点之间的沉降差与其距离的比值$(s_1-s_2)/l$，如图 11-12(d)所示。

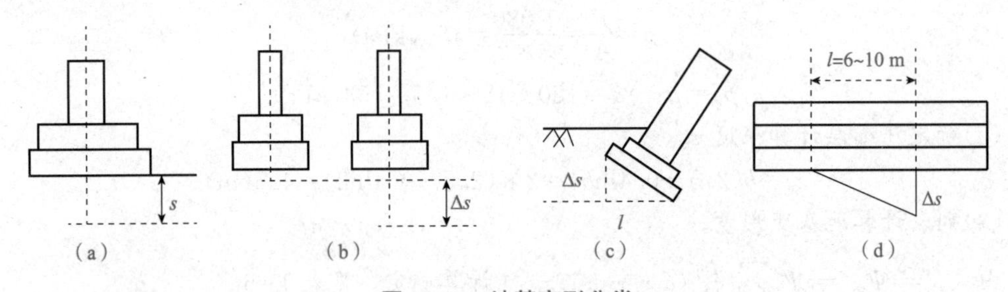

图 11-12　地基变形分类

(二)工业与民用建筑地基的变形验算

1. 地基基础的设计等级

《建筑地基基础设计规范》(GB 50007—2011)根据建筑物地基复杂程度、建筑物规模和功能特征，以及地基问题可能造成建筑物破坏或影响正常使用的程度，将地基基础设计分为三个等级，设计时应根据具体情况按表 11-7 选用。

表 11-7　地基基础设计等级

设计等级	建筑类型
甲级	重要的工业与民用建筑物；30 层以上的高层建筑；体型复杂、层数相差超过 10 层的高低层连成一体的建筑物；大面积的多层地下建筑物(如地下车库、商场、运动场等)；对地基变形有特殊要求的建筑物；复杂地质条件下的坡上建筑物(包括高边坡)；对原有建筑物影响较大的新建筑物；场地和地基条件复杂的一般建筑物；位于复杂地质条件及软土地区的二层及二层以上的地下室的基坑工程
乙级	除甲级、丙级外的工业与民用建筑
丙级	场地和地基条件简单、荷载分布均匀的七层及七层以下的民用建筑及一般工业建筑物；次要的轻型建筑物

2. 地基变形要求

设计等级为甲级、乙级的建筑物，均应进行地基变形验算；表 11-8 所列范围内设计等级为丙级的建筑物可不作变形验算，如有下列情况之一，仍应进行变形验算。

表 11-8　可不作地基变形计算，设计等级为丙级的建筑物范围

地基主要受力层情况	地基承载力特征值 f_{ak}/kPa			$60\leqslant f_{ak}<80$	$80\leqslant f_{ak}<100$	$100\leqslant f_{ak}<110$	$110\leqslant f_{ak}<160$	$160\leqslant f_{ak}<200$	$200\leqslant f_{ak}<300$
	各土层坡度/%			≤5	≤5	≤10	≤10	≤10	≤10
建筑物类型	称重砌体结构、框架结构(层数)			≤5	≤5	≤5	≤6	≤6	≤7
	单层排架结构(6 m 柱距)	单跨	起重机额定起重量/t	5～10	10～15	15～20	20～30	30～50	50～100
			厂房跨度/m	≤12	≤18	≤24	≤30	≤30	≤30
		多跨	起重机额定起重量/t	3～5	5～10	10～15	15～20	20～30	30～75
			厂房跨度/m	≤12	≤18	≤24	≤30	≤30	≤30
	烟囱	高度/m		≤30	≤40	≤50	≤75		≤100
	水塔	高度/m		≤15	≤20	≤30	≤30		≤30
		容积/m^3		≤50	50～100	100～200	200～300	300～500	500～1 000

注：1. 地基主要受力层是指条形基础底面下深度为 $3b$(b 为基础底面宽度)，独立基础底面下深度为 $1.5b$，厚度均不小于 5 m 的范围(2 层以下的民用建筑除外)。

2. 地基主要受力层中如有承载力标准值小于 130 kPa 的土层时，表中砌体称重结构应符合《建筑地基基础设计规范》(GB 50007—2011)第 7 章的要求

3. 表中砌体称重结构和框架结构是指民用建筑，对于工业建筑可按厂房高度、荷载情况折合成与其相当的民用建筑层数。

4. 表中起重机额定起重量、烟囱高度和水塔容积的数值是指最大值。

(1)地基承载力特征值小于 130 kPa，且体型复杂的建筑。

(2)在基础上及其附近有地面堆载或相邻基础荷载差异较大，可能引起地基产生过大的不均匀沉降时。

(3)软弱地基上的建筑物存在偏心荷载时。

(4)相邻建筑物距离过近，可能发生倾斜时。

(5)地基内有厚度较大或厚薄不均的填土，其自重固结未完成时。

地基变形应满足以下要求：

$$s \leqslant [s]$$

式中　s——建筑物的地基变形计算值；

$[s]$—建筑物的地基变形特征允许值，由表 11-9 查得。

表 11-9　建筑物的地基变形特征允许值

变形特征	地基土的类别	
	中、低压缩性土	高压缩性土
砌体称重结构基础的局部倾斜	0.002	0.003
工业与民用建筑相邻柱基的沉降量/mm		
(1)框架结构；	$0.002l$	$0.003l$
(2)砖石墙填充的边排柱；	$0.0007l$	$0.001l$
(3)当基础不均匀沉降时，不产生附加应力的结构	$0.005l$	$0.005l$
单层排架结构(柱距为 6 m)柱基的沉降量/mm	(120)	200
桥式起重机轨面的倾斜(按不调整轨道考虑)		
纵向	0.004	
横向	0.003	
多层和高层建筑基础的倾斜		
$H_g \leqslant 24$	0.004	
$24 < H_g \leqslant 60$	0.003	
$24 < H_g \leqslant 100$	0.0025	
$H_g > 100$	0.0015	
高耸结构基础的倾斜		
$H_g \leqslant 20$	0.008	
$20 < H_g \leqslant 50$	0.006	
$50 < H_g \leqslant 100$	0.005	
$100 < H_g \leqslant 150$	0.004	
$150 < H_g \leqslant 200$	0.003	
$200 < H_g \leqslant 250$	0.002	
高耸结构基础的沉降量/mm		
$H_g \leqslant 100$	400	
$100 < H_g \leqslant 200$	300	
$200 < H_g \leqslant 250$	200	

注：1. 有括号者仅适用于中压缩性土。

2. l 为相邻柱基的中心距离(mm)，H_g 为自室外地面起算的建筑物高度。

3. 倾斜是指基础倾斜方向两端点的沉降差与其距离的比值。

4. 局部倾斜是指砌体称重结构沿纵向 6～10 m 内基础两点的沉降差与距离的比值。

思考与练习

一、单项选择题

1. 评价地基土压缩性高低的指标是(　　)。

A. 压缩系数　　B. 超固结比　　C. 沉降影响系数　　D. 渗透系数

2. 土的压缩曲线(e-p 曲线)较陡，则表明(　　)。

A. 土的压缩性较大　　B. 土的压缩性较小

C. 土的密实度较大　　D. 土的孔隙比较小

3. 无黏性土无论是否饱和，其实形达到稳定的所需时间都比透水性小的饱和黏性土(　　)。

A. 长得多　　B. 短得多　　C. 差不多　　D. 无法比较

4. 土体产生压缩时(　　)。

A. 中孔隙体积减小，土粒体积不变

B. 孔隙体积和土粒体积均明显减少

C. 土粒和水的压缩量均较大

D. 孔隙体积不变，土骨架变形重组

5. 下列说法中，错误的是(　　)。

A. 土在压力作用下体积会减小

B. 土的压缩主要是土中孔隙体积的减少

C. 土的压缩所需时间与土的透水性有关

D. 土的固结压缩量与土的透水性有关

6. 根据《建筑地基基础设计规范》(GB 50007—2011)，下列建筑物地基基础设计等级为丙级的是(　　)。

A. 高度 100 m 的楼房

B. 某小区的两层地下车库

C. 简单场地上单层工业厂房

D. 软土地区的一层地下室

7. 土的压缩模量越大，表示(　　)。

A. 土的压缩性越高　　B. 土的压缩性越低

C. e-p 曲线越陡　　D. e-$\lg p$ 曲线越陡

8. 参见例 11-2 图，下列说法中错误的是(　　)。

A. 黏土层的附加应力面积为 231.795 kPa·m

B. 粉土层的附加应力面积为 79.407 kPa·m

C. 黏土层范围土体的平均附加应力系数为 0.757 5

D. 粉土层范围土体的平均附加应力系数为 0.508 5

9. 在压缩曲线中，压力 p 为(　　)。

A. 自重应力　　B. 有效应力　　C. 总应力　　D. 孔隙水应力

10. 使土体体积减小的主要因素是(　　)。

A. 土中孔隙体积的减少　　B. 土粒的压缩

C. 土中密闭气体的压缩　　D. 土中水的压缩

二、填空题

1. 压缩系数 $a=$________，a_{1-2}表示压力范围 $p_1=$________，$p_2=$________的压缩系数，工程上常用 a_{1-2}评价土的压缩性的高低。

2. 可通过室内侧限压缩试验测定的土体压缩性的指标有________、________和________。

3. 天然土层在历史上所经受过的包括自重应力和其他荷载作用形成的最大竖向有效固结压力称为________。

4. 根据前期固结压力，沉积土层分为________、________、________三种。

5. 在研究沉积土层的应力历史时，通常将________与________之比值定义为超固结比。

6. 地基的变形特征可分为________、________、________和________。

7. 地基沉降计算中，当基础下计算深度范围内存在较厚的坚硬黏土层时，其孔隙比__________、压缩模量__________，或存在较厚的密实砂卵石层，其压缩模量________时，z_n 可取至该土层表面。

三、简答题

1. 土的压缩变形过程为什么可视为土的孔隙比随压力增加而逐渐减小的过程？

2. 何为压缩曲线？它是怎样获得的？它有什么用？

3. 什么是土的压缩系数？它怎样反应土的压缩性？

4. 什么是压缩模量？它怎样反应土的压缩性？一种土的压缩系数是否为常数？

5. 正常固结土与超固结土及欠固结土的不同点在哪里？

6. 分层总和法计算地基沉降的步骤有哪些？

7. 用应力面积法计算地基沉降时，计算深度如何确定？

8. 地基的沉降包含几部分？分别有什么特点？

9. 根据《建筑地基基础设计规范》(GB 50007—2011)，设计等级为丙级的建筑物需作地基变形计算的情形有哪些？

四、计算题

1. 一饱和黏土试样在压缩仪中进行侧限压缩试验，该土样原始高度为 20 mm，面积为 30 mm^2，土样与环刀总重为 1.756 N，环刀重为 0.586 N。当荷载由 $p_1=100$ kPa 增加至 $p_1=200$ kPa 时，在 24 h 内土样的高度由 19.31 mm 减少至 18.76 mm。试验结束后烘干土样，称得干土重为 0.910 N。

(1)计算与 p_1 及 p_2 对应的孔隙比 e_1 及 e_2。

(2)求 $a_{1\text{-}2}$ 及 $E_{s(1\text{-}2)}$，并判断土的压缩性。

2. 某黏土单向压缩试验结果见表 11-10。

表 11-10　某黏土单向压缩试验结果

压力 P/kPa	0	50	100	200	300	400
孔隙比 e	0.815	0.791	0.773	0.747	0.730	0.720

(1)绘制 e-p 曲线和 e-lg$p$ 曲线。

(2)计算压缩系数、压缩模量和压缩指数，并判断土的压缩性。

3. 某结构基础，底面为正方形，边长 $l=b=4.0$ m，基础埋深 $d=1.0$ m。上部结构传至基础底面荷载重量 $F=2\ 000$ kN。地基为粉质黏土，土的天然重度 $\gamma=16.0\ kN/m^3$，地下水水位埋深为 2.6 m，地下水水位以下土的饱和重度 $\gamma_{sat}=18.2\ kN/m^3$，土的侧限压缩试验记录见表 11-11，分别采用分层总和法和《规范》法，计算柱基中心的沉降量。

表 11-11　土的侧限压缩试验记录

压力 p/kPa	0	50	100	200	300
孔隙比 e	0.982	0.964	0.952	0.936	0.924

模块十二　土的抗剪强度

单元一　土的抗剪强度理论

知识目标

(1)掌握库伦公式及抗剪强度指标。
(2)掌握莫尔-库伦强度理论。
(3)掌握极限平衡条件。

土的抗剪强度

能力目标

(1)能够通过库伦公式计算土的抗剪强度。
(2)能够判断土体是否处于极限平衡状态。

建筑物地基在外荷载作用下将产生土中剪应力和剪切变形，土体具有抵抗剪应力的潜在能力——剪阻力或抗剪力，它相对于剪应力的增加而逐渐发挥。当剪阻力完全发挥时，土体就处于剪切破坏的极限状态，此时剪应力也就到达极限，这个极限值就是土的抗剪强度。

一、库伦公式及抗剪强度指标

1776年，法国科学家库伦(C. A. Coulomb)根据砂土的试验，将土的抗剪强度 τ_f 表达为剪切破坏面上法向总应力 σ 的函数，即

$$\tau_f=\sigma \cdot \tan\varphi \tag{12-1}$$

之后又提出了适合黏性土的更普遍的表达式：

$$\tau_f=\sigma \cdot \tan\varphi+c \tag{12-2}$$

式中　τ_f——土的抗剪强度(kPa)；
σ——剪切面的法向压力(kPa)；
c——土的黏聚力(kPa)；
φ——土的内摩擦角(°)。

式(12-1)和式(12-2)统称为库伦公式。c，φ 称为抗剪强度指标。将库伦公式表示在 τ_f-σ 坐标系中为两条直线，如图 12-1 所示，可称之为库伦强度线。由图 12-1 可以看出，对于无黏性土，直线通过坐标原点，其抗剪强度仅是土粒之间的摩擦力；对于黏性土，直线在 τ_f 轴上的截距为 c，其抗剪强度由黏聚力和摩擦力两部分组成。

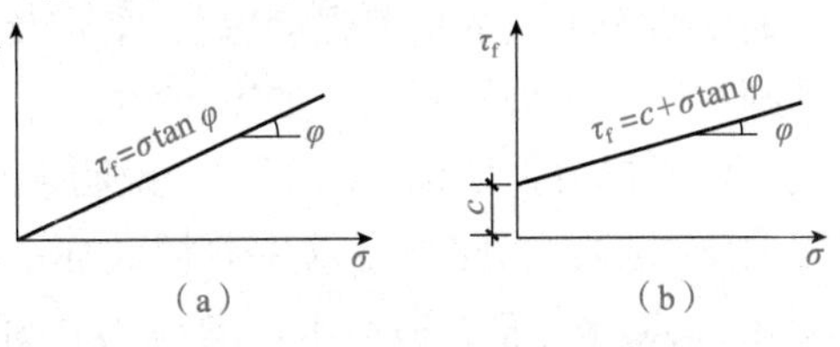

图 12-1　土的抗剪强度曲线

(a)无黏性土；(b)黏性土

随着有效应力原理的发展，库仑公式用有效应力改写为

$$\tau_f=\sigma'\cdot\tan\varphi'+c' \tag{12-3}$$

式中　σ'——有效应力(kPa)；

φ'——有效内摩擦角(°)；

c'——有效黏聚力(kPa)。

φ'，c'称为土的有效抗剪强度指标。从理论上说，对于同一种土，φ'，c'值应接近常数，而与试验方法无关。

式(12-2)称为总应力抗剪强度公式(总应力法)，式(12-3)称为有效应力抗剪强度公式(有效应力法)。总应力法操作简单、使用方便(一般用直剪仪测定)，但不能反映地基土在实际固结情况下的抗剪强度。有效应力法在理论上比较严格，能较好地反映抗剪强度的实质，能检验土体在不同固结情况下的稳定性，但正确测定孔隙水压力比较困难。

二、莫尔-库伦强度理论及极限平衡条件

当土体处于三维应力状态，土体中任意一点在某一平面上发生剪切破坏时，该点即处于极限平衡状态，根据莫尔的应力圆理论，可得到土体中一点的剪切破坏准则，即土的极限平衡条件。

对于平面问题，某一土单元体如图 12-2(a)所示，设作用在该单元体上的两个主应力为 σ_1 和 σ_3($\sigma_1>\sigma_3$)，在单元体内与大主应力 σ_1 作用平面成任意角 α 的 mn 平面上游正应力 σ 和剪应力 τ。为了建立 σ，τ 与 σ_1，σ_3 之间的关系，取微棱柱体 abc 为隔离体，如图 12-2(b)所示，将各力分别在水平和垂直方向投影，得到在 mn 平面上正应力和剪切力为

$$\sigma=\frac{1}{2}(\sigma_1+\sigma_3)+\frac{1}{2}(\sigma_1-\sigma_3)\cos2\alpha \tag{12-4}$$

$$\tau=\frac{1}{2}(\sigma_1-\sigma_3)\sin2\alpha \tag{12-5}$$

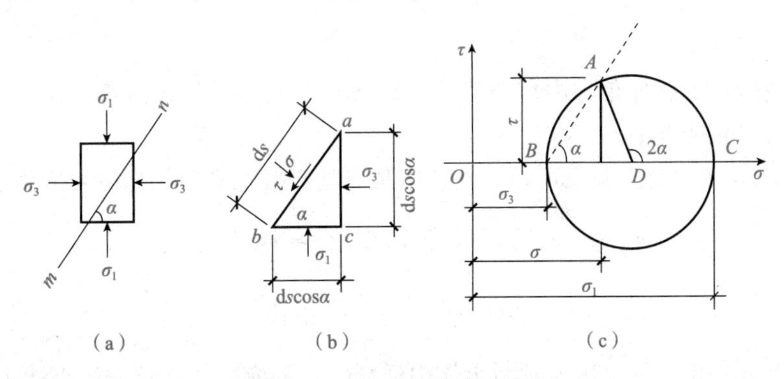

图 12-2　土体中任意点的应力

(a)单元体上的应力；(b)隔离体 abc 上的应力；(c)莫尔圆

由此可见，在σ-τ坐标平面中土体单元应力状态的轨迹是一个圆，该圆称为莫尔应力圆，简称莫尔圆。莫尔圆表示土体中任意一点的应力状态，莫尔圆圆周上各点的坐标表示该点在相应平面上的正应力和剪应力。

如果给定了土的抗剪强度参数c，φ及土中某点的应力状态，则可将抗剪强度包线与莫尔圆画在同一张坐标图上，如图 12-3 所示。它们之间的关系有以下三种情况：整个莫尔圆(圆Ⅰ)位于抗剪强度包线的下方，说明该点在任何平面上的剪应力都小于土所能发挥的抗剪强度($\tau<\tau_f$)，因此不会发生剪切破坏；莫尔圆(圆Ⅱ)与抗剪强度包线相切，切点为A，说明在A点所代表的平面上，剪应力正好等于抗剪强度($\tau=\tau_f$)，该点就处于极限平衡状态，此莫尔圆(圆Ⅱ)称为极限应力圆；抗剪强度包线是莫尔圆(圆Ⅲ，以虚线表示)的一条割线，实际上这种情况是不可能存在的，因为该点在任何方向上的剪应力都不可能超过土的抗剪强度，即不存在$\tau>\tau_f$的情况，根据极限莫尔应力圆与库伦强度线相切的几何关系，可建立下面的极限平衡条件，该条件称为莫尔-库伦强度理论。

设在土体中取一微单元体。如图 12-4(a)所示，mn为破裂面，它与大主应力的作用面成破裂角α_f。该点处于极限平衡状态时的莫尔圆如图 12-4(b)所示。

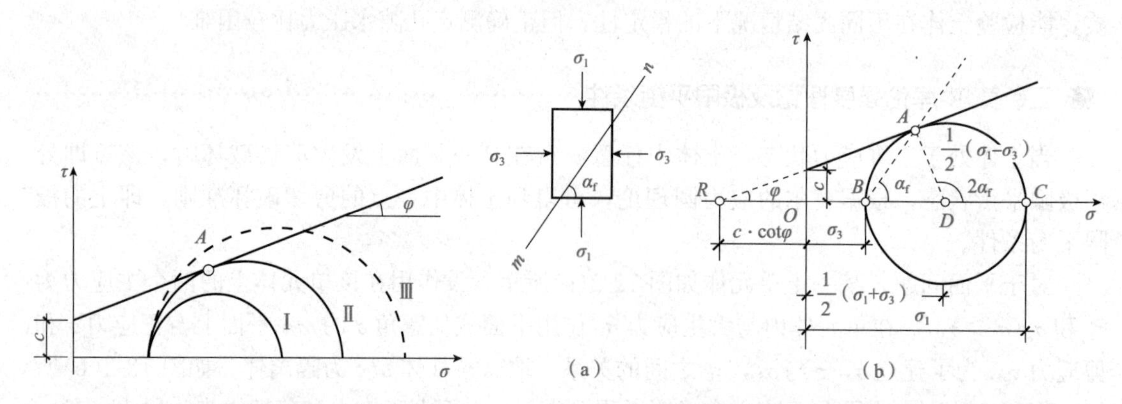

图 12-3　莫尔圆与抗剪强度之间的关系

图 12-4　土体中一点达极限平衡状态时的莫尔圆

(a)微单元体；(b)极限平衡状态时的莫尔圆

将抗剪强度包线延长与σ轴相交于R点，由三角形ARD可知$\overline{AD}=\overline{RD}\sin\varphi$。

因$\overline{AD}=\frac{1}{2}(\sigma_1-\sigma_3)$，$\overline{RD}=c\cdot\cot\varphi+\frac{1}{2}(\sigma_1+\sigma_3)$，故$\sin\varphi=(\sigma_1-\sigma_3)/(\sigma_1+\sigma_3+2c\cdot\cot\varphi)$。

由直角三角形ARD外角与内角的关系可知$2\alpha=90°+\varphi$，即破裂面与最大主应力的作用面成$\alpha=45°+\varphi/2$的夹角。

通过三角函数间的变换关系可以得到土中某点处于极限平衡状态时主应力之间的关系：

$$\sigma_1=\sigma_3\tan^2\left(45°+\frac{\varphi}{2}\right)+2c\cdot\tan\left(45°+\frac{\varphi}{2}\right) \tag{12-6}$$

$$\sigma_3=\sigma_1\tan^2\left(45°-\frac{\varphi}{2}\right)-2c\cdot\tan\left(45°-\frac{\varphi}{2}\right) \tag{12-7}$$

式(12-6)和式(12-7)可以用来判断土体中任意一点的应力状态及表达土体中主应力之间的关系，由于等式成立时土体处于极限平衡状态，故将两式称为土体的极限平衡条件。

【例 12-1】 设黏性土地基的黏聚力 $c=20$ kPa，内摩擦角 $\varphi=26°$，承受的最大主应力和最小主应力分别为 $\sigma_1=450$ kPa，$\sigma_3=150$ kPa，试判断该点是否处于极限平衡状态。

解： 已知最小主应力 $\sigma_3=150$ kPa，将 c，φ 代入式(12-7)得最小主应力的计算值为

$$\begin{aligned}\sigma_3 &=\sigma_1\tan^2\left(45°-\frac{\varphi}{2}\right)-2c\cdot\tan\left(45°-\frac{\varphi}{2}\right)\\&=450\text{ kPa}\times\tan^2(45°-13°)-2\times20\text{ kPa}\times\tan(45°-13°)\\&=150.7(\text{kPa})\end{aligned}$$

根据计算结果，可以认为 σ_3 的计算值与已知值相等，因此该土样处于极限平衡状态。若用图解法，则会得到莫尔应力圆与抗剪强度线相切的结果。

单元二　土的抗剪强度试验

知识目标

(1)掌握直接剪切试验的试验方法。

(2)掌握三轴压缩试验的方法、分类及优点与缺点。

(3)掌握无侧限抗压强度试验的方法及灵敏度的计算。

(4)掌握十字板剪切试验的方法。

能力目标

(1)能够进行土的抗剪强度试验。

(2)能够对试验结果进行处理。

土的抗剪强度指标包括内摩擦角 φ 和黏聚力 c，其值是地基与基础设计的重要参数，该指标需用专门的仪器通过试验确定。抗剪强度试验的方法有室内试验和现场原位试验等。室内最常用的是直接剪切试验、三轴压缩试验和无侧限抗压强度试验等。现场原位试验有十字板剪切试验、大型直接剪切试验等。由于各试验的仪器构造、试验条件、原理及方法均不同，对于同种土会得到不同的试验结果，因此需要根据工程的实际情况选择适当的试验方法。

一、直接剪切试验

土的抗剪强度可以通过室内试验与现场试验测定，直接剪切试验(直剪试验)是其中最基本、最简单的室内试验方法。

直接剪切试验所使用的仪器称为直剪仪。按加荷方式的不同，可分为应变控制式和应力控制式两种。前者是控制试样产生一定位移，如量力环中量表指针不再前进，表示试样已剪损，测定其相应的水平剪应力；后者则是控制对试件分级施加一定的水平剪应力，如相应的位移不断增加，认为试样已剪损。目前我国普遍采用的是应变控制式直剪仪，如图 12-5 所示。

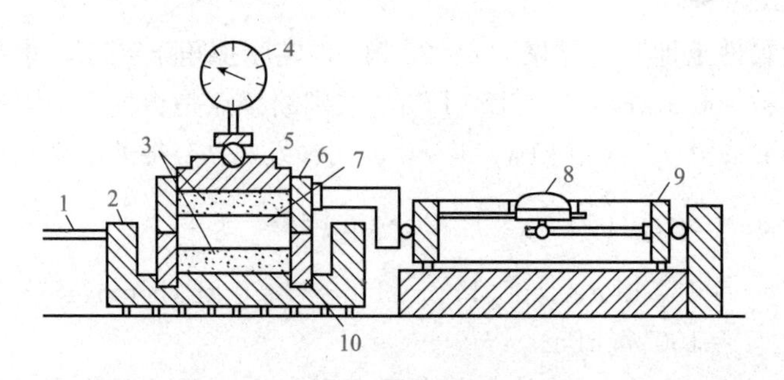

图 12-5　应变控制式直剪仪

1—轮轴；2—底座；3—透水石；4—量表；5—活塞；6—上盒；7—土样；8—量表；9—量力环；10—下盒

试验时，由杠杆系统通过加压活塞和上透水石对试件施加某一垂直压力 σ，然后等速转动手轮对下盒施加水平推力，使试样在上下盒之间的水平接触面上产生剪切变形，直至破坏。剪应力的大小可借助上盒接触的量力环的变形值计算确定。在剪切过程中，随着上、下盒相对剪切变形的发展，土样中的抗剪强度逐渐发挥出来，直到剪应力等于土的抗剪强度时，土样剪切破坏，因此，土样的抗剪强度是用剪切破坏时的剪应力来度量的。

在直接剪切试验中，不能量测孔隙水压力，也不能控制排水，因此只能用总应力法来表示土的抗剪强度。但是，为了近似模拟土体在现场受剪的排水条件，直接剪切试验可分为快剪、固结快剪和慢剪三种方法。快剪试验是在试样施加竖向压力 σ 后，立即快速(0.02 mm/min)施加水平剪应力使试样剪切；固结快剪试验是允许试样在竖向压力下排水，待固结稳定后，再快速施加水平剪应力使试样剪切破坏；慢剪试验也允许试样在竖向压力下排水，待固结稳定后，则以缓慢的速率施加水平剪应力使试样剪切。

直接剪切试验的优点是仪器构造简单，操作方便，但也存在一些缺点，主要有：不能控制排水条件；剪切面是人为固定的，该剪切面不一定是土样的最薄弱面；剪切面上的应力分布是不均匀的。

因此，为了克服直剪试验的缺点，后来人们又发展了三轴压缩试验，该试验方法用到的三轴压缩仪是目前测定土的抗剪强度的最完善的仪器。

二、三轴压缩试验

三轴压缩试验使用的仪器为三轴压缩仪。它由压力室、轴向加荷系统、施加周围压力系统、孔隙水压力量测系统等组成，如图 12-6 所示。压力室是三轴压缩仪的主要组成部分，是一个有金属上盖、底座和透明有机玻璃圆筒组成的密闭容器。

常规试验方法的主要步骤如下：将土切成圆柱体套在橡胶膜内，放在密封的压力室中，然后向压力室内充水，使试件在各向受到围压 σ_3，并使液压在整个试验过程中保持不变，这时试件内各向的三个主应力都相等，因此不产生剪应力[图 12-7(a)]；然后，通过传力杆对试件施加竖向压力，这样竖向主应力就大于水平向主应力。当水平向主应力保持不变，而竖向主应力逐渐增大时，试件终于受剪而破坏[图 12-7(b)]。设剪切破坏时由传力杆加在试件上的竖向压应力增量为 $\Delta\sigma_1$，则试件上的大主应力为 $\sigma_1=\sigma_3+\Delta\sigma_1$，而小主应力为 σ_3，以($\sigma_1-\sigma_3$)为直径可画出一个极限应力圆，如图 12-7(c)中的圆 A 所示。用同一种土样的若干个试件(3 个及 3 个以上)按上述方法分别进行试验，每个试件施加不同的围压 σ_3，可分别得出剪切破坏时的大主应力 σ_1，将这些结果绘制成一组极限应力圆，如图 12-7(c)中的圆 A、B 和 C 所示。由于这些试件都剪切至破坏，根据莫尔-库伦强度理论，作一组极限应力圆的公共切线，为土的抗剪强度包线，通常近似取为一条直线，该直线与横坐标的夹角为土的内摩擦角 φ，直线与纵坐标的截距为土的黏聚力 c。

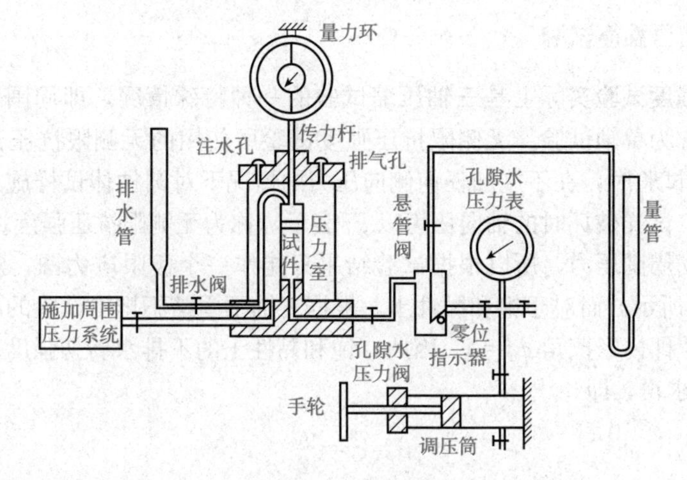

图 12-6　三轴压缩仪

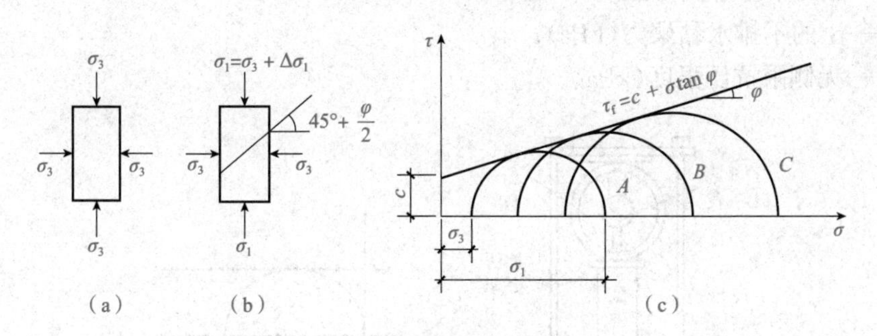

图 12-7　三轴压缩试验原理

(a)试件受周围压力；(b)破坏时试件上的主应力；(c)莫尔破坏包线

若在试验过程中通过孔隙水压力量测系统分别测得每个土样剪切破坏时的孔隙水压力 u 的大小，就可以得出土样剪切破坏时的有效应力$\bar{\sigma}_1=\sigma_1-u$，$\bar{\sigma}_3=\sigma_3-u$，绘制出相应的有效极限应力圆，从而求得有效强度指标 c'，φ'。

由于土样和压力室均可通过相关的管路与阀门形成各自的封闭系统，所以根据土样固结排水条件的不同，相应于直接剪切试验，三轴压缩试验也可分为以下三种。

(1)不固结不排水(UU)三轴试验，简称不排水试验：试样在施加围压和随后施加竖向压力直至剪切破坏的整个过程中都不允许排水，试验过程中自始至终关闭排水阀门。

(2)固结不排水(CU)三轴试验，简称固结不排水试验：试样在施加围压 σ_3 时打开排水阀门，允许排水固结，待固结稳定后关闭排水阀门，再施加竖向压力，使试样在不排水的条件下剪切破坏。

(3)固结排水(CD)三轴试验，简称排水试验：试样在施加围压 σ_3 时允许排水固结，待固结稳定后，在排水条件下施加竖向压力直至试件剪切破坏。

三轴压缩试验的优点是能严格控制试样的排水条件及测定孔隙水压力的变化；剪切面不是人为固定的；应力状态比较明确；除抗剪强度外，还能测定其他指标。

三轴压缩试验的缺点是操作复杂；所需试样较多；主应力方向固定不变，不完全符合实际情况。

■ 三、无侧限抗压强度试验

无侧限抗压强度试验实际上是三轴压缩试验的一种特殊情况，即周围压力 $\sigma_3=0$ 的三轴试验，所以又称为单轴试验。无侧限抗压强度试验所使用的无侧限抗压试验仪的结构如图 12-8(a)所示。试验时，在不施加任何侧向压力的情况下对圆柱体试样施加轴向压力，直至试样剪切破坏。试样破坏时的轴向压力以 q_u 表示，称为无侧限抗压强度。

由于不能变动周围压力，所以根据试验结果只能作一个极限应力圆，难以得到莫尔包线，如图 12-8(b)所示。而对于饱和黏性土，根据三轴不固结不排水试验的结果，其莫尔包线为一条水平线，即内摩擦角 $\varphi_u=0$。因此，饱和黏性土的不排水剪切强度就可以利用无侧限抗压强度 q_u 来求得，即

$$\tau_f=c_u=\frac{q_u}{2} \tag{12-8}$$

式中 τ_f——土的不排水抗剪强度(kPa)；

c_u——土的不排水黏聚力(kPa)；

q_u——无侧限抗压强度(kPa)。

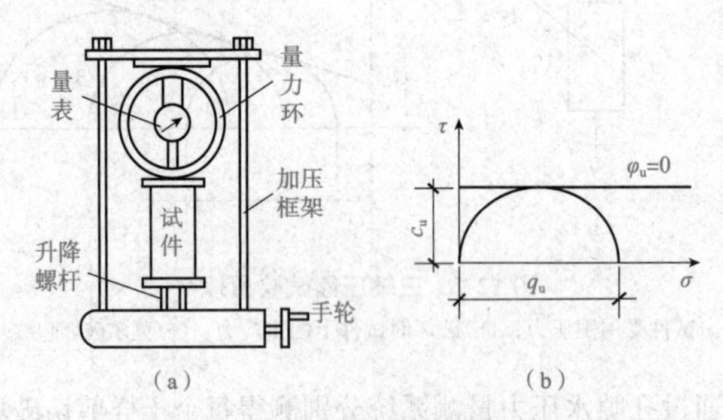

图 12-8 无侧限抗压强度试验

(a)无侧限抗压试验仪；(b)无侧限抗压强度试验结果

利用无侧限抗压强度试验还可以测定饱和黏性土的灵敏度 S_t。土的灵敏度是以原状土的强度与同种土经重塑后(完全扰动但含水率不变)的强度之比来表示的，即

$$S_t=\frac{q_u}{q'_u} \tag{12-9}$$

式中 S_t——黏性土的灵敏度；

q_u——原状试样的无侧限抗压强度(kPa)；

q'_u——重塑试样的无侧限抗压强度(kPa)。

土的灵敏度越高，其结构性越强，受扰动后土的强度降低就越多。黏性土受扰动而强度降低的性质，一般来说对工程建设是不利的，如在基坑开挖过程中，施工可能造成土的

扰动而使地基强度降低。

■ 四、十字板剪切试验

前面所介绍的三种试验方法都是在室内测定土体抗剪强度的方法，这些试验方法都要求事先取得原状土样，但试样在采取、运送、保存和制备等过程中会不可避免地受到扰动，土样的含水率也难以保持天然状态，特别是对于高灵敏度的黏性土，室内试验结果的精度会受到影响。因此，发展原位测试土性的仪器具有重要的意义。在抗剪强度的原位测试方法中，国内广泛应用的是十字板剪切试验，这种试验方法适用于现场测定饱和黏性土的原位不排水抗剪强度，特别适用于均匀饱和软黏土。

十字板剪切仪主要由两片十字交叉的金属板头、扭力装置和量测设备三部分组成。金属板的高度与宽度之比一般为 2，如图 12-9(a)所示。十字板剪切试验可在现场钻孔内进行。试验时，现将十字板插到要进行试验的深度，如图 12-9(b)所示，再在十字板剪切仪上端的加力架上以一定的转速对其施加扭力矩，使板头内的土体与其周围土体产生相对扭剪，直至剪切破坏，测出其相应的最大扭力矩，然后根据力矩平衡条件，推算出圆柱形剪破面上土的抗剪强度。

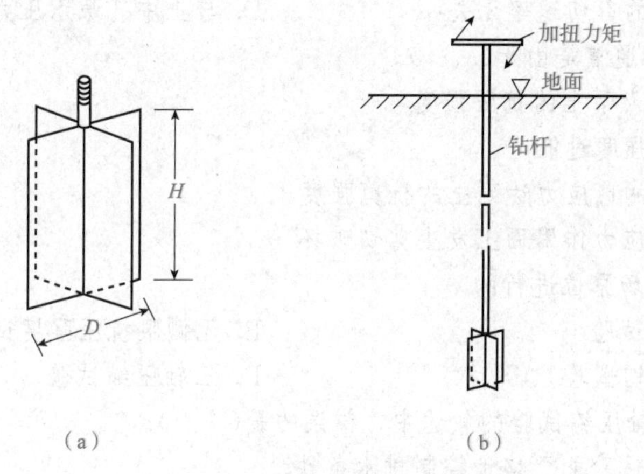

图 12-9　十字板剪切仪及其试验示意

(a)金属板头；(b)试验情况

十字板剪切试验由于可以直接在原位进行试验，不必取土样，所以土体受到的扰动较小，被认为是能够反映土体原位强度的测试方法，但若软土层中夹有薄层粉砂，则十字板剪切试验得出的结果可能偏大。

思考与练习

一、单项选择题

1. 若代表土中某点应力状态的莫尔圆与抗剪强度包线相切，则表明土中该点(　　)。

   A. 任一平面上的剪应力都小于土的抗剪强度

   B. 某一平面上的剪应力超过了土的抗剪强度

   C. 在相切点所代表的平面上，剪应力正好等于抗剪强度

   D. 在最大剪应力作用面上，剪应力正好等于抗剪强度

2. 土中一点发生剪切破坏时，破裂面与小主应力作用面的夹角为(　　)。

A. $45°+\varphi$　　B. $45°+\frac{\varphi}{2}$　　C. $45°$　　D. $45°-\frac{\varphi}{2}$

3. 土中一点发生剪切破坏时，破裂面与大主应力作用面的夹角为(　　)。

A. $45°+\varphi$　　B. $45°+\frac{\varphi}{2}$　　C. $45°$　　D. $45°-\frac{\varphi}{2}$

4. 在下列影响土的抗剪强度的因素中，最重要的因素是试验时的(　　)。

A. 排水条件　　B. 剪切速率　　C. 应力状态　　D. 应力历史

5. 饱和软黏土的不排水抗剪强度等于其无侧限抗压强度试验的(　　)倍。

A. 2　　B. 1　　C. 1/2　　D. 1/4

6. 软黏土的灵敏度可用(　　)测定。

A. 直接剪切试验　　B. 室内压缩试验

C. 标准贯入试验　　D. 十字板剪切试验

7. 饱和黏性土的抗剪强度指标(　　)。

A. 与排水条件有关　　B. 与基础宽度有关

C. 与试验时的剪切速率无关　　D. 与土中孔隙水压力是否变化无关

8. 土的强度破坏通常是由于(　　)。

A. 基底压力大于土的抗压强度

B. 土的抗拉强度过低

C. 土中某点的剪应力达到土的抗剪强度

D. 在最大剪应力作用面上发生剪切破坏

9. (　　)是在现场原位进行的。

A. 直接剪切试验　　B. 无侧限抗压强度试验

C. 十字板剪切试验　　D. 三轴压缩试验

10. 下列有关三轴压缩试验的叙述中，错误的是(　　)。

A. 三轴压缩试验能严格地控制排水条件

B. 三轴压缩试验可量测试样中孔隙水压力的变化

C. 在试验过程中，试样中的应力状态无法确定，较为复杂

D. 破裂面发生在试样的最薄弱处

二、填空题

1. 土抵抗剪切破坏的极限能力，称为土的____________。

2. 无黏性土的抗剪强度来源于____________。

3. 黏性土处于应力极限平衡状态时，剪裂面与最大主应力作用面的夹角为____________。

4. 黏性土抗剪强度库仑定律的总应力的表达式为____________，有效应力的表达式为____________。

5. 黏性土抗剪强度指标包括____________、____________。

6. 一种土的含水量越大，其内摩擦角越____________。

7. 若反映土中某点应力状态的莫尔圆处于该土的抗剪强度线下方，则该点处于____________状态。

8. 三轴试验按排水条件，可分为____________、____________、____________三种。

9. 土样最危险截面与大主应力作用面的夹角为____________。

10. 土中一点的莫尔圆与抗剪强度包线相切，表示它处于____________状态。

三、简答题

1. 土的抗剪强度的基本含义是什么？

2. 土的抗剪强度指标是如何确定的？影响抗剪强度指标的因素有哪些？

3. 何谓土的极限平衡条件？黏性土和粉土与无黏性土的表达式有何不同？

4. 为什么土中某点剪应力最大的平面不是剪切破坏面？如何确定剪切破坏面与小主应力作用方向夹角？

5. 直剪试验、三轴压缩试验各有哪些优点和缺点？

6. 无侧限抗压强度试验、十字板剪切试验的适用条件是否相同？

四、计算题

1. 已知地基土的抗剪强度指标 $c=10$ kPa，$\varphi=30°$，试问当地基中某点的大主应力 $\sigma_1=400$ kPa，而小主应力 σ_3 为多少时，该点刚好发生剪切破坏？

2. 对某砂土试样进行三轴固结排水剪切试验，测得试样破坏时的主应力差 $\sigma_1-\sigma_3=400$ kPa，周围压力 $\sigma_3=100$ kPa，试求该砂土的抗剪强度指标。

3. 某土样 $c'=20$ kPa，$\varphi'=30°$，承受大主应力 $\sigma_1=420$ kPa、小主应力 $\sigma_3=150$ kPa 的作用，测得孔隙水压力 $u=46$ kPa，试判断土样是否达到极限平衡状态。

4. 某饱和黏性土无侧限抗压强度试验的不排水抗剪强度 $c_u=70$ kPa，如果对同一土样进行三轴不固结不排水试验，施加周围压力 $\sigma_3=150$ kPa，试问土样将在多大的轴向压力作用下发生破坏？

模块十三　土压力和挡土墙稳定性验算

单元一　了解挡土结构物及土压力的类型

土压力和挡土墙稳定性验算

知识目标

(1)了解挡土结构物及其类型。
(2)理解土压力的分类。

能力目标

能够正确辨别各种类型的挡土结构物，并且能够准确认识挡土结构物的各个结构部分。

一、挡土结构物及类型

在港口、水利、路桥及房屋建筑等工程中，挡土结构物是一种常见的构筑物。工程中常见的挡土结构物有很多，如码头[图 13-1(a)]、隧道的侧墙[图 13-1(b)]、各种边坡的挡土墙[图 13-1(c)]、连接路堤与桥梁的桥台[图 13-1(d)]、地下室的外墙[图 13-1(e)]等。挡土结构物的作用就是挡住墙侧的土并承受来自其侧面土的压力。

挡土结构物中最常见的是挡土墙。挡土墙的形式有竖直的，也有倾斜的。挡土墙的结构通常包括墙身(主墙)、墙顶、墙背、墙面、墙基、墙根(墙踵)和墙趾，如图 13-2 所示。

二、土压力及类型

土体作用在挡土结构物上的压力称为土压力。土压力是进行挡土结构物断面设计和稳定性验算的重要荷载，本单元主要讨论挡土墙上的土压力及其分布规律的确定。

土压力的大小和分布规律不仅与挡土墙的高度及填土的性质有关，还与挡土墙的刚度和位移密切相关。1929 年，太沙基在模型试验中测得了土压力随墙体位移变化的关系曲线(图 13-3)。由图 13-3 可见，当挡土墙是刚性的，且墙和墙后土体均保持不动时，土体处于静止状态，不发生变形，此时作用在挡土墙背上的土压力称为静止土压力 E_0。如果挡土墙朝背离填土方向转动或移动，墙后土体向侧向回弹，处于主动状态；随着位移量的逐渐增大，挡土墙背上的土压力逐渐减小，当墙后填土达到极限平衡状态时土压力降低到最小值，这时作用在挡土墙背上的土压力称为主动土压力 E_a。若墙体迎着填土方向转动或移动，墙后土体受挤压，处于被动状态；随着位移量的逐渐增大，挡土墙背上土压力逐渐增大，当墙后填土达到极限平衡状态时，土压力增加到最大值，这时作用在挡土墙背上的土压力称为被动土压力 E_p。

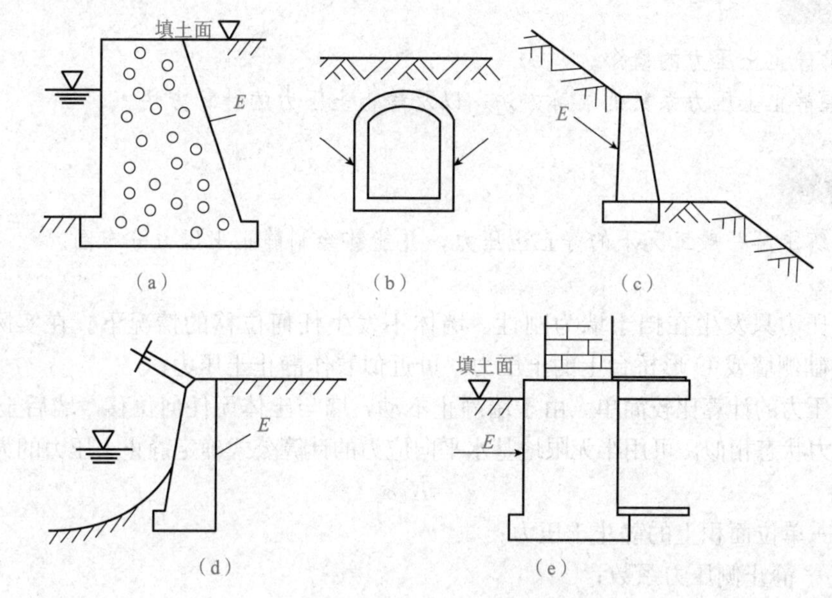

图 13-1　工程中的挡土墙

(a)码头；(b)隧道侧墙；(c)边坡挡土墙；(d)桥台；(e)地下室的外墙

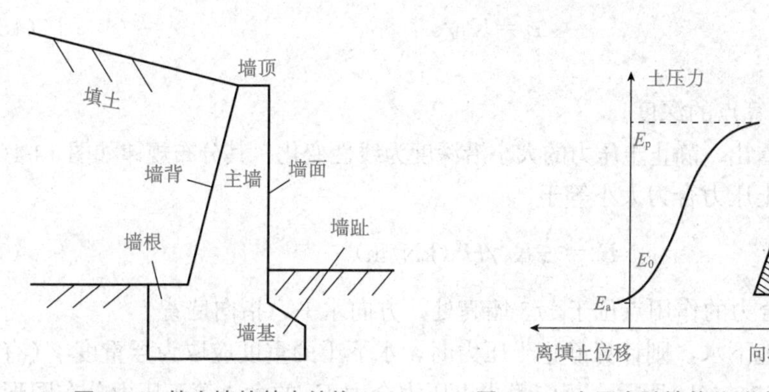

图 13-2　挡土墙的基本结构　　**图 13-3　土压力随墙体位移变化的关系曲线**

通常情况下，墙体的转动或移动量未必都使墙后填土达到极限平衡状态。从上面的试验结果可以知道，此时作用在墙背上的土压力可能为主动土压力与静止土压力之间或静止土压力与被动土压力之间的某一数值 E_x，其大小与墙体的位移特征和位移量有关。

单元二 静止土压力的计算

知识目标

(1)了解静止土压力的概念。

(2)掌握静止土压力系数的求解方法，以及静止土压力的计算方法。

能力目标

能够熟练求解一般工况下的静止土压力，并能够绘制静止土压力分布图。

静止土压力只发生在挡土墙为刚性、墙体不发生任何位移的情况下。在实际工程中，作用在深基础侧墙或U形桥台上的土压力，可近似看作静止土压力。

静止土压力的计算比较简单。由于墙静止不动，墙与土体无任何位移，墙后土体受力状态与自重应力状态相似，可用半无限地基水平向应力的计算公式确定静止土压力的大小，即

$$e_0 = K_0 \sigma_z \tag{13-1a}$$

式中 e_0——单位面积上的静止土压力；

K_0——静止侧压力系数；

σ_z——z 深度处的竖向有效应力。

若墙后填土为均质体，则式(13-1)可改写成

$$e_0 = K_0 \gamma z \tag{13-1b}$$

式中 γ——土的重度；

z——土压力计算点的深度。

由式(13-1b)可以看出，静止土压力的大小沿深度为线性变化，其分布规律如图13-4(a)所示。单位长度上静止土压力合力大小等于

$$E_0 = \frac{1}{2} K_0 \gamma H^2 (\mathrm{kN/m}) \tag{13-2}$$

式中 H——墙高，合力的作用点位于1/3墙高处，方向水平，指向墙背。

若墙后填土中有地下水，则计算静止土压力时，水下土的重度应取为浮重度 γ'(有效重度)，其分布规律如图13-4(b)所示。相应静止土压力合力 E_0 的大小等于压力分布图形的面积，即

$$E_0 = \frac{1}{2} K_0 \gamma H_1^2 + K_0 \gamma H_1 H_2 + \frac{1}{2} K_0 \gamma' H_2^2 \tag{13-3}$$

E_0 作用点位于图形的形心处，方向水平、指向墙背。

此时，挡土墙受力分析时还应考虑水压力的作用，作用在墙背上的总水压力为

$$P_{\mathrm{w}} = \frac{1}{2} \gamma_{\mathrm{w}} H_2^2 \tag{13-4}$$

水压力的作用点位于 $H_2/3$ 处，方向水平，指向墙背。作用于墙体上的总压力是土压力与水压力的矢量和。

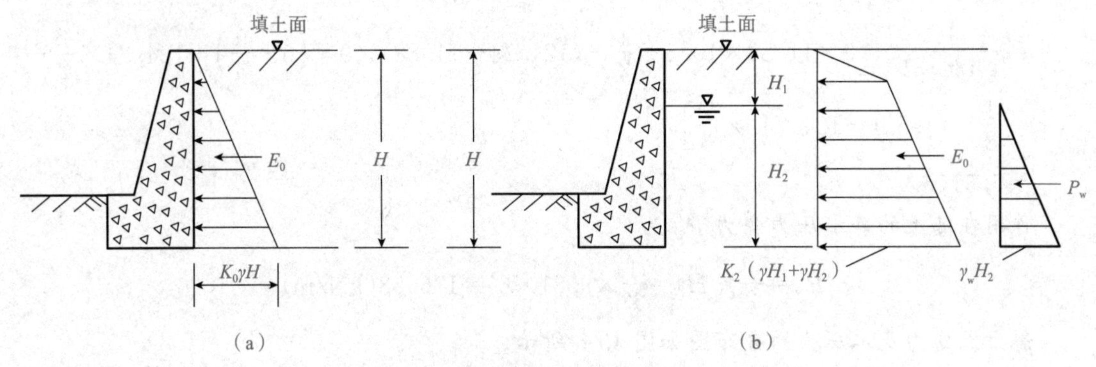

图 13-4 静止土压力的分布

(a)均匀土；(b)有地下水时

计算静止土压力的关键在于确定静止侧压力系数 K_0。K_0 可由室内的或现场的静止侧压力试验来测定。对于砂或正常固结黏土，也可根据 φ' 估算：

$$K_0 = 1-\sin\varphi' \tag{13-5}$$

式中 φ'——填土的有效内摩擦角。

K_0 的数值通常小于 1，对于超固结黏土和压实填土也可能大于 1。

【例 13-1】 计算作用在图 13-5 所示挡土墙上的静止土压力分布值及其合力 E_0。其中，q 为无限分布的均布荷载。

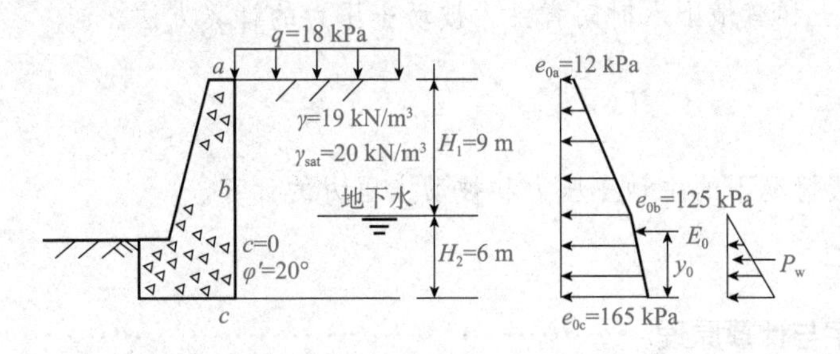

图 13-5 例题 13-1 图

解： 静止侧压力系数为

$$K_0 = 1-\sin\varphi' = 1-\sin 20° = 0.66$$

土中各点静止土压力值为

a 点：$e_{0a}=K_0 q=0.66\times 18=11.88(\text{kPa})$

b 点：$e_{0b}=K_0(q+\gamma H_1)=0.66\times(18+19\times 9)=124.74(\text{kPa})$

c 点：$e_{0c}=K_0(q+\gamma H_1+\gamma' H_2)=0.66\times[18+19\times 9+(20-9.81)\times 6]=165.1(\text{kPa})$

静止土压力的合力(压力分布图面积)E_0 为

$$E_0=\frac{1}{2}(e_{0a}+e_{0b})H_1+\frac{1}{2}(e_{0b}+e_{0c})H_2$$

$$=\frac{1}{2}\times(11.88+124.74)\times 9+\frac{1}{2}\times(124.74+165.1)\times 6=1\,484.31(\text{kN/m})$$

静止土压力E_0的作用点离墙底的距离y_0为

$$y_0=\frac{1}{P_0}\left[e_{0a}H_1\left(\frac{H_1}{2}+H_2\right)+\frac{1}{2}(e_{0b}-e_{0a})H_1\left(H_2+\frac{H_1}{3}\right)+e_{0b}\times\frac{H_2^2}{2}+\frac{1}{2}(e_{0c}-e_{0b})\frac{H_2^2}{3}\right]$$

$$=\frac{1}{1\ 484.31}\times\left[9\times 11.88\times 10.5+\frac{1}{2}\times(124.74-11.88)\times 9\times\left(6+\frac{9}{3}\right)+124.74\times\frac{6^2}{2}+\frac{1}{2}\times(165.1-124.74)\times\frac{6^2}{3}\right]$$

$$=5.51(\mathrm{m})$$

作用在墙上的静水压力合力P_w为

$$P_w=\frac{1}{2}\gamma_w H_2^2=\frac{1}{2}\times 9.81\times 6^2=176.58(\mathrm{kN/m})$$

静止土压力及水压力的分布图如图 13-5 所示。

单元三　朗肯土压力理论

知识目标

(1)掌握朗肯土压力理论的基本假定。

(2)掌握朗肯主动土压力的计算方法、计算步骤、土压力分布图的绘制。

(3)掌握朗肯被动土压力的计算方法、计算步骤、土压力分布图的绘制。

(4)掌握成层土和有地下水时朗肯主、被动土压力的计算方法。

能力目标

能够进行一般情况下的主动土压力和被动土压力的计算。

一、基本假定与计算原理

朗肯(Rankine)土压力理论和库伦(Coulomb)土压力理论(见下单元)是计算主动土压力和被动土压力的两种基本理论。它们分别于 1857 年和 1776 年被提出，本单元先介绍朗肯土压力理论。

用朗肯土压力理论计算土压力时，若墙后填土达到极限平衡状态，则认为墙后任意一点处土体单元都处于极限平衡状态，从而可根据土体单元处于极限平衡状态时应力所满足的条件来建立土压力的计算公式。朗肯土压力理论最初是对干的均质无黏性土提出的，后来这一理论被推广到黏性土和有水的情况。朗肯土压力理论采用了如下基本假定。

(1)墙背竖直光滑；

(2)墙后土体表面水平，半无限大。

由此，墙后深度为z处土体单元的主应力方向分别为水平和竖直方向，其应力状态如图 13-6 所示。

当挡土墙不发生位移时，墙背的土压力为静止土压力，墙后土单元体所处的应力状态可由图 13-7 中的莫尔圆 A 表示，$\sigma_1=\sigma_z$，$\sigma_3=\sigma_x=K_0\sigma_z$；当墙发生离开填土的方向移动时，竖向应力 σ_z 保持不变，始终为大主应力 σ_1，随着位移量的增加，水平向应力σ_x(σ_3)逐渐减小，当莫尔圆增大到与强度包线相切时，该单元体达到主动极限平衡状态，作用在墙背上的土压力就等于该单元体的最小水平向应力值 $\sigma_{x\min}$（小主应力 σ_{3f}），即主动土压力；当墙体向填土方向使土体挤压时，竖向应力 σ_z 仍保持不变，但随着位移量的增加，水平向应力 σ_x 逐渐增加，而且逐渐超过竖向应力 σ_z，从而大、小主应力方向发生改变，σ_z 由 σ_1 转变成 σ_3，σ_x 由 σ_3 转变成 σ_1，当应力圆增大到与强度包线相切时，该单元体达到被动极限平衡状态，作用在墙上的土压力就等于该单元体的最大水平应力值 $\sigma_{x\max}$（大主应力 σ_{1f}），即被动土压力。

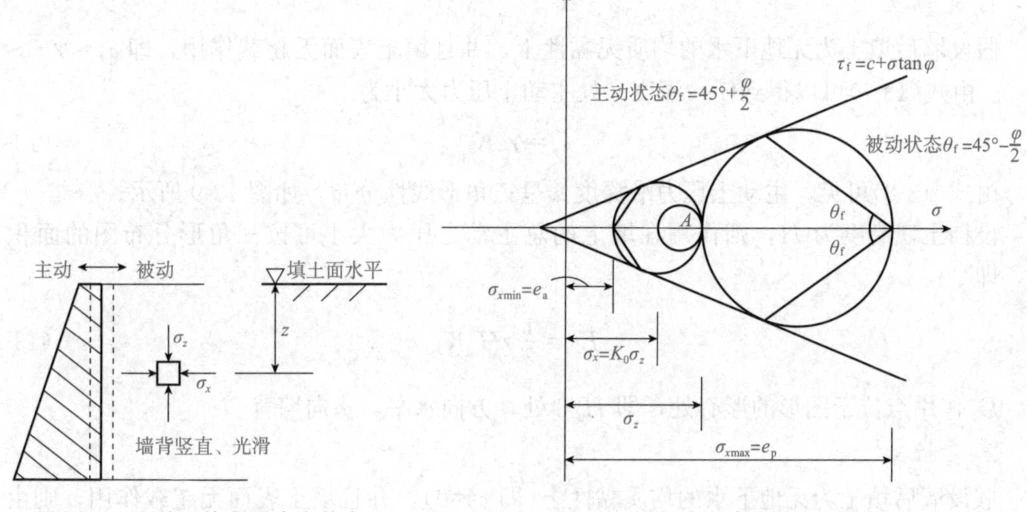

图 13-6　土单元体所受应力状态

图 13-7　主动、被动极限平衡状态

根据抗剪强度理论，土体达到极限平衡状态时，产生的破坏面与大主应力面的夹角为 $\theta_f=45°+\varphi/2$。因此，当土体达到主动极限平衡状态时，大主应力面为水平面，则破坏面与水平面的夹角为 $\theta_f=45°+\varphi/2$；当土体达到被动极限平衡状态时，大主应力面为竖直面，则破坏面与水平面的夹角为 $\theta_f=45°-\varphi/2$，如图 13-8 所示。

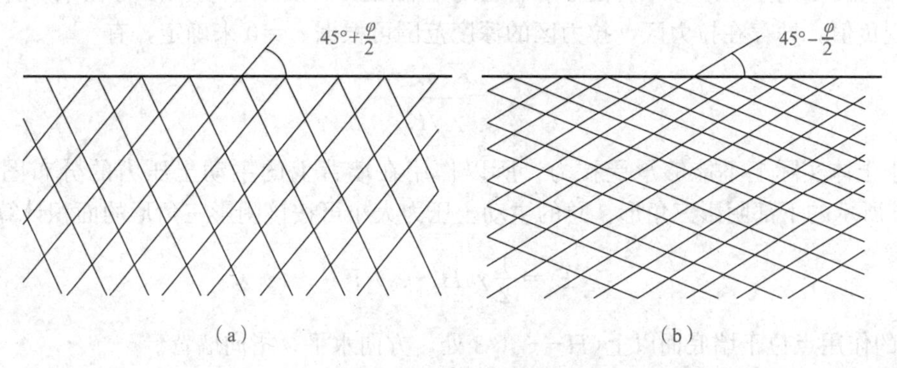

图 13-8　极限平衡状态破坏面

(a)主动破坏面；(b)被动破坏面

■ 二、朗肯主动土压力计算

当墙后填土处于主动破坏状态时，某一深度 z 处的土单元体所受竖向应力是大主应力，水平向应力为小主应力，即

$$\sigma_1=\sigma_z,\ \sigma_3=\sigma_x=e_a \tag{13-6}$$

当土单元体处于极限平衡状态时，朗肯主动土压力的计算公式为

$$e_a=\sigma_{3f}=\sigma_{1f}\tan^2\left(45°-\frac{\varphi}{2}\right)-2c\cdot\tan\left(45°-\frac{\varphi}{2}\right)=\sigma_z K_a-2c\sqrt{K_a} \tag{13-7}$$

式中，$K_a=\tan^2(45°-\varphi/2)$，称为朗肯土压力理论的主动土压力系数。

式(13-7)为用朗肯土压力理论计算主动土压力的基本公式，下面介绍其具体应用。

1. 无黏性土

假设墙后填土为无地下水的均质无黏性土，并且填土表面无超载作用，即 $\sigma_z=\gamma\cdot z$ 且 $c=0$。由式(13-7)可以得到任一深度 z 处主动土压力大小为

$$e_a=\gamma z K_a \tag{13-8}$$

由式(13-8)可见，主动土压力沿深度 z 呈三角形线性分布，如图 13-9 所示。

设挡土墙高度为 H，则作用在墙上的总主动土压力大小可按三角形分布图的面积计算，即

$$E_a=\frac{1}{2}\gamma H^2 K_a \tag{13-9}$$

E_a 作用点位于图形的形心处，即 $H/3$ 处，方向水平，指向墙背。

2. 黏性土

假设墙后填土为无地下水的均质黏性土(即 $c\neq0$)，并且填土表面无超载作用，则由式(13-7)可以得到任一深度 z 处主动土压力大小为

$$e_a=\gamma z K_a-2c\sqrt{K_a} \tag{13-10}$$

可见，黏性土主动土压力沿深度 z 也呈线性变化，与无黏性土不同的是，它由两部分组成：一是由土的自重引起的压力，沿墙高呈三角形分布；二是由黏聚力引起的拉力，与深度无关，沿墙高呈矩形分布。由于黏性土存在黏聚力，所以主动土压力在某一深度范围内会出现负值，即存在拉力区，拉力区的深度范围可根据 $e_a=0$ 来确定，有

$$z_0=\frac{2c}{\gamma\sqrt{K_a}} \tag{13-11}$$

由于土体实际上不能够承受拉力，所以作用在墙背上的主动土压力的分布图形应为图 13-10 所示的下部阴影三角形。总的主动土压力大小可按该阴影三角形的面积计算，即

$$E_a=\frac{1}{2}\gamma(H-z_0)^2 K_a \tag{13-12}$$

E_a 的作用点位于墙底面以上 $(H-z_0)/3$ 处，方向水平，指向墙背。

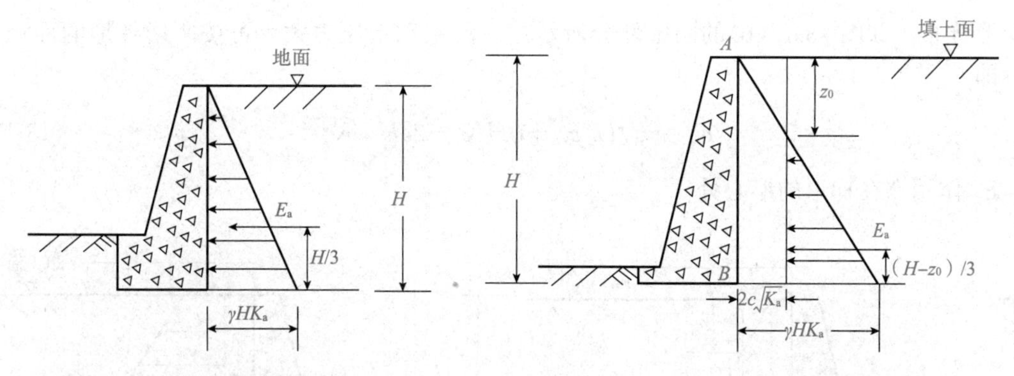

图 13-9　无黏性土主动土压力分布　　　　图 13-10　黏性土的主动土压力分布

3. 有均布荷载作用

(1)如果填土为无黏性土且表面有均布荷载 q，如图 13-11 所示，则深度 z 处土单元体所受竖向应力为 $\sigma_z=\gamma z+q$，将其代入式(13-7)，可得作用在地面下深度 z 处墙背上的主动土压力为

$$e_a=(\gamma z+q)K_a=\gamma zK_a+qK_a \quad (13\text{-}13)$$

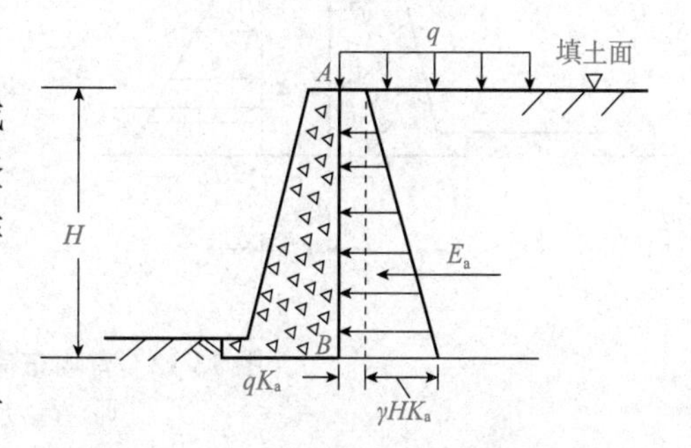

图 13-11　无黏性土受均布荷载作用

可见，此时的主动土压力由两部分组成：一是由土的自重引起的，与深度成正比，沿墙高呈三角形分布；二是由均布荷载引起的，与深度无关，沿墙高呈矩形分布。作用在墙背上的总的主动土压力大小可按梯形分布图的面积计算，即

$$E_a=\frac{1}{2}\gamma H^2K_a+qHK_a \quad (13\text{-}14)$$

E_a 的作用点在梯形分布图形心高度处，方向水平指向墙背。

(2)如果填土为黏性土且表面有均布荷载 q，深度 z 处土单元体所受竖向应力为 $\sigma_z=\gamma z+q$，则主动土压力为

$$e_a=\sigma_zK_a-2c\sqrt{K_a}=\gamma zK_a+qK_a-2c\sqrt{K_a} \quad (13\text{-}15)$$

可见，此时的主动土压力由三部分组成：一是由土的自重引起的，与深度成正比，沿墙高呈三角形分布；二是由均布荷载引起的压力，与深度无关，沿墙高呈矩形分布；三是由黏聚力引起的拉力，与深度无关，沿墙高呈矩形分布。

对于墙后黏性土上作用有均布荷载时墙背上的主动土压力，有可能出现拉力区，也可能不出现拉力区。由式(13-13)，令 $e_a=0$，可以得到填土受拉区的最大深度为

$$z_0=\frac{2c}{\gamma\sqrt{K_a}}-\frac{q}{\gamma} \quad (13\text{-}16)$$

如果 z_0 大于零，则填土中存在拉力区，主动土压力为三角形分布，如图 13-12(a)下部阴影的三角形所示。总的主动土压力大小计算公式仍为式(13-12)，作用点位于墙底在以上 $(H-z_0)/3$ 处。

如果 z_0 小于零，则均布荷载引起的土压力使填土中不出现拉力区，主动土压力的分布

为梯形分布，如图 13-12(b)的阴影部分所示。总的主动土压力大小可按阴影梯形的面积计算，即

$$E_a = \frac{1}{2}\gamma H^2 K_a + qHK_a - 2cH\sqrt{K_a} \tag{13-17}$$

E_a 作用点在梯形的形心处。

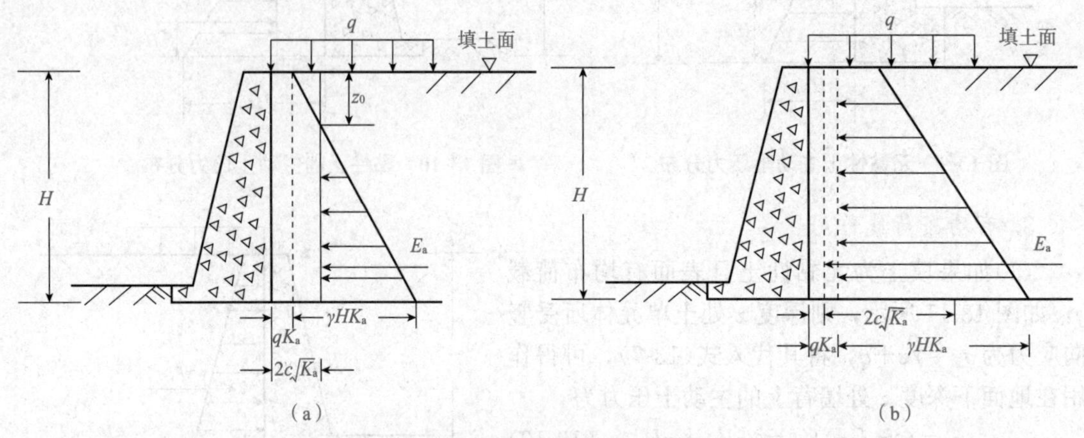

图 13-12　有均布荷载时黏性土的主动土压力

(a)有拉力区；(b)无拉力区

4. 成层土

如果墙后填土是由不同土层组成的，应考虑每层填土的不同性质(重度、黏聚力、内摩擦角)对土压力的影响，分别用相应土层参数计算分层界面的上、下侧的土压力。需要注意两点：一是由于各层填土重度不同，填土竖向应力分布在土层交界面上出现转折(这种转折是连续的)；二是由于各层填土黏聚力和内摩擦角不同，计算主动或被动土压力系数时，需采用计算点所在土层的黏聚力和内摩擦角，这可能导致土层交界面处土压力发生突变。需要指出的是，所谓突变是指理论计算结果，土层交界面处实际的土压力在交界面附近较小范围内仍是连续变化的。

确定图 13-13 所示两层无黏性填土的主动土压力时，在交界面 B 点之上的主动土压力为

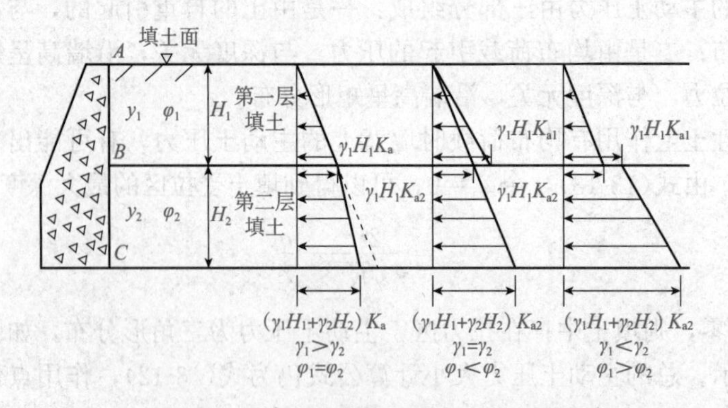

图 13-13　填土为成层土时的主动土压力

$$(e_a)_{B上}=(\sigma_z)_B K_{a1}=\gamma H_1 K_{a1} \tag{13-18}$$

在交界面 B 点之下的主动土压力为

$$(e_a)_{B下}=(\sigma_z)_B K_{a2}=\gamma H_1 K_{a2} \tag{13-19}$$

C 点的主动土压力为

$$(e_a)_C=(\sigma_z)_C K_{a2}=(\gamma_1 H_1+\gamma_2 H_2)K_{a2} \tag{13-20}$$

式中　K_{a1}，K_{a2}——第一层与第二层填土的主动土压力系数。

总的主动土压力的大小由图 13-13 所示的压力分布图的面积求得，即

$$E_a=\frac{1}{2}\gamma_1 H_1^2 K_{a1}+\gamma_1 H_1 H_2 K_{a2}+\frac{1}{2}\gamma_2 H_2^2 K_{a2} \tag{13-21}$$

E_a 作用点位于图形的形心处。

5. 有地下水

当墙后填土中有地下水时，水位面上下可以视作两个土层，水上土层采用湿重度，水位以下采用土水分算，即填土部分采用浮重度，另外单独计算水压力。

以图 13-14 所示的无黏性土主动土压力为例，地下水水位以上(图中 AB 段)的主动土压力计算与无水时相同，即 B 点的主动土压力为

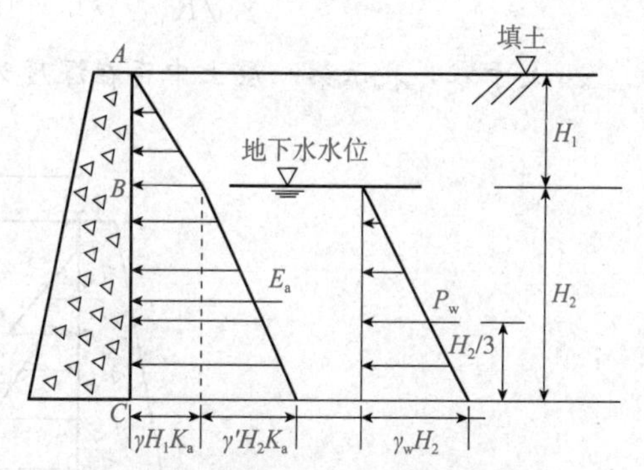

图 13-14　填土中有水时的主动土压力

$$(e_a)_B=(\sigma_z)_B K_a=\gamma H_1 K_a \tag{13-22}$$

式中　H_1——地下水水位以上填土的高度。

对于地下水水位以下(图中 BC 段)部分，在计算土单元体竖向应力 σ_z 时，需将土的重度改为浮重度 γ'。假设水下 K_a 值不变，则 C 点的主动土压力为

$$(e_a)_C=(\sigma_z)_C K_a=\gamma H_1 K_a+\gamma' H_2 K_a \tag{13-23}$$

式中　H_2——地下水水位以下填土的高度。

总的主动土压力的大小由图 13-14 所示的压力分布图的面积求得，即

$$E_a=\frac{1}{2}\gamma H_1^2 K_a+\gamma H_1 H_2 K_a+\frac{1}{2}\gamma' H_2^2 K_a \tag{13-24}$$

E_a 作用点位于图形的形心处，方向水平指向墙背。

作用在墙背面的水压力大小为

$$P_w=\frac{1}{2}\gamma_w H_2^2 \tag{13-25}$$

于是，在进行挡土墙设计时，作用在墙背上的总压力大小为

$$P=E_a+P_w=\frac{1}{2}\gamma H_1^2 K_a+\gamma H_1 H_2 K_a+\frac{1}{2}\gamma' H_2^2 K_a+\frac{1}{2}\gamma_w H_2^2 \tag{13-26}$$

【例 13-2】 图 13-15 所示为一高 8 m 的挡土墙，墙后填土由两层组成，填土表面有 18 kPa 的均布荷载，试计算作用在墙上的总的主动土压力和作用点的位置。

解：第一层填土主动土压力系数为

$$K_{a1}=\tan^2\left(45°-\frac{\varphi_1}{2}\right)=\tan^2\left(45°-\frac{25°}{2}\right)=0.637$$

第二层填土主动土压力系数为

$$K_{a2}=\tan^2\left(45°-\frac{\varphi_2}{2}\right)=\tan^2\left(45°-\frac{20°}{2}\right)=0.700$$

因为 c_1 大于零，所以首先需要判别填土中是否存在拉应力区。由式(13-16)计算得第一层填土中土压力强度为零的深度为

$$z_{01}=\frac{2c_1}{\gamma_1\sqrt{K_{a1}}}-\frac{q}{\gamma_1}=\frac{2\times10}{15\times\sqrt{0.637}}-\frac{18}{15}=0.47(\mathrm{m})$$

z_{01} 大于零，表示第一层土中存在深度为 0.47 m 的拉应力区。

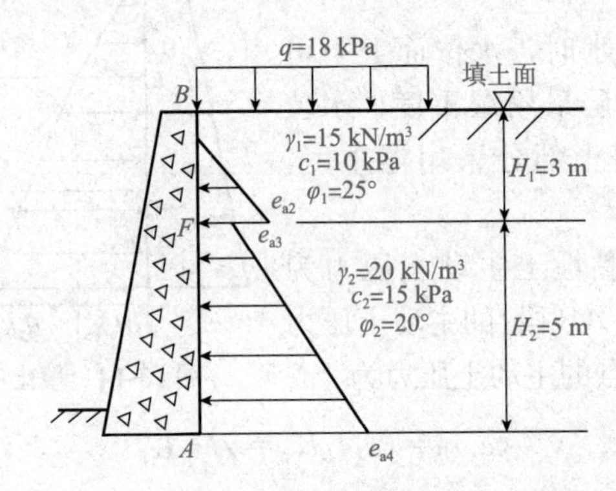

图 13-15　例 13-2 图

在第二层填土中土压力强度为零的深度为

$$z_{02}=\frac{2c_2}{\gamma_2\sqrt{K_{a2}}}-\frac{q+\gamma_1H_1}{\gamma_2}=\frac{2\times15}{20\times\sqrt{0.700}}-\frac{18+15\times3}{20}=-1.36(\mathrm{m})$$

z_{02} 小于零，表示第二层土中没有拉应力区。

土中各点处的主动土压力可按式(13-15)计算，即 B 点的主动土压力为

$$e_{a1}=qK_{a1}-2c_1\sqrt{K_{a1}}=18\times0.637-2\times10\times\sqrt{0.637}=-4.5(\mathrm{kPa})$$

F 点交界面以上的主动土压力为

$$e_{a2}=qK_{a1}+\gamma_1H_1K_{a1}-2c_1\sqrt{K_{a1}}=18\times0.637+15\times3\times0.637-2\times10\times\sqrt{0.637}=24.17(\mathrm{kPa})$$

F 点交界面以下的主动土压力为

$$e_{a3}=qK_{a2}+\gamma_1H_1K_{a2}-2c_2\sqrt{K_{a2}}=18\times0.700+15\times3\times0.700-2\times15\times\sqrt{0.700}=19(\mathrm{kPa})$$

A 点的主动土压力为

$$\begin{aligned}e_{a4}&=qK_{a2}+(\gamma_1H_1+\gamma_2H_2)K_{a2}-2c_2\sqrt{K_{a2}}\\&=18\times0.700+(15\times3+20\times5)\times0.700-2\times15\times\sqrt{0.700}=89(\mathrm{kPa})\end{aligned}$$

第一层总的主动土压力为

$$E_{a1}=\frac{1}{2}\gamma_1(H_1-z_{01})^2K_{a1}=\frac{1}{2}\times15\times(3-0.47)^2\times0.637=30.58(\text{kN/m})$$

第二层总的主动土压力为

$$E_{a2}=\frac{p_{a3}+p_{a4}}{2}\times H_2=\frac{19+89}{2}\times5=270(\text{kN/m})$$

整个墙上总的主动土压力为

$$E_a=E_{a1}+E_{a2}=30.58+270=300.58(\text{kN/m})$$

E_a 的作用点在 A 点以上的距离为

$$y_0=\frac{E_{a1}\times\left(H_2+\dfrac{H_1-z_{01}}{3}\right)+E_{a2}\times\left(\dfrac{2e_{a3}+e_{a4}}{3e_{a3}+3e_{a4}}\times H_2\right)}{E_a}$$

$$=\frac{30.58\times\left(5+\dfrac{3-0.47}{3}\right)+270\times\left(\dfrac{2\times19+89}{3\times19+3\times89}\times5\right)}{300.58}=2.35(\text{m})$$

三、朗肯被动土压力计算

当墙后填土处于被动极限平衡状态时，某一深度 z 处的土单元体所受竖向应力是小主应力，水平向应力为大主应力，即

$$\sigma_3=\sigma_z,\quad \sigma_1=\sigma_x=e_p \tag{13-27}$$

当土单元体处于极限平衡状态时，朗肯被动土压力的计算公式为

$$e_p=\sigma_{1f}=\sigma_{3f}\tan^2\left(45^\circ+\frac{\varphi}{2}\right)+2c\cdot\tan\left(45^\circ+\frac{\varphi}{2}\right)=\sigma_zK_p+2c\sqrt{K_p} \tag{13-28}$$

式中，$K_p=\tan^2(45^\circ+\varphi/2)$，称为朗肯被动土压力系数。

式(13-28)是计算朗肯被动土压力的基本公式。与主动土压力明显的不同之处在于，公式的每项均为正，表明不会存在所谓“拉力区”。

1. 无黏性土

假设墙后填土为干的均质无黏性土，并且填土表面无超载作用，即有 $\sigma_z=\gamma\cdot z$ 且 $c=0$，则由式(13-28)可以得到任一深度 z 处被动土压力大小为

$$e_p=\gamma zK_p \tag{13-29}$$

由式(13-29)可见，被动土压力沿深度 z 呈线性变化，呈三角形分布，如图 13-16 所示。

设挡土墙高度为 H，则作用在墙上的总的被动土压力大小可按分布图形中三角形面积计算，即

$$E_p=\frac{1}{2}\gamma H^2K_p \tag{13-30}$$

E_p 作用点位于图形的形心处，即 $H/3$ 处，方向水平，指向墙背。

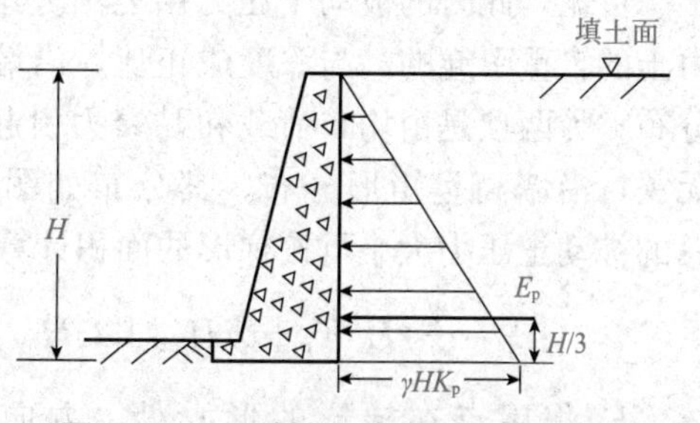

图 13-16　无黏性土被动土压力分布图

2. 黏性土

假设墙后填土为均质黏性土，没有地下水，因为$c \neq 0$，则任一深度z处被动土压力大小为

$$e_{\mathrm{p}} = \gamma z K_{\mathrm{p}} + 2c\sqrt{K_{\mathrm{p}}} \tag{13-31}$$

可见，被动土压力沿深度z呈线性分布，它由两部分组成：一是由土的自重引起的，沿墙高呈三角形分布；二是由黏聚力引起的，与深度无关，沿墙高呈矩形分布。其分布如图 13-17 所示。作用在墙背上的总的被动土压力大小可按梯形分布图的面积计算，即

$$E_{\mathrm{p}} = \frac{1}{2}\gamma H^2 K_{\mathrm{p}} + qHK_{\mathrm{p}} \tag{13-32}$$

E_{p}作用点在梯形的形心处。

3. 有均布荷载作用

(1)如果填土表面有均布荷载q且为无黏性土，如图 13-18 所示，深度z处土单元体所受竖向应力为$\sigma_z = \gamma z + q$，则被动土压力为

$$e_{\mathrm{p}} = (\gamma z + q)K_{\mathrm{p}} = \gamma z K_{\mathrm{p}} + qK_{\mathrm{p}} \tag{13-33}$$

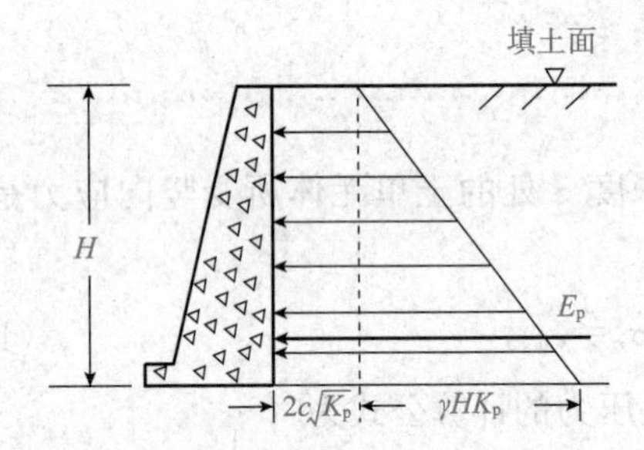

图 13-17　黏性土被动土压力分布图

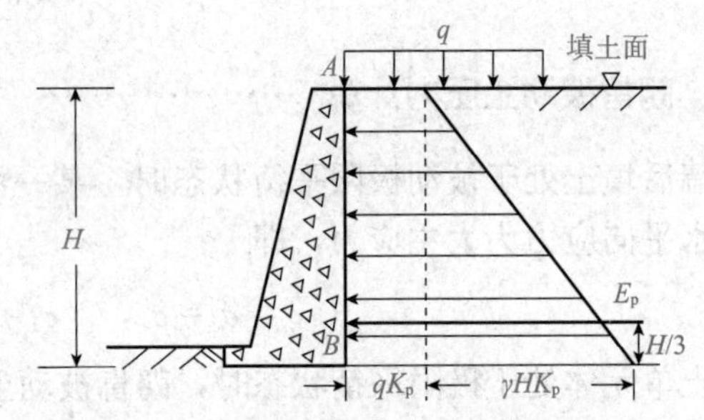

图 13-18　无黏性土有均布荷载作用

可见，此时的被动土压力由两部分组成：一是由均布荷载引起的，与深度无关，沿墙高呈矩形分布；二是由土的自重引起的，与深度成正比，沿墙高呈三角形分布，于是作用在墙背上的总的被动土压力大小可按梯形分布图的面积计算，即

$$E_{\mathrm{p}} = \frac{1}{2}\gamma H^2 K_{\mathrm{p}} + qHK_{\mathrm{p}} \tag{13-34}$$

E_{p}作用在梯形的形心处，方向水平指向墙背。

(2)如果填土表面有均布荷载q且为黏性土，如图 13-19 所示，则被动土压力为

$$e_{\mathrm{p}} = \sigma_z K_{\mathrm{p}} + 2c\sqrt{K_{\mathrm{p}}} = \gamma z K_{\mathrm{p}} + qK_{\mathrm{p}} + 2c\sqrt{K_{\mathrm{p}}} \tag{13-35}$$

可见，此时的被动土压力由三项分组成：一项是由土的自重引起的，与深度成正比，沿墙高呈三角形分布；另两项是由均布荷载和黏聚力引起的，与深度无关，沿墙高呈矩形分布。其分布如图 13-19 所示。总的被动土压力大小可按梯形的面积计算，即

$$E_{\mathrm{p}} = \frac{1}{2}\gamma H^2 K_{\mathrm{p}} + qHK_{\mathrm{p}} + 2cH\sqrt{K_{\mathrm{p}}} \tag{13-36}$$

E_{p}作用点在梯形的形心处，方向水平，指向墙背。

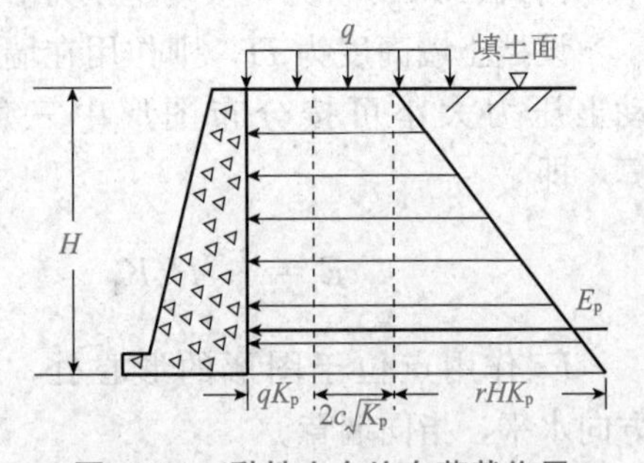

图 13-19　黏性土有均布荷载作用

单元四　库伦土压力理论

知识目标

(1)了解库伦土压力理论的基本假定与计算原理。
(2)掌握库伦主动土压力计算原理的适用条件、方法、注意事项。
(3)掌握库伦被动土压力计算原理的适用条件、方法、注意事项。

能力目标

(1)能够叙述库伦土压力理论的基本假定。
(2)能够运用库伦土压力理论进行一般情况下土压力的计算。

一、基本假定与计算原理

库伦土压力理论的计算原理是应用刚体极限平衡理论，以整个滑动土体上力的平衡条件确定土压力。进行挡土墙模型试验，墙后填土为无黏性土，无地下水(图 13-20)，当墙离开填土向前发生一定位移时，在墙背面 AB 与 AC 面之间将产生一个接近平面的主动滑动面 AD；相反，如果墙向填土挤压，在 AC 面和水平面之间将产生被动滑动面 AE。因此，只要确定了主动或被动破坏面的形状和位置，假定滑动体为刚性体，就可以根据滑动土体的静力平衡条件来确定主动或被动土压力。

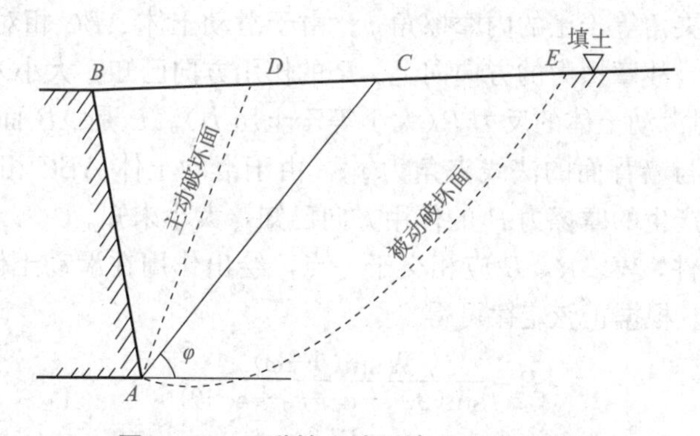

图 13-20　无黏性土墙后填土中的破坏面

因此，库伦理论采用的基本假定如下。

(1)滑动体为刚性体；

(2)滑动面为平面(或预先设定的滑面)。

基于上述思想，库仑建立了无黏性土中主动土压力和被动土压力的计算公式。后来，人们又对此进行了推广，发展到黏性土和有水的情况。

库伦土压力理论的关键是破坏面的形状和位置的确定。为了使问题简化，一般都假定破坏面为平面。这一假定，往往带来计算精度的损失，特别是被动土压力的计算，由于实际发生的被动破坏面接近对数螺线，与平面相差甚远，所以常常引起不可忽视的误差。

二、库伦主动土压力计算

图 13-21 所示为一墙背倾斜的挡土墙，墙背面 AB 与竖直线的夹角为 ε，填土表面 BC 是一平面，与水平面夹角为 α，设墙背与填土之间的摩擦角为 φ_0。如果墙在填土压力作用下离开填土向前移动，当墙后土体达到极限平衡状态时(主动状态)时，土体中产生两个通过墙脚 A 的滑动面 AB 和 AC。若滑动面 AC 与水平面间夹角为 θ，取单位长度挡土墙，把滑动土体 ABC 作为脱离体，考虑其静力平衡条件，作用在滑动土体 ABC 上的作用力如下。

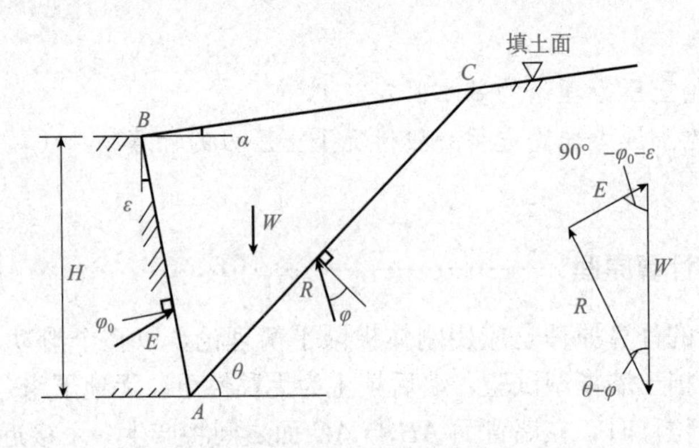

图 13-21 无黏性土的主动土压力

(1)滑动土体 ABC 的自重 W。若 θ 已知，则 W 的大小、方向及作用点位置均已知。

(2)土体作用在破坏面 AC 上的反力 R。R 是 AC 面上摩擦力和法向反力的合力，R 的方向与破坏面法线的夹角等于土的内摩擦角 φ。由于滑动土体 ABC 相对于滑动面 AC 右边的土体是向下移动的，故摩擦力的方向向上。R 的作用方向已知，大小未知。

(3)墙背面 AB 对滑动土体的反力 P(大小等于土压力)。P 是 AB 面上摩擦力和法向反力的合力，P 的方向与墙背面的法线夹角为 φ_0，由于滑动土体 ABC 相对于墙背是向下滑动，故墙背在 AB 面产生的摩擦力 P 的作用方向已知，大小未知。

根据静力平衡条件，W，R，P 应相交于一点，绘出作用在滑动土体 ABC 的力矢三角形，如图 13-21 所示。根据正弦定律可得

$$P=\frac{W\sin(\theta-\varphi)}{\sin(90^\circ+\varphi+\varphi_0+\varepsilon-\theta)} \tag{13-37}$$

由图 13-21 可知：

$$\begin{aligned} W &=\gamma\cdot S_{ABC}=\gamma\cdot\frac{1}{2}\cdot AB^2\cdot\frac{\sin(90^\circ+\alpha-\varepsilon)\cdot\sin(90^\circ+\varepsilon-\theta)}{\sin(\theta-\alpha)} \\ &=\frac{1}{2}\gamma H^2\cdot\frac{\sin(90^\circ+\alpha-\varepsilon)\cdot\sin(90^\circ+\varepsilon-\theta)}{\cos^2\varepsilon\cdot\sin(\theta-\alpha)} \end{aligned} \tag{13-38}$$

将 W 代入式(13-37)可得

$$P=\frac{1}{2}\gamma H^2\cdot\frac{\cos(\varepsilon-\alpha)\cdot\cos(\varepsilon-\theta)\sin(\theta-\varphi)}{\cos^2\varepsilon\cdot\sin(\theta-\alpha)\cos(\theta-\varphi-\varphi_0-\varepsilon)} \tag{13-39}$$

由式(13-39)可知，当墙的倾角 ε，填土表面的倾角 α 以及填土的性质 γ，φ，φ_0 和墙体的高度 H 均已知时，土压力 P 的大小仅取决于破坏面的倾角 θ。由于图中破坏面的倾角 θ 是假设的，所以 AC 面不一定是真正破坏面，只有找出真正的破坏面，才能确定主动土压力。由式(13-39)可以看出 P 随破坏面倾角的情况变化，当 $\theta=\varphi$ 时，有 $P=0$；当 $\theta=90°-\varepsilon$ 时，仍有 $P=0$，所以当 θ 在 φ 和 $90°-\varepsilon$ 之间变化时，说明 P 将有一个极大值。这个极大值 P_{max} 即所求的主动土压力 E_a。事实上也可以把 P 看作滑动块体在自重作用下克服滑动面 AC 上的摩擦力后而施加于墙背上的力，当 P 值越大，块体向下滑动的可能性也越大，因此，产生最大 P 值的滑动面就是实际发生的真正滑动面。由于主动土压力是假定一系列破坏面计算出的土压力中的最大值，所以，将式(13-39)对 θ 求导数并令其等于零

$$\frac{dP}{d\theta}=0$$

解得 θ_{cr}，代入式(13-39)，就可得到作用在墙背上的总库伦主动土压力计算公式

$$E_a=\frac{1}{2}\gamma H^2 K_a \tag{13-40}$$

$$K_a=\frac{\cos^2(\varphi-\varepsilon)}{\cos^2\varepsilon\cos(\varepsilon+\varphi_0)\left[1+\sqrt{\frac{\sin(\varphi+\varphi_0)\sin(\varphi-\alpha)}{\cos(\varepsilon+\varphi_0)\cos(\varepsilon-\alpha)}}\right]^2} \tag{13-41}$$

式中 γ，φ——墙后填土的重度和内摩擦角；

H——挡土墙的高度；

ε——墙背与竖直线间夹角，墙背仰斜时为正(图 13-21)，墙背俯斜时为负；

α——填土表面与水平面间的倾角，在水平面以上为正(图 13-21)，在水平面以下为负；

φ_0——墙背与填土间的摩擦角，取决于墙背面粗糙程度、填土性质、墙背面倾斜形状等，可参考下列数据选用：砌体砌筑的阶梯形墙背 $\varphi_0=(2/3\sim1)\varphi$，仰斜的混凝土墙或砌体墙背 $\varphi_0=(1/2\sim2/3)\varphi$，竖直的混凝土或砌体墙背 $\varphi_0=(1/3\sim1/2)\varphi$，俯斜的混凝土或砌体墙背 $\varphi_0=1/3\varphi$，墙背光滑而排水不良 $\varphi_0=(0\sim1/3)\varphi$。

式(13-41)中的 K_a 称为库伦理论的主动土压力系数，与 ε，α，φ，φ_0 有关，具体数值可参见相关设计手册。式(13-40)被列入了《建筑地基基础设计规范》(GB 50007—2011)，由该式可以看出，主动土压力 E_a 的大小与墙高 H 的平方成正比，因此可以推定主动土压力沿墙高按直线规律分布，沿墙高的压强为 $\gamma_z K_a$，如图 13-22(b)所示，沿墙背面的压强则为 $\gamma_z K_a\cos\varepsilon$，如图 13-22(a)所示。总的主动土压力的大小等于压力分布图的面积，其方向向下且与墙背面法线成 φ_0 角，其作用点在墙高的

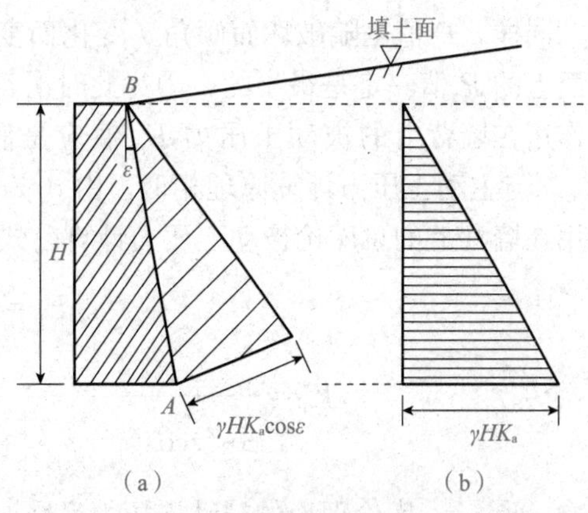

图 13-22 无黏性土的主动土压力

(a)沿墙背分布；(b)沿墙高分布

1/3 处。

库伦土压力理论是根据滑动土体上力的平衡条件确定土压力，与朗肯土压力理论相比，其优点是可以考虑填土面为倾斜，墙背为粗糙、倾斜等情况。如果假设填土面水平，墙背竖直、光滑，即 $\varepsilon=0$，$\alpha=0$，$\varphi_0=0$，则由式(13-41)可得 $K_a=\tan^2(45°-\varphi/2)$。与无黏性土朗肯土压力公式[式(13-8)]相比，两者完全相同。由此可见，某种特定条件下，朗肯土压力理论是库伦土压力理论的一个特例。

三、库伦被动土压力计算

当挡土墙在外力作用下向着填土方向挤压而使填土达到被动破坏状态时，墙后填土中将出现另一种破坏面，即图 13-23 所示的通过墙脚的两个平面 AB 和 AC。因此根据滑动平面的位移趋势和土体 ABC 上的静力平衡条件，其力矢三角形如图 13-23 所示，由正弦定律可得

$$P=\frac{W\sin(\theta+\varphi)}{\sin(90°+\varepsilon-\varphi_0-\varphi-\theta)} \tag{13-42}$$

式中各项符号意义同式(13-37)。

将 W 代入式(13-42)可得

$$P=\frac{1}{2}\gamma H^2\cdot\frac{\cos(\varepsilon-\alpha)\cdot\cos(\varepsilon-\theta)\sin(\theta+\varphi)}{\cos^2\varepsilon\cdot\sin(\theta-\alpha)\cos(\theta+\varphi+\varphi_0-\varepsilon)} \tag{13-43}$$

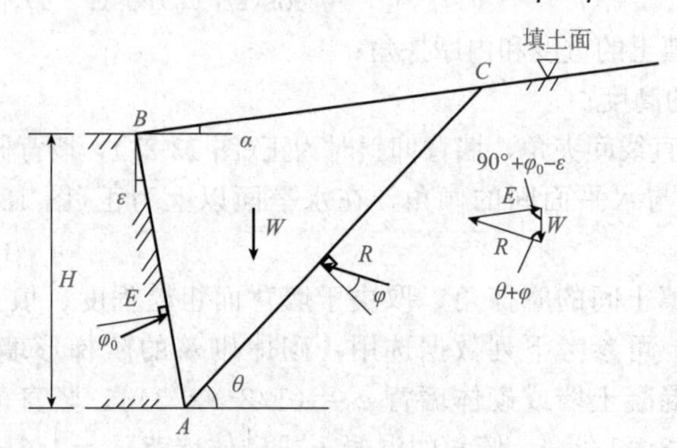

图 13-23　无黏性土的被动土压力

同样，P 值是随破坏面倾角 θ 变化而变化的。当挡土墙向填土方向挤压时，最危险滑动面上的 P 值一定是最小的，因为此时滑动土体所受的阻力最小，最容易被向上推出，所以作用在墙背上的被动土压力 E_p 值应是假定一系列破坏面计算出的土压力中的极小值 $P_{\min}$。与主动土压力计算原理相似，由 $\mathrm{d}p/\mathrm{d}\theta=0$，解出 θ_{cr}，再代回式(13-49)中，就可得到作用在墙背上的总库伦被动土压力计算公式：

$$E_p=\frac{1}{2}\gamma H^2 K_p \tag{13-44}$$

$$K_p=\frac{\cos^2(\varphi+\varepsilon)}{\cos^2\varepsilon\cos(\varepsilon-\varphi_0)\left[1-\sqrt{\frac{\sin(\varphi+\varphi_0)\sin(\varphi+\alpha)}{\cos(\varepsilon-\varphi_0)\cos(\varepsilon-\alpha)}}\right]^2} \tag{13-45}$$

式中　K_p——库伦理论的被动土压力系数，取决于 ε，α，φ，φ_0，具体数值可参见有关设计手册。

其余符号意义同前。

由式(13-44)可知，被动土压力 E_p 的大小仍与墙高 H 的平方成正比，因此可推定被动土压力沿墙高也按直线规律分布。总的被动土压力的方向向上且与墙背面法线成 φ_0 角，其作用点在墙高的1/3处。

【例 13-3】 图 13-24 所示为挡土墙，无黏性填土的内摩擦角 φ 为 20°，重度 γ 为 15 kN/m³，墙背与填土的摩擦角 φ_0 等于 $3\varphi/4$。试求作用在墙上的总的主动土压力的大小、方向及作用点的位置。

解： 由式(13-41)计算得库伦主动土压力系数为 1.1。按式(13-45)计算作用在墙背上的总的主动土压力为

$$E_a=\frac{\cos\varepsilon}{\cos(\varepsilon-\alpha)}qHK_a+\frac{1}{2}\gamma H^2K_a$$

$$=\frac{\cos10°}{\cos(10°-20°)}\times30\times6\times1.1+\frac{1}{2}\times15\times6^2\times1.1$$

$$=495(\text{kN/m})$$

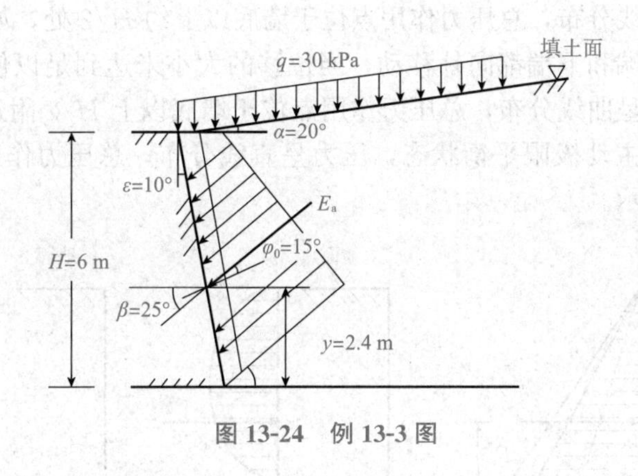

图 13-24　例 13-3 图

E_a 的作用点位置距墙底面的距离为

$$y_0=\frac{225\times3+337.5\times6/3}{562.5}=2.4(\text{m})$$

E_a 的作用方向与墙背面法线的夹角 φ_0 为 20°，即与水平面夹角 β 为

$$\beta=\varepsilon+\varphi_0=10°+15°=25°$$

单元五　土压力问题讨论与挡土墙的地基稳定性验算

知识目标

(1)理解墙体位移对挡土墙压力分布的影响。

(2)掌握朗肯土压力理论与库伦土压力理论两者之间的适用条件与区别。

(3)掌握挡土墙地基稳定性的验算方法。

能力目标

(1)能够根据教师提供的对比资料总结两个土压力理论的差异。

(2)能够正确判断挡土墙的破坏形式，并且能够正确列出各种稳定性的公式，根据规范准确判断挡土墙可能发生的破坏种类。

■ 一、墙体位移对土压力分布的影响

研究表明，挡土墙的位移和变形不仅影响土压力的实际大小，还影响土压力的分布特征。

如果挡土墙的下端不动，上端向外移动，无论位移多少，作用在墙背上的压力都按直线分布，总压力作用点位于墙底以上 $H/3$ 处，如图 13-25(a)所示。当墙上端的位移达到一定数值后，墙后填土内会达到主动极限平衡状态，此时作用在墙上的土压力才是主动土压力。

如果挡土墙的上端不动，下端向外移动，无论位移多大，都不能使填土达到主动极限平衡状态，压力为曲线分布，总压力作用点位于墙底以上约 $H/2$ 处，如图 13-25(b)所示。

如果挡土墙的上端和下端都向外移动，当位移的大小未达到足以使填土达到主动极限平衡状态时，压力也呈曲线分布，总压力作用点位于墙底以上 $H/2$ 附近；当位移超过某一数值后填土才会达到主动极限平衡状态，压力呈直线分布，总压力作用点降至墙高的 1/3 处，如图 13-25(c)所示。

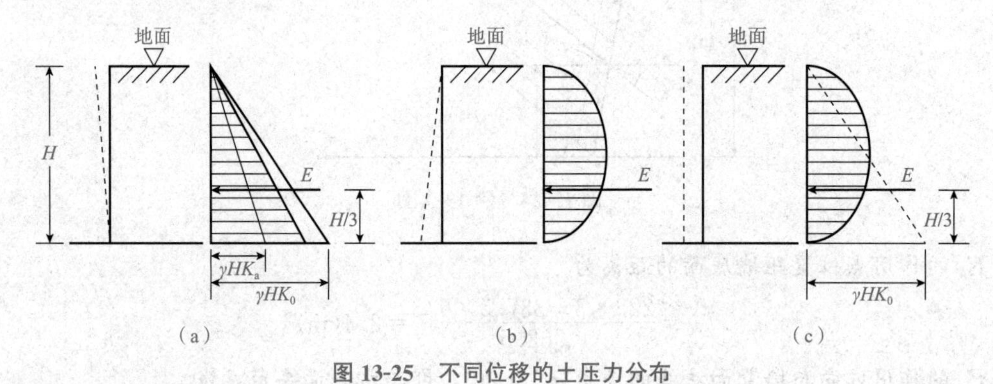

图 13-25　不同位移的土压力分布

■ 二、朗肯土压力理论与库伦土压力理论的区别

朗肯土压力理论与库伦土压力理论都是在作出一些假设后得到的，应注意两者理论上的区别。

(1)朗肯土压力理论根据弹性半空间的应力状态和极限平衡理论分析确定土压力，概念明确，对黏性土和无黏性土都能计算，而且方便，但其假设墙背竖直、光滑，墙后填土面水平，因此使用范围受到限制。库伦土压力理论根据墙背和滑裂面之间的土楔处于极限平衡状态，用静力平衡条件，推导出土压力的计算公式，考虑了墙背与填土之间的摩擦作用，并可用于墙背倾斜、填土面倾斜的情况。

(2)库伦土压力理论考虑了挡土墙与土之间的摩擦作用，能够符合大多数工程条件，因此，主动土压力会随土的性质变化而改变方向，而朗肯土压力理论则无此优点。

(3)在库伦土压力理论中，推求无黏性土的土压力公式的思路可以应用于黏性土的土压力公式的推求，但公式较为复杂。

(4)如果墙背与填土之间摩擦角趋于零，挡墙面垂直，则库伦土压力理论的计算结果与朗肯土压力理论的计算结果一致。

在工程应用中，必须对朗肯土压力理论与库伦土压力理论的误差情况做到心中有数。

朗肯土压力理论假定墙背面竖直、光滑，填土面为水平，而实际墙背是不光滑的，所以采用朗肯土压力理论计算出的土压力值与实际情况相比，通常偏于保守，即主动土压力偏大，被动土压力偏小。

库伦土压力理论虽然考虑了墙背与土体的摩擦作用，从假定上看对墙背要求不如朗肯土压力理论严格，似乎适用性要广一些，但当墙背与填土间的摩擦角较大时，在土体中产生的滑动面往往不是一个平面而是一个曲面，不完全符合滑动面为平面的假定，因此必然产生较大的误差。

■ 三、挡土墙的地基稳定性验算

挡土墙设计包括类型的选择、断面尺寸的确定，以及稳定性验算。挡土墙的稳定性验算是挡土墙设计中的一项重要部分。

(一)挡土墙类型的选择

挡土墙的结构形式有多种，较常用的是重力式、悬臂式和扶壁式三种，如图 13-26 所示。

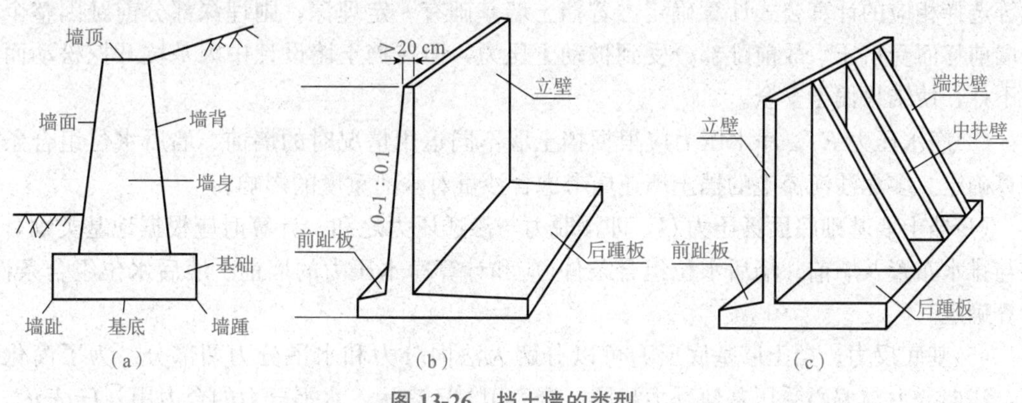

图 13-26 挡土墙的类型

(a)重力式；(b)悬臂式；(c)扶壁式

1. 重力式挡土墙

图 13-26(a)所示为重力式挡土墙，它是工程中广泛应用的一种类型。它一般由砖、石或混凝土材料建造，墙身截面较大，墙体的抗拉强度较小，主要依靠墙身的自重来保持稳定。

2. 悬臂式挡土墙

图 13-26(b)所示为悬臂式挡土墙，常用钢筋混凝土材料浇筑而成。挡土墙的界面尺寸较小，质量比较小，主要依靠墙踵地板上的土重来维持。墙身内需配筋来承担墙身所受的拉力。这类挡土墙的优点是能充分利用钢筋混凝土的受力特性，承受较大的拉应力，在市政、码头和储料仓库中应用较多。

3. 扶壁式挡土墙

当挡土墙较高时($H>10$ m)，挡土墙的力臂受到的弯矩和产生的扰度都较大，为增加悬臂的抗弯能力，沿墙长纵向每隔一定的距离设置一道扶壁，如图 13-26(c)所示，故称为扶壁式挡土墙，墙的稳定性主要依靠扶壁和扶壁间的土重来维持。这种挡土墙造价高，施工困难，故一般只在重要的或大型土建工程中采用。

(二)挡土墙断面尺寸的确定

挡土墙断面尺寸常采用试算法确定。首先根据挡土墙所处的条件(工程地质条件、填土性质、墙体材料和施工条件等)，凭经验初步拟定断面尺寸，然后进行挡土墙稳定性和强度的验算，以判断是否满足有关规范的要求。如果达不到要求，或超过要求甚远，则须强调断面尺寸或采取其他措施重新进行验算，直到安全可靠、经济合理。

(三)挡土墙的稳定性验算

以重力式挡土墙为例，进行抗滑稳定性和抗倾覆稳定性验算。

1. 确定挡土墙上的受力

(1)墙身自重 W。挡土墙结构及其上部填料的自重应按其几何尺寸及材料重度计算确定。永久性设备应采用铭牌质量。

(2)土压力 E。土压力是挡土墙的主要荷载。作用在挡土墙上的土压力应根据挡土墙的类型和位移情况、墙后填土性质、挡土高度、填土内的地下水水位、填土顶面坡角及超荷载等选择相应的计算公式计算确定。若挡土墙基础有一定埋深，则埋深部分前趾因整个挡土墙前移而受挤压，故前趾部分受到被动土压力，但在挡土墙设计中因基坑开挖松动而忽略不计，使结果偏于安全。

(3)净水压力 E_w。净水压力应根据挡土墙不同运用情况时的墙前、墙后水位组合条件计算确定。多泥沙河流上的挡土墙还应考虑含沙量对水的重度的影响。

(4)挡土墙基础底面扬压力 U，即浮脱力与渗透压力之和。计算时应根据地基类别，防渗与排水布置及墙前、墙后水位组合条件(应和计算净水压力的墙前、墙后水位组合条件)计算确定。

(5)基底反力。挡土墙基底反力可以分解为法向分力和水平分力两部分。为了简化计算，法向分力与偏心受压基地反力相同，合力用$\sum V$表示，水平分力的合力用$\sum H$表示。

(6)淤沙压力。淤沙压力应根据墙前可能淤积的厚度及泥沙重度等参照《水工建筑物荷载设计规范》(SL 744—2016)的规定进行计算。

(7)风浪压力。由于其作用方向对挡土墙的稳定一般也是有利的，所以也可以不进行计算。对于遇到需要计算挡土墙上所承受的风压力及浪压力时，可参照《水工建筑物荷载设计规范》(SL 744—2016)及《水闸设计规范》(SL 265—2016)等标准的有关规定进行计算。

另外，作用在挡土墙上的冰压力、土冻胀力、地震荷载等可按照《水工建筑物荷载设计规范》(SL 744—2016)、《水闸设计规范》(SL 265—2016)、《水工建筑物抗震设计标准》(GB 51247—2018)等标准的规定进行计算。

2. 抗滑稳定性验算

(1)土质地基上挡土墙沿基底面的抗滑稳定安全系数为

$$K_c=\frac{\tan\varphi_0\cdot\sum G+c_0A}{\sum H} \tag{13-46}$$

式中 K_c——抗滑稳定安全系数，见表 13-1；

G——作用在挡土墙上的全部垂直于水平面的荷载(kN)；

$\sum H$——作用在墙上的全部平行于基底面的荷载(kN)；

A——挡土墙基底面的面积(m^2)；

φ_0——挡土墙基底面与土质地基之间的摩擦角(°)，可按表 13-2 确定；

c_0——挡土墙基底面与土质地基之间的粘结力(kPa)，可按表 13-2 确定。

表 13-1　挡土墙抗滑稳定安全系数

荷载组合		土质地基				岩石地基
		挡土墙级别				
		1	2	3	4	
基本组合		1.35	1.3	1.25	1.20	3.00
特殊组合	Ⅰ	1.20	1.15	1.10	1.05	2.50
	Ⅱ	1.10	1.05	1.05	1.10	2.30

注：特殊组合Ⅰ适用于施工情况及校核洪水位情况，特殊组合Ⅱ适用于地震情况。

表 13-2　c_0，φ_0 值

土质地基类别	φ_0/(°)	c_0/kPa
黏性土	0.9φ	$(0.2\sim0.3)c$
砂性土	$(0.85\sim0.9)$	0

注：φ，c 为室内饱和固结快剪试验测得的内摩擦角(°)、黏结力(kPa)。

(2)岩石地基上挡土墙沿基地面的抗滑稳定安全系数为

$$K_c=\frac{f'\sum G+c'A}{\sum H} \tag{13-47}$$

式中 f'——挡土墙底面与岩石地基之间的抗剪断摩擦系数，可按表 13-3 确定；

c'——挡土墙底面与岩石地基之间的抗剪断黏结力(MPa)，可按表 13-3 确定；

其他符号意义同前。

表 13-3　f'，c'值

岩石地基类别		f'	c'/MPa
硬质岩石	坚硬	1.5～1.3	1.5～1.3
	较坚硬	1.3～1.1	1.3～1.1
软质岩石	较软	1.1～0.9	1.1～0.7
	软	0.9～0.7	0.7～0.3
	极软	0.7～0.4	0.3～0.05

3. 抗倾覆稳定性验算

挡土墙的抗倾覆稳定安全系数为

$$K_0 = \frac{M_{抗倾覆}}{M_{倾覆}} \tag{13-48}$$

式中 K_0——挡土墙抗倾覆稳定安全系数，见表 13-4；

$M_{抗倾覆}$——对挡土墙前趾的抗倾覆力矩(kN・m)；

$M_{倾覆}$——对挡土墙前趾的倾覆力矩(kN・m)。

表 13-4 挡土墙抗倾覆稳定安全系数的允许值

荷载组合	土质地基				岩石地基			
	挡土墙级别				挡土墙级别			
	1	2	3	4	1	2	3	4
基本组合	1.6	1.5	1.5	1.4	1.5	1.5	1.5	1.4
特殊组合	1.5	1.4	1.4	1.3	1.3			

【例 13-4】 某二级挡土墙高为 5 m，断面如图 13-27 所示，砌体重度 $\gamma=25\ \text{kN/m}^3$，墙背垂直光滑，墙后填土面水平，填土内摩擦角 $\varphi=30°$，黏结力 $c=0$，填土重度 $\gamma=25\ \text{kN/m}^3$，基底摩擦系数 $\mu=0.43$。试验算该挡土墙的稳定性。

解：(1)计算墙背上总的土压力。

计算主动土压力系数。已知 $\varphi=30°$，得 $K_a=\tan^2\left(45°-\frac{30°}{2}\right)=0.333$。

计算 A、B 两点的主动土压力强度。

A 点：$p_a=0$；

B 点：$p_a=\gamma HK_a=18\times5\times0.333=29.97(\text{kPa})$。

计算总主动土压力为

$$E'_a=\frac{1}{2}\times29.97\times5=74.93(\text{kN/m})$$

E'_a作用点距墙底 $y=\frac{H}{3}=1.67(\text{m})$

取 1 m 墙长上的总土压力 $E_a=74.93\times1=74.93(\text{kN})$

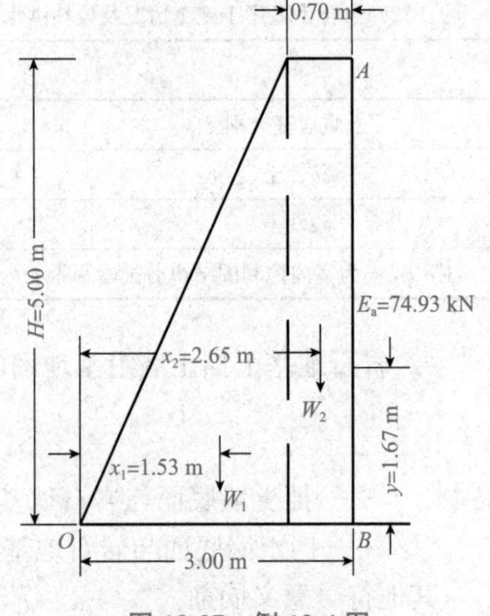

图 13-27 例 13-4 图

(2)计算挡土墙自重，取 1 m 墙长。

$$W_1=\frac{1}{2}\times(3-0.7)\times5\times1\times25=143.75(\text{kN})$$

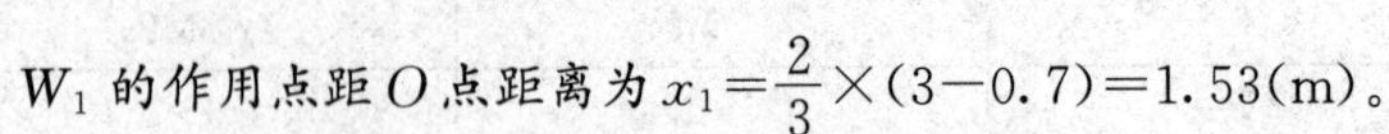
W_1 的作用点距 O 点距离为 $x_1=\frac{2}{3}\times(3-0.7)=1.53(\text{m})$。

$$W_2=0.7\times5\times1\times25=87.5(\text{kN})$$

W_2 的作用点距 O 点距离为 $x_2=3-0.35=2.65(\text{m})$。

(3)抗滑稳定性验算。抗滑稳定安全系数为

$$K_c=\frac{\mu(W_1+W_2)}{E_a}=\frac{0.43\times(143.75+87.5)}{74.93}=1.33>1.3$$

设计满足要求。

(4)抗倾覆稳定性验算。

对挡土墙前趾O点的倾覆力矩为

$$M_{倾覆}=E_a y=74.93\times1.67=125.13(\text{kN}\cdot\text{m})$$

对挡土墙前趾O点的抗倾覆力矩为

$$M_{抗倾覆}=W_1x_1+W_2x_2=143.75\times1.53+87.5\times2.65=451.8(\text{kN}\cdot\text{m})$$

抗倾覆稳定安全系数为

$$K_0=\frac{M_{抗倾覆}}{M_{倾覆}}=\frac{451.8}{125.13}=3.6>1.5$$

设计满足要求。

思考与练习

一、单项选择题

1. 如果土推墙而使挡土墙发生一定的位移，进而使土体达到极限平衡状态，这时作用在墙背上的土压力为(　　)。

A. 静止土压力　　B. 被动土压力　　C. 主动土压力

2. 按朗肯土压力理论计算挡土墙背面上的被动土压力时，墙背为(　　)。

A. 大主应力作用面　　B. 小主应力作用面　　C. 滑动面

3. 挡土墙背面的粗糙程度对朗肯土压力计算结果的影响为(　　)。

A. 使土压力变大　　B. 使土压力变小　　C. 对土压力无影响

4. 若挡土墙的墙背竖直且光滑，墙后填土面水平，黏结力$c=0$，按库仑土压力理论，正确确定被动状态的滑动土楔范围的是(　　)。

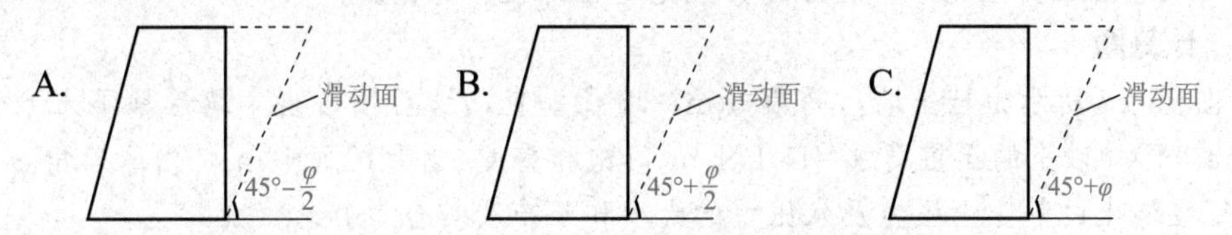

5. 符合朗肯条件，挡土墙后填土发生主动破坏时，滑动面(　　)。

A. 与水平面夹角为45°+j　　B. 与水平面夹角为45°−j

C. 与水平面夹角为45°

6. 在挡土墙设计时，是否允许墙体有位移？(　　)

A. 不允许　　B. 允许　　C. 允许有较大位移

7. 地下室外墙面上的土压力应按(　　)进行计算。

A. 静止土压力　　B. 主动土压力　　C. 被动土压力

8. 挡土墙墙后填土的内摩擦角为j，它对主动土压力的大小影响是(　　)。

A. j越大，主动土压力越大　　B. j越大，主动土压力越小

C. j的大小对土压力无影响

9. 挡土墙后的填土应该密实些好，还是疏松些好？其原因是什么？(　　)

A. 填土应该疏松些好，因为松土的重度小，土压力就小

B. 填土应该密实些好，因为土的j大，土压力就小

C. 填土的密实度与土压力大小无关

10. 当挡土墙受到主动土压力作用时，墙背和填土滑动面上摩擦力方向正确的是(　　)。

A. 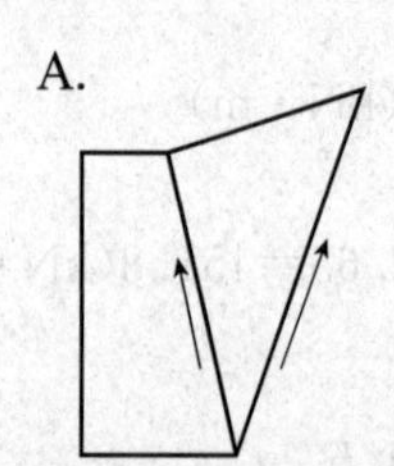

B. 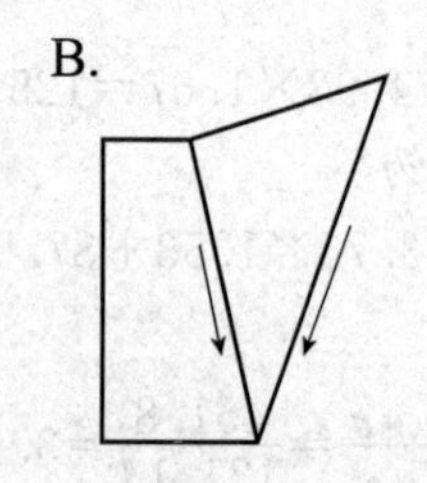

C. 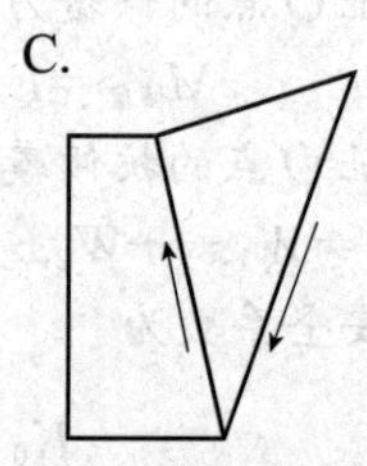

11. 若挡土墙的墙背竖直且光滑，墙后填土面水平，黏结力 $c=0$，采用朗肯解和库伦解，得到的主动土压力差别为(　　)。

A. 朗肯解大　　B. 库伦解大　　C. 相同

12. 按库伦土压力理论计算作用在墙上的土压力时，墙背面是粗糙的好还是光滑的好？(　　)

A. 光滑的好　　B. 都一样　　C. 粗糙的好

13. 库仑土压力理论通常适于(　　)。

A. 黏性土　　B. 砂性土　　C. 各类土

二、简答题

1. 影响挡土墙土压力的因素有哪些？其中最主要的影响因素是什么？
2. 何谓静止土压力？说明产生静止土压力的条件、计算公式和应用范围。
3. 何谓主动土压力？产生主动土压力的条件是什么？其适用范围是什么？
4. 何谓被动土压力？在什么情况下会产生被动土压力？它在工程上如何应用？
5. 朗肯土压力理论和库伦土压力理论的假定条件是什么？
6. 对朗肯土压力理论和库伦土压力理论进行比较和评论。

三、计算题

1. 图 13-28 所示为挡土墙，高为 5 m，墙背垂直，墙后填砂土，墙后地下水水位距离地表 2 m。已知砂土的湿重度 $\gamma=16\ \mathrm{kN/m^3}$，饱和重度 $\gamma_{sat}=18\ \mathrm{kN/m^3}$，内摩擦角 $\varphi'=30°$，试求作用在墙上的静止土压力及水压力的大小和分布及其合力。

2. 图 13-29 所示为挡土墙，墙背垂直且光滑，墙高为 10 m，墙后填土表面水平，其上作用着连续的超载 q 为 20.0 kPa，填土由两层无黏性土所组成，土的性质指标和地下水水位如图 13-29 所示，试求：

(1)主动土压力和水压力的分布；

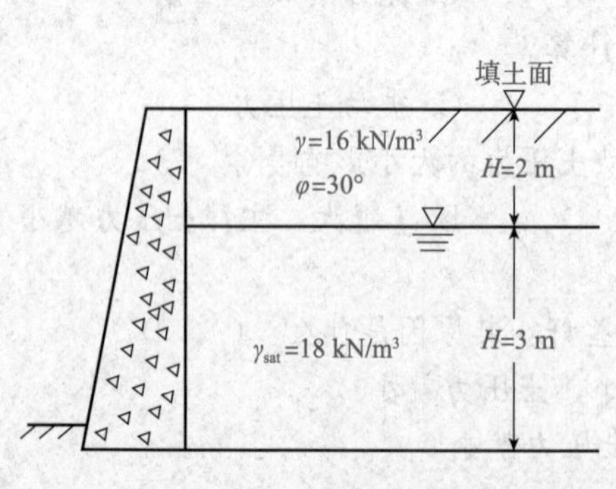

图 13-28　计算题 1 图

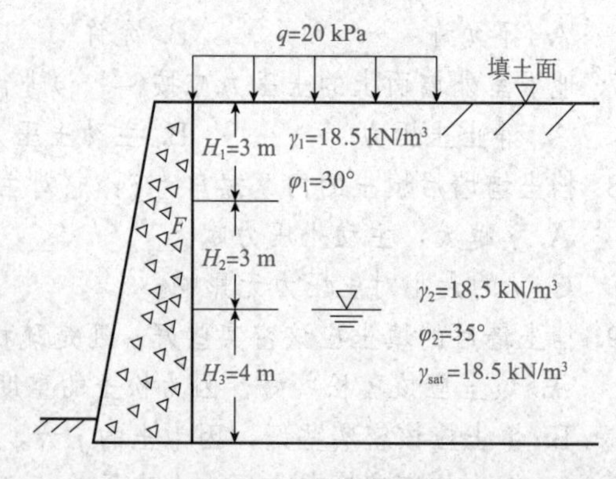

图 13-29　计算题 2 图

(2)总压力(土压力和水压力之和)的大小；

(3)总压力的作用点。

3. 用朗肯土压力理论计算图 13-30 所示挡土墙上的主动和被动土压力，并绘制出压力分布图。

4. 计算图 13-31 所示挡土墙上的主动和被动土压力，并绘制出压力分布图，设墙背竖直光滑。

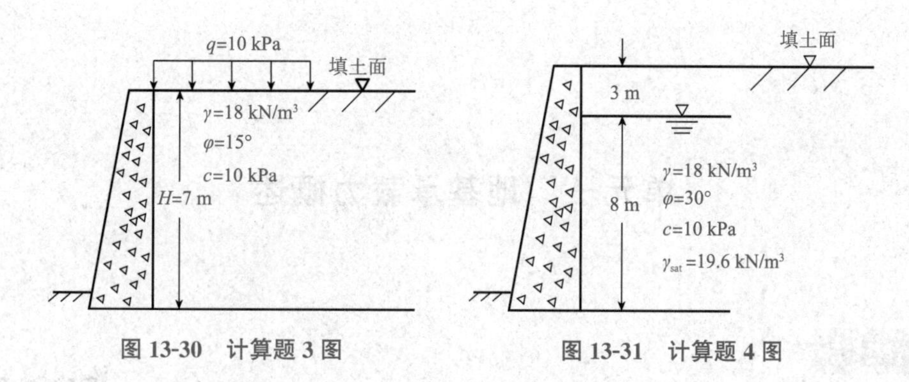

图 13-30　计算题 3 图

图 13-31　计算题 4 图

模块十四　地基承载力

单元一　地基承载力概述

知识目标

(1)掌握地基稳定性与地基承载力的概念。
(2)认知地基剪切破坏的三种形式。
(3)了解地基破坏的原因和确定地基承载力的几种方法。

地基承载力

能力目标

能够叙述地基承载力的概念并理解三种破坏形式之间的区别。

一、地基稳定性与地基承载力的概念

建筑物建造在地基上，荷载通过基础传递到地基。对于任何建筑物，在设计施工时必须考虑两个方面的问题：一是地基土的压缩与固结所引起的基础沉降和沉降差问题，基础沉降或沉降差不能超过建筑物容许(允许)的范围，否则可能导致上部结构开裂、倾斜甚至毁坏(前述有关内容已经研究了该问题)；二是地基稳定性问题。另外，对于某些特殊用途的建筑物，如堤坝、水闸、码头等，还应满足抗渗防冲等要求。

地基稳定性是指地基在外部荷载(包括基础质量在内的建筑物所有荷载)作用下地基抵抗剪切破坏的稳定安全程度。在任何情况下地基承受的外部荷载都不能等于，更不能大于地基的极限承载力，否则，地基的稳定性就得不到保证，因此，设计时需要考虑足够的安全储备。地基承载力是指地基土单位面积上随荷载增加所能发挥的承载潜力，常用的单位为 kPa，它是评价地基稳定性的综合性名词。应该指出，地基承载力是针对地基基础设计而提出的为方便评价地基强度和稳定的实用性专业术语，不是土的基本性质指标。土的抗剪强度理论是研究和确定地基承载力的理论基础。

关于地基承载力，在实际应用中经常遇到如下几个名词。①地基极限承载力：是指地基濒临破坏丧失稳定时所能够发挥的承载力的极限值，没有安全储备。②地基承载力特征

值[《建筑地基基础设计规范》(GB 50007—2011)提法]：是满足地基强度、稳定性要求的承载力值，由荷载试验直接测定或由其与原位试验(包括标贯试验、静力触探、旁压及其他原位测试)的相关关系间接推定并由此而累积的经验值。③修正后的地基承载力特征值：是考虑了地基、基础的各项影响因素后，对承载力特征值进行修正，使其能够满足正常使用要求的承载力值。④承载力设计值(设计取值)与容许承载力：是指确保地基稳定性而且有足够安全储备设计取用的承载力值，需根据所得到的承载力具体方法和建筑物(等级)使用要求综合确定。地基承载力的设计值通常是在保证地基稳定的前提下，使建筑物的变形不超过其允许值的承载力，即容许承载力，其安全系数已包括在内。容许承载力同时兼顾地基强度、稳定性和变形要求这两个条件时的承载力。它是一个变量，是与建筑物允许变形值密切联系在一起的。地基基础设计的一个重要环节是确定地基承载力的设计值，这将在下文相关部分述及。

二、地基破坏模式

现场荷载试验(分为浅基础荷载试验和深基础荷载试验)及室内模型试验是研究地基承载力特性的常用方法，可以应用现场荷载试验结果说明地基承载力基本概念和地基失稳时的破坏模式。现场荷载试验采用一块刚性荷载板模拟建筑物的基础。荷载试验的详细说明可参阅规范和有关资料及模块八相关内容。大量的试验研究表明，在竖直中心荷载作用下地基的破坏有三种不同的类型，表现为 p-S 曲线特征的差异，如图 14-1 所示。

第一种类型为整体剪切破坏。在逐级加荷过程中基底压力 p 和刚性荷载板沉降 S 的关系如图 14-1 中的曲线 A 所示。可以发现该曲线有如下特征。①线性变形阶段。当基底压力 p 较小即基础上荷载较小时，基础沉降 S 随基底压力 p 的增加近似呈线性变化关系，如图中 Oa 段所示，a 点所对应的基底压力 p 称为地基临塑压力 p_{cr}，当 p 小于 p_{cr}时，地基土处于弹性变形阶段。②弹塑性变形阶段。当 p 继续增加并超过 p_{cr}后，由于基础边缘的剪应力较大，所以基础边缘处的土体首先达到极限平衡状态即出现剪切破坏，继而出现塑性区(达到极限平衡状态的区域)。随着荷载的继续增大，塑性区的范围也相应地扩大，如曲线上的 ab 段所示，曲线具有非线性特征，这说明地基的塑性变形逐渐增大。③塑流阶段。当基底压力 p 大于 b 点对应的 p_u 值后，地基中的塑性区将迅速扩展而连成片并向地面延伸，此时可以观察到荷载板附近地面向上隆起或开裂，基础急剧下沉并突然向某一侧面倾倒，其一侧的土体被推出，b 点对应的极限压力 p_u 称为地基极限承载力。对应的滑动破坏类型如图 14-2(a)所示，如在有机玻璃的模型槽中进行荷载试验，可以观察到荷载板下面的地基土存在连续的滑动面。

第二种类型为局部剪切破坏。在逐级加荷过程中，基底压力 p 和荷载板沉降 S 的关系如图 14-1 中的曲线 B 所示。可以发现该曲线有如下特征。当基底压力 p 较小时，基础沉降 S 随压力 p 的增加从一开始即呈非线性变化关系，但曲线并不出现急剧性的变化，随着 p 的增大，S 增加的梯度越来越大，当然基础边缘下地基土也将出现塑性区并随着 p 的增大而逐渐扩大范围。随着 p 的持续增大，S 也迅速增大，在基础两侧的地面上出现隆起现象，地基的一定范围内形成了滑动面，但滑动面没有延伸到地面，这是与整体剪切破坏类型的显著不同之处，是地基局部破坏显著特点，对应的滑动破坏类型如图 14-2(b)所示。

第三种类型为冲剪破坏。在逐级加荷过程中，p-S 曲线如图 14-1 中的曲线 C 所示。可以发现该曲线有如下特征。从很小荷载开始，p-S 曲线就呈非线性关系并表现为沉降 S 很大，当荷载 p 持续增大时沉降 S 增加很快，荷载板明显陷入或刺入地基，荷载板四周的地面会存在环型裂缝，但不出现明显的隆起现象，这种地基破坏形式称为冲剪破坏，对应的滑动破坏类型如图 14-2(c)所示。

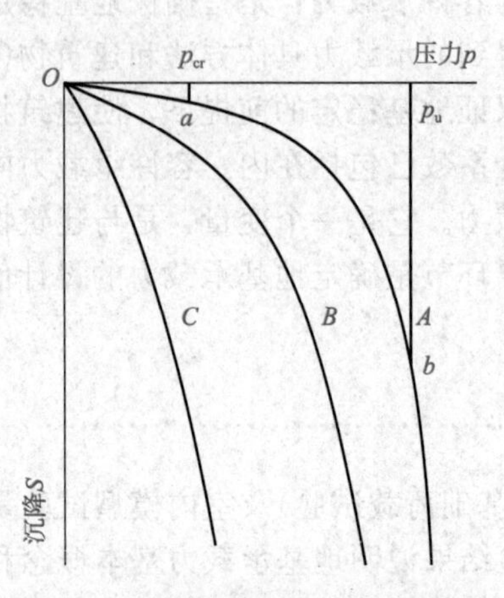

图 14-1　荷载试验的地基破坏曲线

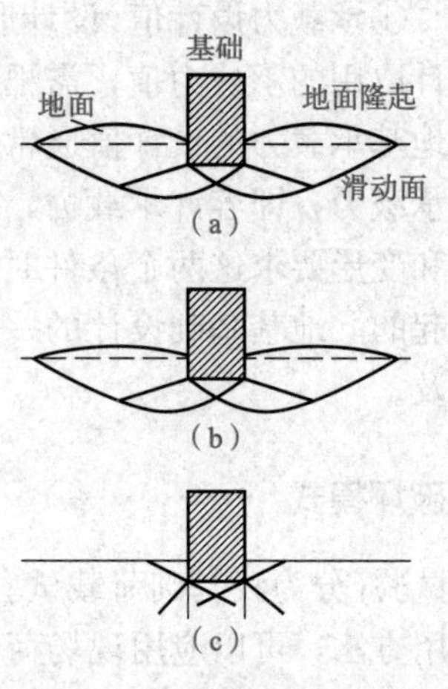

图 14-2　地基破坏类型示意

大量浅基础荷载试验和模型试验结果显示，受中心荷载作用的刚性浅基础地基将出现何种破坏类型取决于地基土的强度和变形特性。一般认为强度高的黏性土地基、密实砂层地基一般会发生整体剪切破坏；压缩性大的疏松砂层地基最有可能发生局部剪切破坏；强度低的软弱黏土地基易于发生冲剪破坏。目前对整体剪切破坏类型研究得比较多，因为它有一个连续的滑动破坏面和与之对应的破坏荷载，较易建立理论研究模型，因此已得到一些地基承载力的计算公式。其他两种破坏类型的过程和特征比较复杂，目前理论研究方面还没有得出相应的地基承载力理论公式。为了实用目的，将整体剪切破坏的理论公式进行适当修正后加以应用。

确定地基承载力的方法有三大类——一是理论公式计算；二是规范方法确定；三是原位试验(荷载试验、标准贯入、静力触探等)确定，而每大类中可能包含若干具体的方法。另外，建筑物等级不同，确定地基承载力设计值的审慎程度也不同。对于一级建筑物，要求通过荷载试验、其他原位测试、理论公式及规范综合确定；对于二级建筑物，要求按原位测试、规范并结合理论公式确定；对于三级建筑物，一般可根据邻近建筑经验或规范确定。

单元二　设定塑性区开展深度计算地基承载力

知识目标

(1)掌握根据设定塑性区的深度推求地基承载力的方法。

(2)掌握塑性区深度的计算方法。

能力目标

能够根据所提供的数据进行地基塑性展开区相关计算。

如前所述，建筑物荷载通过其基础以基底压力的形式作用于地基上，地基产生附加应力，而当基底压力 p 稍大时，基础边缘下地基单元首先达到强度极限而破坏并将出现塑性区，随基底压力越来越大，其塑性区范围也会越来越大，当地基发生整体剪切破坏时，地基中塑性区的范围很大并相连成片，同时形成延续到地面的滑动面，其对应的基底压力是地基极限承载力 p_u。在图 14-1 所示的 p-S 曲线中，基底压力 p 等于 p_u 属于极限状态，则地基稳定没有保障；若基底压力 p 等于或小于 p_{cr}，则地基未出现塑性区，因此地基一定是稳定的，如此地基承载力的安全储备会太大而显得过于保守，地基资源未得以充分利用而不经济。显然，如果容许(允许)地基中出现一定范围大小的塑性区，又限制塑性区不是很大且不相连成片，就能够既保证地基的安全度又不至偏于保守。本单元正是基于这一思路，应用理论推导结合经验按设定塑性区的允许范围来推求地基承载力公式。

由地基附加应力计算结果，条形均布荷载作用下地基中任意一点 M 的附加大小主应力 $\Delta\sigma_1$ 和 $\Delta\sigma_3$ 可用附加应力分量 $\Delta\sigma_2$，$\Delta\sigma_x$，$\Delta\tau_{xz}$ 表达，这里附加应力前加"Δ"是为了区别于地基自重应力的增量，根据符拉蒙(Flamant)解答可以推导附加应力分量 $\Delta\sigma_z$，$\Delta\sigma_x$ 和 $\Delta\tau_{xz}$ 关于 β 的另一种表达形式(过程从略，学生可自己推导或参考有关书籍)，按材料力学方法得到附加大小主应力为

$$\frac{\Delta\sigma_1}{\Delta\sigma_3}=\frac{p-\gamma d}{\pi}(\beta\pm\sin\beta) \tag{14-1}$$

式中，β 为 M 点与基底两端连线的夹角，$\gamma d=q$ 为均布荷载，是与基础埋深 d 等价的基础两侧土体的边荷载，是一种简化处理方式。式中各符号如图 14-3 所示。在 M 点除由荷载所引起的上述地基附加应力外，地基中还存在着一个原有自重应力场。M 点的全部应力应该是原有自重应力与附加应力之和。由于地基自重应力的大、小主应力方向分别为竖直向和水平向，是处处确定的，而附加应力的大、小主应力方向是随位置变化的，为了简化公式推导，假定地基土的静止侧压力系数 $K_0=1$，即假定地基原有自重应力场处处有 $\sigma_z=\sigma_x=\gamma(d+z)$，地基中任意点自重应力的大、小主应力相同，处处与附加应力的主方向一致，则两者的主应力可以相加，地基中任一点 M 处的大、小主应力计算公式可表达为

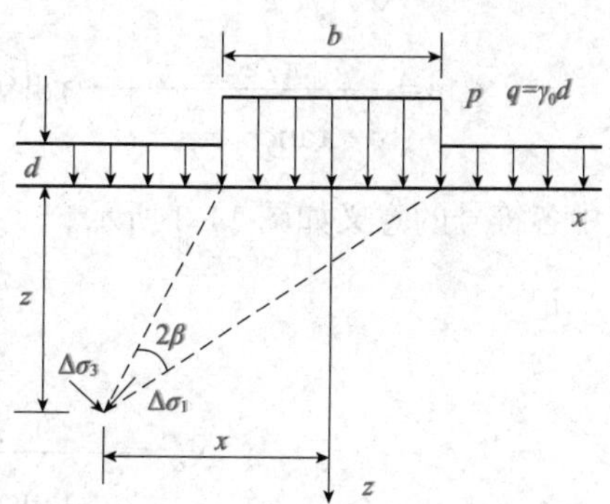

图 14-3　条形基础地基中附加应力

$$\frac{\sigma_1}{\sigma_3}=\frac{p-\gamma d}{\pi}(\beta\pm\sin\beta)+\gamma(d+z) \tag{14-2}$$

当地基所受的荷载刚好使 M 点达到极限平衡状态时，M 点的大、小主应力符合莫尔-库仑强度理论，即满足下列极限平衡条件：

$$\sigma_{1f}=\sigma_{3f}\tan^2\left(45°+\frac{\varphi}{2}\right)+2c\times\tan\left(45°+\frac{\varphi}{2}\right) \tag{14-3}$$

将式(14-2)代入式(14-3)，整理后得

$$z=\frac{p-\gamma d}{\gamma\pi}\left(\frac{\sin\beta}{\sin\varphi}-\beta\right)-\frac{c}{\gamma\tan\varphi}-d \tag{14-4}$$

式(14-4)为地基中塑性区的边界线方程，基底压力 p 和埋置深度 d 一定时，它表达了塑性区边界线上任一点的坐标 z 与 β 的关系，因此它描绘了塑性区的边界。由式(14-4)还可知道，当基底压力 p 增大时，z 增大塑性区的范围就随之扩大。在实际应用时，并不一定要知道整个塑性区的边界或范围，而只需要了解在一定的基底压力下塑性区最大深度 z_{max}(即该区边界线最低一点至基础底面的竖直距离)是多少即可。如果地基土参数 γ，c，φ 及基底压力 p 和埋置深度 d 一定，那么 z_{max} 值将是 β 的单值函数，因此，塑性区的最大深度 z_{max} 可以用来作为反映塑性区范围大小的一个尺度。z_{max} 的确定方法如下。

将式(14-4)中函数 z 对 β 求导，并令 $\frac{dz}{d\beta}=0$，即

$$\frac{dz}{d\beta}=\frac{2(p-\gamma d)}{\gamma\pi}\left(\frac{\cos\beta}{\sin\varphi}-1\right)=0$$

得 $\cos\beta=\sin\varphi$，于是有

$$\beta=\frac{\pi}{2}-\varphi \tag{14-5}$$

式中，φ 以弧度计，将式(14-5)代入式(14-4)，得

$$z_{max}=\frac{p-\gamma d}{\gamma\pi}\left(c\cdot\tan\varphi-\frac{\pi}{2}+\varphi\right)-\frac{c}{\gamma\tan\varphi}-d \tag{14-6}$$

改写上式，成为

$$p=\frac{\pi\gamma z_{max}}{c\cdot\tan\varphi-\frac{\pi}{2}+\varphi}+\gamma d\left(1+\frac{\pi}{c\cdot\tan\varphi-\frac{\pi}{2}+\varphi}\right)+c\left(\frac{\pi\cdot c\cdot\tan\varphi}{c\cdot\tan\varphi-\frac{\pi}{2}+\varphi}\right) \tag{14-7}$$

式中各符号的意义如图 14-3 所示。

记

$$N'_\gamma=\frac{\pi}{c\cdot\tan\varphi-\frac{\pi}{2}+\varphi} \tag{14-8}$$

$$N_c=\frac{\pi}{c\cdot\tan\varphi+\varphi-\frac{\pi}{2}}\cdot c\tan\varphi=N'_\gamma\cdot c\tan\varphi \tag{14-9}$$

$$N_q=1+N'_\gamma \tag{14-10}$$

地基刚要出现塑性区(即 z_{max})对应的基底压力 p 即地基的临塑荷载，记作 p_{cr}。令式(14-6)中 $z_{max}=0$，即可求得地基临塑荷载为

$$p_{c\gamma}=\gamma_0 dN_q+cN_c \tag{14-11}$$

一般认为地基会出现一定的塑性区，但其最大开展深度 z_{max} 为基础宽度 b 的 $\frac{1}{4}\sim\frac{3}{1}$ 是允许的，能够有充分的安全保障又不偏于保守。因此，取 $z_{max}=\frac{1}{3}b$ 或 $\frac{1}{4}b$，可以将其作为确定地基容许承载力的参考依据。应该指出，地基中容许塑性区范围(z_{max})多大最确当，与地

基土性质、建筑物荷载条件和使用要求的安全等级等多种因素有关。

分别取控制地基塑性区最大深度 $z_{\max}=\frac{1}{3}b$ 和 $z_{\max}=\frac{1}{4}b$，将它们分别代入式(14-7)，整理后得相应的地基承载力公式，分别用 $p_{1/3}$ 和 $p_{1/4}$ 表示，即

$$p_{1/3}=\frac{\pi\gamma\cdot\frac{1}{3}b}{c\cdot\tan\varphi-\frac{\pi}{2}+\varphi}+\gamma d\left(1+\frac{\pi}{c\cdot\tan\varphi-\frac{\pi}{2}+\varphi}\right)+c\left(\frac{\pi\cdot c\cdot\tan\varphi}{c\cdot\tan\varphi-\frac{\pi}{2}+\varphi}\right) \tag{14-12}$$

$$p_{1/4}=\frac{\pi\gamma\cdot\frac{1}{4}b}{c\cdot\tan\varphi-\frac{\pi}{2}+\varphi}+\gamma d\left(1+\frac{\pi}{c\cdot\tan\varphi-\frac{\pi}{2}+\varphi}\right)+c\left(\frac{\pi\cdot c\cdot\tan\varphi}{c\cdot\tan\varphi-\frac{\pi}{2}+\varphi}\right) \tag{14-13}$$

为了讨论方便，同时将基底土的重度与基础两侧超载土的重度分别用 γ 和 γ_0 表示，将 p_{cr}，$p_{1/3}$ 和 $p_{1/4}$ 统一写成下式：

$$p_u=\frac{1}{2}\gamma bN_\gamma+\gamma_0 dN_q+cN_c \tag{14-14}$$

式中，N_γ，N_q，N_c——地基承载力系数，都是内摩擦角 φ 的函数。N_q，N_c 如式(14-9)和式(14-10)所示；N_γ 则分别表达如下：

若 $p_u=p_{1/3}$ 则，

$$N_\gamma=\frac{2}{3}N'_\gamma=\frac{2}{3}\frac{\pi}{c\cdot\tan\varphi-\frac{\pi}{2}+\varphi} \tag{14-15}$$

若 $p_u=p_{1/4}$，则

$$N_\gamma=\frac{1}{2}N'_\gamma=\frac{1}{2}\frac{\pi}{c\cdot\tan\varphi-\frac{\pi}{2}+\varphi} \tag{14-16}$$

若 $p_u=p_{cr}$，则

$$N_\gamma=0 \tag{14-17}$$

其是按设定塑性区的允许范围所推求的地基容许承载力公式。它具有一定安全储备又不过于保守，是确定地基容许承载力多种方法中的一种。

【例 14-1】 某条形基础宽 $b=5$ m，埋深 $d=1.0$ m，地基为均质土，地下水水位与基础地面齐平。地基土的浮重度 $\gamma'=10$ kN/m³，重度 $\gamma=19$ kN/m³，$\varphi=22°$，$c=25$ kPa，求地基承受中心荷载时的临塑荷载 p_{cr} 与容许承载力 $p_{1/3}$。

解： (1)求地基承载力系数。

$$N'_\gamma=\frac{\pi}{c\cdot\tan\varphi+\varphi-\frac{\pi}{2}}=\frac{3.14}{c\cdot\tan22°+22°/180°-\frac{3.14}{2}}=2.98$$

$$N_c=N'_\gamma\cdot c\cdot\tan\varphi=2.98\times c\cdot\tan22°=7.46$$

$$N_q=1+N'_\gamma=3.98$$

$$N_\gamma=\frac{2}{3}N'_\gamma=0.667\times2.98=1.99$$

(2)求临塑荷载 p_{cr}。

$$p_{cr}=\gamma_0 dN_q+cN_c=19\times1.0\times3.98+25\times7.46=262(\text{kPa})$$

(3)求承载力 $p_{1/3}$。

$$p_{1/3}=\frac{1}{2}\gamma bN_\gamma+\gamma_0 dN_q+cN_c$$
$$=0.5\times1.1\times5\times1.99+19\times1.0\times3.98+50\times7.46=267(\text{kPa})$$

单元三　假定滑动面方法计算地基极限承载力

知识目标

(1)了解太沙基极限承载力计算公式的基本假设。

(2)能够借助相关表格运用太沙基极限承载力计算公式进行地基承载力的计算。

能力目标

能够独立进行地基承载力的相关计算。

荷载试验已经发现，当基底压力达到地基的极限承载力时，地基的剪切破坏类型有三种。其中发生整体剪切破坏的地基将出现完整的滑动面，此时地基处于极限状态，对应的地基极限承载力记为 p_u。p_u 不能作为地基承载力的设计值，若如此则地基安全没有保障。如果能够求得 p_u，将其除以一个安全系数 F_s 作为地基承载力的设计值 f_a，那么地基的安全就有了保障。显然

$$f_a=\frac{p_u}{F_s} \tag{14-18}$$

式中　f_a——地基承载力设计值；

p_u——地基极限承载力，可以有多种方法推求；

F_s——安全系数，根据地基土层与土性，建筑物荷载情况与安全等级结合当地经验等拟定，通常可取 2.0，对于软弱地基或重要建筑物可取 2.5 或 3.0。

由式(14-18)，可将地基安全问题归结为求地基极限承载力的问题。如同分析土坡稳定问题一样，满足地基土体平衡方程、几何方程和本构方程的严密理论解目前尚无法求得，因此只能在某些假定的基础上近似求得。求地基极限承载力的近似方法很多，本单元介绍几种常见的方法。

1. 基本假设

太沙基在推导极限承载力公式时，采用如下一些假设：基础为条形浅基础；基础两侧埋深 d 范围内的土重被视为边荷载 $q=\gamma_0 d$，而不考虑这部分土体的抗剪强度；基础底面粗糙，即基础底面与土之间有摩擦力存在；在极限荷载 p_u 作用下，地集中的滑动面如图 14-4 所示，滑动土体共分为五个区。

Ⅰ区——基底下的楔形压密区($a'ab$)，因为基地与土体之间的摩擦力能阻止基地处土体发生剪切位移，所以直接位于基底下的土不会处于塑性平衡状态，而是处于弹性平衡状态。楔形与基底面的夹角为 φ，在地基破坏时该区随基础一同下沉。

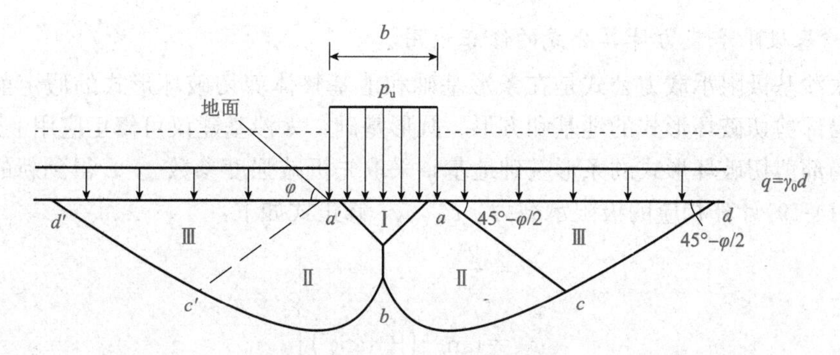

图 14-4　太沙基浅基础极限承载力

Ⅱ区——辐射受剪区，滑动面 bc 及 bc' 是按对数螺旋线变化形成的曲面。

Ⅲ区——朗肯被动压力区，滑动面 cd 及 $c'd'$ 为直线，它与水平面的夹角为 $45°-\varphi/2$，作用于 ab 和 $a'b$ 面上的力是被动土压力。

2. 基本公式

根据上述假设，人们取弹性楔体 aba' 为脱离体，求地基的极限承载力。根据静力平衡的条件求得太沙基极限承载力公式为

$$p_u=\frac{1}{2}\gamma bN_\gamma+\gamma_0 dN_q+cN_c \tag{14-19}$$

式中，N_γ，N_q，N_c——太沙基极限承载力系数，同样都是土的内摩擦角 φ 的函数。

$$N_q=e^{\pi\cdot\tan\varphi}\cdot\tan^2\left(45°+\frac{\varphi}{2}\right) \tag{14-20}$$

$$N_c=\left[e^{\pi\cdot\tan\varphi}\tan^2\left(45°+\frac{\varphi}{2}\right)-1\right]c\cdot\tan\varphi=(N_q-1)c\cdot\tan\varphi \tag{14-21}$$

$$N_\gamma=1.8N_c\tan^2\varphi \tag{14-22}$$

太沙基未能给出 N_γ 的解析式，而是通过大量试算得到 N_γ 半经验公式，其中 1.8 是建议的系数，为了运用方便，N_γ，N_q，N_c 也可直接查表 14-1。

表 14-1　基底光滑时太沙基极限承载力系数表

φ/(°)	N_γ	N_c	N_q	φ/(°)	N_γ	N_c	N_q
0	0	5.14	1.00	26	9.53	22.25	11.85
2	0.01	5.63	1.20	28	13.1	25.80	14.72
4	0.05	6.19	1.43	30	18.1	30.14	18.40
6	0.14	6.81	1.72	32	25.0	35.49	23.18
8	0.27	7.53	2.06	34	34.5	42.16	29.44
10	0.47	8.35	2.47	36	48.1	50.59	37.75
12	0.76	9.28	2.97	38	67.4	61.35	48.93
14	1.16	10.37	3.59	40	95.5	75.31	64.20
16	1.72	11.63	4.34	42	136.8	93.71	85.38
18	2.49	13.10	5.26	44	198.7	118.37	115.31
20	3.54	14.83	6.40	46	293.5	152.10	158.51
22	4.96	16.88	7.82	48	442.4	199.26	222.31
24	6.90	19.32	9.60	50	682.3	266.89	319.07

3. 太沙基极限承载力计算公式的修正应用

由于太沙基极限承载力公式是在条形基础和地基整体剪切破坏形式的假定前提下推得的。对于局部剪切破坏形式的地基和方形、圆形基础，太沙基建议可修正应用上述公式。

对于局部剪切破坏形式的条形基础地基，采取先折减强度参数 c，φ 得到新的 c^*，φ^*，再应用式(14-19)计算相应的极限承载力。c^*，φ^* 修正式如下：

$$\left.\begin{aligned} c^* &= \frac{2}{3}c \\ \varphi^* &= \tan^{-1}\left(\frac{2}{3}\tan\varphi\right) \end{aligned}\right\}$$

则用于局部剪切破坏形式的地基极限承载力修正公式为

$$p_u = \frac{1}{2}\gamma b N_\gamma^* + rDN_q^* + c^* N_c^* \tag{14-23}$$

式中　N_γ^*，N_q^*，N_c^*——修正后的极限承载力系数，均为 φ^* 的函数，也可直接查图或查表求得。

对于方形基础或圆形基础，考虑到空间效应的地基可能破坏形式，太沙基建议通过调整公式中的有关系数进行修正：

圆形基础　$p_{ur} = 0.6\gamma RN_\gamma + \gamma_0 dN_q + 1.2cN_c$　（整体剪切破坏）　(14-24)

　　　　　$p_{ur} = 0.6\gamma RN_\gamma^* + \gamma_0 dN_q^* + 1.2c^* N_c^*$　（局部剪切破坏）　(14-25)

方形基础　$p_{us} = 0.4\gamma bN_\gamma + \gamma_0 dN_q + 1.2cN_c$　（整体剪切破坏）　(14-26)

　　　　　$p_{us} = 0.4\gamma bN_\gamma^* + \gamma_0 dN_q^* + 1.2c^* N_c^*$　（局部剪切破坏）　(14-27)

式中　R——圆形基础的半径；

　　　b——方形基础的边长。

其余符号含义同前。

单元四　规范方法确定地基承载力

知识目标

(1)掌握《建筑地基基础设计规范》(GB 50007—2011)确定地基承载力的深宽修正公式。

(2)掌握地基承载力深宽修正系数的取值方法。

(3)掌握小偏心(偏心距 $e \leqslant 0.033b$)情况下地基承载力的计算公式。

能力目标

能够利用规范方法确定地基承载力。

规范是在总结理论成果和工程实践经验的基础上制定的。需要说明的是，不同行业制定其本行业的规范时，不同规范之间的差异和相似并存。这是因为考虑到不同行业各有其工程特点，然而，各行业所用的基本理论和基本方法是一致的，它们可以相互比照和参考。本单元主要介绍《建筑地基基础设计规范》(GB 50007—2011)确定地基承载力的方法。应该指出，随着技术的进步、资料和经验的积累，规范将随时修订，应用时应依照现行规范。作为教材，学生主要学会应用规范，学习规范的编制思想和有关设计思路，同时应注意理论公式计算与规范方法确定地基承载力的综合比较与运用。

首先根据静荷载试验或其他原位测试，并结合地区工程经验综合确定地基承载力特征值 f_{ak}。f_{ak}是针对基础底面宽度 $b \leqslant 3$ m 和基础埋深 $d \leqslant 0.5$ m 情况下给出的，当 b 和 d 不满足上述情况时，则应进行深宽修正，将修正后的承载力特征值 f_a 作为设计值采用。由于初步设计时基础底面尺寸是未知的，故在初设阶段可先不作宽度修正而只作深度修正，基底尺寸确定后再作深宽修正并复核承载力设计取值。深宽修正公式如下：

$$f_a = f_{ak} + \eta_b \gamma (b-3) + \eta_d \gamma_0 (d-0.5) \tag{14-28}$$

式中 η_b，η_d——基础宽度和埋深的地基承载力修正系数，可由表 14-2 查取；

γ，γ_0——含义同前；

b——基础底面宽度(m)，当 $b<3$ m 时取 $b=3$ m 计算，当 $b>6$ m 时取 $b=6$ m 计算；

d——基础埋深(m)，宜自室外地面标高起算，在填方整平地区可自填土地面标高起算，但在上部结构施工后完成填土时，应从天然地面标高起算，对于地下室，如采用箱形基础或筏形基础时，基础埋深自室外地面标高起算，当采用独立基础或条形基础时，应自室内地面标高起算。

表 14-2 地基承载力深宽修正系数

土的类别		η_b	η_d
淤泥和淤泥质土		0	1.0
人工填土 e 或 $I_L \geqslant 0.85$ 的黏性土		0	1.0
红黏土	含水比 $\alpha_w > 0.8$	0	1.2
	含水比 $\alpha_w \leqslant 0.8$	0.15	1.4
大面积压实填土	压实系数>0.95、黏粒含量 $\rho_c \geqslant 10\%$的粉土	0	1.5
	最大干密度大于 2.1 g/cm^3 的级配碎石	0	2.0
粉土	黏粒含量 $\rho_c \geqslant 10\%$的粉土	0.3	1.6
	黏粒含量 $\rho_c \leqslant 10\%$的粉土	0.5	2.0
e 及 I_L 均小于 0.85 的黏性土		0.3	1.6
粉砂、细砂(不包括很湿与饱和时的稍密状态)		2.0	3.0
粉砂、细砂、砾砂及碎石土		3.0	4.4

注：1. 强风化和全风化的岩石，可参照所风化成的相应土类取值，其他状态下的岩石不修正；

2. 地基承载力特征值按规范深层平板荷载试验确定时 η_d 取 0。

【例 14-2】 某条形基础，宽度 $b=4$ m，埋深 $d=1.5$ m，已知黏土地基处于可塑至硬塑状态，$\gamma=19$ kN/m^3，地基承载力特征值 $f_{ak}=125$ kPa，试按《建筑地基基础设计规范》(GB 50007—2011)求承载力设计值。

解： 查表 14-2，得 $\eta_b=0.3$，$\eta_d=1.6$，因此承载力设计值为

$$\begin{aligned} f_a &= f_{ak}+\eta_b\gamma(b-3)+\eta_d\gamma_0(d-0.5) \\ &= 125+0.3\times19\times(4-1)+1.6\times19\times(1.5-0.5) \\ &= 125+5.7+30.4=161.1(\text{kPa})>1.1f_{ak} \end{aligned}$$

规范指出，当偏心距 $e\leqslant0.033b$ 时，不均匀沉降可能较大。可根据土的抗剪强度指标按下式确定地基承载力特征值 f_a，但必须验算变形而且应满足建筑物变形要求：

$$f_a=M_b\gamma b+M_d\gamma_0 d+M_c C_k \tag{14-29}$$

式中　M_b，M_d，M_c——承载力系数，由表 14-3 查取；

C_k——基底下一倍基础短边深度范围内土的黏结力、内摩擦角。

式中的承载力系数 M_b，M_d，M_c 与理论公式[式(14-13)]$p_{1/4}$ 的承载力系数 $\frac{1}{2}N_\gamma$，N_q，N_c 在理论概念上一致，其不同之处在于 $\varphi>22°$时 M_b 比 $p_{1/4}$ 中的 $\frac{1}{2}N_\gamma$ 取值提高，φ 越大 M_b 取值提高的比例越大。这是因为试验和经验都表明，土的强度较高时地基实际承载力大于用理论公式 $p_{1/4}$ 计算的地基承载力，因此在规范应用理论公式 $p_{1/4}$ 的同时对第一项承载力系数做了修正，f_a 已经是修正后的承载力特征值，可直接作为承载力设计值。

表 14-3　规范公式承载力系数 M_b，M_d，M_c

土的内摩擦角标准值 φ/(°)	M_b	M_d	M_c
0	0	1.00	3.14
2	0.03	1.12	3.32
4	0.06	1.25	3.51
6	0.10	1.39	3.71
8	0.14	1.55	3.93
10	0.18	1.73	4.17
12	0.23	1.94	4.42
14	0.29	2.17	4.69
16	0.36	2.43	5.00
18	0.43	2.72	5.31
20	0.51	3.06	5.66
22	0.61	3.44	6.04
24	0.80	3.87	6.45
26	1.10	4.37	6.90
28	1.40	4.93	7.40
30	1.90	5.59	7.95
32	2.60	6.35	8.55
34	3.40	7.21	9.22
36	4.20	8.25	9.97
38	5.00	9.44	10.80
40	5.80	10.84	11.73

单元五　地基承载力的影响因素

知识目标

掌握地基承载力的影响因素。

能力目标

能够确定地基承载力，进行地基强度验算。

前面介绍了几种确定地基承载力的方法。从前述地基承载力的几个基本公式(如理论公式 $p_{1/4}$，p_u，f_a)可见它们均具有相似形式的三项组成，涉及的主要因素有土的物理力学指标 γ，c，φ 以及基础的宽度 b 和埋深 d。其中强度指标 c，φ 的影响是显然的，φ 越大承载力系数越大，c 越大对应项越大，即承载力相应增大，地基土体的强度越高地基的承载力自然越大。

■ 一、地下水水位与土的重度的影响

承载力公式第一项和第二项中均有土的重度，而土的重度除与土的种类有关外，还受到地下水水位的影响。若地下水水位在理论滑动面以下，如图 14-5(a)所示，则土的重度一律采用湿重度 γ。若地下水水位由滑动面以下上升至地面或地面以上，则地下水水位以下土的重度就由原来的天然湿重度 γ 降到浮重度(有效重度)γ'，由于土的浮重度仅约为湿重度的一半，因此承载力也将相应地降低，但通常仍假定水位上、下土的强度指标 c，φ 保持不变。

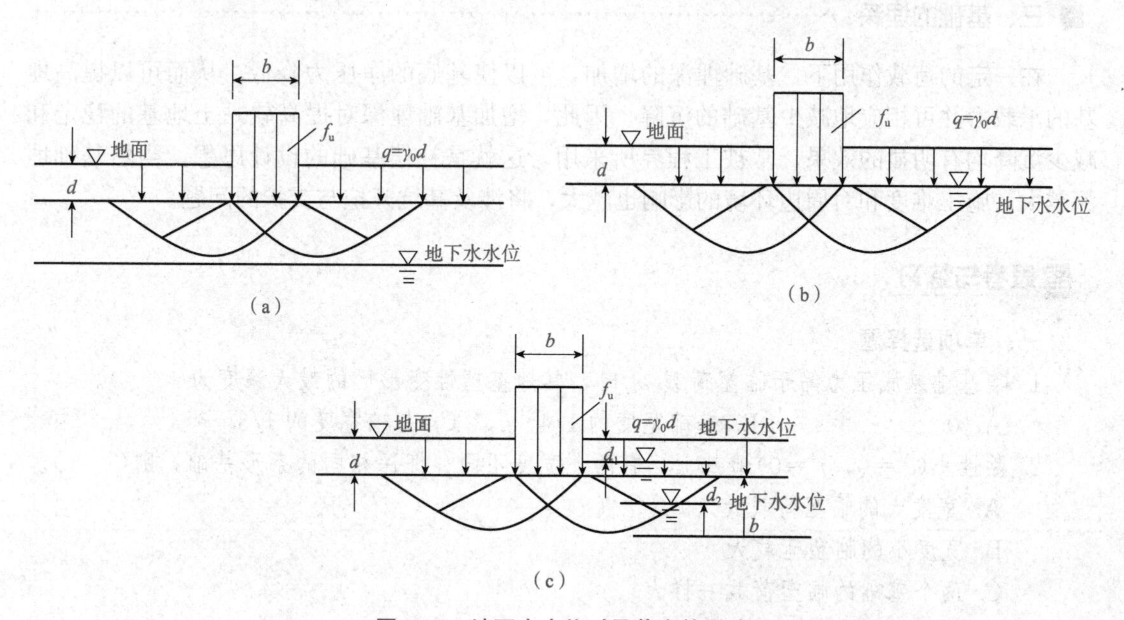

图 14-5　地下水水位对承载力的影响

对于图 14-5(b)、(c)所示的情况，可用加权平均方法近似计算第一项和第二项土的重度，得到加权平均重度 $\overline{\gamma}$ 和 γ_0，即

$$\overline{\gamma}=\gamma'+\frac{d_2}{b}(\gamma-\gamma') \tag{14-30}$$

$$\gamma_0=\gamma'_0+\frac{d_1}{b}(\gamma_0-\gamma'_0) \tag{14-31}$$

式中 γ——地下水水位以上土的湿重度；

γ'——地下水水位以下土的浮重度；

d_2——地下水水位至基底的距离，$d_2 \leqslant b$，当 $d_2>b$ 时(地下水水位低于滑动面)，令 $d_2/b=1$，其中概括了图 14-5(a)所示的情况；

d_1——地下水水位至地面的距离，$d_1 \leqslant d$，当 $d_1>b$ 时(地下水水位高于基底面)，令 $d_1/b=1$。

因此，若存在地下水水位，以极限承载力公式为例，可统一写成：

$$p_u=\frac{1}{2}\overline{\gamma}bN_\gamma+\overline{\gamma}_0 dN_q+cN \tag{14-32}$$

■ 二、基础的宽度

地基的承载力不仅取决于土的性质，而且与基础的尺寸和形状有关。太沙基修正公式和汉森公式用于非条形基础时都引入形状修正系数。承载力公式显示，基础的宽度 b 越大，承载力越高。但是，研究指出，当基础宽度达到某一数值以后，承载力不但不再增大，反而会随着宽度的增加而降低。因此，实际应用公式时不能生搬硬套，避免采取无限制地加大基底宽度的办法来提高承载力。地基规范中采用限制性规定，应用公式时，若基础实际宽度 $b>6$ m，则计算中只取宽度 $b=6$ m。因此，必须注意，实际工程中有时虽然可通过加大基础的宽度来提高地基的承载力，借以增加地基的稳定性，但切不可盲目为之。

■ 三、基础的埋深

在一定的荷载作用下，基础埋深的增加，可以使基底的净压力降低，从而可以提高地基的承载力并可相应地减少基础的沉降。因此，增加基础埋深对提高软黏土地基的稳定和减少沉降均有明显的效果，常被工程界所采用，这就是补偿基础的设计思想。当然基础埋深越大，施工难度和对周边环境的影响也越大，将涉及基坑开挖与支护的问题。

思考与练习

一、单项选择题

1. 某基础基底压力等于临塑荷载 p_{cr} 时，其地基塑性变形区的最大深度为(　　)。

   A. 0　　B. 基础宽度的 1/4　　C. 基础宽度的 1/3

2. 黏性土($c'=0$，$j'=0$)地基上，有两个宽度不同、埋深相同的条形基础，则(　　)。

   A. 宽度大的临塑荷载大

   B. 宽度小的临塑荷载大

   C. 两个基础的临塑荷载一样大

3. 在 $c=0$ 的砂土地基上有两个埋深相同、荷载强度相同的条形基础，下述说法正确的是(　　)。

A. 稳定安全度相同

B. 基础宽度大的安全度大

C. 基础宽度小的安全度大

4. 地基中有深度不同的 a，b 两点，对条形均布荷载 p 的张角相同，如图 14-6 所示，假定地基土的静止侧压力系数 $K_0=1$，则(　　)点剪切破坏的可能性大。

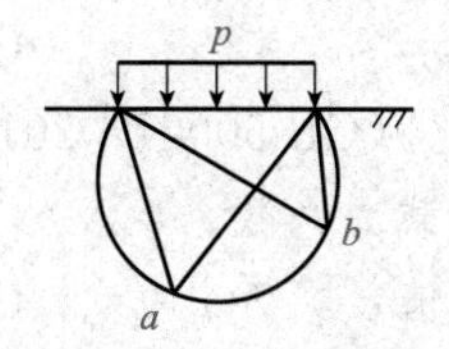

图 14-6　选择题 4 图

A. a　　　　B. b　　　　C. a，b 两点一样大

5. 所谓地基的极限承载力，是指(　　)。

A. 地基的变形达到上部结构极限状态时的承载力

B. 地基中形成连续滑动面时的承载力

C. 地基中开始出现塑性区时的承载力

6. 在 $j=0$ 的黏土地基上，有两个埋深相同、宽度不同的条形基础，下述说法正确的是(　　)。

A. 基础宽度大的基础极限荷载大

B. 基础宽度小的基础极限荷载大

C. 两个基础的极限荷载一样大

7. 荷载试验的曲线形态上，从线性关系开始变成非线性关系时的界限荷载称为(　　)。

A. 允许荷载　　　　B. 临界荷载　　　　C. 临塑荷载

8. 所谓临界荷载，是指(　　)。

A. 地基持力层出现塑性区时的荷载

B. 持力层中出现连续滑动面时的荷载

C. 持力层中出现某一允许大小塑性区时的荷载

9. 在黏性土地基上，有两个埋深相同、荷载强度相同，但宽度不同的条形基础。由于相邻建筑物施工，基坑开挖深度正好等于其埋深。试问施工对哪个基础影响大？(　　)。

A. 一样大　　　　B. 对大基础影响大　　　　C. 对小基础影响大

10. 根据荷载试验确定地基承载力，当 p-s 曲线开始不再保持线性关系时，表示地基土处于(　　)状态。

A. 弹性　　　　B. 整体破坏　　　　C. 局部剪切

11. 假定条形均布荷载底面是水平光滑的，当达到极限荷载时，地基中的滑动土体可分成三个区，如图 14-7 所示，则(　　)区是被动区。

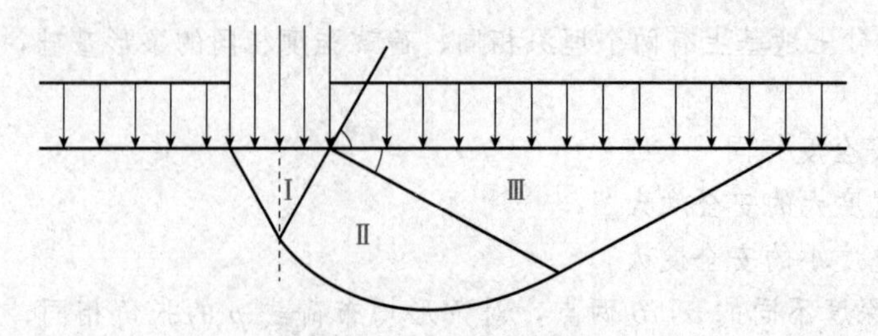

图 14-7　选择题 11 图

A. Ⅰ　　B. Ⅱ　　C. Ⅲ

12. 根据《建筑地基基础设计规范》(GB 50007—2011)的规定，计算地基承载力设计值时必须用内摩擦角的(　　)查表求承载力系数。

A. 设计值　　B. 标准值　　C. 平均值

13. 在黏性土地基上有一条形刚性基础，基础宽度为 b，在上部荷载作用下，基底持力层内最先出现塑性区的位置为(　　)。

A. 条基中心线下　　B. 离中心线 $b/3$ 处　　C. 条基边缘处

14. 按塑性区开展概念的表达式为 $p=gbN_r+g_0dN_q+cN_c$，当持力层土为黏性土($j=0$)时，$N_r=0$，$N_q=1$，则承载力公式可写成 $p=g_0d+cN_c$，此时表示(　　)。

A. 临界荷载　　B. 临塑荷载　　C. 极限荷载

15. 在 $j=0$ 的地基上，有两个宽度不同、埋深相同的条形基础，则两基础的稳定安全度(　　)。

A. 相同　　B. 宽度大的安全度高　　C. 宽度小的安全度高

二、填空题

1. 地基的破坏形式有______、______、______等几种，在太沙基极限承载力理论中，假设地基的破坏形式为______。

2. 在进行地基极限承载力理论推导时，假定地基的破坏______，而基础的形状是______。

3. 确定地基承载力的方法有______、______和______等几大类。

4. 在室内外埋深不等时，地基承载力设计值计算公式中的 D(埋深)取______。

三、简答题

1. 地基破坏形式有哪几种类型？各在什么情况下容易发生？

2. 影响地基承载力的因素有哪些？

3. 何谓地基的临塑荷载？如何计算？有何用途？根据临塑荷载设计是否需除以安全系数？

4. 地基临界荷载的物理概念是什么？在中心荷载和偏心荷载作用下，临界荷载有何区别？在建筑工程设计中，是否可直接采用临界荷载为地基承载力而不加安全系数？这样设计的工程是否安全？为什么？

5. 什么是地基的极限荷载？常用的计算极限荷载的公式有哪些？地基的极限荷载是否可作为地基承载力？

6. 地下水水位的升降对地基承载力有什么影响？

7. 按条形基础推导的极限荷载计算公式，用于计算方形基础下的地基极限荷载，是偏于安全还是偏于危险？为什么？

四、计算题

1. 条形基础宽为 12 m，建在成层土地基上。表层土厚为 2 m，γ=19 kN/m^3，φ_1=14°，c_1=20 KPa；第二层土厚为 2 m，γ'=10.4 kN/m^3(地下水水位距地表 2 m)，φ_2=14°，c_2=20 kPa；第三层土较厚，γ'=9 kN/m^3，φ_3=12°，c_3=16 kPa。试求基础埋深为 2 m，承受均部荷载 p=236 kPa 时，地基塑性平衡区的最大深度(提示：应试算，地基分层，γ，φ，c 应加权平均)。

2. 一条形基础建在砂土地基上，砂土的 φ=28°，γ=18.5 kN/m^3；或建在软黏土地基上，软黏土的 φ=0，c=18 kPa，γ=17.5 kN/m^3，如果埋深均为 1.5 m，分别求出临界荷载 $p_{1/4}$。若取上述两种地基的 $p_{1/4}$ 相等，哪种基础的埋深应大些？为什么？

3. 某建筑物宽为 6 m，长为 80 m，埋深为 2 m，基底以上土的重度 γ=18 kN/m^3，基底以下土的重度 γ=18.5 kN/m^3，φ=18°，c=15 kPa，用太沙基公式求极限承载力。如地下水水位距地面 2 m，此时土的 w=30%，相对密度为 2.7，φ，c 不变，求极限承载力。

4. 10 m×100 m 的基础建在黏土地基上。D=2 m，γ=17.5 kN/m^3，φ=20°，c=25 kPa，地下水水位较深，分别用太沙基公式和汉森公式求地基极限承载力。如果地基基底压力为 250 kPa，分别求出安全系数。

5. 在表层为 4.0 m 厚的细砂，下面为黏土的地基上建一基础宽 6.0 m、长 38.0 m 的建筑物，埋深为 4.0 m。砂土的 γ_m=20 kN/m^3，e=0.7，黏土的 w_L=38%，w_P=20%，w=30%，γ_s=16.8 kN/m^3，e=0.8，地下水水位与地基的表面平齐。查表求地基容许承载力。

参考文献

[1] 石振明，孔宪立. 工程地质学[M]. 2 版. 北京：中国建筑工业出版社，2022.

[2] 工程地质手册编委会. 工程地质手册[M]. 5 版. 北京：中国建筑工业出版社，2018.

[3] 苏巧荣. 工程地质与土力学[M]. 郑州：黄河水利出版社，2014.

[4] 张克恭，刘松玉. 土力学[M]. 4 版. 北京：中国建筑工业出版社，2019.

[5] 李广信，张丙印，于玉贞. 土力学[M]. 3 版. 北京：清华大学出版社，2022.

[6] 高大钊，袁聚云. 土质学与土力学[M]. 3 版. 北京：人民交通出版社，2006.

[7] 黄文熙. 土的工程性质[M]. 北京：水利电力出版社，1983.

[8] 钱家欢. 土力学[M]. 南京：河海大学出版社，1995.

[9] 陈希哲，叶菁. 土力学地基基础[M]. 5 版. 北京：清华大学出版社，2013.

[10] [日]松岗元. 土力学[M]. 罗汀，姚仰平，译. 北京：中国水利水电出版社，2001.

[11] 中华人民共和国住房和城乡建设部. GB 50007—2011 建筑地基基础设计规范[S]. 北京：中国建筑工业出版社，2011.

[12] 中华人民共和国建设部. GB 50021—2001 岩土工程勘察规范(2009 版)[S]. 北京：中国建筑工业出版社，2012.

[13] 卢廷浩. 土力学[M]. 2 版. 南京：河海大学出版社，2005.

[14] 王保田，张福海. 土力学与地基处理[M]. 南京：河海大学出版社，2005.

[15] 能城正治，林田师照，安川郁夫. 土质力学基础[M]. 日本技报堂出版株式会社，2003.

[16] 东南大学学报(哲学社会科学版)(第二届全国土力学教学研讨会论文集)[J]. 2008 年第 3 期.

[17] 李广信，杜修力. 土力学与教学——第一届全国土力学教学研讨会论文集[M]. 北京：人民交通出版社，2006.

[18] 李生林，王正宏. 土质分类及其应用[M]. 北京：水利电力出版社，1988.

[19] 中华人民共和国交通运输部. JTG 3430—2020 公路土工试验规程[S]. 北京：人民交通出版社，2020.

[20] LIU S H，SUN D A，MATSUOKA H. On the interface friction in direct shear test [J]. International Journal of Computers and Geotechnics，2005，32(5)：317-325.